W0268900

H.-D. Kochs

Zuverlässigkeit elektrotechnischer Anlagen

Einführung in die Methodik, die Verfahren und ihre Anwendung

Mit 160 Abbildungen

Springer-Verlag
Berlin Heidelberg New York Tokyo 1984

Dr.-Ing. H.-D. Kochs
Fachbereich Automatisierungstechnik
AEG-Telefunken

CIP-Kurztitelaufnahme der Deutschen Bibliothek
Kochs, Hans-Dieter:
Zuverlässigkeit elektrotechnischer Anlagen:
Einführung in die Methodik, die Verfahren und ihre Anwendung / H.-D. Kochs.
Berlin; Heidelberg; New York; Tokyo: Springer 1984.

ISBN 978-3-540-13475-6   ISBN 978-3-662-00404-3 (eBook)
DOI 10.1007/978-3-662-00404-3

Anne, Thorben-Thomas und Corinna

Vorwort

Steigende Größe und Komplexität technischer Anlagen, insbesondere
elektrotechnischer Anlagen, und die zum Teil extrem hohen Zuverlässigkeitsanforderungen rücken die Notwendigkeit zuverlässigkeits-
technischer Analysen immer mehr in den Vordergrund ingenieurmäßiger
Betrachtung. Um die Zuverlässigkeit elektrotechnischer Anlagen beurteilen zu können, reichen qualitative Überlegungen und verbale
Beschreibungen nicht mehr aus. Es werden deshalb, besonders zum
Vergleich verschiedener Systemkonzepte, in Angeboten bzw. bei der
Vergabe von Aufträgen und in Sicherheitsanalysen immer häufiger
quantitative Zuverlässigkeitsaussagen gefordert, wozu eine wahrscheinlichkeitstheoretisch unterstützte Zuverlässigkeitsanalyse
notwendig ist.

Ziel des Buches ist die systematische Aufbereitung und Beschreibung
der Methodik und der Verfahren zur ingenieurmäßigen Berechnung der
Zuverlässigkeit elektrotechnischer Systeme der Energie-, Nachrich-
ten- und Automatisierungstechnik aus der Zuverlässigkeit seiner
Komponenten unter Berücksichtigung betrieblicher und technischer
Randbedingungen. Es werden Berechnungsverfahren beschrieben, die
sich in der Praxis als leistungsfähig erwiesen haben. Darunter werden solche Verfahren verstanden, die je nach Auswahl sowohl hinreichend genaue Ergebnisse liefern, und somit vertrauenswürdig sind,
als auch in der Handhabung nicht zu aufwendig und somit kostengünstig sind. Diese Anforderungen werden durch einen systematischen
Aufbau und durch eine einheitliche Schreibweise der unterschiedlichen Verfahren, durch Kombination verschiedener Verfahren und durch
die Entwicklung von einfach anwendbaren Näherungsverfahren weitgehend erfüllt. Dabei fließen die praktischen Erfahrungen in der industriellen Anwendung ein. Mit den Näherungsverfahren kann man

selbst große und komplexe Systeme ohne DV-Programme schnell berechnen. Jeder Rechenschritt ist nachvollziehbar, wodurch die wichtige Forderung nach Transparenz der Zusammenhänge und des Berechnungsweges gewährleistet ist.

Mit der erlernten Zuverlässigkeitstechnik soll der Leser in die Lage versetzt werden, selbst Zuverlässigkeitsaufgaben zu analysieren und praxisgerecht zu lösen. Er wird dabei durch die Bearbeitung vieler praktischer Beispiele aus unterschiedlichen Anwendungsbereichen in die Methodik eingeführt und bei der Problemlösung unterstützt.

Das Buch soll Ingenieure aus Industrie, Energieversorgungsunternehmen, Ingenieurbüros, Behörden sowie Lehrer und Studenten an Fachhochschulen und Hochschulen ansprechen. Als Vorkenntnisse werden lediglich elementare mathematische Grundlagen vorausgesetzt wie sie in den ersten Semestern einer jeden Ingenieurausbildung vermittelt werden. Darüber hinaus werden keine speziellen Kenntnisse der Wahrscheinlichkeitstheorie und der Theorie der stochastischen Prozesse gefordert.

AEG-Telefunken (Frankfurt, Seligenstadt) danke ich besonders für das Interesse und die Förderung des Buches und Herrn Dr. rer. nat. S. Schmidt (AEG Frankfurt) für die Durchsicht des Manuskripts und für viele Verbesserungsvorschläge.

Herrn Prof. Dr. techn. K. W. Edwin (RWTH Aachen) und seinem Institut danke ich herzlich für ihre Unterstützung und für wertvolle Hinweise bei der Bearbeitung des Manuskripts. Herrn Prof. Dr.-Ing. D. Nelles (Universität Kaiserslautern) danke ich für zahlreiche Anregungen.

Dem Springer-Verlag danke ich für die stets angenehme Zusammenarbeit.

Hofheim/Ts., im März 1984   H.-D. Kochs

Inhaltsverzeichnis

Symbolverzeichnis

C	zufälliges (stochastisches) Ereignis	MTBF	mean time between failure (mittlere Zykluszeit $T(BA) + T(A)$)
Ω	sicheres Ereignis	f	Dichtefunktion (Wahrscheinlichkeitsdichte)
Φ	unmögliches Ereignis (leere Menge)	F	Verteilungsfunktion (Wahrscheinlichkeitsverteilung)
Z	allgemeine Bezeichnung für einen stochastischen Zustand	E	Erwartungswert (Mittelwert)
B	Betriebszustand	V	Varianz
BA	Betriebszustand zwischen zwei Ausfällen	$a_{i,k}$	konstante Übergangsrate vom Zustand Z_i in den Zustand Z_k
BW	Betriebszustand zwischen zwei Wartungen	λ	Übergangsrate von einem Betriebszustand in einen Nichtbetriebszustand
A	Ausfallzustand	μ	Übergangsrate von einem Nichtbetriebszustand in einen Betriebszustand
W	Wartungszustand		
MS	Minimalschnitt		
MZ	Markoffscher Zustand	λ_A	Ausfallrate
$P(Z)$	Wahrscheinlichkeit des Zustandes Z	λ_W	Abschaltrate für Wartungen
$H(Z)$	mittlere Häufigkeit des Zustandes Z	μ_A	Instandsetzungsrate
		μ_W	Wartungsrate
$T(Z)$	mittlere Dauer des Zustandes Z	$\vee$	logische ODER-Verknüpfung
		$\wedge$	logische UND-Verknüpfung
MTTF	mean time to failure (mittlere Betriebsdauer $T(BA)$)	$\bigvee_i$	logische ODER-Verknüpfung über alle i (logische Summe)
MTTR	mean time to repair (mittlere Instandsetzungsdauer $T(A)$)	$\bigwedge_i$	logische UND-Verknüpfung über alle i (logisches Produkt)

$\sum\limits_{i}$	Summe über alle i	$\prod\limits_{\substack{i \\ \dots}}$	Produkt über alle i mit Bedingungen (....)
$\sum\limits_{\substack{i \\ \dots}}$	Summe über alle i mit Bedingungen (....)	$i < k$	Bedingung: i kleiner als k
$\prod\limits_{i}$	Produkt über alle i	$i \neq k$	Bedingung: i ungleich k
		$i \in k$	Bedingung: i gehört zu k

0 Gesamtübersicht

Das Buch beschreibt in insgesamt sechs Kapiteln die Vorgehensweise (Methodik) bei Zuverlässigkeitsuntersuchungen elektrotechnischer Anlagen, die dazu notwendigen Verfahren und deren Anwendung
in vielen Beispielen der Energie- und Automatisierungstechnik.
Bild 0-1 zeigt den Grobaufbau des Buches.

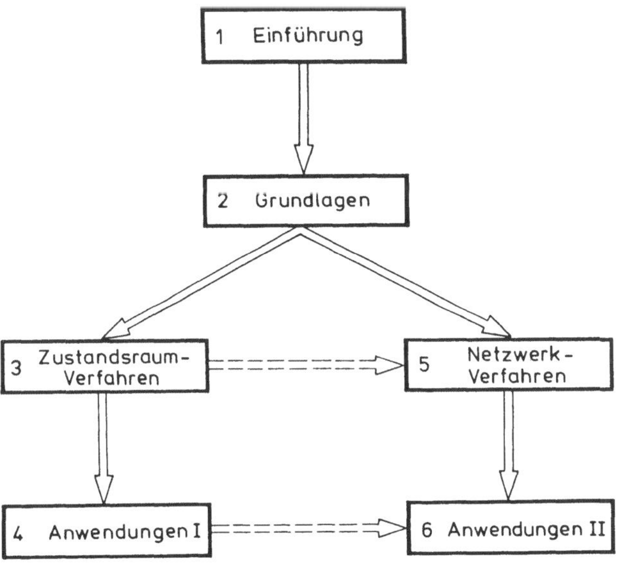

Bild 0-1. Aufbau des Buches.

Im Kapitel 1 werden grundlegende Begriffe erklärt und die Methodik
für Systemzuverlässigkeitsanalysen beschrieben. Es wird ferner ein
Überblick über die mathematischen Verfahren gegeben. Im Kapitel 2
werden die theoretischen Grundlagen für die Zuverlässigkeitsver-

fahren gelegt. Die Verfahren werden eingeteilt in die beiden großen Klassen: Zustandsraum-Verfahren im Kapitel 3 und Netzwerk-Verfahren im Kapitel 5, die ausführlich beschrieben werden. Zum
Schluß der Kapitel 3 und 5 werden die wichtigsten Rechenschritte
zusammengestellt und sozusagen als Standardlösungen für die Anwendung angeboten. Mit den Verfahren werden in den Kapiteln 4 und 6
Beispiele aus einem breiten Anwendungsfeld der Elektrotechnik berechnet. Diese Beispiele dienen dazu, wichtige realistische Anforderungen kennenzulernen, das Verständnis und die Zusammenhänge der
Verfahren zu vertiefen und den Leser schrittweise in ihre praktische Handhabung einzuführen. In den Kapiteln 5 und 6 werden die
Verfahren zur Lösung großer und komplexer Systeme zusammengesetzt.
Im Kapitel 7 (Zusammenfassung) werden die beschriebenen Verfahren
zusammengestellt und auf ihre Anwendbarkeit hin abschließend beurteilt. Die mathematischen Beweise und Herleitungen sind im Kapitel
8 (Anhang) untergebracht. Zum Schluß des Buches findet der Leser
ein umfangreiches Literaturverzeichnis.

1 Einführung

1.0 Übersicht

Es werden die Aufgaben und Ziele der Zuverlässigkeitstechnik herausgestellt, grundlegende Begriffe geklärt und die Methodik zur Berechnung der Zuverlässigkeit elektrotechnischer Systeme beschrieben. Die Einführung endet mit einem Überblick über die mathematischen Verfahren für Zuverlässigkeitsberechnungen, die in den darauffolgenden Kapiteln beschrieben werden.

1.1 Bedeutung der Zuverlässigkeitstechnik

Bei der Beurteilung von Anlagen der Energie- und Industrietechnik ist die Zuverlässigkeit neben der Sicherheit, den Leistungsmerkmalen, den Handhabungsmerkmalen und den Kosten ein wichtiges Beurteilungskriterium (Bild 1-1), z.B. beim Vergleich verschiedener Systemkonzepte, in Angeboten bzw. bei der Vergabe von Aufträgen und in Sicherheitsanalysen. Die Zuverlässigkeit ist somit ein bedeutender wirtschaftlicher Faktor. Verbale und qualitative Zuverlässigkeitsbeschreibungen reichen meistens nicht mehr aus, weshalb immer häufiger quantitative Aussagen verlangt werden, die man nur durch eine wahrscheinlichkeitstheoretisch unterstützte Zuverlässigkeitsanalyse erhält. Die Zuverlässigkeitstechnik, d.i. die industrielle Anwendung der Zuverlässigkeitstheorie, gewinnt daher immer mehr an Bedeutung.

In den vergangenen Jahrzehnten hat die Bedeutung der Zuverlässigkeitstechnik sprunghaft zugenommen. Dies hat verschiedene Gründe. Bedingt durch wachsenden technischen Fortschritt, steigendes An-

spruchsdenken und die Notwendigkeit, Kosten zu reduzieren, wurden
in allen technischen Bereichen die Anforderungen und der Aufgaben-
umfang immer größer. Beispiele dafür sind: (1) dauernde Betriebsbe-
reitschaft (elektrische Energieversorgungssysteme, Kommunikations-
systeme, zentrale Leitsysteme), (2) keine Möglichkeit zur Reparatur während des Betriebes (Luft- und Raumfahrt), (3) die Übertragung von Sicherheitsfunktionen auf technische Einrichtungen (Sicherheitseinrichtungen in der Chemie und der Nukleartechnik) und
(4) die Notwendigkeit, technische Anlagen aus wirtschaftlichen
Gründen besser auszunutzen (Materialeinsparung, Verminderung von
Reserven und Redundanzen). Dadurch werden technische Anlagen immer
leistungsstärker, größer und komplexer ausgelegt und der Automati-
sierungsgrad wird immer mehr gesteigert. Moderne Anlagen und besonders elektrotechnische Anlagen sind aus vielen Bausteinen mit
unterschiedlicher Abhängigkeit (Komplexität) aufgebaut, wobei auch
in Zukunft der Trend zu immer größeren Anlagen anhalten wird. Als
Folge davon wird das Ausfallverhalten komplexer und die Auswirkungen von Ausfällen werden schwerwiegender.

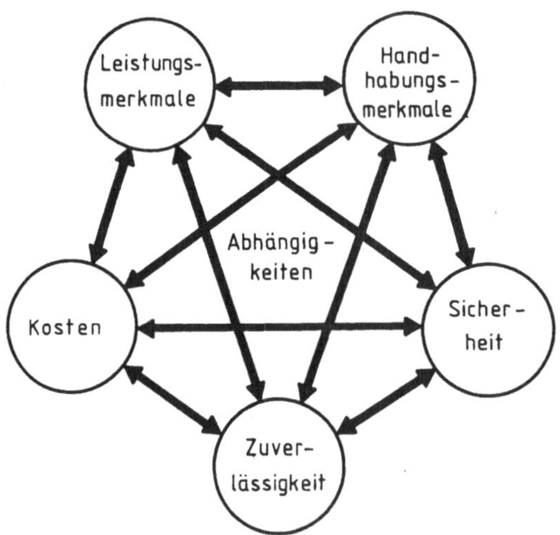

Bild 1-1. Beurteilungskriterien technischer Anlagen.

Während bei der einfachen Technik früherer Jahrhunderte eine hohe
Zuverlässigkeit durch Einfachheit und hohe Materialreserven erzielt
wurde, kann bei heutigen Produkten eine hohe Zuverlässigkeit unter

Berücksichtigung wirtschaftlicher Gesichtspunkte nur durch ein gutes Konzept, durch hohe Qualität der eingesetzten Bausteine und durch eine wohldurchdachte Systemstruktur erreicht werden.

An den Ingenieur werden deshalb hohe Anforderungen gestellt. Er steht vor der schwierigen Aufgabe unter Beachten aller Beurteilungskriterien (Bild 1-1) die technisch-wirtschaftlich optimale Lösung zu ermitteln. Dazu benötigt er umfassende Kenntnisse und geeignete Werkzeuge aus vielen Gebieten. Die vorliegende Arbeit hat das Ziel, ihm das notwendige Rüstzeug auf dem Gebiet der Zuverlässigkeitstechnik zu vermitteln.

1.2 Aufgaben und Ziele der Zuverlässigkeitstechnik

Für die Definition der Zuverlässigkeit sei die Festlegung nach DIN 40041 [74] bzw. IEC 271 [64] gewählt. Sie lautet

- Die Zuverlässigkeit ist definiert als die Fähigkeit einer Betrachtungseinheit, die beabsichtigte Funktion unter festgelegten Bedingungen für eine festgelegte Zeitdauer zu erfüllen.

Von der Zuverlässigkeit zu unterscheiden ist die Sicherheit. Sie läßt sich als die Fähigkeit einer Betrachtungseinheit definieren, von der unter vorgegebenen Bedingungen keine Gefährdung für Gesundheit, Leben und Umwelt ausgeht. Die Zuverlässigkeits- und Sicherheitstechnik haben unterschiedliche Zielrichtungen. Die Sicherheitstechnik hat das Ziel, das Auftreten einer Gefahr aufzuzeigen und zu verhindern, z.B. durch Abschalten der Anlage. Die Zuverlässigkeitstechnik hat das Ziel, das Auftreten eines Ausfalles einer Funktion zu bewerten und abhängig davon bestimmte Maßnahmen zu ergreifen, z.B. Einbau von Redundanz. Auf die Unterschiede zwischen Sicherheits- und Zuverlässigkeitstechnik wird noch im Kapitel 1.3 eingegangen. Wir werden uns in diesem Buch nicht mit der Sicherheit, sondern mit der Zuverlässigkeit von Anlagen beschäftigen.

Die Definition der Zuverlässigkeit gibt die Zielrichtung und den Rahmen einer Zuverlässigkeitsanalyse an. Die Zuverlässigkeitstechnik liefert die dazu notwendigen Werkzeuge. Die Aufgabe der <u>Zuverlässigkeitstechnik</u> besteht darin, eine systematische Vorgehenswei-

6

se für Zuverlässigkeitsanalysen und Modelle und Verfahren für die
Zuverlässigkeitsberechnung bereitzustellen. Bild 1-2 zeigt die
Einordnung der drei wichtigen Begriffe.

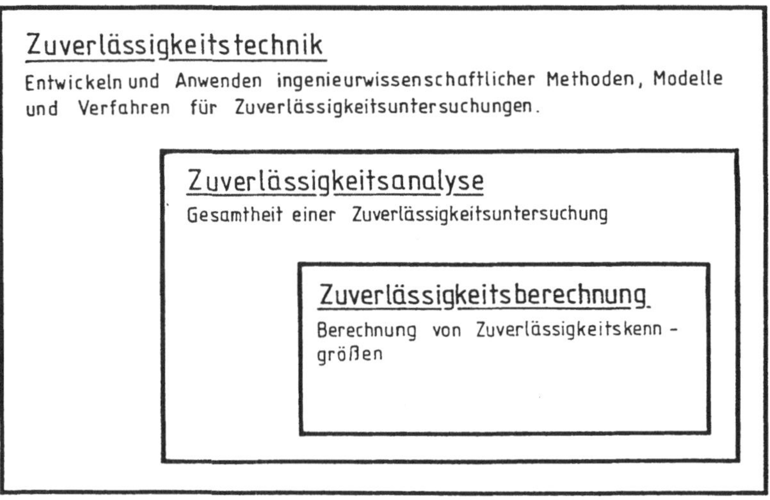

Bild 1-2. Zuverlässigkeitsbegriffe.

Die Zuverlässigkeit einer Anlage hängt sowohl vom Systementwurf als
auch von der Betriebsführung ab. Einflußgrößen beim Entwurf sind die
Systemkonfiguration, die Auswahl der Bauelemente, das Prozeßüberwa-
chungs- und Steuerungssystem, das Schutz- und Sicherheitskonzept sowie die zugrundegelegten Bedienungsstrategien, wozu auch die Instandsetzung und die Wartung zählen. Wie zuverlässig eine Anlage im Betrieb ist, hängt von der Betriebsführung und von der Auswahl, dem
Einsatz und den Fähigkeiten des Bedienungspersonals ab. Die Zuverlässigkeit hängt somit von vielen determinierten (planmäßig vorgegebenen) und stochastischen (zufällig auftretenden) Ereignissen ab.
Aus diesen Gründen ist die Zuverlässigkeit eine schwierig zu quan-
tifizierende Größe.

Die Zuverlässigkeit einer Anlage wird entscheidend in der Entwurfsphase festgelegt. Hier besteht eine wichtige Aufgabe darin, verschiedene Systementwürfe zuverlässigkeitstechnisch zu beurteilen,
um somit eine Entscheidungshilfe für die technisch-wirtschaftlich
günstigste Lösung zu erhalten. Dafür lassen sich mathematische Ver-

fahren sinnvoll einsetzen. Dagegen ist die Anwendung mathematischer
Zuverlässigkeitsverfahren für die Betriebsführung von Anlagen viel
schwieriger, da hier die menschlichen Eigenschaften wie Anpassung
von Entscheidungen an die jeweilige Betriebssituation, Korrektur-
möglichkeiten und Improvisationstalent, die man nicht in mathematischen Algorithmen berücksichtigen kann, von großem Einfluß sind.
Wir wollen uns in diesem Buch mit der Zuverlässigkeitsberechnung von
Systemen in der Entwurfsphase beschäftigen.

Die Zuverlässigkeit einer Anlage wird in einer Zuverlässigkeitsanalyse ermittelt. Für sie gibt es sowohl <u>qualitative</u> als auch
<u>quantitative</u> Beurteilungskriterien. Zur qualitativen Beurteilung
zählen z.B. Kriterien wie Einsatz langjährig erprobter Komponenten, gute Dokumentation, umfangreiche Diagnostikwerkzeuge zum
schnellen Auffinden von Fehlern und Kundendienstleistungen von erfahrenen und qualifizierten Technikern. Zur quantitativen Beurteilung sind wahrscheinlichkeitstheoretische Untersuchungen nötig.
Sie liefern Aussagen über die Wahrscheinlichkeit, mittlere Häufigkeit und mittlere Dauer von erwünschten und unerwünschten Zuständen. Während für kleine und mittelgroße Anlagen oft qualitative
Zuverlässigkeitsüberlegungen ausreichen, werden bei größeren Anlagen quantitative Angaben notwendig. Der Vorteil mathematisch unter-
stützter Zuverlässigkeitsuntersuchungen gegenüber qualitativen Zu-
verlässigkeitsbetrachtungen liegt darin, daß man mit ihnen systematisch eine große Anzahl an Ausfallkombinationen verarbeiten und
bewerten kann. Die Zuverlässigkeitsverfahren sollen folgende Anforderungen erfüllen:

- Die Verfahren sollen für große und komplexe
  Systeme anwendbar sein.

- Alle wichtigen Betriebs- und Ausfalleigen-
  schaften, die determiniert-stochastischen
  Charakter haben, sollen ausreichend genau
  berücksichtigt werden.

- Mit wenigen Verfahren sollen möglichst viele
  unterschiedliche industrielle Anwendungsbereiche erfaßt werden.

- Die Verfahren sollen durchschaubar und leicht
  erlernbar sein.

- Die notwendigen Zuverlässigkeitsberechnungen
  sollen kostengünstig durchgeführt werden.

8

Besonders auf den letzten Punkt sei hingewiesen. Er fordert, daß
die Verfahren mit einfachen Hilfsmitteln, nach Möglichkeit ohne
umfangreiche Rechnerprogramme, durchgeführt werden sollen und die
Untersuchung möglichst wenig Zeit beansprucht. Sind die genannten
Bedingungen erfüllt, so sprechen wir von industriell anwendbaren
Verfahren.

In der Zuverlässigkeitsanalyse sind für die Praxis folgende Zielrichtungen von Bedeutung:

- Zuverlässigkeitsnachweis

  Angabe von absoluten Zahlenwerten für
  Zuverlässigkeitskenngrößen.

- Systemvariantenvergleich

  Vergleich verschiedener Systementwürfe durch relative Zahlenwerte, um somit die technisch-wirtschaftlich optimale Lösung zu erhalten.

- Sensitivitätsanalyse

  Einfluß des Ausfalls der einzelnen Komponenten
  auf die Zuverlässigkeit des Gesamtsystems. Mit
  einer Sensitivitätsanalyse können sowohl Schwachstellen im System aufgedeckt werden als auch zu
  zuverlässige Strukturen (unwirtschaftlich!) fest-
  gestellt und evtl. nicht notwendige Redundanzen
  eingespart werden.

Der Zuverlässigkeitsnachweis stellt die höchsten Ansprüche an eine
Zuverlässigkeitsanalyse, weil absolute Zuverlässigkeitsangaben gefordert werden, für die sowohl genaue statistische Eingangsdaten als
auch genaue Verfahren zur Verfügung stehen müssen.

Demgegenüber werden beim Systemvariantenvergleich und bei der Sensitivitätsanalyse nur relative Aussagen gemacht, so daß Daten- und
Verfahrensungenauigkeiten in allen Systemvarianten die gleiche Tendenz aufweisen und sich beim Vergleich teilweise aufheben. Beim Systemvariantenvergleich ist jedoch darauf zu achten, daß für die Systeme die gleichen Bedingungen (gleiche Verfahren, gleiche Komponentenkenngrößen) gelten. Das ist besonders beim Variantenvergleich von
Systemen verschiedener Hersteller wichtig, da es bis heute keine einheitliche Berechnungsbasis gibt. Deshalb sollen bei der Angabe von
Zuverlässigkeitswerten alle Kriterien, die der Zuverlässigkeitsuntersuchung zugrundeliegen, angegeben werden.

Die Methoden, Modelle und Verfahren der Zuverlässigkeitstechnik bilden auch die Grundlage für Ersatzteillager-, Instandsetzungs- und Wartungsstrategien, die im Rahmen dieses Buches nicht behandelt werden.

Zum Schluß soll noch auf einen wichtigen Punkt hingewiesen werden. Da alle Zuverlässigkeitsangaben wahrscheinlichkeitstheoretische Größen sind, muß man immer beachten, daß diese nicht im klassischen Sinn als determinierte Angaben interpretiert werden dürfen. Das hat nichts mit genauer oder ungenauer Berechnung zu tun, sondern liegt im Prinzip der Wahrscheinlichkeitstheorie begründet. Bei Zuverlässigkeitsangaben sollten deshalb stets folgende Punkte ausdrücklich ausgewiesen werden:

1. Die zugrunde gelegten Funktionen (laut Definition der Zuverlässigkeit).

2. Die zugrunde gelegten Voraussetzungen (laut Definition der Zuverlässigkeit).

3. Hinweis, daß es sich um statistische (wahrscheinlichkeitstheoretische) Angaben handelt, die als solche auch zu interpretieren sind.

Auf diese Punkte ist besonders bei der Abgabe von Garantieerklärungen bzw. der Zusicherung von Zuverlässigkeitsangaben zu achten.

1.3 Grundbegriffe und Festlegungen in der Zuverlässigkeitstechnik

In diesem Kapitel werden einige Grundbegriffe und Festlegungen beschrieben, um so eine gemeinsame Kommunikationsgrundlage zu schaffen. Zuerst soll zwischen Fehler und Ausfall unterschieden werden.

<u>Definition eines Fehlers</u>

Der Mensch ist naturgemäß nicht in der Lage, Bausteine, Geräte und Anlagen vollkommen fehlerfrei zu bauen und zu betreiben. Durch diese Unvollkommenheit treten Fehler auf, die zu einem Fehlverhalten technischer Einrichtungen führen. Der Begriff Fehler ist in DIN 40042 [75] wie folgt definiert:

> ●| Unter einem Fehler wird eine unzulässige Abweichung von Funktions- oder Leistungsmerkmalen verstanden.

In der NTG-Empfehlung 3004 [80] sind zusätzliche Definitionen angegeben, die auch Softwarefehler und menschliche Fehler betreffen. Wir wollen uns jedoch im Rahmen dieses Buches auf die angegebene Definition beschränken.

Klassifizierung von Fehlern bezüglich ihrer Ursachen

Alle Fehler lassen sich aufgrund ihrer Ursachen im wesentlichen in drei Klassen einteilen. Diese sind

- Spezifikations-, Entwurfs- und Herstellungsfehler,

- physikalische Fehler,

- Bedienungsfehler.

In Bild 1-3 sind die verschiedenen Fehlerarten, die sich an die NTG-Empfehlung 3004 anlehnen, zusammengestellt. Das besondere Merkmal aller Fehler ist, daß sie für den Beobachter rein zufällig auftreten.

Spezifikationsfehler sind Fehler, die bei der genauen Beschreibung einer Anlage im Sinne einer Aufgabenstellung gemacht werden. Entwurfsfehler sind Fehler, die in der Entwurfs- oder Konzeptphase einer Anlage gemacht werden, z.B. Unterdimensionierung von Anlagenteilen, Schaltungsfehler und falsche Algorithmen in Regelkreisen. Unter Herstellungsfehler fallen alle Fehler, die bei der Fertigung, der Montage und der Inbetriebnahme auftreten. Mangelhafte Qualitätssicherung wird dieser Fehlerklasse ebenfalls zugeordnet. Spezifikations-, Entwurfs- und Herstellungsfehler können sowohl in der Software- als auch in der Hardwarerealisation auftreten.

Physikalische Fehler treten infolge nicht vorhersehbarer physikalischer Vorgänge im Betrieb auf, z.B. Erdschlüsse auf Hochspannungsleitungen infolge Blitzeinschläge oder Überspannungen, klebende Relaiskontakte oder Verschleißausfälle in Feuerungsanlagen. Physikalische Fehler treten nur in der Hardware auf.

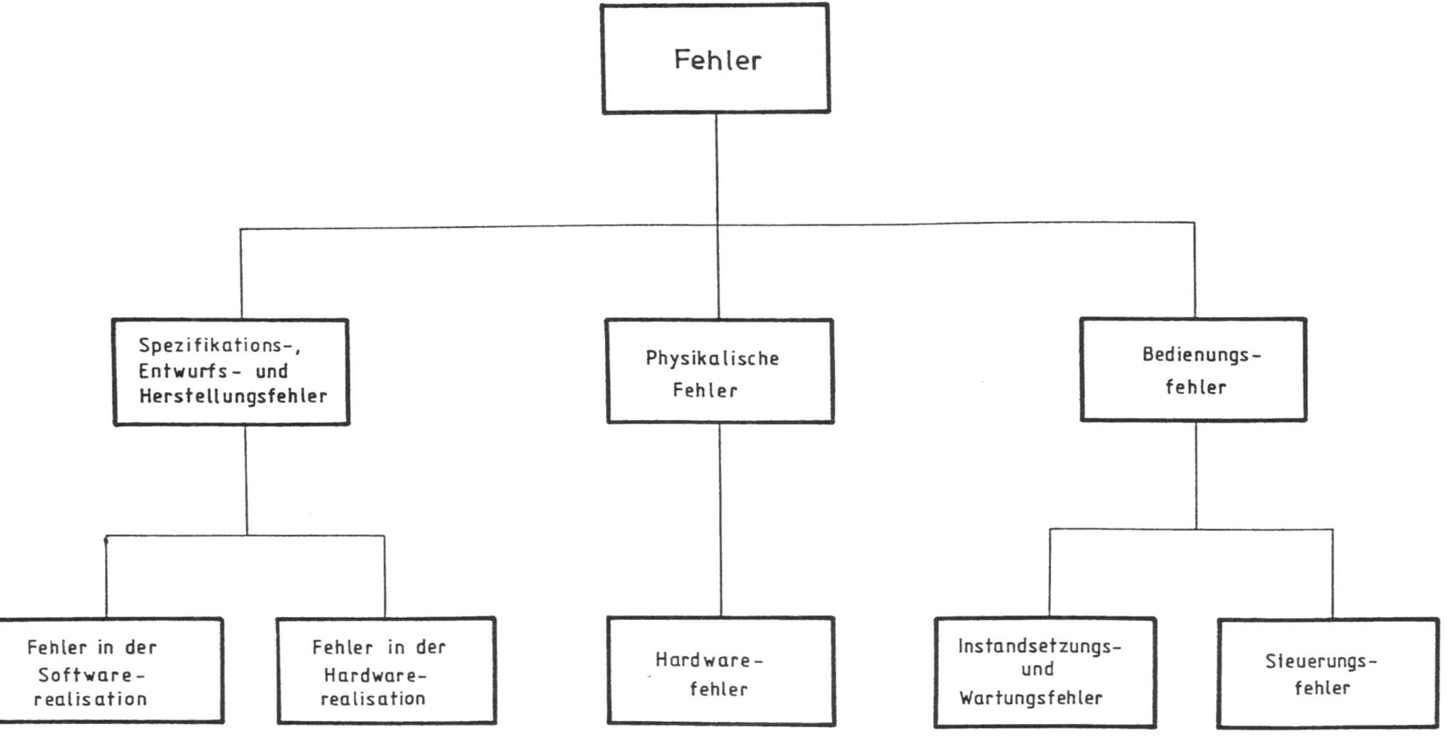

Bild 1-3. Einteilung der Fehler nach ihren Ursachen.

Bedienungsfehler umfassen Steuerungs-, Instandsetzungs- und Wartungsfehler. Zu Steuerungsfehlern zählen z.B. falsche Schaltbefehle. Instandsetzungs- und Wartungsfehler umfassen mangelhaft oder falsch ausgeführte Arbeiten. Bedienungsfehler werden durch den Menschen infolge Unachtsamkeit, Unwissenheit, falsche Informationen, falsche Dateneingabe und Fehlreaktionen unter Streßbelastung verursacht.

Auf wesentliche Unterschiede zwischen den einzelnen Fehlerklassen sei noch einmal hingewiesen. Während Spezifikations-, Entwurfs- und Herstellungsfehler sowohl in der Hardware als auch in der Software auftreten können, treten physikalische Fehler ausschließlich in der Hardware auf. Ferner treten physikalische Fehler nach statistischen Gesetzmäßigkeiten immer wieder auf, Spezifikations-, Entwurfs- und Herstellungsfehler dagegen nur einmal, wenn sie korrekt beseitigt werden. Auch Bedienungsfehler können durch geeignetes Training vermindert werden und treten mit zunehmender Erfahrung immer seltener auf. Man kann also sagen, daß in ausgereiften Anlagen mit erfahrenen Bedienungsmannschaften die physikalischen Fehler die Zuverlässigkeit einer Anlage bestimmen. Wir wollen uns in diesem Buch nur mit der Zuverlässigkeit, die durch physikalische Fehler bestimmt wird, beschäftigen. Korrekte Spezifikation, korrekter Entwurf, korrekte Herstellung und korrekte Bedienung einer Anlage werden vorausgesetzt.

Klassifizierung von Fehlern bezüglich ihrer Auswirkungen

Aufgrund der unterschiedlichen Auswirkungen von Fehlern können diese grundsätzlich in die im Bild 1-4 aufgeführten Bereiche eingeteilt werden. Demnach unterscheidet man zwischen folgenden Fehlern:

1. Fehler ohne Auswirkungen auf die Zuverlässigkeit einer Anlage.

2. Ungefährliche Fehler, die ausschließlich eine Zuverlässigkeitsminderung (Verfügbarkeitsminderung) einer Anlage hervorrufen.

3. Gefährliche Fehler, die eine Gefährdung von Menschen, Umwelt und Material bewirken und somit die Sicherheit einer Anlage betreffen. Gefährliche Fehler beeinflussen im allgemeinen auch die Zuverlässigkeit einer Anlage.

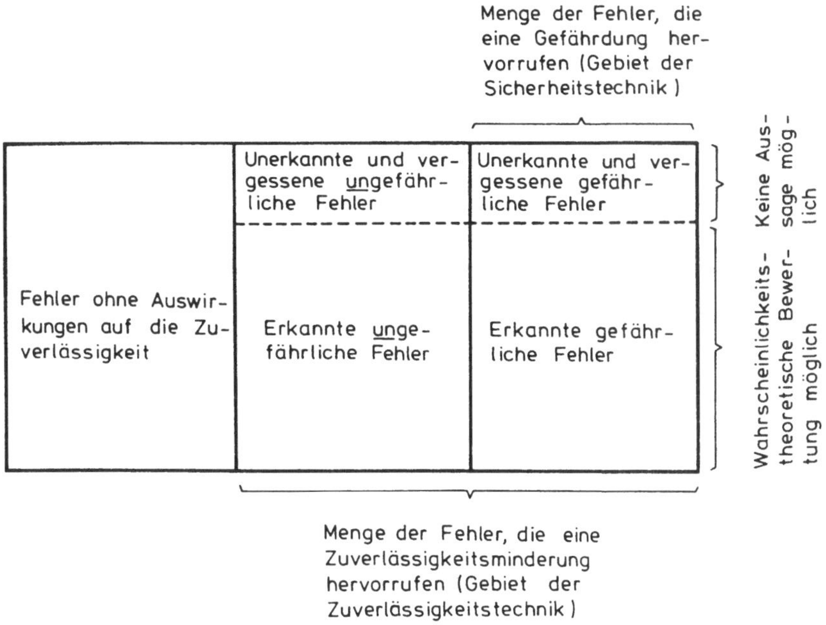

Menge der Fehler, die
eine Gefährdung her-
vorrufen (Gebiet der
Sicherheitstechnik)

Fehler ohne Auswirkungen auf die Zuverlässigkeit	Unerkannte und vergessene ungefährliche Fehler	Unerkannte und vergessene gefährliche Fehler
	Erkannte ungefährliche Fehler	Erkannte gefährliche Fehler

Keine Aussage möglich

Wahrscheinlichkeitstheoretische Bewertung möglich

Menge der Fehler, die eine
Zuverlässigkeitsminderung
hervorrufen (Gebiet der
Zuverlässigkeitstechnik)

Bild 1-4. Einteilung der Fehler nach ihren Auswirkungen.

Für die Zuverlässigkeit interessieren nur die Fehler, die die Zuverlässigkeit im Sinne ihrer Definition beeinflussen. Das sind die Ausfälle.

Definition eines Ausfalles

Unter einem Ausfall versteht man die in DIN 40042 definierte Auswirkung eines Fehlers. Diese Definition lautet:

- Unter einem Ausfall versteht man die Verletzung von Grenzbedingungen bezüglich der Zuverlässigkeit.

Ein Ausfall führt somit immer zur Nichterfüllung von Anlagenfunktionen, die in der Zuverlässigkeitsdefinition festgelegt worden sind. Ein Ausfall kann zusätzlich zu einer Gefährdung führen, die jedoch in einer Zuverlässigkeitsanalyse nicht betrachtet wird. Neben dem Begriff des Ausfalles gibt es noch den Begriff der Störung. Unter einer Störung versteht man nach DIN 40042 die Beeinträchtigung einer Funktion, die keinen Ausfall zu bedeuten braucht. Eine Störung kann z.B. auch eine vorübergehende Beeinträchtigung einer Funktion sein. Die Kenntnis der Störungen läßt deshalb noch keine

Aussage über die Zuverlässigkeit zu. Aus der Häufigkeit von Störungen lassen sich demzufolge auch keine Zuverlässigkeitsangaben ableiten, weshalb wir diesen Begriff auch nicht weiter verwenden.

In Zuverlässigkeitsanalysen kann es notwendig sein, den "Ausfall" entsprechend seinen unterschiedlichen Ausfallwirkungen durch unterschiedliche Ausfallzustände differenzierter zu betrachten. Ferner kann es notwendig sein, weitere Einflüsse wie Wartungen (die ausfallähnliche Wirkungen hervorrufen), Inspektionen und Reservezustände zu berücksichtigen. Die dazu notwendigen Methoden mit ausführlichen Beispielen werden in diesem Buch beschrieben.

Entsprechend der Einteilung der Fehler in ungefährliche und gefährliche Fehler und ihrer unterschiedlichen Behandlung unterscheidet man zwischen

- Zuverlässigkeitstechnik   und

- Sicherheitstechnik.

Prinzip der Zuverlässigkeitstechnik

Das Ziel der Zuverlässigkeitstechnik besteht darin, alle Fehler zu erkennen und zu beurteilen, die eine Zuverlässigkeitsminderung einer Anlage hervorrufen und damit deren Wirtschaftlichkeit direkt beeinflussen. Dabei werden nicht die einzelnen Fehler betrachtet, sondern alle Fehler entsprechend ihren Auswirkungen in Ausfallklassen zusammengefaßt betrachtet. Eine eventuelle Gefährdung, die von diesen Fehlern ausgeht und ihre sicherheitstechnische Behandlung werden in der Zuverlässigkeitstechnik nicht berücksichtigt. Das Prinzip der Zuverlässigkeitstechnik besteht nun darin, das Auftreten von Ausfällen für die Zukunft wahrscheinlichkeitstheoretisch zu beurteilen. Die mathematischen Grundlagen dazu bilden die Wahrscheinlichkeitstheorie und die Theorie der stochastischen Prozesse.

Prinzip der Sicherheitstechnik

Das Ziel der Sicherheitstechnik besteht darin, das Auftreten jedes einzelnen gefährlichen Zustandes einer Anlage zu erkennen und die Anlage in einen gefahrlosen Zustand (Fail-safe-Zustand) zu überführen, z.B. definiert abzuschalten. Um das Restrisiko insbesondere durch unerkannte oder vergessene Fehler klein zu halten, müssen zahlreiche Sicherheitsvorschriften beachtet werden.

Im Gegensatz zur Zuverlässigkeitstechnik, die wahrscheinlichkeitstheoretisch orientiert ist, geht die Sicherheitstechnik determiniert
vor: Jeder gefährliche Zustand muß erkannt und die Anlage in den
gefahrlosen Zustand übergeführt werden. Dazu dienen Sicherheitseinrichtungen, die zwar hoch zuverlässig, aber letzten Endes nicht
100 % zuverlässig ausgelegt werden können. Um das Auftreten von gefährlichen Zuständen bzw. das Versagen von Sicherheitseinrichtungen
quantitativ zu beurteilen, werden in der Sicherheitstechnik in zuneh-
mendem Maße zuverlässigkeitstheoretische Methoden angewandt (z.B.
zur Bestimmung des Restrisikos in Kernkraftwerken). Die Zuverlässigkeitstechnik hat somit auch sicherheitstechnische Bedeutung.

Zwischen der Zuverlässigkeit und der Sicherheit bestehen Zusammenhänge. Beispielsweise kann eine hohe Zuverlässigkeit von Überwa-
chungssystemen (z.B. Reaktorschutzeinrichtungen) Voraussetzung für
eine hohe Sicherheit der Anlage sein. Andererseits können sehr sichere Anlagen auch unzuverlässig sein, nämlich dann, wenn beim Auftreten von gefährlichen Fehlern die Anlage abgeschaltet werden muß.

1.4 Konzept der Systemzuverlässigkeitsanalyse

Die Zuverlässigkeit einer Anlage wird in einer Zuverlässigkeitsanalyse ermittelt. Diese stellt die Gesamtheit der Untersuchungs-
schritte von der Systemanalyse bis zur Bewertung der berechneten
Kenngrößen dar. Im Bild 1-5 ist das Konzept der Systemzuverlässigkeitsanalyse angegeben. Die einzelnen Schritte werden jetzt näher
beschrieben.

1 Systemanalyse

In der Systemanalyse wird die zu untersuchende Anlage zuverlässigkeitstheoretisch analysiert. Am Anfang steht die Analyse der Aufgabenstellung der Anlage, da sich die Zuverlässigkeit immer auf
die Aufgaben bzw. die Funktionen der Anlage bezieht (siehe Definition der Zuverlässigkeit im Kapitel 1.2). Wie zuverlässig eine Anlage ihre Aufgaben erfüllt, wird wesentlich durch ihren Aufbau bestimmt, der ebenfalls untersucht werden muß. Unter Berücksichtigung der Aufgabenstellung und des Aufbaus wird darauffolgend das
Betriebsverhalten untersucht. Hier muß geklärt werden, welchen

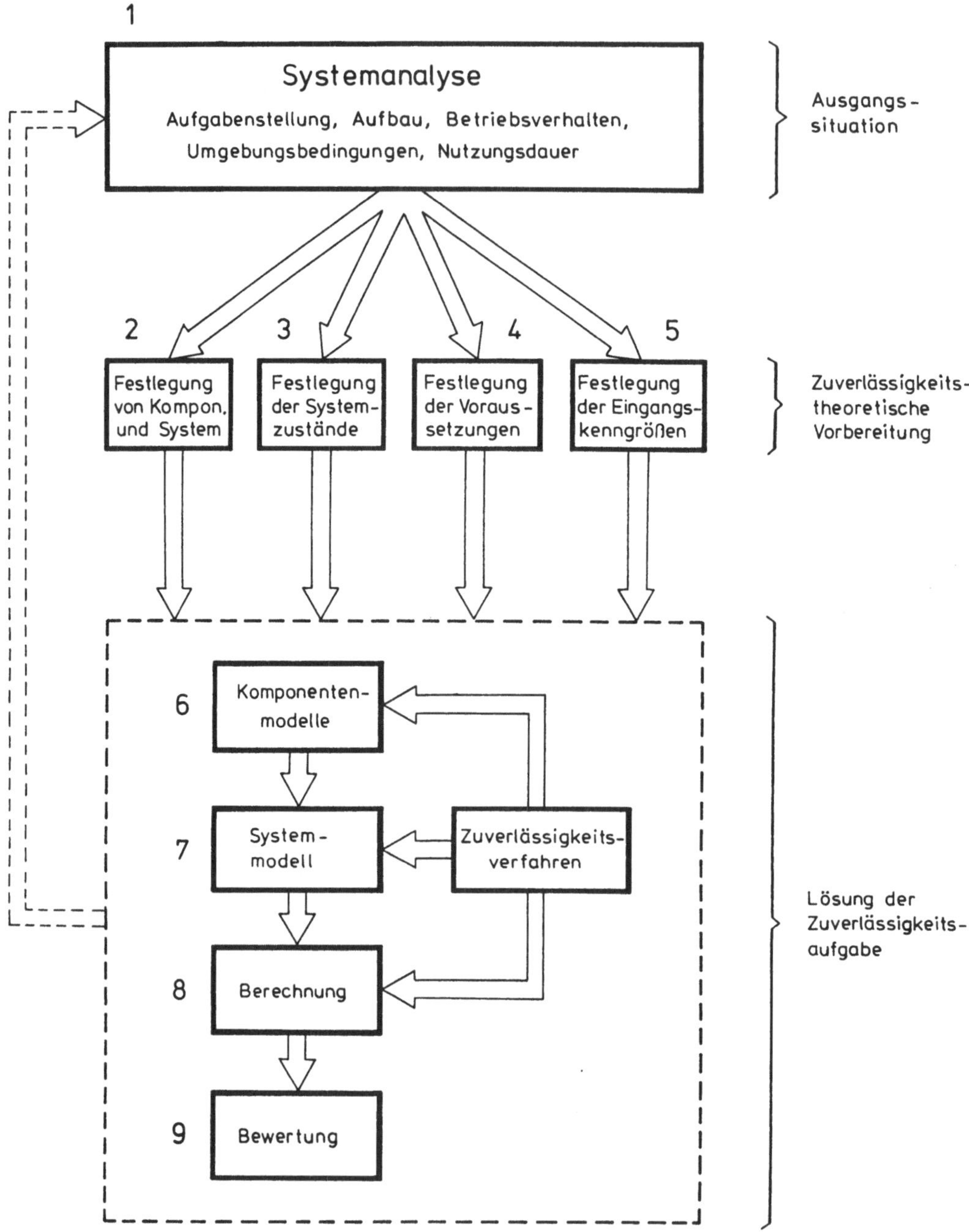

Bild 1-5. Arbeitsschritte einer Systemzuverlässigkeitsanalyse - Zu-
verlässigkeitskonzept.

Einfluß Ausfälle, Instandsetzungen, Wartungen und Inspektionen der
einzelnen Betriebsmittel auf das Verhalten der Anlage und damit
auf deren Zuverlässigkeit haben. Weiter sind die Umgebungsbedingungen (normale oder rauhe Umgebung) und die Nutzungsdauer zu berücksichtigen.

Nach der Systemanalyse werden für die Zuverlässigkeitsberechnung
- sozusagen als vorbereitende Schritte - folgende Festlegungen getroffen.

2 Festlegung von Komponenten und System

In der Zuverlässigkeitsanalyse wird nur von zwei Betrachtungsebenen, auch Betrachtungseinheiten genannt, ausgegangen:

- Komponente

  Die Komponente ist definiert als die kleinste
  statistische Betrachtungseinheit, die nicht
  weiter systemtheoretisch unterteilt wird.

- System

  Unter dem System versteht man den funktionalen
  Zusammenhang derjenigen Komponenten, die einen
  Einfluß auf die Zuverlässigkeit der Anlage haben. Alle Komponenten, die nach der Systemanalyse keinen Einfluß haben, werden weggelassen.

Im 2. Arbeitsschritt findet eine Zuordnung der funktionalen Einheiten zu den Betrachtungseinheiten Komponente und System statt,
die der weiteren Zuverlässigkeitsanalyse ausschließlich zugrunde
liegen. Wir sprechen dann nicht mehr von Element, Baugruppe, Gerät oder Anlage, sondern nur noch von Komponenten und System.

Die Definition des Systems ist ein erster Schritt von der rein
technologiebezogenen Anlagenstruktur zur zuverlässigkeitsbezogenen
Struktur.

Bild 1-6 zeigt die beiden Betrachtungseinheiten. Demnach kann ein
Gerät, eine Baugruppe oder eine Anlage sowohl als Komponente, als
auch als System betrachtet werden, je nachdem, ob die Betrachtung
nach innen oder nach außen gerichtet ist. Wie die Zuordnung der
funktionalen Einheiten zu den beiden Betrachtungsebenen zu erfolgen
hat, hängt von der jeweiligen Aufgabe ab. Sie läßt sich nicht allgemeingültig festlegen. Jedoch sollten folgende Kriterien beachtet
werden:

18

    a) Durch die Aufgabenstellung sind oft schon die
       Komponenten selbst oder aber ihre obere Ab-
       grenzung (obere Größe der Zusammenfassung von
       Funktionseinheiten) festgelegt. Sollen z.B.
       verschiedene Systemstrukturen untersucht wer-
       den, so dürfen die Komponenten nicht so groß
       gewählt werden, daß sie diese Strukturen
       enthalten und im System dadurch nicht mehr auf-
       treten.

    b) Die frei definierbaren Komponenten sind so fest-
       zulegen, daß von ihnen ausreichend statistische
       Eingangsdaten mit vertretbarem Aufwand erhält-
       lich sind.

    c) Eine untere Grenze (untere Größe) der Komponen-
       ten ist dadurch vorgegeben, daß bei einer fei-
       neren Untergliederung des Systems, d.h. bei Be-
       trachtung einer größeren Anzahl kleinerer Kom-
       ponenten die Untersuchung zu umfangreich würde.

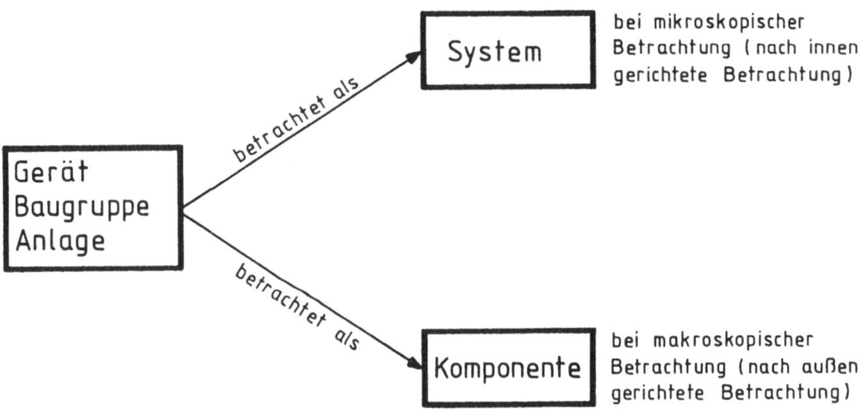

Bild 1-6. Betrachtungseinheiten in der Zuverlässigkeitstechnik.

Die wichtigsten Grundüberlegungen zur Festlegung von Komponenten
und System werden jetzt anhand des Bildes 1-7 vertieft. Ein Kraftwerk kann je nach Betrachtung sowohl Komponente als auch System
sein. In einem Energieversorgungssystem wird das Kraftwerk als
Komponente angesehen (Bild 1-7a). Die Menge der Kraftwerke bildet zusammen mit dem Netz ein System (Energieversorgungssystem).
Hier würde das dritte Bildungskriterium eine weitere Komponen-
tenverkleinerung nicht sinnvoll erscheinen lassen. Will man jedoch den Einfluß verschiedener Systemstrukturen von Eigenbedarfs-
schaltungen auf die Zuverlässigkeit des Kraftwerks untersuchen,

so ist es notwendig, das Kraftwerk als System zu betrachten (Bild
1-7b). Hier würde das erste Bildungskriterium eine obere Grenze
der Komponente vorschreiben. Im Bild 1-7b besteht das System
"Kraftwerk" aus den Komponenten: Kessel, Generator und Eigenbedarfsanlage.

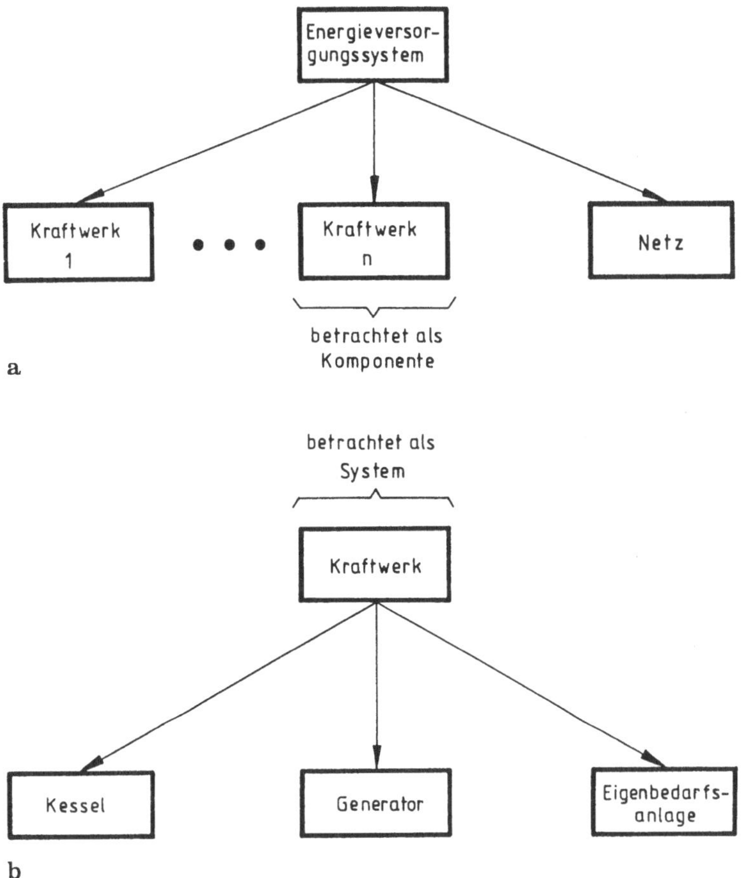

Bild 1-7. Beispiel zu den unterschiedlichen Betrachtungsebenen.
a) Das Kraftwerk wird als Komponente eines Energieversorgungssystems betrachtet. b) Das Kraftwerk wird als
System betrachtet. Seine Komponenten sind der Kessel,
der Generator und die Eigenbedarfsanlage.

3 Festlegung der zu untersuchenden Systemzustände

Wir kommen zurück auf Bild 1-5. Die zu untersuchenden Funktionen
bzw. Aufgaben der Anlage werden in folgenden Zielzuständen definiert:

- B_S Betriebszustand des Systems
- A_S Ausfallzustand des Systems.

In der Zuverlässigkeitsanalyse werden die Kenngrößen dieser beiden Systemzustände berechnet. Zuverlässigkeitsaussagen von Systemen beziehen sich deshalb meistens auf zwei Zustände, die komplementär sind. Man spricht deshalb auch von einem Zustandspaar. Für eine umfassende Zuverlässigkeitsbeurteilung eines Systems kann es durchaus notwendig sein, unterschiedliche Systemzustandspaare zu definieren (z.B. bei dezentralen Systemen). Das hängt von den Aufgaben ab, die die Anlage erfüllen soll.

4 Festlegung der Voraussetzungen

Jeder Zuverlässigkeitsanalyse liegen Voraussetzungen zugrunde, die durch die Eigenschaften des Betriebsverhaltens bedingt sind oder durch Annahmen festgelegt werden, die die Berechnungen vereinfachen oder gar erst ermöglichen. Die Voraussetzungen werden in der Modellierung von Komponenten und System berücksichtigt.

5 Festlegung der Eingangskenngrößen

Die Kenngrößen der Komponenten- und Systemmodelle werden aus statistischen Untersuchungen oder Berechnungen gewonnen. Zur Ermittlung der Kenngrößen werden je nach Anwendung verschiedene Methoden eingesetzt (siehe Kapitel 2.3). Diese sind: Labortest (z.B. für elektronische und elektromechanische Bauelemente), Auswerten von Betriebsstatistiken (z.B. für Kraftwerke, Transformatoren, Freileitungen) und Berechnung der Komponenten nach MIL-HDBK-217 D [69] (z.B. für elektronische Baugruppen, Rechnerkomponenten).

6 Komponentenmodelle

Für die Systemmodelle und Systemberechnung werden Komponentenmodelle gebildet, die das Betriebsverhalten der Komponenten beschreiben. Das Betriebsverhalten umfaßt z.B. Betrieb, Ausfall, Instandsetzung, Wartung und Inspektion der Komponenten. Es wird im Komponentenmodell durch Zustände und Zustandsübergänge nachgebildet. Das einfachste Komponentenmodell ist zweistufig (Zustände: Betrieb und Ausfall). Mehrstufige Komponentenmodelle (z.B. mit den Zuständen: Betrieb, Ausfall, Wartung) können mit Markoffschen Prozessen modelliert werden.

7 Systemmodelle

Um die im 3. Arbeitsschritt definierten Systemzustände B_S und A_S zu berechnen, werden Systemmodelle aus Kombination der Komponentenmodelle unter Beachten der systemspezifischen Voraussetzungen (z.B. stochastische Abhängigkeit zwischen den Komponenten) gebildet. Systemmodelle enthalten logische Verknüpfungen (logische Strukturen) von Komponentenzuständen. Diese werden z.B. in Zustands-Blockschaltbildern und Markoffschen Zustandsübergangsdiagrammen anschaulich und in der für die Berechnung geeigneten Form dargestellt.

8 Berechnung

In diesem Schritt werden die definierten Systemzustände B_S und A_S mit entsprechenden Verfahren berechnet. Sie werden in den folgenden Kapiteln beschrieben.

Durch die Analyseschritte 1 bis 8 fließen auch unvermeidbare Unsicherheiten bzw. Ungenauigkeiten in die Zuverlässigkeitsanalyse ein, die sich durch entsprechend hohen Aufwand reduzieren lassen. Es ist jedoch auch hier - wie bei jeder ingenieurmäßigen Lösung - ein Kompromiß zwischen Aufwand (Kosten) und Nutzen (Genauigkeit der Ergebnisse) zu suchen.

9 Bewertung

Unter Bewertung der berechneten Zuverlässigkeitskenngrößen versteht man die Interpretation der Ergebnisse und Schlußfolgerungen im Hinblick auf die im Kapitel 1.2 definierten Ziele.

Ehe eine Zuverlässigkeitsanalyse hinreichend genau ist, muß das Arbeitsschema im Bild 1-5 im allgemeinen mehrmals durchlaufen bzw. die Lösungen unter Einbeziehen der einzelnen Analyseschritte kritisch durchleuchtet, evtl. verändert, verfeinert usw. werden. Die Ergebnisse sollten mit den Erfahrungsträgern aus der Praxis diskutiert werden. Das fördert auf der einen Seite das Zuverlässigkeitsbewußtsein und auf der anderen Seite kommen durch die Analyse oft neue Erkenntnisse und Anregungen zutage, so daß sich die Zuverlässigkeitsanalyse festigt und realistisch wird. Beides fördert das Vertrauen in die Berechnung.

1.5 Übersicht über die wichtigsten mathematischen Verfahren zur Zuverlässigkeitsberechnung

Bild 1-8 zeigt eine Übersicht über die Verfahren zur Zuverlässigkeitsberechnung. Allgemein kann man zwischen analytischen Verfahren und Simulationsverfahren unterscheiden. Simulationsverfahren bieten den Vorteil, daß man komplizierte stochastische Prozesse mit geringem Aufwand simulieren kann, besitzen aber den Nachteil, daß sie wegen der langsamen stochastischen Konvergenz sehr viel Rechenzeit benötigen. Um die Forderungen nach Transparenz des Rechenweges und einfacher und schneller Rechenausführung zu erfüllen, werden analytische Verfahren bevorzugt. Zu den analytischen Verfahren gehören Verfahren der Wahrscheinlichkeitsrechnung, Verfahren der stochastischen Prozesse und Zuverlässigkeitsverfahren. Letztere sind spezielle Verfahren, die aus der Wahrscheinlichkeitstheorie und der Theorie der stochastischen Prozesse für Zuverlässigkeitsuntersuchungen entwickelt sind. Sie lassen sich allgemein in Netzwerk-Verfahren und Zustandsraum-Verfahren einteilen.

Netzwerk-Verfahren

Mit Netwerk-Verfahren bezeichnet man eine Gruppe von Verfahren für Systemberechnungen, in denen die zu untersuchenden Systemzustände als logische Aneinanderkettung von Komponentenzuständen gebildet werden. Die Darstellung der logisch verknüpften Zustände geschieht in Form von Netzwerken, die wir in Zustands-Blockschaltbildern darstellen. Zu den Netzwerk-Verfahren gehören:

Kombinatorische Regeln für Komponentenzustände
Es werden die elementaren Verknüpfungsregeln der Wahrscheinlichkeitstheorie auf Komponentenzustände angewandt.

Verfahren für logische Serien- und Parallelstrukturen
Es sind leicht anwendbare Zuverlässigkeitsverfahren für einfache serielle und parallele (unvermaschte) Systemstrukturen.

Minimalwegverfahren
Es ist ein spezielles Zuverlässigkeitsverfahren, das die Komponentenbetriebszustände betrachtet, die zum Betrieb des Systems führen.

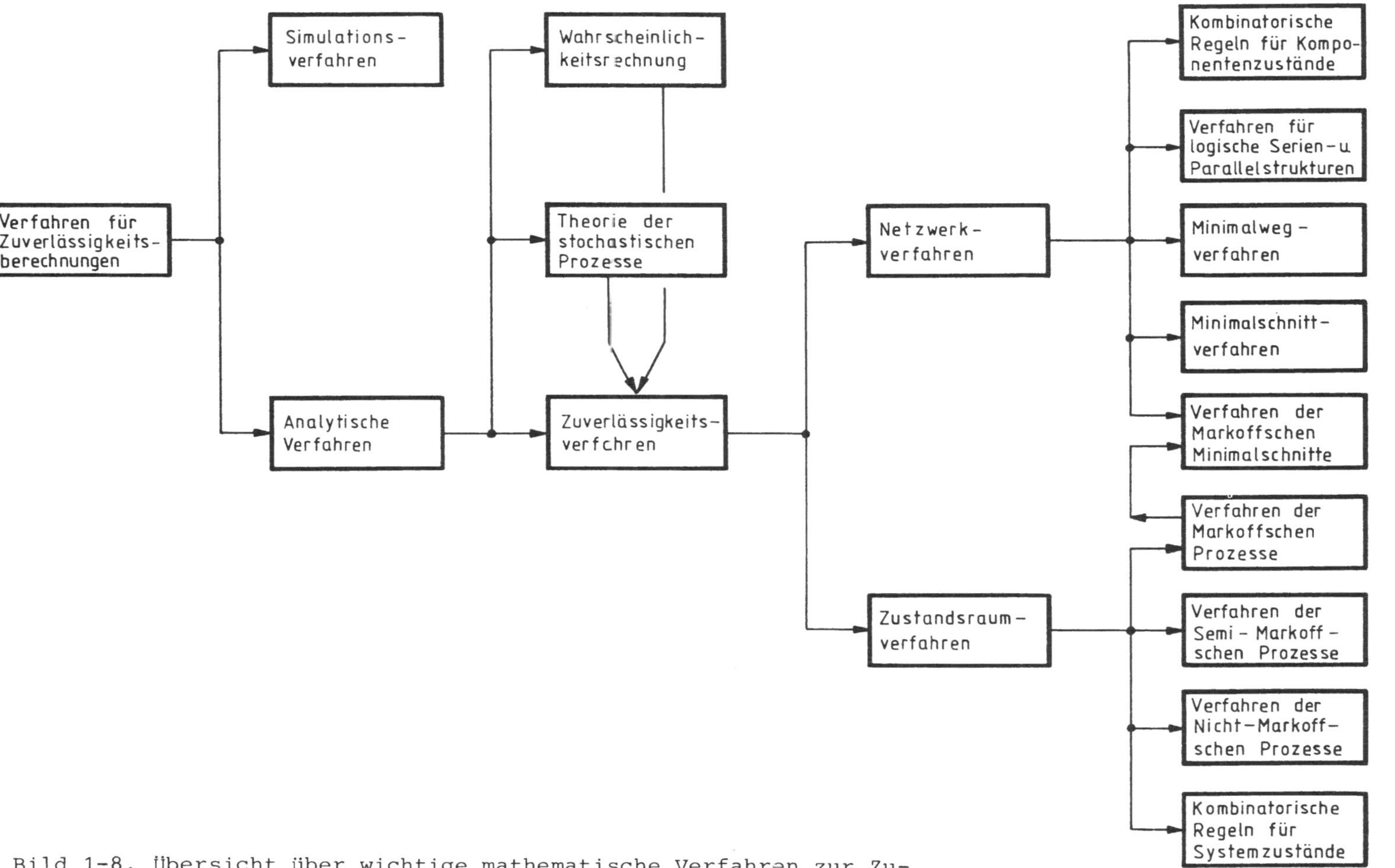

Bild 1-8. Übersicht über wichtige mathematische Verfahren zur Zuverlässigkeitsberechnung.

24

<u>Minimalschnittverfahren</u>
Es ist ein spezielles Zuverlässigkeitsverfahren, das die Komponentenausfallzustände betrachtet, die zum Ausfall des Systems führen.

<u>Verfahren der Markoffschen Minimalschnitte</u>
Es ist eine Kombination des Minimalschnittverfahrens mit dem Verfahren der Markoffschen Prozesse.

<u>Zustandsraum-Verfahren</u>

Mit Zustandsraum-Verfahren bezeichnet man eine Gruppe von Verfahren zur Komponenten- und Systemberechnung, bei denen Zustände bzw. Zustandskombinationen und gegebenenfalls deren Übergänge als stochastischer Prozeß betrachtet werden. Darstellungsformen sind Zustandstabellen und Zustands-Übergangsdiagramme. Zu den Zustandsraum-Verfahren gehören:

<u>Verfahren der Markoffschen Prozesse</u>
Ein Markoffscher Prozeß besteht aus Markoffschen Zuständen (Komponenten- oder Systemzustände) und zeitabhängigen Zustandsübergängen, die durch konstante Übergangsraten gekennzeichnet sind.

<u>Verfahren der Semi-Markoffschen Prozesse</u>
Ein Semi-Markoffscher Prozeß besteht aus Markoffschen Zuständen und zeitabhängigen Zustandsübergängen, die durch nicht konstante Übergangsraten gekennzeichnet sind.

<u>Verfahren der Nicht-Markoffschen Prozesse</u>
Ein Nicht-Markoffscher Prozeß besteht aus Nicht-Markoffschen Zuständen und zeitabhängigen Zustandsübergängen, die durch nicht konstante Übergangsraten gekennzeichnet sind. Es handelt sich im allgemeinen um komplizierte Verfahren.

<u>Kombinatorische Regeln für Systemzustände</u>
Es werden die elementaren Verknüpfungsregeln der Wahrscheinlichkeitstheorie auf Systemzustände angewandt.

Die Verfahren werden in den folgenden Kapiteln beschrieben und auf Beispiele angewandt. Eine abschließende Beurteilung dieser Verfahren ist im Kapitel 7 (Zusammenfassung) aufgeführt.

Eine Auswahl der Grundlagenliteratur ist in [1] bis [30] angegeben. Die Literaturstellen in [31] bis [55] geben einige neuere Arbeiten auf dem Gebiet der anwendungsbezogenen Zuverlässigkeitsberechnung an. Eine Übersicht über die Literatur und die wissen-
schaftlichen Arbeiten im internationalen Raum sind am ehesten über
die Literaturstellen [56] bis [72] zu gewinnen. In [73] bis [83]
sind einige wichtige Normen und Empfehlungen aufgeführt.

1.6 Zusammenfassung

Nach Definition der Aufgaben und Ziele der Zuverlässigkeitstechnik
und Klärung grundlegender Begriffe wurde die Methodik der Zuverlässigkeitsanalyse beschrieben. Es wurde ein Konzept mit 9 Arbeits-
schritten vorgestellt, das sich in der Praxis bewährt hat und in
den Beispielen der folgenden Kapitel zur Anwendung kommt.

2 Grundlagen

2.0 Übersicht

Die Grundlagen der Zuverlässigkeitstechnik bilden die Wahrscheinlichkeitstheorie und die Theorie der stochastischen Prozesse, die in ihren für die Zuverlässigkeitstechnik wesentlichen Zügen in diesem Kapitel vermittelt werden. Während die Wahrscheinlichkeitstheorie nur zeitunabhängige Ereignisse beschreibt, befaßt sich die Theorie der stochastischen Prozesse mit zeitabhängigen Ereignissen, wie sie in technischen Anlagen auftreten. Unter zeitabhängigen Ereignissen versteht man Ereignisse, deren Eintreffen von der Zeit abhängt. Zur ausreichenden Beurteilung zeitabhängiger Ereignisse sind neben der Kenngröße Wahrscheinlichkeit weitere Kenngrößen nötig. Die Theorie der stochastischen Prozesse liefert zur Bewertung zeitabhängiger Ereignisse die zusätzlichen Kenngrößen mittlere Häufigkeit und mittlere Dauer. Während die Zuverlässigkeitstheorie am Anfang ihrer Entwicklung lediglich von der Wahrscheinlichkeitstheorie ausging, bauen moderne Zuverlässigkeitskonzepte auf beiden Theorien auf.

Mit den in diesem Kapitel beschriebenen Grundlagen lassen sich auch schon einfache Systemberechnungen durchführen.

2.1 Wahrscheinlichkeitsrechnung

Die Wahrscheinlichkeitstheorie ist ein Teilgebiet der Mathematik, die die Gesetzmäßigkeiten zwischen zufälligen (stochastischen) Ereignissen beschreibt. Sie geht dabei nicht von der Kenntnis der Zusammenhänge zwischen Ursache und Wirkung aus, sondern von statistischen Gesetzmäßigkeiten. Mit der Wahrscheinlichkeitsrechnung lassen sich deshalb Prognosen über das Eintreten von zufälligen Ereignissen für die Zukunft aufstellen. Sie ermöglicht somit im Falle von Ungewißheit, vernünftige Entscheidungen zu treffen. Es muß jedoch darauf hingewiesen werden, daß die Wahrscheinlichkeitsrechnung keine absolut sichere Aussage im Sinne einer Ja/Nein-Entscheidung liefert, sondern nur eine wahrscheinlich richtige Aussage über ein mögliches in der Zukunft eintretendes Ereignis.

In einer Wahrscheinlichkeitsrechnung werden die zufälligen Ereignisse bewertet. In Wahrscheinlichkeits- und Zuverlässigkeitsrechnungen ist stets zwischen zufälligen Ereignissen bzw. Zuständen und deren Bewertung bzw. Beurteilung zu unterscheiden (Bild 2-1).

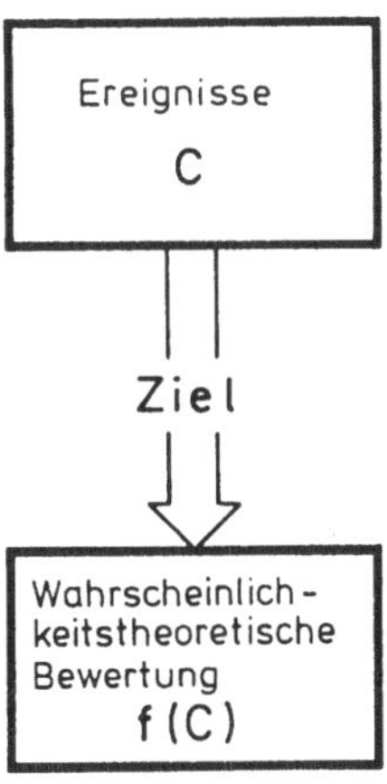

Bild 2-1. Ziel der Wahrscheinlichkeitsrechnung.

2.1.1 Zufällige Ereignisse

Ein zufälliges Ereignis ist z.B. das Auftreten der Zahl 1 beim Würfelspiel. Da man die physikalischen Bedingungen, wie Handbewegung beim Wurf, Oberflächenbeschaffenheit der Tischplatte, Schwerpunkt des Würfels usw. nicht im voraus kennt, ist der Wurf als zufälliges Ereignis zu werten. Ein anderes, zufälliges Ereignis ist das Ergebnis eines Wurfes mit der Geldmünze: Kopf oder Wappen. In der Technik interessieren besonders die zufälligen Ereignisse, die zu Störungen des Betriebsablaufs führen oder die eine Gefährdung von Gesundheit und Leben bewirken. Das sind: Versagen der Bremse eines Autos, Ausfall einer elektrischen Leitung, Ausfall der Verkehrsampel.

Wir werden jetzt wichtige Begriffe und Eigenschaften zufälliger Ereignisse kennenlernen. Diese werden an zwei unterschiedlichen Beispielen, einem Würfel und einem Fuhrpark mit zwei Autos, anschaulich erläutert. Während der Würfel in der Wahrscheinlichkeitslite-
ratur zu den vielzitierten klassischen Beispielen zählt, soll mit
dem zweiten Beispiel, dem Fuhrpark, die Blickrichtung schon mehr
auf die Zuverlässigkeitstechnik gelenkt werden. Unter dem Fuhrpark mit zwei Autos soll eine Menge von zwei Autos verstanden werden, die entweder fahrbereit oder ausgefallen sind. Zunächst wollen wir die zufälligen Ereignisse klassifizieren.

1 Einzelereignis, Teilmenge und Gesamtmenge

Generell unterscheiden wir zwischen Einzelereignissen, Teilmengen
und der Gesamtmenge von Ereignissen, die im oberen Teil des Bildes
2-2 dargestellt sind.

Als Einzelereignisse bezeichnen wir die kleinsten für die weitere
Betrachtung zugrundegelegten und sich gegenseitig ausschließenden
Ereignisse aus der Gesamtmenge. Für jede Aufgabe müssen die Ein-
zelereignisse definiert werden.

1.1 Beispiel Würfel

Für den Würfel lassen sich insgesamt die sechs Einzelereignisse C_1
(entspricht der Zahl 1) bis C_6 (entspricht der Zahl 6) definieren.
Diese sind im Bild 2-2 dargestellt.

1.2 Beispiel Fuhrpark

Für den Fuhrpark mit zwei Autos lassen sich insgesamt die vier Einzelereignisse C_1 bis C_4 definieren. C_1 bedeutet, daß beide Autos
betriebs- oder fahrbereit sind. C_2 bedeutet, daß das Auto 1 fahrbereit ist und das Auto 2 defekt ist usw.. Bild 2-2 zeigt die Gesamtmenge der möglichen Ereignisse für den Fuhrpark.

Teilmengen bilden Kombinationen von Ereignissen. Die Teilmenge
tritt auf, wenn mindestens ein Ereignis aus der Teilmenge auftritt.
Die Teilmengen bilden wiederum zufällige Ereignisse.

1.3 Beispiel Würfel

Für den Würfel sind im Bild 2-2 folgende drei Teilmengen zugrundegelegt. C_U umfaßt alle ungeraden Zahlen, C_V alle geraden Zahlen und
C_W die Zahlen 4, 5 und 6. Beispielsweise tritt die Teilmenge C_U
auf, wenn eine der Zahlen 1, 3 oder 5 auftritt.

Zufällige Ereignisse

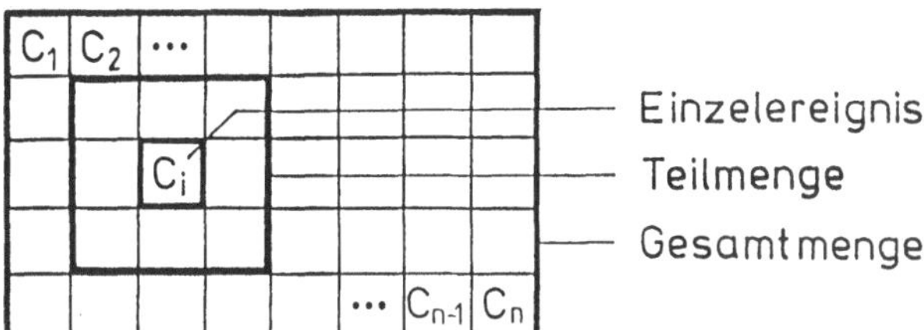

Beispiel Würfel

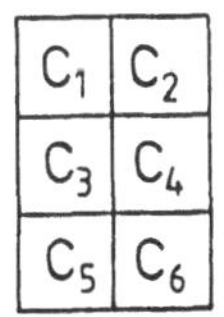

Gesamtmenge der
Ereignisse eines
Würfels

Beispiel Fuhrpark

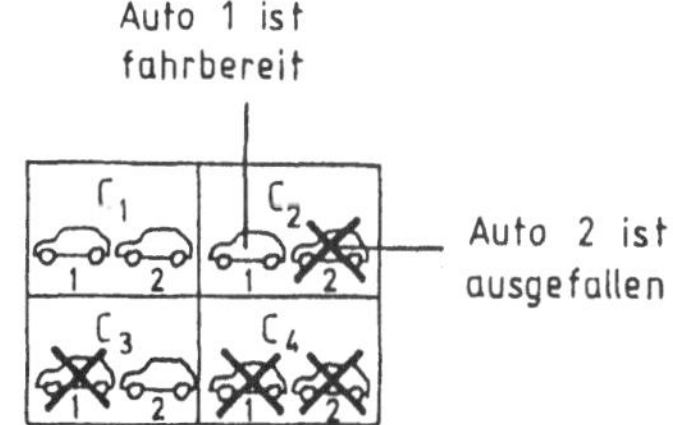

Gesamtmenge der Ereignisse
(Zustände) eines Fuhrparks
mit zwei Autos

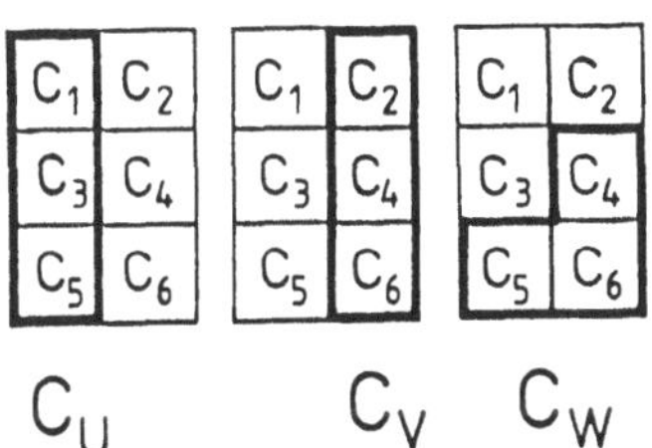

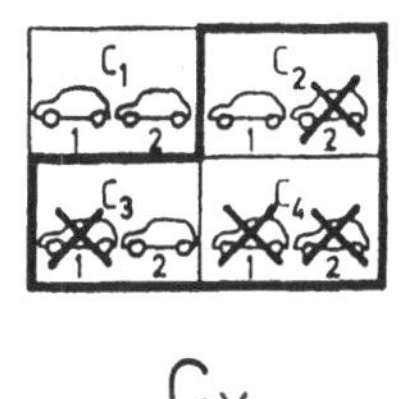

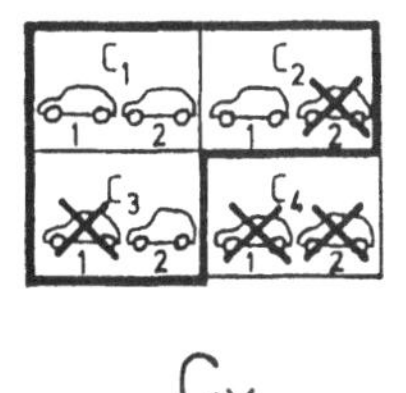

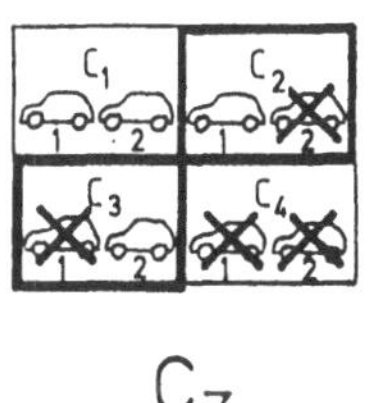

Beispiele von Teilmengen
des Würfels

Beispiele von Teilmengen des Fuhrparks

Bild 2-2. Darstellung zufälliger Ereignisse.

1.4 Beispiel Fuhrpark

Es sollen drei Teilmengen betrachtet werden. Mit C_X sei die Teilmenge bezeichnet, daß <u>mindestens ein</u> Auto ausfällt. Mit C_Y sei die Teilmenge bezeichnet, daß <u>mindestens ein</u> Auto in Betrieb ist. Mit C_Z sei die Teilmenge bezeichnet, daß <u>genau</u> (oder <u>nur</u>) <u>ein</u> Auto ausgefallen ist bzw. <u>genau ein</u> Auto betriebsbereit ist. Die drei Teilmengen sind im Bild 2-2 dargestellt.

Die Gesamtmenge umfaßt alle betrachteten Einzelereignisse.

In den folgenden Kapiteln werden ganz allgemein die zufälligen Ereignisse mit den Großbuchstaben A, B, C ... bezeichnet. Um jedoch zum besseren Verständnis die Bezeichnungen für die rein mathematischen, sozusagen anwendungsneutralen Ereignisse von den für Zuverlässigkeitsuntersuchungen üblichen Kennzeichnungen A für Ausfall und B für Betrieb zu unterscheiden, werden erstere mit C bzw. bei mehreren Ereignissen mit C_1, C_2, C_3 ... gekennzeichnet.

In der Zuverlässigkeitstechnik werden die Ereignisse als Zustände und die Gesamtmenge als Zustandsraum bezeichnet.

2 Sicheres Ereignis

Das sicher auftretende Ereignis ist ein Ereignis, das mit Sicherheit eintritt. Es besteht somit keine Ungewißheit über das Auftreten dieses Ereignisses. Wir bezeichnen das sichere Ereignis mit Ω. Ω ist z.B. das Ereignis, daß mindestens ein Ereignis aus der Gesamtmenge auftritt.

2.1 Beispiel Würfel

a) Das Ereignis, daß beim Würfeln irgendeine Zahl von 1 bis 6 auftritt, ist ein sicheres Ereignis.

b) Ebenso ist das Ereignis, daß beim Würfeln irgendeine Zahl von 1 bis 6 nicht auftritt, ein sicheres Ereignis.

2.2 Beispiel Fuhrpark

Das Ereignis, daß bei zwei Autos irgendeines der vier Einzelereignisse C_1 bis C_4 auftritt bzw. nicht auftritt, ist jeweils ein sicheres Ereignis.

3 Unmögliches Ereignis

Das unmögliche Ereignis ist ein Ereignis, das (mit Sicherheit) nicht eintritt. Das unmögliche Ereignis wird auch als leere Menge bezeichnet. Wir bezeichnen das unmögliche Ereignis mit ϕ. ϕ ist z.B. das Ereignis, daß kein Ereignis aus der Gesamtmenge auftritt.

3.1 Beispiel Würfel

a) Das Ereignis, daß beim Würfeln alle Zahlen von 1 bis 6 gemeinsam auftreten, kann nicht vorkommen. Dieses Ereignis ist ein unmögliches Ereignis.

b) Ebenso ist das Ereignis, daß beim Würfeln keine der Zahlen 1 bis 6 auftritt, ein unmögliches Ereignis.

   Es gibt in diesem Beispiel nicht nur ein einziges unmögliches Ereignis, sondern mehrere unmögliche Teilereignisse. Ein unmögliches Teilereignis ist z.B. das gleichzeitige Auftreten der beiden Zahlen 1 und 2, da bei jedem Wurf nur eine Zahl auftreten kann.

3.2 Beispiel Fuhrpark

Das Ereignis, daß alle Ereignisse von C_1 bis C_4 auftreten bzw. nicht auftreten, ist jeweils ein unmögliches Ereignis.

Auch in diesem Beispiel existieren mehrere unmögliche Teilereignisse, z.B. das gleichzeitige Auftreten der Ereignisse C_1 und C_2. Dieses Ereignis kann nicht vorkommen, da das Auto 1 nicht zur gleichen Zeit fahrbereit (C_1) und ausgefallen (C_2) sein kann.

4 Sich ausschließende Ereignisse

Haben zwei Teilmengen C_1 und C_2 keine Ereignisse gemeinsam, so schließen sie sich gegenseitig aus. Man sagt auch: C_1 und C_2 sind unvereinbar. Bild 2-3 zeigt die Darstellung sich ausschließender und nicht ausschließender Ereignisse.

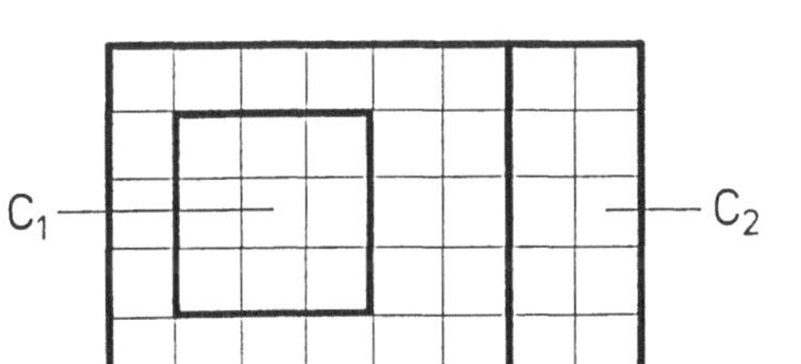

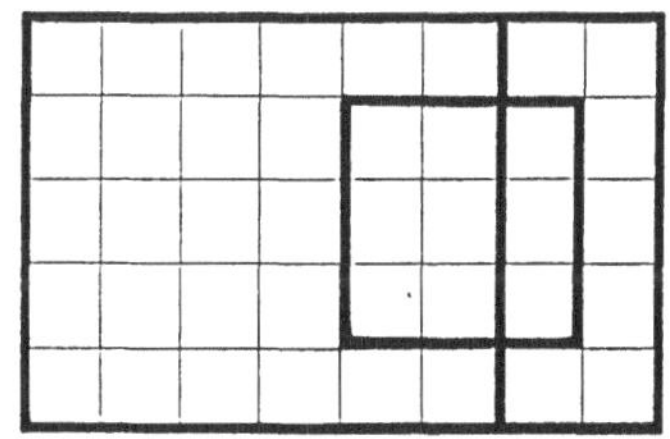

Bild 2-3. Sich ausschließende und nicht ausschließende Ereignisse.

Alle Einzelereignisse einer Gesamtmenge schließen sich gegenseitig aus.

4.1 Beispiel Würfel

Betrachtet man die Teilmengen C_U, C_V und C_W im Bild 2-2, so haben diese folgende Eigenschaften. C_U und C_V schließen sich gegenseitig aus, da sie kein Ereignis gemeinsam haben. C_U und C_W sowie C_V und C_W schließen sich nicht aus, da sie im ersten Fall die Zahl 5 und im zweiten Fall die Zahlen 4 und 6 gemeinsam haben.

4.2 Beispiel Fuhrpark

Die drei Teilmengen C_X, C_Y und C_Z schließen sich nicht gegenseitig aus, da alle drei Teilmengen die Ereignisse C_2 und C_3 gemeinsam haben.

5 Komplementäre Ereignisse

Die Ereignisse C_1 und C_2 sind dann komplementär, wenn C_2 genau dann eintritt, wenn C_1 nicht eintritt (Bild 2-4). Man sagt auch, C_2 ist die Negation oder das Komplement von C_1 und umgekehrt. Es gelten die Beziehungen

$$C_2 = \bar{C}_1 \qquad \text{bzw.} \qquad C_1 = \bar{C}_2. \tag{2-1}$$

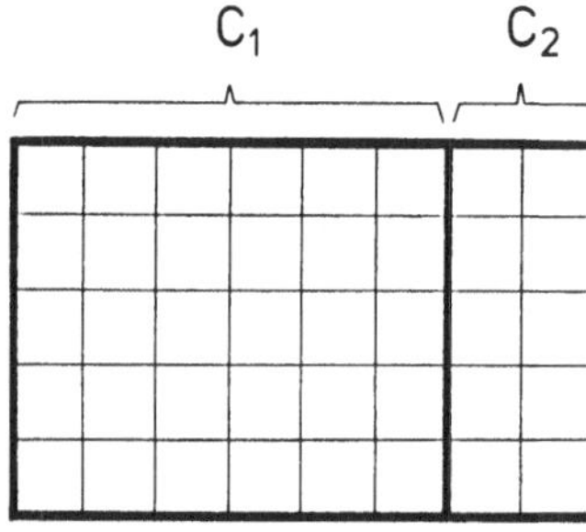

Bild 2-4. Komplementäre Ereignisse.

5.1 Beispiel Würfel

Die beiden Teilmengen C_U (alle ungeraden Zahlen) und C_V (alle geraden Zahlen) im Bild 2-2 sind komplementäre Ereignisse. Es gilt

$$C_U = \bar{C}_V \qquad \text{bzw.} \qquad C_V = \bar{C}_U. \tag{2-2}$$

5.2 Beispiel Fuhrpark

Die Ereignisse C_1 (beide Autos fahrbereit) und C_X (mindestens ein Auto ausgefallen) oder C_4 (beide Autos ausgefallen) und C_Y (mindestens ein Auto fahrbereit) sind komplementäre Ereignisse. Es gelten die Beziehungen

$$C_1 = \bar{C}_X \quad \text{bzw.} \quad C_X = \bar{C}_1$$
$$C_4 = \bar{C}_Y \quad \text{bzw.} \quad C_Y = \bar{C}_4 . \tag{2-3}$$

6 Stochastisch-abhängige Ereignisse

Hängt das Auftreten des zufälligen Ereignisses C_1 vom zufälligen Ereignis C_2 ab, so nennt man das Ereignis C_1 stochastisch-abhängig. Man sagt auch, C_1 ist ein bedingtes Ereignis von C_2 und schreibt dafür $C_1 | C_2$. Diese Schreibweise liest man: C_1 tritt unter der Bedingung ein, daß C_2 eintritt.

Für stochastisch-<u>un</u>abhängige Ereignisse gilt

$$C_1 = C_1 | C_2 . \tag{2-4}$$

Die Einzelereignisse in unseren Beispielen treten stochastisch-unabhängig auf.

Beispiele zu stochastisch-abhängigen Ereignissen werden im Kapitel 2.1.3 beschrieben.

2.1.2 Logische Verknüpfungen zufälliger Ereignisse

Die Grundregeln der logischen Verknüpfungen von Ereignissen wurden von Boole [1] hergeleitet und von Shannon [2] angewandt. Für die Zuverlässigkeitstechnik sind folgende logische Verknüpfungsarten von Bedeutung:

- Logische ODER-Verknüpfung von Ereignissen (logische Summe, Disjunktion, ODER, $\vee$).

- Logische UND-Verknüpfung von Ereignissen (logisches Produkt, Konjunktion, UND, $\wedge$).

---

[1] George Boole, englischer Mathematiker, geboren in Lincoln am 2.11.1815, gestorben in Ballintemple bei Cork am 8.12.1864, schuf das erste System der Algebra der Logik, von dem die Entwicklung der mathematischen Logik ihren Ausgang genommen hat (aus dem Brockhaus).

[2] Claude Elwood Shannon, amerikanischer Mathematiker und Informationstheoretiker, geboren in Gaylord (Michigan) am 30.4.1916, Mitarbeiter der Bell Telephone Laboratories, seit 1956 Professor am Massachusetts Institute of Technology. Er ist, neben R. A. Fisher und N. Wiener, einer der Begründer der mathematischen Informationstheorie. Sein Ausgangspunkt waren Fragen der Codierung von Informationen (aus dem Brockhaus).

Daneben sind in der Literatur noch weitere Verknüpfungsarten (z.B. die EXCLUSIV-ODER-Verknüpfung) anzutreffen, die wir jedoch nicht benötigen.

Häufig werden die logischen Zeichen ODER ($\vee$) und UND ($\wedge$) durch die arithmetischen Zeichen PLUS (+) und MAL ($\times$) ersetzt. Da sie jedoch prinzipiell unterschiedlicher Verarbeitung unterliegen, werden wir streng zwischen logischer und arithmetischer Verarbeitung unterscheiden und dies auch durch die entsprechende unterschiedliche Schreibweise ausdrücken. Dadurch werden Verwechslungen und Mißverständnisse ausgeschlossen.

Wir werden zuerst die Verknüpfungsgesetze kennenlernen und anschließend an unseren beiden Beispielen vertiefen.

1 Logische UND-Verknüpfung

Bei einer logischen UND-Verknüpfung tritt das Ereignis C nur dann ein, wenn C_1 UND C_2 eintreten (Bild 2-5). Wir schreiben

$$C = C_1 \wedge C_2 \tag{2-5}$$

und lesen: C gleich C_1 und C_2.

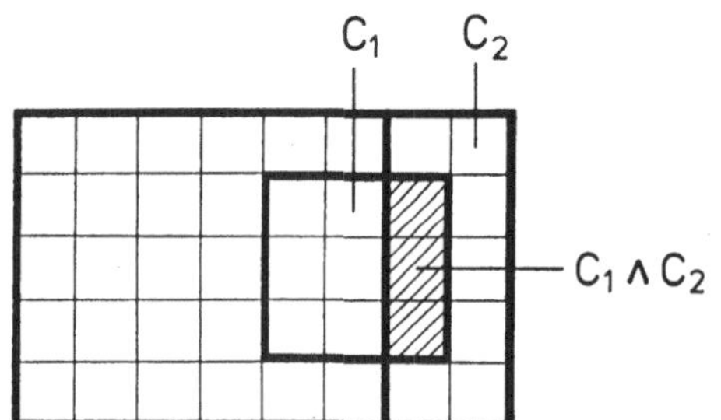

Bild 2-5.

Logische UND-Verknüpfung der zwei Teilmengen C_1 und C_2 (schraffierter Bereich).

Die logische UND-Verknüpfung ist kommutativ und assoziativ. Es gelten folgende Beziehungen:

$$C_1 \wedge C_2 = C_2 \wedge C_1$$

$$C_1 \wedge (C_2 \wedge C_3) = (C_1 \wedge C_2) \wedge C_3 = (C_1 \wedge C_3) \wedge C_2. \tag{2-6}$$

Für ein beliebiges Ereignis C gelten ferner folgende Beziehungen:

$$C = \Omega \wedge C$$

$$\phi = \phi \wedge C \tag{2-7}$$

$$\phi = C \wedge \bar{C}.$$

2 Logische ODER-Verknüpfung

Bei einer logischen ODER-Verknüpfung tritt das Ereignis C dann ein, wenn C_1 ODER C_2 eintreten (Bild 2-6). Wir schreiben

$$C = C_1 \vee C_2 \qquad (2-8)$$

und lesen: C gleich C_1 oder C_2.

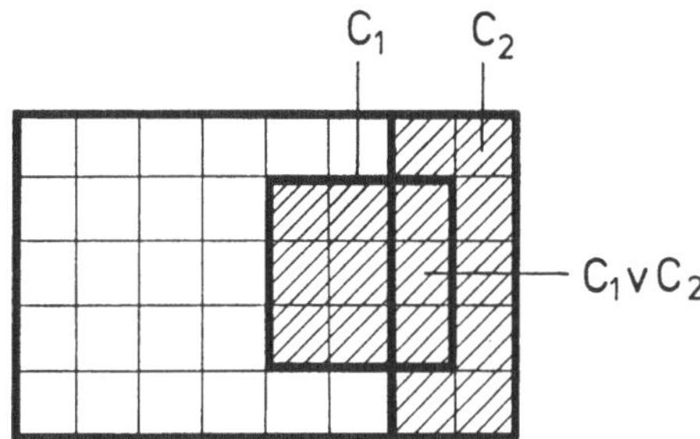

Bild 2-6.
Logische ODER-Verknüpfung der zwei Teilmengen C_1 und C_2 (schraffierter Bereich).

Die logische ODER-Verknüpfung ist kommutativ und assoziativ. Es gelten folgende Beziehungen:

$$C_1 \vee C_2 = C_2 \vee C_1$$
$$\qquad (2-9)$$
$$C_1 \vee (C_2 \vee C_3) = (C_1 \vee C_2) \vee C_3 = (C_1 \vee C_3) \vee C_2 .$$

Für ein beliebiges Ereignis C gelten ferner folgende Beziehungen:

$$\Omega = \Omega \vee C$$

$$C = \phi \vee C \qquad (2-10)$$

$$\Omega = C \vee \bar{C} .$$

3 Idempotenzrelationen

Ist ein beliebiges Ereignis C mehrmals logisch durch UND bzw. durch ODER verknüpft, so wird das Ereignis nur einmal betrachtet. Dies wird durch die Idempotenzrelationen ausgedrückt. Sie lauten

$$C \wedge C \wedge \ldots \wedge C = C$$
$$\qquad (2-11)$$
$$C \vee C \vee \ldots \vee C = C .$$

4 Theoreme von De Morgan

Bei der Umwandlung logischer UND- und ODER-Verknüpfungen sind die Theoreme von De Morgan [3] hilfreich.

Für beliebige Ereignisse C_1 bis C_n gelten die Beziehungen

$$\overline{C_1 \wedge C_2 \wedge \ldots \wedge C_n} = \overline{C}_1 \vee \overline{C}_2 \vee \ldots \vee \overline{C}_n$$

$$\overline{C_1 \vee C_2 \vee \ldots \vee C_n} = \overline{C}_1 \wedge \overline{C}_2 \wedge \ldots \wedge \overline{C}_n. \tag{2-12}$$

5 Beispiele

Der Umgang mit den logischen Verknüpfungen soll jetzt an unseren beiden Beispielen im Bild 2-2, dem Würfel und dem Fuhrpark, geübt werden.

5.1 Beispiel Würfel

Die Teilmengen des Würfels lassen sich als logische ODER-Verknüpfung der Einzelereignisse formulieren. Sie betragen

$$C_U = C_1 \vee C_3 \vee C_5$$

$$C_V = C_2 \vee C_4 \vee C_6 \tag{2-13}$$

$$C_W = C_4 \vee C_5 \vee C_6.$$

Alle Einzelereignisse schließen sich gegenseitig aus, da bei jedem Wurf nur eine Zahl eintreten kann. Es gilt

$$\phi_{i,k} = C_i \wedge C_k \qquad \text{für} \qquad i,k = 1,2,\ldots,6 \qquad \text{und} \qquad i \neq k. \tag{2-14}$$

Für die logische UND-Verknüpfung der beiden Teilmengen C_U und C_V erhalten wir beispielsweise

$$C_U \wedge C_V = (C_1 \vee C_3 \vee C_5) \wedge (C_2 \vee C_4 \vee C_6) =$$

$$= (C_1 \wedge C_2) \vee (C_1 \wedge C_4) \vee \ldots \vee (C_5 \wedge C_6). \tag{2-15}$$

---

[3] Augustus De Morgan, englischer Mathematiker, Logiker, geboren in Madura Madras (Südindien) am 27.6.1806, gestorben in London am 18.3.1871, war der erste Professor für Mathematik am University College London, wurde 1865 erster Präsident der Londoner Mathematischen Gesellschaft und machte sich verdient durch seine Arbeiten auf dem Gebiet der Algebra, der Logik und der Geschichte der Wissenschaften (aus dem Brockhaus).

Wir erhalten also lauter Terme des Typs in (2-14), was bedeutet,
daß die Verknüpfung der beiden Teilmengen C_U und C_V in (2-15) ein
unmögliches Ereignis darstellt. Es gilt also

$$C_U \wedge C_V = \phi. \tag{2-16}$$

Dieses Ergebnis bedeutet, daß C_U und C_V sich gegenseitig ausschließen.

Für die logische ODER-Verknüpfung der beiden Teilmengen C_U und C_V
erhalten wir beispielsweise

$$C_U \vee C_V = (C_1 \vee C_3 \vee C_5) \vee (C_2 \vee C_4 \vee C_6). \tag{2-17}$$

Da diese Verknüpfung die Gesamtmenge der Einzelereignisse eines
Würfels umfaßt, stellt sie ein sicheres Ereignis dar. Es gilt

$$C_U \vee C_V = \Omega. \tag{2-18}$$

Aus (2-16) und (2-18) folgt, daß die beiden Teilmengen C_U und C_V
komplementär sind.

Wir wollen jetzt noch die vier Aussagen des Würfelbeispiels in den
Abschnitten 2.1 und 3.1 des vorangegangenen Kapitels 2.1.1 analysieren.

Die Aussage im Beispiel 3.1a lautete: Das Ereignis, daß beim Würfeln alle Zahlen von 1 bis 6 gemeinsam auftreten, ist ein unmögliches Ereignis. Die logische Verknüpfung dazu lautet

$$\phi = C_1 \wedge C_2 \wedge \ldots \wedge C_6. \tag{2-19}$$

Das sichere Ereignis ist das Komplementärereignis

$$\Omega = \overline{\phi} = \overline{C_1 \wedge C_2 \wedge \ldots \wedge C_6}. \tag{2-20}$$

Die Auflösung mit dem ersten Theorem von De Morgan in (2-12) liefert das Ergebnis

$$\Omega = \overline{C}_1 \vee \overline{C}_2 \vee \ldots \vee \overline{C}_6. \tag{2-21}$$

Dieses Ergebnis gibt die Aussage im Beispiel 2.1b wieder. Sie lautete: Das Ereignis, daß beim Würfeln irgendeine Zahl von 1 bis 6
nicht auftritt, ist ein sicheres Ereignis.

Wir wollen jetzt die Aussage im Beispiel 2.1a untersuchen. Sie lautete: Das Ereignis, daß beim Würfeln irgendeine Zahl von 1 bis 6
auftritt, ist ein sicheres Ereignis. Die logische Verknüpfung dazu
lautet

$$\Omega = C_1 \vee C_2 \vee \ldots \vee C_6. \tag{2-22}$$

Das unmögliche Ereignis ist das komplementäre Ereignis

$$\phi = \overline{\Omega} = \overline{C_1 \vee C_2 \vee \ldots \vee C_6}. \tag{2-23}$$

Die Auflösung mit dem zweiten Theorem von De Morgan ergibt

$$\phi = \overline{C}_1 \wedge \overline{C}_2 \wedge \ldots \wedge \overline{C}_6. \tag{2-24}$$

Dieses Ergebnis enthält die Aussage im Beispiel 3.1b. Sie lautete: Das Ereignis, daß beim Würfeln keine der Zahlen 1 bis 6 auftritt, ist ein unmögliches Ereignis.

5.2 Beispiel Fuhrpark

Die Ereignisse C_1 bis C_4 des Fuhrparks im Bild 2-2 lassen sich als logische UND-Verknüpfung der Ereignisse der beiden Autos definieren. Diese wollen wir zuerst beschreiben. Jedes Auto wird durch die beiden Ereignisse oder Zustände B (betriebs- oder fahrbereit) und A (ausgefallen) gekennzeichnet. Die Ereignisse C_1 bis C_4 lassen sich wie folgt definieren.

C_1 bedeutet, daß Auto 1 betriebsbereit UND Auto 2 betriebsbereit ist. Dafür gilt

$$C_1 = B_1 \wedge B_2.$$

In der gleichen Weise lassen sich die übrigen Ereignisse definieren. Wir erhalten dafür

$$C_2 = B_1 \wedge A_2$$

$$C_3 = A_1 \wedge B_2 \tag{2-25}$$

$$C_4 = A_1 \wedge A_2.$$

Mit diesen Beziehungen ist die Gesamtmenge des Fuhrparks im Bild 2-2 vollständig beschrieben. Auch hier gilt wie beim Würfel, daß die Einzelereignisse C_1 bis C_4 sich gegenseitig ausschließen. Es kann z.B. das Ereignis $C_1 \wedge C_2$ nicht auftreten, da das Auto 2 nicht zur gleichen Zeit in Betrieb (C_1) und ausgefallen (C_2) sein kann. Es gilt deshalb auch hier die Beziehung

$$\phi_{i,k} = C_i \wedge C_k \qquad \text{für} \qquad i,k = 1,2,3,4 \qquad \text{und} \qquad i \neq k. \tag{2-26}$$

Die Verknüpfungen der Einzelereignisse zu den Teilmengen lauten

$$C_X = C_2 \vee C_3 \vee C_4$$

$$C_Y = C_1 \vee C_2 \vee C_3. \tag{2-27}$$

Die logische UND-Verknüpfung der Teilmengen C_X (mindestens ein Auto ausgefallen) und C_Y (mindestens ein Auto betriebsbereit) ergibt die Teilmenge C_Z (genau ein Auto ausgefallen bzw. genau ein Auto betriebsbereit). Wir wollen diese Aussage jetzt mathematisch beweisen. Die logische UND-Verknüpfung der Ereignisse C_X und C_Y lautet

$$C_X \wedge C_Y = (C_2 \vee C_3 \vee C_4) \wedge (C_1 \vee C_2 \vee C_3) . \qquad (2\text{-}28)$$

Unter Berücksichtigung der Beziehung in (2-26) bleiben nach Auflösung der Gleichung folgende Terme übrig:

$$C_X \wedge C_Y = (C_2 \wedge C_2) \vee (C_3 \wedge C_3) . \qquad (2\text{-}29)$$

Wegen der Idempotenzrelation in (2-11) vereinfachen sich diese Beziehungen zu

$$C_X \wedge C_Y = C_2 \vee C_3 = C_Z . \qquad (2\text{-}30)$$

Damit wäre unsere Aussage bewiesen.

Wir betrachten jetzt die einzelnen Teilmengen C_X und C_Y. Diese lassen sich durch Einsetzen der logischen Beziehungen der Einzelereignisse C_1 bis C_4 weiter auflösen. Dies soll am Beispiel von C_X gezeigt werden. Für C_X erhalten wir

$$C_X = C_2 \vee C_3 \vee C_4 = (B_1 \wedge A_2) \vee (A_1 \wedge B_2) \vee (A_1 \wedge A_2) . \qquad (2\text{-}31)$$

Um die einzelnen Ereignisse weiter zu verarbeiten, greifen wir auf eine Aussage der Idempotenzrelationen zurück. Diese besagt, daß wir einen logischen Ausdruck dann nicht verändern, wenn wir diesen zusätzlich um ein darin enthaltenes Ereignis logisch UND- oder ODER-verknüpfen. Wir erweitern in unserem Fall (2-31) mit $(A_1 \wedge A_2)$ durch eine logische ODER-Verknüpfung und erhalten nach Umstellung der Terme die Beziehung

$$C_X = (B_1 \wedge A_2) \vee (A_1 \wedge A_2) \vee (A_1 \wedge B_2) \vee (A_1 \wedge A_2) . \qquad (2\text{-}32)$$

Die Zusammenfassung des 1. und 2. Klammerausdruckes und des 3. und 4. Klammerausdruckes ergibt jeweils

$$(B_1 \wedge A_2) \vee (A_1 \wedge A_2) = (B_1 \vee A_1) \wedge A_2$$

$$(A_1 \wedge B_2) \vee (A_1 \wedge A_2) = A_1 \wedge (B_2 \vee A_2) . \qquad (2\text{-}33)$$

Die Ereignisse $(B_1 \vee A_1)$ und $(B_2 \vee A_2)$ sind jeweils sichere Teilereignisse, denn entweder sind die beiden Autos einzeln betrachtet in Betrieb oder ausgefallen. Es gilt somit

$$(B_1 \vee A_1) \wedge A_2 = \Omega_1 \wedge A_2 = A_2$$

$$A_1 \wedge (B_2 \vee A_2) = A_1 \wedge \Omega_2 = A_1 . \qquad (2\text{-}34)$$

(2-32) lautet mit diesem Ergebnis letztendlich

$$C_X = A_1 \vee A_2. \tag{2-35}$$

Diese Beziehung bedeutet, daß C_X dann eintritt, wenn mindestens ein Auto ausfällt, d.h. wenn Auto 1 ausfällt ODER Auto 2 ausfällt. In der gleichen Weise läßt sich die Teilmenge C_Y umformen und interpretieren. Das Ergebnis lautet

$$C_Y = C_1 \vee C_2 \vee C_3 = B_1 \vee B_2. \tag{2-36}$$

Diese Beziehung bedeutet, daß C_Y dann eintritt, wenn mindestens ein Auto fahrbereit ist, d.h. wenn Auto 1 fahrbereit ist ODER Auto 2 fahrbereit ist.

Das Teilereignis C_Z hingegen läßt sich nicht weiter umformen.

Bisher haben wir wichtige Regeln zur logischen Verknüpfung zufälliger Ereignisse kennengelernt. Ein anschauliches, aber nur auf wenige Ereignisse anwendbares Hilfsmittel zur Vereinfachung logischer Verknüpfungen ist das Karnaugh-Veitch-Diagramm, das im Anhang 8-1 auf zwei Beispiele angewandt wird.

In den folgenden Kapiteln werden die Ereignisse wahrscheinlichkeitstheoretisch bewertet (siehe Bild 2-1).

2.1.3 Sätze der Wahrscheinlichkeitsrechnung

In diesem Kapitel wird der Wahrscheinlichkeitsbegriff über die relative Häufigkeit hergeleitet und die Sätze der Wahrscheinlichkeitsrechnung zur Beurteilung der in den beiden vorangegangenen Kapiteln behandelten zufälligen Ereignisse beschrieben.

Die statistische Gesetzmäßigkeit für das Auftreten eines Ereignisses wird über die relative Häufigkeit beschrieben. Tritt in einer Versuchsserie mit n Versuchen m(C) mal das Ereignis C ein, so beträgt die relative Häufigkeit

$$H_n(C) = \frac{m(C)}{n}. \tag{2-37}$$

Die relative Häufigkeit wird um so genauer bestimmt, je größer n ist. Im allgemeinen muß man sich aus wirtschaftlichen oder technischen Gründen auf eine begrenzte Anzahl an Ereignissen, die man als Stichprobe bezeichnet, beschränken. Für die Auswahl und die Größe der Stichprobe sowie ihre Auswertung werden Methoden der

Statistik angewandt, die im Rahmen dieses Buches nicht behandelt werden.

Wiederholt man eine Versuchsserie mit n Versuchen unter gleichen Bedingungen mehrmals und berechnet jedesmal die relative Häufigkeit $H_n(C)$, so werden diese Werte unterschiedlich ausfallen. Man kann jedoch beobachten, daß sich die relative Häufigkeit um einen bestimmten Wert stabilisiert, wenn die Anzahl n der Versuche jeder Versuchsserie erhöht wird. Diesen Wert nennt man die Wahrscheinlichkeit des Ereignisses C. Die Wahrscheinlichkeit ist definiert als der Grenzwert der relativen Häufigkeit des betrachteten Ereignisses bei unendlich vielen Versuchen.

$$P(C) = \lim_{n \to \infty} H_n(C). \tag{2-38}$$

Der Grenzwert läßt sich nicht exakt aus einer Stichprobe bestimmen, jedoch kann man ihm beliebig nahekommen. Es gilt die Näherung

$$P(C) \approx H_n(C) \qquad \text{für} \qquad n \gg 1. \tag{2-39}$$

Das Postulat über die Existenz der Wahrscheinlichkeit ist das erste von drei Axiomen, die von Kolmogoroff [4] aufgestellt wurden und auf denen die gesamte Wahrscheinlichkeitstheorie aufgebaut ist. Die Axiome [8] lauten:

Axiom 1: Jedem zufälligen Ereignis C kann eine bestimmte Zahl P(C) zugeordnet werden, die man Wahrscheinlichkeit nennt. Sie erfüllt die Ungleichung

$$0 \leq P(C) \leq 1. \tag{2-40}$$

Axiom 2: Die Wahrscheinlichkeit des sicheren Ereignisses ist gleich 1

$$P(\Omega) = 1. \tag{2-41}$$

---

[4] Andrej Nikolajewitz Kolmogoroff (auch Kolmogorow oder Kolmogorov geschrieben), russischer Mathematiker, geboren in Tambow am 25.4.1903, wurde 1929 Professor am Mathematischen Institut Moskau, verfaßte bedeutende Arbeiten zur Theorie der reellen Funktionen, zur Maßtheorie und zur intuitionistischen Logik. Die Begründung der modernen mathematischen Theorie der Wahrscheinlichkeit geht im wesentlichen auf ihn zurück (aus dem Brockhaus).

Axiom 3: Die Wahrscheinlichkeit der Disjunktion
zweier sich ausschließender Ereignisse
C_1 und C_2 ist gleich der Summe der Wahrscheinlichkeiten dieser Ereignisse

$$P(C_1 \vee C_2) = P(C_1) + P(C_2). \qquad (2-42)$$

Aus diesen Axiomen lassen sich folgende wichtigen Beziehungen herleiten.

1 Wahrscheinlichkeit komplementärer Ereignisse

Die Summe der Wahrscheinlichkeiten des zufälligen Ereignisses C
und des komplementären Ereignisses $\overline{C}$ ist gleich 1.

$$P(C) + P(\overline{C}) = 1. \qquad (2-43)$$

2 Multiplikationssatz

Wir wollen zuerst die allgemeinen Beziehungen unter Berücksichtigung abhängiger Ereignisse betrachten. Die Bewertung abhängiger
Ereignisse geschieht mit bedingten Wahrscheinlichkeiten. Für zwei
beliebige, d.h. auch stochastisch-abhängige Ereignisse sind die
bedingten Wahrscheinlichkeiten wie folgt definiert:

$$P(C_1|C_2) = \frac{P(C_1 \wedge C_2)}{P(C_2)} \qquad \text{falls} \qquad P(C_2) > 0$$

$$\qquad (2-44)$$

$$P(C_2|C_1) = \frac{P(C_1 \wedge C_2)}{P(C_1)} \qquad \text{falls} \qquad P(C_1) > 0.$$

$P(C_1|C_2)$ ist die Wahrscheinlichkeit, daß das Ereignis C_1 eintritt
unter der Bedingung, daß C_2 eintritt. $P(C_2|C_1)$ ist mit vertausch-
ten Indizes ebenso zu interpretieren.

Aus (2-44) läßt sich der Multiplikationssatz für zwei beliebige
Ereignisse herleiten. Er beträgt

$$P(C_1 \wedge C_2) = P(C_1) P(C_2|C_1) = P(C_2) P(C_1|C_2). \qquad (2-45)$$

Für die Wahrscheinlichkeit, daß n beliebige Ereignisse eintreten,
gilt der Multiplikationssatz

$$P(C_1 \wedge C_2 \wedge C_3 \wedge \ldots \wedge C_n) = P(C_1)P(C_2|C_1)P(C_3|C_1 \wedge C_2) \cdot$$

$$\ldots \cdot P(C_n|C_1 \wedge C_2 \wedge C_3 \wedge \ldots \wedge C_{n-1}) \cdot$$

$$(2\text{-}46)$$

Der Beweis erfolgt durch vollständige Induktion aus (2-45).

Die bedingten Wahrscheinlichkeiten sind ein Maß für die stochastische Abhängigkeit zwischen Ereignissen.

Gilt die Gleichung

$$P(C_k|C_1 \wedge C_2 \wedge \ldots \wedge C_{k-1}) = P(C_k), \qquad (2\text{-}47)$$

so nennt man das Ereignis C_k stochastisch-unabhängig.

Gilt die Ungleichung

$$P(C_k|C_1 \wedge C_2 \wedge \ldots \wedge C_{k-1}) \gtrless P(C_k) \quad \text{mit} \quad k = 2,3,\ldots\,, \quad (2\text{-}48)$$

so nennt man das Ereignis C_k stochastisch-abhängig von den Ereignissen $C_1, C_2, \ldots, C_{k-1}$.

Für stochastisch-unabhängige Ereignisse erhält man aus (2-46) unter Berücksichtigung von (2-47) die einfache Multiplikationsregel

$$P(C_1 \wedge C_2 \wedge C_3 \wedge \ldots \wedge C_n) = P(C_1)P(C_2)P(C_3)\ldots P(C_n). \qquad (2\text{-}49)$$

Es soll noch auf die wichtige Aussage hingewiesen werden, daß Ereignisse, die sich gegenseitig ausschließen, stets voneinander abhängig sind. Diese Aussage ist im Anhang 8-2 bewiesen.

3 Additionssatz

Sind C_1 und C_2 sich nicht notwendigerweise ausschließende Ereignisse, so folgt unmittelbar aus den Bildern 2-5 und 2-6

$$P(C_1 \vee C_2) = P(C_1) + P(C_2) - P(C_1 \wedge C_2). \qquad (2\text{-}50)$$

Diese Gleichung ist im Anhang 8-3 auch mathematisch aus den Axiomen der Wahrscheinlichkeitstheorie hergeleitet.

Für die Wahrscheinlichkeit, daß von n beliebigen, sich nicht notwendigerweise ausschließenden Ereignissen C_1, C_2, C_3,..., C_n mindestens eines eintritt, kann man durch vollständige Induktion aus (2-50) folgende Beziehung herleiten:

$$P(C_1 \vee C_2 \vee \ldots \vee C_n) = \sum_k P(C_k) - \sum_{\substack{k,l \\ k < l}} P(C_k \wedge C_l) +$$

$$+ \sum_{\substack{k,l,m \\ k < l < m}} P(C_k \wedge C_l \wedge C_m) - \ldots + \ldots$$

$$(-1)^{n-1} P(C_1 \wedge C_2 \wedge \ldots \wedge C_n). \qquad (2-51)$$

Für die einzelnen Wahrscheinlichkeiten auf der rechten Gleichungsseite gilt (2-46) oder (2-49), je nachdem, ob wir es mit abhängigen oder unabhängigen Ereignissen zu tun haben.

4 Beispiele

Wir wollen jetzt die Sätze der Wahrscheinlichkeitsrechnung auf unsere beiden Beispiele anwenden.

4.1 Beispiel Würfel

Die Wahrscheinlichkeiten der Einzelereignisse betragen

$$P(C_i) = \frac{1}{6} \qquad \text{für} \qquad i = 1,2,\ldots,6. \qquad (2-52)$$

Die Wahrscheinlichkeiten der Teilmengen in (2-13) betragen

$$P(C_U) = P(C_1 \vee C_3 \vee C_5)$$

$$P(C_V) = P(C_2 \vee C_4 \vee C_6) \qquad (2-53)$$

$$P(C_W) = P(C_4 \vee C_5 \vee C_6).$$

Da die Einzelereignisse sich gegenseitig ausschließen, fallen die Kombinationen von Ereignissen in (2-51) fort. Es gelten deshalb die Beziehungen

$$P(C_U) = P(C_1) + P(C_3) + P(C_5)$$

$$P(C_V) = P(C_2) + P(C_4) + P(C_6) \qquad (2-54)$$

$$P(C_W) = P(C_4) + P(C_5) + P(C_6).$$

Für die Verknüpfungen in (2-16) und (2-18) gilt

$$P(C_U \wedge C_V) = P(\phi) = 0$$

$$P(C_U \vee C_V) = P(\Omega) = 1. \qquad (2-55)$$

Wir wollen jetzt untersuchen, ob das Auftreten der Einzelereignisse C_1 bis C_6 und der Teilmengen C_U, C_V und C_W voneinander abhängig oder unabhängig sind.

Wir betrachten zunächst die Einzelereignisse C_1 bis C_6. Die Erfahrung (das Spiel) lehrt, daß diese voneinander unabhängig auftreten. Wir erhalten beispielsweise für die Wahrscheinlichkeit, daß in zwei Würfen die Zahl 6 auftritt, den Wert

$$P(C_{6 \text{ beim 1. Wurf}} \wedge C_{6 \text{ beim 2. Wurf}}) =$$

$$= P(C_{6 \text{ beim 1. Wurf}}) \; P(C_{6 \text{ beim 2. Wurf}}) = \frac{1}{36} .$$

$$(2-56)$$

Diese Wahrscheinlichkeit gilt für beliebige Zahlenkombinationen bei zwei Würfen.

Wir betrachten jetzt die Teilmengen C_U, C_V und C_W. Die Frage, ob diese Teilmengen voneinander unabhängig oder abhängig sind, läßt sich auf den ersten Blick nicht beantworten. Erfahrungswerte können wir auch nicht heranziehen. Eine Aussage haben wir jedoch schon im 2. Abschnitt dieses Kapitels getroffen und im Anhang 8-2 bewiesen, nämlich die, daß sich ausschließende Ereignisse stets voneinander abhängig sind. Da sich die Teilmengen C_U und C_V ausschließen, sind sie also stochastisch abhängig. Wir wollen jetzt die Frage nach der stochastischen Abhängigkeit systematisch untersuchen. Dazu berechnen wir folgende Ausdrücke:

$$P(C_U \wedge C_V) = P(\phi) = 0$$

$$P(C_U \wedge C_W) = P(C_5) = \frac{1}{6} \qquad (2-57)$$

$$P(C_V \wedge C_W) = P(C_4 \vee C_6) = P(C_4) + P(C_6) = \frac{1}{3} .$$

Mit (2-44) erhalten wir für die Definitionsgleichung stochastisch-abhängiger Ereignisse folgende Beziehungen:

$$P(C_U | C_V) = \frac{P(C_U \wedge C_V)}{P(C_V)} = 0 < P(C_U) = \frac{1}{2}$$

$$P(C_V | C_U) = \frac{P(C_U \wedge C_V)}{P(C_U)} = 0 < P(C_V) = \frac{1}{2}$$

$$P(C_U | C_W) = \frac{P(C_U \wedge C_W)}{P(C_W)} = \frac{1}{3} < P(C_U) = \frac{1}{2}$$

$$P(C_W | C_U) = \frac{P(C_U \wedge C_W)}{P(C_U)} = \frac{1}{3} < P(C_W) = \frac{1}{2} \qquad (2\text{-}58)$$

$$P(C_V | C_W) = \frac{P(C_V \wedge C_W)}{P(C_W)} = \frac{2}{3} > P(C_V) = \frac{1}{2}$$

$$P(C_W | C_V) = \frac{P(C_V \wedge C_W)}{P(C_V)} = \frac{2}{3} > P(C_W) = \frac{1}{2} \; .$$

Alle bedingten Wahrscheinlichkeiten erfüllen die Ungleichung (2-48)

$$P(C_i | C_k) \lessgtr P(C_i) \qquad \text{mit} \qquad i,k = U,V,W \quad \text{und} \quad i \neq k. \qquad (2\text{-}59)$$

Wir stellen somit fest: Obwohl die Einzelereignisse stochastisch-unabhängig sind, sind die Teilmengen stochastisch abhängig!

4.2 Beispiel Fuhrpark

Wir wollen in diesem Beispiel eine andere Art von stochastischer Abhängigkeit, die durch technische Randbedingungen hervorgerufen wird, kennenlernen. Die Aufgabe sei wie folgt formuliert. Es soll die Wahrscheinlichkeit eines Totalausfalles des Fuhrparks, d.h. der Ausfall beider Autos (Ereignis C_4) unter folgenden Voraussetzungen untersucht werden:

1. Beide Autos werden hintereinander von einem Monteur gewartet.

2. Jedes Auto wird jeweils von einem Monteur gewartet. Die beiden Monteure arbeiten unabhängig voneinander.

Es sei angenommen, daß jedem Monteur Wartungsfehler unterlaufen können, die mit den Ereignissen X_1 (für den einen Monteur) und X_2 (für den anderen Monteur) bezeichnet werden. Die entsprechenden Wahrscheinlichkeiten für Wartungsfehler sind $P(X_1)$ und $P(X_2)$. Die Lösung der beiden Fälle sieht folgendermaßen aus.

1. Beide Autos werden von einem Monteur gewartet

Da nur ein Monteur eingesetzt wird, betragen die Ausfälle A_1 für Auto 1 und A_2 für Auto 2 aufgrund von Wartungsfehlern

$$A_1 = X_1$$

$$A_2 = X_1 \; . \qquad (2\text{-}60)$$

Dabei sei angenommen, daß dem Monteur der gleiche Fehler in beiden Autos unterläuft.

Die Wahrscheinlichkeit, daß beide Autos zur gleichen Zeit ausgefallen sind, beträgt unter Beachten der Idempotenzrelation

$$P(A_1 \wedge A_2) = P(X_1 \wedge X_1) = P(X_1). \tag{2-61}$$

Die bedingten Wahrscheinlichkeiten betragen damit

$$P(A_1 | A_2) = \frac{P(A_1 \wedge A_2)}{P(A_2)} = 1$$

$$P(A_2 | A_1) = \frac{P(A_1 \wedge A_2)}{P(A_1)} = 1.$$

Es gelten somit die Ungleichungen

$$P(A_1 | A_2) > P(A_1)$$

$$P(A_2 | A_1) > P(A_2). \tag{2-62}$$

Aus diesen Ergebnissen können wir folgende Aussagen herleiten.

1. Aussage

Nach der Ungleichung (2-48) sind die beiden Ereignisse A_1 und A_2 voneinander stochastisch-abhängig.

2. Aussage

Die bedingten Wahrscheinlichkeiten sind 1, was sicheren Ereignissen entspricht. Sie bedeuten, daß beide Autos durch die Wartungsfehler des Monteurs ausfallen.

2. Jedes Auto wird von einem eigenen Monteur gewartet

Die Ausfälle der beiden Autos aufgrund von Wartungsfehlern betragen

$$A_1 = X_1$$

$$A_2 = X_2. \tag{2-63}$$

Unter der Annahme unabhängiger Wartungsfehler beträgt die Wahrscheinlichkeit, daß beide Autos zur gleichen Zeit ausgefallen sind

$$P(A_1 \wedge A_2) = P(X_1 \wedge X_2) = P(X_1)P(X_2). \tag{2-64}$$

Für $P(X_1)$, $P(X_2) \ll 1$ ist die Ausfallwahrscheinlichkeit für beide Autos beim Einsatz von zwei Monteuren (Gl. (2-64)) viel kleiner als beim Einsatz von nur einem Monteur (Gl. (2-61)).

Die bedingten Wahrscheinlichkeiten betragen

$$P(A_1 | A_2) = \frac{P(A_1 \wedge A_2)}{P(A_2)} = P(A_1)$$

$$P(A_2 | A_1) = \frac{P(A_1 \wedge A_2)}{P(A_1)} = P(A_2) .$$

$$(2\text{-}65)$$

Diese Ergebnisse drücken nach (2-47) die Unabhängigkeit der Ereignisse aus.

Die Vorgehensweise in diesem Beispiel läßt sich ebenso auf andere redundante Zweikomponentensysteme (z.B. Dieselnotstromanlage) übertragen.

Aus den Ergebnissen dieses Beispiels läßt sich folgende wichtige Schlußfolgerung ziehen. In redundanten Systemen, die hohe Zuverlässigkeits- oder Sicherheitsanforderungen erfüllen sollen, ist darauf zu achten, daß zwischen den redundanten Zweigen keine Abhängigkeiten bestehen. Das setzt nicht nur Unabhängigkeit von technischen Fehlern, sondern auch Unabhängigkeit von Bedienungsfehlern voraus.

2.1.4 Verteilungs- und Dichtefunktionen

Die vollständige Beschreibung einer Menge von Ereignissen geschieht über die Verteilungsfunktion oder die Dichtefunktion. Die Verteilungsfunktion gibt· an, wie sich die einzelnen Wahrscheinlichkeiten auf die verschiedenen Ereignisse verteilen. Wir bezeichnen mit X die Zufallsvariable, die jeden reellen Wert x aus dem Wertebereich $(-\infty, +\infty)$ annehmen kann. X kann z.B. die Zeit T bedeuten. In diesem Fall verschwinden die negativen Werte. Durch die Ungleichung $X \leq x$ werden die Ereignisse betrachtet, die kleiner als x sind. Die Wahrscheinlichkeit $P(X \leq x)$, mit der diese Ereignisse auftreten, bezeichnet man als die Verteilungsfunktion F(x) der Zufallsgröße X. Sie lautet

$$F(x) = P(X \leq x)$$

$$1 - F(x) = P(X > x) .$$

$$(2\text{-}66)$$

Die Verteilungsfunktion gibt also die Wahrscheinlichkeit an, mit der die Zufallsgröße X kleiner oder gleich dem Wert x ist. Es gilt

$$\lim_{x \to -\infty} F(x) = 0 .$$

$$\lim_{x \to \infty} F(x) = 1 .$$

$$(2\text{-}67)$$

Die Dichtefunktion f(x) ist definiert als die Ableitung der Verteilungsfunktion. Es gelten folgende Beziehungen:

$$f(x) = \frac{dF(x)}{dx} , \tag{2-68}$$

$$F(x) = \int_{-\infty}^{x} f(x)\, dx. \tag{2-69}$$

Mit der Verteilungsfunktion läßt sich die Wahrscheinlichkeit berechnen, mit der die Zufallsvariable X zwischen x_1 und x_2 liegt (Bild 2-7)

$$P(x_1 < X \leq x_2) = F(x_2) - F(x_1) = \int_{x_1}^{x_2} f(x)\, dx. \tag{2-70}$$

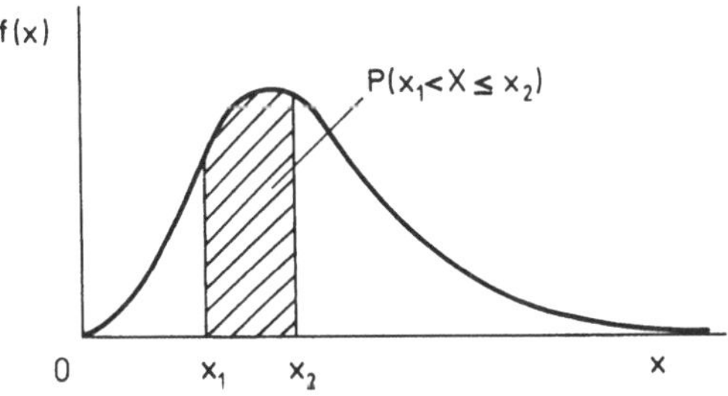

Bild 2-7. Wahrscheinlichkeit, daß das Ereignis X zwischen x_1 und x_2 liegt.

Das zufällige Verhalten von Ereignissen ist nur dann vollständig beschrieben, wenn man ihre Verteilungs- oder Dichtefunktion kennt. Bei technischen Aufgaben ist die statistische Bestimmung dieser Funktion häufig nur ungenügend oder gar nicht möglich. In diesem Fall versucht man, Kenngrößen zu finden, die diese Verteilung charakterisieren. Diese Kenngrößen sind unter dem Oberbegriff "Erwartungswerte" oder "Momente" der Verteilungsfunktion zusammengefaßt. Die beiden wichtigsten Kenngrößen sind der Mittelwert m bzw. E(X) und die Varianz V(X).

Der Mittelwert beträgt

$$m = E(X) = \int_{-\infty}^{+\infty} x f(x)\, dx = \int_{-\infty}^{+\infty} [1 - F(x)]\, dx. \tag{2-71}$$

50

Die Varianz beträgt

$$V(X) = E\{[X - E(X)]^2\} = E(X^2) - E^2(X).$$ (2-72)

Die Standardabweichung ist definiert als

$$\sigma = + \sqrt{V(X)}.$$ (2-73)

σ kann als Maß für die Abweichung der Verteilung von ihrem Mittelwert angesehen werden.

Im Zusammenhang mit der mathematischen Behandlung stochastischer Prozesse spielen bedingte Verteilungsfunktionen bzw. bedingte Dichtefunktionen, die auch als Restverteilungsfunktionen (residuelle Verteilungsfunktionen) bzw. Restdichtefunktionen (residuelle Dichtefunktionen) bezeichnet werden, eine große Rolle. Dies soll an folgendem Beispiel anschaulich dargestellt werden.

Eine technische Anlage möge die im Bild 2-8 dargestellte Dichtefunktion der Lebensdauer (vom Einschalten bis zum Ausfall) besitzen. Gefragt ist nach der Wahrscheinlichkeit, mit der die Anlage innerhalb des Zeitraumes (x_1,x) ausfällt unter der Bedingung, daß die Anlage bis zum Zeitpunkt x_1 mit $(x_1 < x)$ noch in Betrieb ist. Es gilt für die Verteilungsfunktion im Zeitraum (x_1,x), die man als Restverteilungsfunktion bezeichnet, die Beziehung

$$F(x_1,x) = P(X \leq x \,|\, X > x_1),$$ (2-74)

in Worten ausgedrückt: $F(x_1,x)$ ist die Wahrscheinlichkeit, daß die Lebensdauer X der Anlage kleiner als der Zeitpunkt x ist (d.h. daß die Anlage bis zum Zeitpunkt x ausgefallen ist) unter der Bedingung, daß die Lebensdauer X größer als der Zeitpunkt x_1 ist (d.h. daß die Anlage den Zeitpunkt x_1 überlebt).

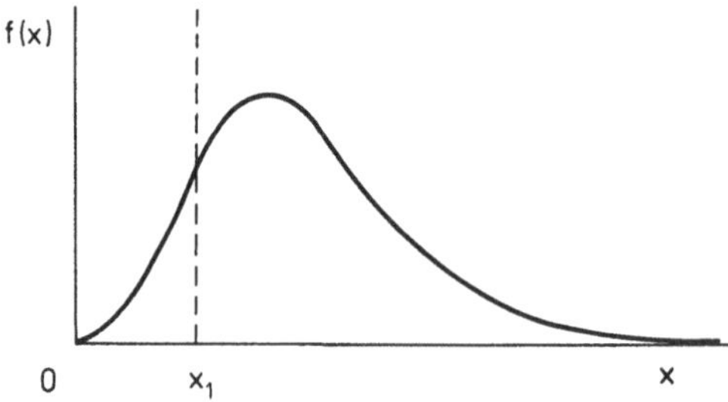

Bild 2-8. Dichtefunktion.

Die Auflösung erfolgt mit (2-44)

$$F(x_1,x) = \frac{P[(X \leq x) \wedge (X > x_1)]}{P(X > x_1)} \cdot \qquad (2\text{-}75)$$

In dieser Gleichung kann man den Zähler vereinfachend auch folgendermaßen schreiben:

$$F(x_1,x) = \frac{P(x_1 < X \leq x)}{P(X > x_1)} \cdot \qquad (2\text{-}76)$$

Die Auflösung erfolgt mit (2-70) zu

$$F(x_1,x) = \frac{F(x) - F(x_1)}{1 - F(x_1)} \cdot \qquad (2\text{-}77)$$

Die Restdichtefunktion beträgt

$$f(x_1,x) = \frac{dF(x_1,x)}{dx} = \frac{f(x)}{1 - F(x_1)} \cdot \qquad (2\text{-}78)$$

Diese Gleichungen lassen sich auch einleuchtend anhand von Bild 2-9 erklären. Demnach muß die Restverteilungsfunktion bzw. die Restdichtefunktion für den restlichen Bereich (x_1,∞) auf 1 normiert werden (gestrichelte Kurve), d.h. durch $1 - F(x_1)$ geteilt werden, da die Anlage ja laut Bedingung bis x_1 überleben soll und deshalb im Zeitraum (x_1,∞) mit der Wahrscheinlichkeit 1 ausfallen muß.

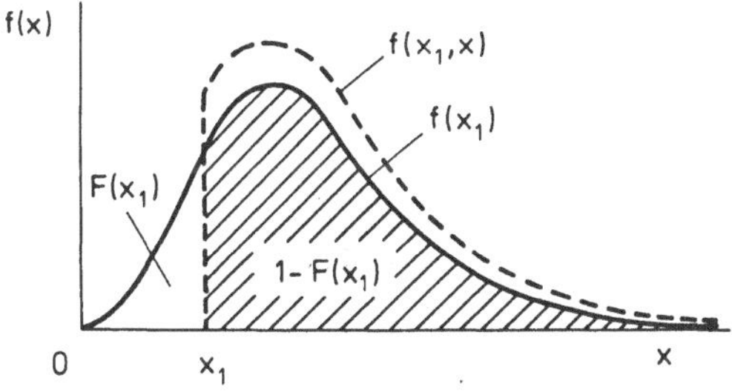

Bild 2-9. Restdichtefunktion (residuelle Dichtefunktion, gestrichelt gezeichnet).

Die mittlere Restlebensdauer im Zeitbereich (x_1, ∞) beträgt

$$E(x_1, X) = \int_{x_1}^{\infty} x f(x_1, x)\, dx = \frac{1}{1 - F(x_1)} \int_{x_1}^{\infty} x f(x)\, dx. \qquad (2\text{-}79)$$

Zur Beschreibung stochastischer Prozesse werden Übergangsraten herangezogen. Sie sind wie folgt definiert:

- Die Übergangsrate $a(x)$ ist definiert als die bedingte Wahrscheinlichkeit eines Zustandsüberganges von einem Ausgangszustand in einen Zielzustand im Zeitraum $(x, x + \Delta x)$, bezogen auf das Zeitelement Δx mit $\Delta x \to 0$.

Mit (2-74) bis (2-78) folgt aus dieser Definition

$$a(x) = \lim_{\Delta x \to 0} \frac{1}{\Delta x} P(X \leq x + \Delta x \mid X > x) = \lim_{\Delta x \to 0} \frac{1}{\Delta x} \frac{F(x + \Delta x) - F(x)}{1 - F(x)} =$$

$$= \frac{1}{1 - F(x)} \lim_{\Delta x \to 0} \frac{F(x + \Delta x) - F(x)}{\Delta x} = \frac{1}{1 - F(x)} \frac{dF(x)}{dx} = \frac{f(x)}{1 - F(x)}.$$

$$(2\text{-}80)$$

In der Zuverlässigkeitstheorie sind Verteilungs- und Dichtefunktionen zur Beschreibung des stochastischen Zustandsverhaltens von Komponenten und Systemen wichtig. Für die Anwendung werden aus diesen Funktionen geeignete Kenngrößen hergeleitet, mit denen sich dann einfacher rechnen läßt. Bild 2-10 zeigt einige für technische Anwendungen wichtige Verteilungsfunktionen. Die Exponentialverteilung (rechtes Bild) hat für Zuverlässigkeitsberechnungen eine große Bedeutung, weshalb wir uns mit diesem Verteilungstyp im folgenden Kapitel beschäftigen.

2.1.5 Exponentialverteilung

Die Exponentialverteilung besitzt in der Zuverlässigkeitstechnik eine exponierte Stellung. Sie wird in stochastischen Prozessen zur Beschreibung von Lebensdauern sowie von Betriebs- und Instandsetzungsdauern verwandt. Sie stellt dafür oft eine recht gute Näherung dar und läßt sich vor allem rechentechnisch einfach handhaben. Für konstante Übergangsraten a kann man aus (2-80) sehr leicht folgende Funktionen herleiten:

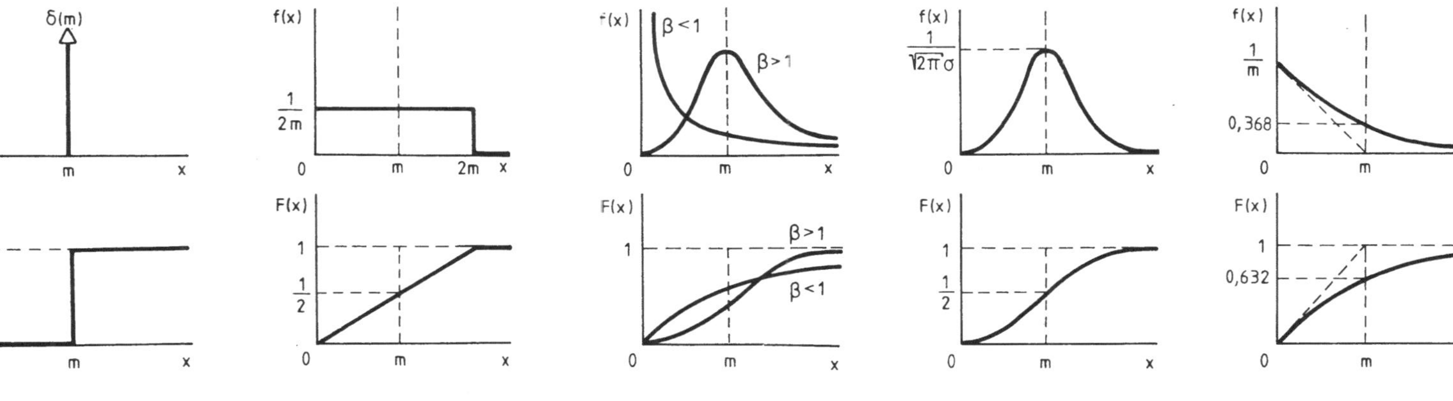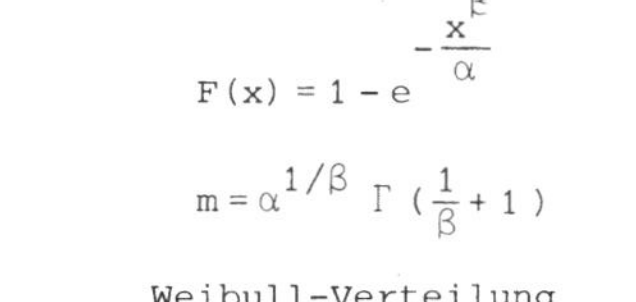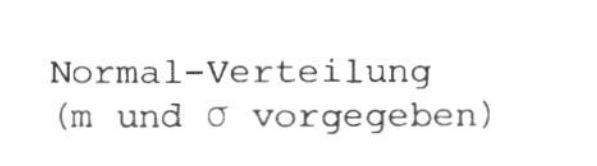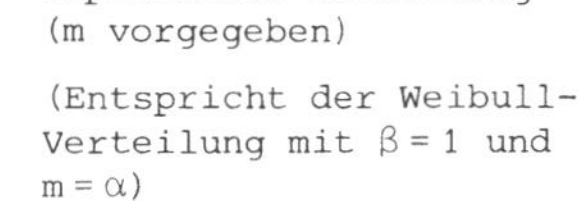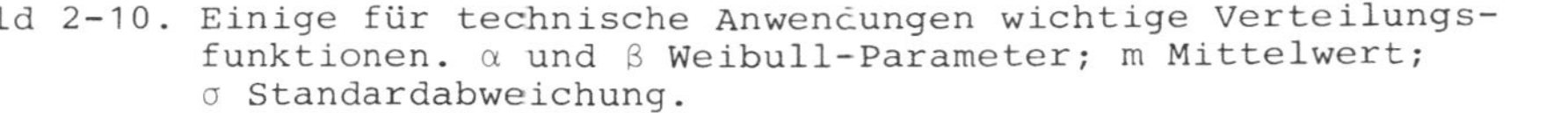

Bild 2-10. Einige für technische Anwendungen wichtige Verteilungsfunktionen. α und β Weibull-Parameter; m Mittelwert; σ Standardabweichung.

54

Verteilungsfunktion

$$F(x) = \begin{cases} 1 - e^{-ax} & \text{für} \quad x \geq 0 \\ 0 & \text{für} \quad x < 0. \end{cases} \qquad (2\text{-}81)$$

Dichtefunktion

$$f(x) = \begin{cases} ae^{-ax} & \text{für} \quad x \geq 0 \\ 0 & \text{für} \quad x < 0. \end{cases} \qquad (2\text{-}82)$$

Wir wollen jetzt die bedingte Verteilungs- und Dichtefunktion unter der Annahme herleiten, daß die Anlage bis x_1 (mit $x_1 < x$) überleben soll (Bild 2-11). Mit (2-77) folgt für die Verteilungsfunktion

$$F(x_1,x) = \frac{F(x) - F(x_1)}{1 - F(x_1)} = \frac{e^{-ax_1} - e^{-ax}}{e^{-ax_1}} = 1 - e^{-a(x - x_1)} = F(x - x_1).$$

$$(2\text{-}83)$$

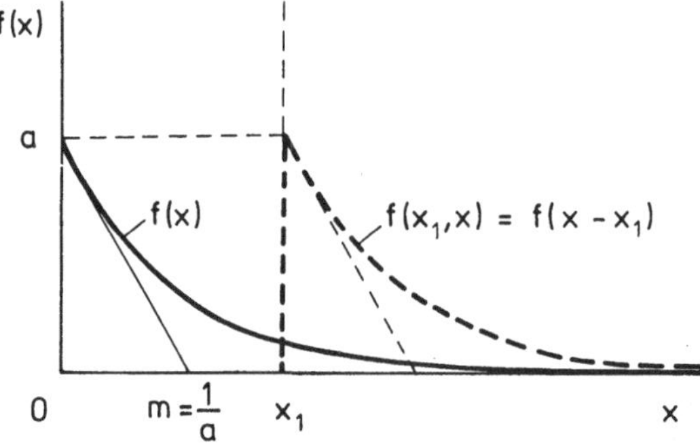

Bild 2-11. Darstellung der Markoffschen Eigenschaft von Exponentialfunktionen.

Für die Dichtefunktion folgt mit (2-78)

$$f(x_1,x) = f(x - x_1). \qquad (2\text{-}84)$$

Die Funktionen $F(x_1,x)$ und $f(x_1,x)$ entsprechen somit verschobenen Exponentialfunktionen oder anders ausgedrückt: Hat die Anlage bis x_1 überlebt, so hat sie vom Zeitpunkt x_1 aus gesehen das gleiche

Ausfallverhalten wie vom Zeitpunkt x = 0 aus betrachtet. Dieses Ergebnis bedeutet, daß die Exponentialverteilung in jedem Zeitpunkt x in der Zukunft nur vom zuletzt betrachteten Zeitpunkt x_1 abhängt. Zeitpunkte vor x_1 interessieren nicht! Die Exponentialverteilung wird deshalb auch als gedächtnis (memoryless) bezeichnet. Diese Eigenschaft bildet die Grundlage der Markoffschen Prozesse, weshalb man sie auch als Markoffsche Eigenschaft bezeichnen kann. Sie ist nur bei Exponentialverteilungen erfüllt, die deshalb unter allen Verteilungsfunktionen eine herausragende Bedeutung besitzen.

Die Kenngrößen der Exponentialverteilung sind

der Erwartungswert nach (2-71)

$$E(X) = \frac{1}{a} , \qquad\qquad (2-85)$$

die Varianz nach (2-72)

$$V(X) = \frac{1}{a^2} , \qquad\qquad (2-86)$$

die Standardabweichung nach (2-73)

$$\sigma = \frac{1}{a} . \qquad\qquad (2-87)$$

2.2 Stochastische Prozesse

Bisher haben wir uns nur mit zeitunabhängigen Ereignissen beschäftigt. Dazu reichte die Beschreibung mit Wahrscheinlichkeiten aus. Bei technischen Anlagen hängt jedoch das Eintreten der Ereignisse von der Zeit ab. Man spricht deshalb auch nicht mehr von Ereignissen, sondern zutreffender von Zuständen. Den zeitlichen Verlauf der Zustände über die Zeit bezeichnen wir als Zustandsverhalten. Die bekanntesten Zustände sind der Betrieb und der Ausfall. Das Betriebs- und Ausfallverhalten von Komponenten und Systemen läßt sich durch determiniert-stochastische Prozesse beschreiben. Unter einem determiniert-stochastischen Prozeß versteht man den zeitabhängigen Verlauf von Ereignissen bzw. Zuständen. Dabei ist der Verlauf einiger Zustände weitgehend planmäßig, d.h. determiniert,

vorgegeben (z.B. planmäßige Wartungen und Inspektionen). Diesen
überlagert sich der rein zufällige oder stochastische Verlauf von
Zuständen, der durch Ausfälle hervorgerufen wird. Wir sprechen
deshalb von einem determiniert-stochastischen Prozeß. Die Überlagerung von planmäßigen und stochastischen Zuständen wird in den
Kapiteln 3 bis 6 noch ausführlich beschrieben. Wir wollen uns zunächst mit rein stochastischen Prozessen befassen. Stochastische
Prozesse werden mit wahrscheinlichkeitstheoretischen Methoden beschrieben. Als Neuerung betrachten wir jetzt zusätzlich zur Wahrscheinlichkeit die Größen mittlere Häufigkeit und mittlere Dauer.
Aus dem umfangreichen Gebiet der stochastischen Prozesse werden
für die Zuverlässigkeitstechnik einige wichtige Beziehungen benötigt, denen jetzt unser Augenmerk gilt.

2.2.1 Basiskenngrößen

Allgemein läßt sich jeder stochastische Prozeß durch die Merkmale
(Bild 2-12)

- Zustand,

- Zustandsdauer,

- Zustandsübergang

vollständig kennzeichnen. Die Wahrscheinlichkeitstheorie und die
Theorie der stochastischen Prozesse liefert zur Bewertung des Zustandsverhaltens folgende drei Kenngrößen:

- Wahrscheinlichkeit $P(Z)$,

- mittlere Häufigkeit $H(Z)$,

- mittlere Dauer $T(Z)$.

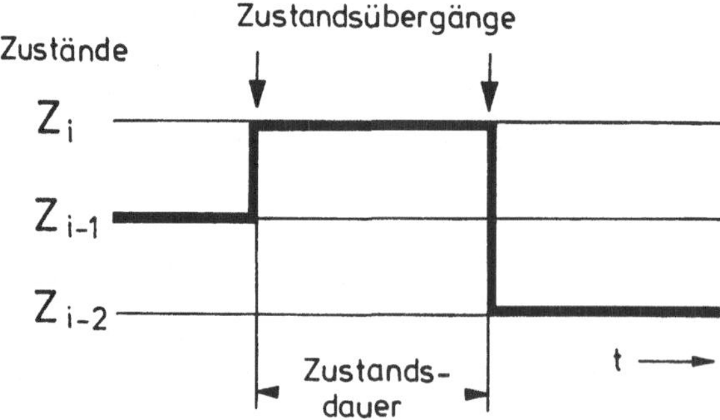

Bild 2-12. Ausschnitt aus dem Zustandsablauf eines mehrstufigen
stochastischen Prozesses.

Mit Z wird die zu untersuchende Funktion bezeichnet, die in der Theorie der stochastischen Prozesse einen Zustand darstellt. Die Zustandskenngrößen sind folgendermaßen zu interpretieren:

- P(Z) ist die Wahrscheinlichkeit, mit der sich der stochastische Prozeß <u>zu</u> einem beliebigen Zeitpunkt in der Zukunft <u>im</u> Zustand Z befindet.

Man muß diese Interpretation "... <u>zu</u> einem beliebigen Zeitpunkt ..." sehr genau nehmen und darf diese nicht etwa als "... bis zu einem beliebigen Zeitpunkt ..." deuten. Die genaue Interpretation der Wahrscheinlichkeit sagt nämlich nichts über die Häufigkeit innerhalb eines Zeitraumes oder die mittlere Dauer, mit der der Zustand Z auftritt, aus. Dazu bedarf es weiterer Kenngrößen. Diese sind:

- H(Z) ist die mittlere Häufigkeit, mit der der Zustand Z in einem betrachteten Zeitintervall auftritt.

- T(Z) ist die mittlere Aufenthaltsdauer im Zustand Z.

Diese Kenngrößen sind als Basiskenngrößen eines stochastischen Prozesses aufzufassen, aus denen alle interessierenden Zuverlässigkeitskenngrößen hergeleitet werden können. Zwischen den Kenngrößen besteht folgende Beziehung:

$$P(Z) = H(Z)\ T(Z). \tag{2-88}$$

Die Wahrscheinlichkeit ist gleich der mittleren Häufigkeit, mit der der Zustand Z auftritt (z.B. Anzahl der Ausfälle pro Jahr) mal der mittleren Dauer des Zustandes Z (z.B. mittlere Dauer der Ausfälle). Die Beziehung bedeutet, daß nur zwei Kenngrößen bekannt zu sein brauchen, die dritte ist über die Gleichung berechenbar. Mit dieser Gleichung ist die Wahrscheinlichkeit auch anschaulich über die mittlere Häufigkeit und die mittlere Dauer interpretierbar.

Man erkennt aus dem bisher Gesagten, daß eine Kenngröße alleine zur vollständigen Beschreibung des stochastischen Zustandsverhaltens und damit der Zuverlässigkeit nicht ausreicht. Beispielsweise läßt die alleinige Angabe der Wahrscheinlichkeit eines Ausfalles keine Aussage darüber zu, ob sie sich aus <u>einem</u> Ausfall mit <u>langer</u> Ausfalldauer oder aus <u>vielen</u> Ausfällen mit <u>kurzen</u> Ausfalldauern zusammensetzt. Beide Ausfallarten können jedoch unterschiedliche

Auswirkungen haben, so daß die Kenntnis der Häufigkeit und der
Dauer wichtig ist.

Aus den Basiskenngrößen lassen sich folgende Zuverlässigkeitskenngrößen herleiten.

Akkumulierte Dauer des Zustandes Z eines stochastischen Prozesses
über den Zeitraum T:

$$D(Z,T) = P(Z)T. \tag{2-89}$$

Anzahl des Auftretens des Zustandes Z eines stochastischen Prozesses über den Zeitraum T (akkumulierte Häufigkeit):

$$N(Z,T) = H(Z)T. \tag{2-90}$$

Anzahl des Auftretens des Zustandes Z aus der Gesamtzahl N der betrachteten gleichen Prozesse zu einem beliebigen Zeitpunkt:

$$N(Z,N) = P(Z)N. \tag{2-91}$$

Aus (2-90) und (2-91) erkennt man, daß es zur statistischen Ermittlung von Kenngrößen aus einer Stichprobe gleichgültig ist, ob die
Ereignisse oder Zustände der Stichprobe aus einem Prozeß über einen langen Zeitraum oder aus mehreren gleichen Prozessen über einen kurzen Zeitraum gesammelt wurden. Dieses Prinzip ist auch unter dem Namen ergodisches Prinzip bekannt.

Mit Hilfe der Kenngrößen in (2-89) bis (2-91) lassen sich Zuverlässigkeitsaussagen auch anschaulich interpretieren.

Die Aufgabe in der Zuverlässigkeitstechnik besteht darin, Methoden,
Modelle und Verfahren zur quantitativen Berechnung dieser Kenngrößen für Komponenten und Systeme bereitzustellen.

2.2.2 Zweistufiger stochastischer Prozeß

Der zweistufige stochastische Prozeß (Bild 2-13) mit den beiden Zuständen

> B Betriebszustand zwischen Inbetriebnahme und Aus-
> fall bzw. störungsbedingtem Abschalten und
>
> A Nichtbetriebszustand zwischen Ausfall bzw. stö-
> rungsbedingtem Abschalten und Wiederinbetrieb-
> nahme nach Reparaturende (im folgenden als Aus-
> fall bezeichnet)

bildet den einfachsten und zugleich wichtigsten stochastischen Prozeß. Für ihn gilt die Beziehung

$$A = \bar{B} \qquad \text{bzw.} \qquad B = \bar{A}. \tag{2-92}$$

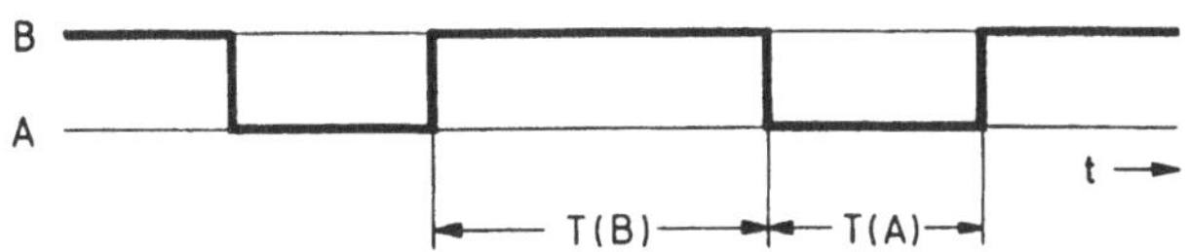

Bild 2-13. Zweistufiger stochastischer Prozeß zur Beschreibung des Zustandsverhaltens von Komponenten und Systemen (Zweistufenmodell).

A und B sind Komplementärzustände, weshalb wir sie auch als Zustandspaar bezeichnen. Ist der eine Zustand gegeben, folgt der andere daraus unmittelbar.

Das zweistufige Zustandsverhalten ist durch Angabe von

T(B) mittlere fehlerfreie Betriebsdauer   und

T(A) mittlere Ausfalldauer (Reparatur- oder Ersatzdauer)

vollständig beschrieben. Folgende Schreibweisen sind ebenfalls gebräuchlich:

$$\text{MTTF} = \text{T(B)} \quad \text{mean time to failure,}$$
$$\text{MTTR} = \text{T(A)} \quad \text{mean time to repair.} \tag{2-93}$$

Statt MTTF wird auch häufig der Begriff

MTBF mean time between failure

verwendet. Für ihn gilt die Beziehung

$$\text{MTBF} = \text{MTTF} + \text{MTTR}. \tag{2-94}$$

Da im allgemeinen die Reparaturdauer MTTR viel kleiner als die Betriebsdauer MTTF ist, gilt die Näherung

$$\text{MTBF} \approx \text{MTTF}. \tag{2-95}$$

60

Bei exponentialverteilten Dauern sind die Mittelwerte der Dauern
die Kehrwerte der Übergangsraten. Nach (2-85) gelten die Beziehungen

$$T(B) = \frac{1}{\lambda} \qquad \text{mit } \lambda = \text{Ausfallrate}$$

$$T(A) = \frac{1}{\mu} \qquad \text{mit } \mu = \text{Instandsetzungsrate.}$$

(2-96)

Mathematisch sind diese Übergangsraten über (2-80) interpretierbar. Ihre Kenntnis ist bei Markoffschen Prozessen wichtig.

Aus den mittleren Dauern lassen sich die übrigen Zustandskenngrößen berechnen. Diese sind:

Wahrscheinlichkeit des Betriebszustandes

$$P(B) = \frac{T(B)}{T(B) + T(A)} .$$

(2-97)

Wahrscheinlichkeit des Ausfallzustandes

$$P(A) = \frac{T(A)}{T(B) + T(A)} .$$

(2-98)

Da es nur die Zustände B und A gibt, gilt die Beziehung

$$P(B) + P(A) = 1.$$

(2-99)

Die Wahrscheinlichkeiten P(B) und P(A) bezeichnet man oft auch als
Verfügbarkeit bzw. Nichtverfügbarkeit einer Anlage.

Neben den mittleren Dauern und den Wahrscheinlichkeiten von Zuständen sind noch mittlere Häufigkeiten definiert. Diese sind:

Mittlere Häufigkeit des Betriebszustandes

$$H(B) = \frac{P(B)}{T(B)} = \frac{1}{T(B) + T(A)} .$$

(2-100)

Mittlere Häufigkeit des Ausfallzustandes

$$H(A) = \frac{P(A)}{T(A)} = \frac{1}{T(B) + T(A)} .$$

(2-101)

Zwischen den Häufigkeiten besteht die Gleichgewichtsbeziehung

$$H(B) = H(A).$$

(2-102)

Zusammenfassend kann man sagen, daß jeder zweistufige stochastische Prozeß durch folgende Kenngrößen beschrieben werden kann:

$$\left\{ \begin{array}{l} P(B), \ P(A) \\ H(B), \ H(A) \\ T(B), \ T(A) \end{array} \right\}$$

Diese Kenngrößen bilden einen vollständigen Kenngrößensatz zur Bewertung der Zuverlässigkeit einer Anlage. Die Kenngrößen sind voneinander abhängig. Sind zwei unterschiedliche Kenngrößen bekannt (außer den Paaren $P(B)$ und $P(A)$ sowie $H(B)$ und $H(A)$), so lassen sich daraus die übrigen Kenngrößen berechnen. Was man unter den Zuständen B und A versteht, muß in der Systemanalyse definiert werden (siehe Bild 1-5).

(2-92) bis (2-102) gelten für jeden zweistufigen stochastischen Prozeß und somit sowohl für Komponenten als auch für Systeme, wenn sie als zweistufige Prozesse betrachtet werden. Der zweistufige stochastische Prozeß besitzt wegen seiner Einfachheit in der Zuverlässigkeitstechnik eine bedeutende Stellung. Er bildet außerdem eine der Voraussetzungen zur Anwendung der Netzwerk-Verfahren. Mehrstufige stochastische Prozesse werden sinnvoll mit den Zustandsraum-Verfahren berechnet.

2.2.3 Verknüpfung stochastischer Prozesse

In der Zuverlässigkeitstechnik unterscheiden wir zwischen den Betrachtungseinheiten Komponente und System, wobei das System die funktionale Schaltung der Komponenten darstellt. Wird das Zustandsverhalten jeder Komponente durch einen stochastischen Prozeß beschrieben, so stellt das Zustandsverhalten des Systems ebenfalls einen stochastischen Prozeß dar, der als Verknüpfung der Komponentenprozesse beschrieben werden kann. Die grundlegenden Beziehungen sollen im folgenden angegeben werden.

Entsprechend den beiden Verknüpfungsarten

- logische ODER-Verknüpfung ($Z_1 \vee Z_2$)   und
- logische UND-Verknüpfung ($Z_1 \wedge Z_2$)

gibt es die in den Bildern 2-14 und 2-15 gezeigten Möglichkeiten, zwei zweistufige stochastische Prozesse, z.B. Komponentenprozesse, miteinander zu verknüpfen. Das Ergebnis der Verknüpfung, z.B. der Systemprozeß, stellt jeweils wieder einen zweistufigen stochastischen Prozeß mit den beiden Zuständen Betrieb und Ausfall dar.

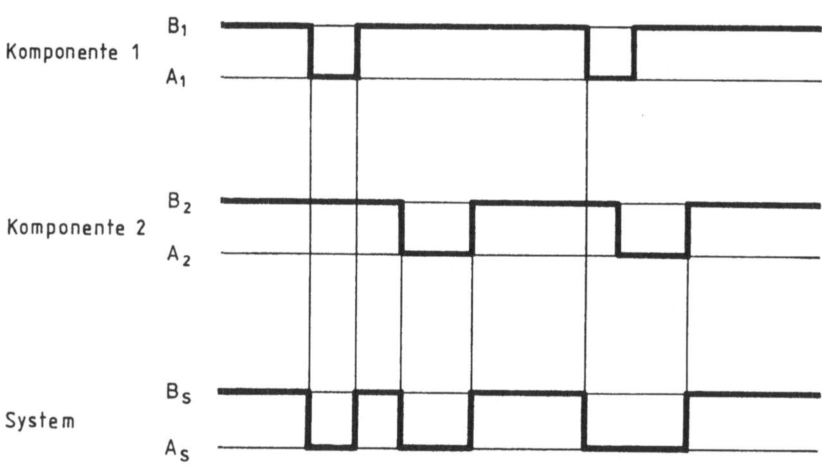

Bild 2-14. Logische UND-Verknüpfung der Betriebszustände (entspricht logischer ODER-Verknüpfung der Ausfallzustände) von zwei zweistufigen stochastischen Prozessen.

$$B_S = B_1 \wedge B_2; \qquad A_S = A_1 \vee A_2.$$

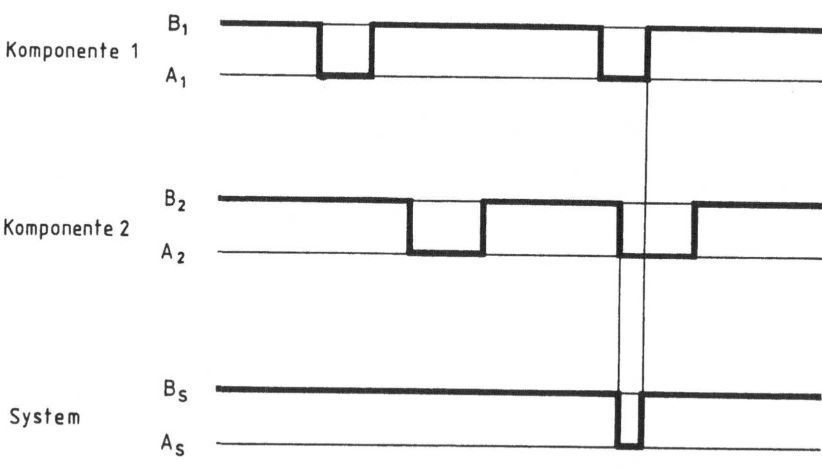

Bild 2-15. Logische ODER-Verknüpfung der Betriebszustände (entspricht logischer UND-Verknüpfung der Ausfallzustände) von zwei zweistufigen stochastischen Prozessen.

$$B_S = B_1 \vee B_2; \qquad A_S = A_1 \wedge A_2.$$

Bei der Verknüpfung von Zuständen muß man generell die Idempotenzrelationen in (2-11) beachten. Sehr hilfreich bei der Umwandlung
logischer Verknüpfungen sind die Theoreme von De Morgan in (2-12).

Die Beziehungen bei der logischen ODER- und UND-Verknüpfung von
Zuständen werden jetzt an den Beispielen von $Z_1 \vee Z_2$ und $Z_1 \wedge Z_2$ beschrieben. Die Zustände Z_1 und Z_2 können z.B. Betriebs- oder Ausfallzustände einer Komponente bedeuten. Bei der Berechnung der
Verknüpfungen sind zwei wichtige Bedingungen zu beachten. Diese
sind:

1. Bei der Berechnung der mittleren Häufigkeit der
   logischen ODER-Verknüpfung $Z_1 \vee Z_2$ sind Übergänge zwischen Z_1 und Z_2 zu berücksichtigen.

2. Bei der Berechnung der logischen UND-Verknüpfung
   $Z_1 \wedge Z_2$ ist stets zu berücksichtigen, ob Zustände
   stochastisch-abhängig oder stochastisch-unabhängig sind.

Komponentenzustände sind dann stochastisch-unabhängig, wenn folgende Kriterien erfüllt sind:

2.1 Die Komponenten unabhängig voneinander in Betrieb
    genommen werden (was z.B. in Systemen mit heißer
    Redundanz erfüllt ist, in Systemen mit kalter Re-
    dundanz jedoch nicht).

2.2 Die Komponenten unabhängig voneinander ausfallen
    bzw. abgeschaltet werden (was z.B. bei common-
    mode Fehlern oder disponiblen Abschaltungen
    nicht erfüllt ist).

2.3 Die einzelnen Komponenten unabhängig voneinander
    instandgesetzt werden (was z.B. bedeutet, daß in
    einem System jede Komponente nach einem Ausfall
    sofort instandgesetzt wird, wofür bei Zweifach-
    ausfällen zwei, bei Dreifachausfällen drei usw.
    Instandsetzungsmannschaften eingesetzt werden).

In den Beispielen der Kapitel 4 und 6 werden Systeme mit stochastisch-unabhängigen und stochastisch-abhängigen Komponenten ausführlich behandelt.

Im folgenden werden die Berechnungsformeln zur Berechnung logisch
UND- und ODER-verknüpfter Zustände angegeben, wobei an dieser Stel-
le der Schwerpunkt auf der Berechnung stochastisch-unabhängiger
Zustände liegt.

Wahrscheinlichkeiten

Für die Wahrscheinlichkeit logisch ODER-verknüpfter Zustände folgt aus (2-50) die Beziehung

$$P(Z_1 \lor Z_2) = P(Z_1) + P(Z_2) - P(Z_1 \land Z_2).$$

(2-103)

Diese Gleichung gilt auch für stochastisch-abhängige Zustände.

Für die Wahrscheinlichkeit logisch UND-verknüpfter Zustände folgt aus (2-49) die Beziehung

$$P(Z_1 \land Z_2) = P(Z_1) P(Z_2).$$

(2-104)

Diese Gleichung gilt nur für stochastisch-unabhängige Zustände.

Mittlere Häufigkeiten

Für die mittlere Häufigkeit logisch ODER-verknüpfter Zustände ist im Anhang 8-4 die Beziehung hergeleitet. Sie lautet

$$H(Z_1 \lor Z_2) = H(Z_1) + H(Z_2) - H(Z_1 \land Z_2).$$

(2-105)

Diese Gleichung gilt auch für stochastisch-abhängige Zustände. Sie gilt jedoch nicht, wenn zwischen Z_1 und Z_2 Übergänge stattfinden.

Für die mittlere Häufigkeit logisch UND-verknüpfter Zustände ist im Anhang 8-5 die Beziehung hergeleitet. Sie lautet

$$H(Z_1 \land Z_2) = H(Z_1) P(Z_2) + P(Z_1) H(Z_2).$$

(2-106)

Diese Gleichung gilt nur für stochastisch-unabhängige Zustände.

Mittlere Dauern

Die mittleren Dauern lassen sich bei Kenntnis der Wahrscheinlichkeiten und der mittleren Häufigkeiten in (2-103) bis (2-106) über (2-88) berechnen.

Für logisch ODER-verknüpfte Zustände lautet die Beziehung

$$T(Z_1 \lor Z_2) = \frac{P(Z_1 \lor Z_2)}{H(Z_1 \lor Z_2)}.$$

(2-107)

Für logisch UND-verknüpfte Zustände lautet die Beziehung

$$T(Z_1 \wedge Z_2) = \frac{P(Z_1 \wedge Z_2)}{H(Z_1 \wedge Z_2)} \ . \tag{2-108}$$

Diese Beziehungen gelten ohne Einschränkungen.

Bei Kenntnis der einzelnen mittleren Zustandsdauern $T(Z_1)$ und $T(Z_2)$ läßt sich $T(Z_1 \wedge Z_2)$ auch ohne Kenntnis der Wahrscheinlichkeiten und der mittleren Häufigkeiten mit der im Anhang 8-6 hergeleiteten Beziehung berechnen. Sie lautet

$$T(Z_1 \wedge Z_2) = \frac{1}{\dfrac{1}{T(Z_1)} + \dfrac{1}{T(Z_2)}} \ . \tag{2-109}$$

Diese Formel gilt nur für stochastisch-<u>un</u>abhängige Zustände.

Alle angegebenen Beziehungen lassen sich in einfacher Weise auf beliebig viele Zustände erweitern.

<u>Anmerkung</u>

(2-103) und (2-105) gelten prinzipiell auch für stochastisch-abhängige Ereignisse. Jedoch lassen sich diese nur in wenigen Fällen mit den angegebenen Beziehungen einfach lösen. Die Berücksichtigung von stochastischen Abhängigkeiten, wie sie zwischen zeitabhängigen Zuständen in stochastischen Prozessen auftreten (und in den Beispielen 4-7 bis 4-11 beschrieben werden), ist mit den Gleichungen nicht mehr ohne weiteres möglich, da auch in den Einzeltermen $P(Z_1)$, $P(Z_2)$ usw. für Z_1 und Z_2 das tatsächliche Verhalten, so wie es im System auftritt (also auch unter Berücksichtigung stochastischer Abhängigkeiten), einzusetzen ist. Es darf also bei einer genauen Berechnung das Verhalten der einzelnen Zustände Z_1 und Z_2 nicht - wie bei stochastisch-unabhängigen Zuständen - isoliert bzw. voneinander unabhängig betrachtet werden. Im Anhang 8-12 wird diese Problematik an einem Beispiel erläutert. Die hier beschriebenen Formeln werden deshalb vorzugsweise für stochastisch-unabhängige Komponenten angewandt. Stochastische Abhängigkeiten und auch Übergänge zwischen einzelnen Zuständen lassen sich mit dem Verfahren der Markoffschen Prozesse berücksichtigen.

2.3 Statistische Ermittlung von Kenngrößen

In diesem Kapitel werden die grundsätzlichen Überlegungen zur statistischen Ermittlung von Eingangskenngrößen für die Komponentenmodelle (siehe Bild 1-5, Arbeitsschritt 5) ausgeführt.

Die Ermittlung von Eingangskenngrößen für Zuverlässigkeitsmodelle läuft auf eine statistische Auswertung von Zustandsdauern hinaus. Hierzu betrachten wir das Bild 2-16, in dem das Betriebsprotokoll eines Zustandsablaufes mit den Zuständen B (Betrieb), A (Ausfall und Instandsetzung) und W (Wartung) einer Komponente dargestellt ist. t_{B_i}, t_{A_i} und t_{W_i} bezeichnen die einzelnen Dauern in den Zuständen B, A und W, t_{BA_i} und t_{BW_i} die einzelnen Betriebsdauern zwischen zwei aufeinanderfolgenden Ausfällen bzw. Wartungen. Aus den Einzeldauern lassen sich die mittleren Dauern als Grenzwerte unendlich vieler Beobachtungswerte aus der Vergangenheit bestimmen. Wir wollen in der weiteren Betrachtung die mittleren Zustandsdauern ganz allgemein mit T(Z) und die Einzeldauern mit t_{Z_i} bezeichnen. T(Z) kann also in unserem Beispiel T(B), T(A), T(W), T(BA) und T(BW) bedeuten. Die mittlere Dauer T(Z) errechnet man aus den Einzeldauern t_{Z_i} zu

$$T(Z) = \lim_{n_Z \to \infty} \frac{1}{n_Z} \sum_{i=1}^{n_Z} t_{Z_i} . \qquad (2\text{-}110)$$

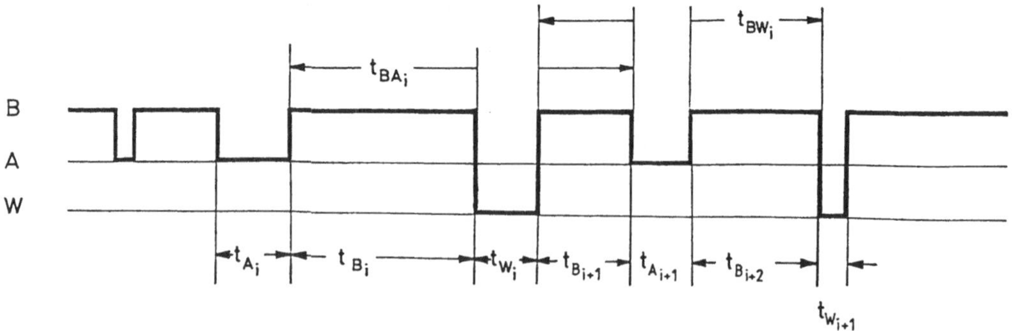

Bild 2-16. Zustandsdauern eines mehrstufigen stochastischen Prozesses zur statistischen Ermittlung von Kenngrößen.
B Betriebszustand; A Ausfallzustand; W Wartungszustand.

Mit n_Z bezeichnen wir die Anzahl der berücksichtigten Dauern t_{Z_i}. Zur exakten Berechnung der mittleren Dauer benötigt man nach (2-110) eine unendlich große Anzahl an Einzeldauern, die man als Grundgesamtheit bezeichnet. Tatsächlich ist der zu verarbeitende Datenumfang, den man als Stichprobe aus der Grundgesamtheit bezeichnet, begrenzt. Dadurch lassen sich die Erwartungswerte der Dauern nur angenähert berechnen. Die angenäherten Werte sind Schätzwerte, die durch das Zeichen ^ über dem Formelzeichen gekennzeichnet werden. Sie betragen

$$\hat{T}(Z) = \frac{1}{n_Z} \sum_{i=1}^{n_Z} t_{Z_i} . \tag{2-111}$$

Somit sind die aus einer Statistik gewonnenen Kenngrößen immer mit Ungenauigkeiten behaftet. Es gilt für große n_Z

$$T(Z) \approx \hat{T}(Z) . \tag{2-112}$$

Die Ungenauigkeiten sind um so größer, je geringer der Stichprobenumfang ist. In dieser Tatsache liegen die wesentlichen Gründe für das Datenproblem bei Zuverlässigkeitsberechnungen. Sie sind immer nur auf der Basis einer ausreichend großen Datenbasis durchführbar.

Die mittleren Dauern $T(Z)$ kann man als Grundkenngrößen ansehen, aus denen die meisten Komponenten-Kenngrößen bestimmt werden. In der Praxis bestehen z.B. für die Bestimmung der mittleren Dauern

    T(BA)   mittlere Betriebsdauer zwischen zwei aufeinander folgenden Ausfällen,

    T(BW)   mittlere Betriebsdauer zwischen zwei aufeinander folgenden Wartungen (Wartungsintervall),

    T(A)   mittlere Instandsetzungsdauer,

    T(W)   mittlere Wartungsdauer

als Schätzwerte folgende Möglichkeiten.

    1. Durch Labortest (Prüfung vieler gleichartiger Komponenten unter gleichen Bedingungen) läßt sich z.B. T(BA) bestimmen. Die Methode wird jedoch im allgemeinen nur bei preiswerten Massenprodukten angewandt.

2. Durch Auswerten der Betriebsstatistik einer in
   Betrieb befindlichen Anlage lassen sich T(BA),
   T(BW), T(A) und T(W) bestimmen. Mit dieser Methode kann man alle interessierenden Kenngrößen
   und deren Genauigkeit ermitteln, da die Betriebsstatistik das reale Betriebsverhalten wiederspie-
   gelt. Betriebsstatistiken erfordern in der Regel
   aufwendige und langwierige Untersuchungen.

3. Durch Betrachtung der Komponente als Mikrosystem
   (nach innen gerichtete Betrachtung) läßt sich
   z.B. T(BA) berechnen. Die Berechnung ist bei den
   Komponenten möglich, die aus einzelnen diskreten
   Bauelementen aufgebaut sind. Ein wesentlicher
   Vorteil dieser Komponentenberechnung liegt darin,
   daß man schon beim Entwurf Zuverlässigkeitsangaben erhält. Die gebräuchlichen Berechnungsmetho-
   den sind in [69] beschrieben.

4. Durch Vorgabezeiten seitens der Hersteller werden z.B. T(BW) und T(W) sowie die Inspektionsintervalle festgelegt.

In den ersten beiden Punkten werden statistische Daten ausgewer-
tet. Im 3. Punkt verlagert sich das Problem der statistischen Auswertung von der Komponente auf ihre Bausteine.

Auf einen wichtigen Punkt soll noch hingewiesen werden. Es bestä-
tigt sich in jeder Zuverlässigkeitsanalyse, daß es äußerst nütz-
lich ist, die berechneten Werte im 3. Punkt und die Vorgabezeiten
im 4. Punkt mit Erfahrungswerten im 2. Punkt - soweit sie vorhanden sind - oder mit Erfahrungen aus dem Betrieb zu vergleichen,
um evtl. Daten genauer zu erfassen oder auch die Modelle und Verfahren weiterzuentwickeln.

Häufig wird man auf keine ausreichende Datenbasis zurückgreifen
können. Es besteht dann nur die Möglichkeit, einen realistischen
Wertebereich vorzugeben und Parameterstudien durchzuführen.

Alle Ungenauigkeiten der Eingangsdaten übertragen sich auch auf
die Systemberechnung, so daß ihre Ergebnisse immer unter dem Gesichtspunkt ungenauer Eingangsdaten betrachtet werden müssen.

In der Literatur findet man viele Zahlenwertangaben von Komponenten. Bei Benutzung dieser Daten ist jedoch darauf zu achten, daß
Zuverlässigkeitsdaten verschiedener Quellen nicht ohne weiteres
vergleichbar sind, da die Ermittlungsbasis meistens unterschiedlich
und darüber hinaus häufig unbekannt ist.

2.4 Zusammenstellung wichtiger Formeln

Im Hinblick auf Zuverlässigkeitsberechnungen werden hier wichtige Rechenregeln des Kapitels 2 übersichtlich zusammengestellt.

Es bedeuten

Z Zustand, enthält die zu untersuchende(n) Funktion(en),

$P(Z)$ Wahrscheinlichkeit des Zustandes Z,

$H(Z)$ mittlere Häufigkeit des Zustandes Z,

$T(Z)$ mittlere Dauer des Zustandes Z.

Grundgleichung

$$P(Z) = H(Z)T(Z).$$
(2-113)

Idempotenzrelationen

$$Z \wedge Z \wedge \ldots \wedge Z = Z$$

$$Z \vee Z \vee \ldots \vee Z = Z.$$
(2-114)

Theoreme von De Morgan

$$\overline{Z_1 \wedge Z_2 \wedge Z_3 \wedge \ldots} = \overline{Z_1} \vee \overline{Z_2} \vee \overline{Z_3} \vee \ldots$$

$$\overline{Z_1 \vee Z_2 \vee Z_3 \vee \ldots} = \overline{Z_1} \wedge \overline{Z_2} \wedge \overline{Z_3} \wedge \ldots \, .$$
(2-115)

Für die Berechnung stochastischer Prozesse gelten folgende Gleichungen.

<u>Wahrscheinlichkeiten</u>

$$P(Z_1 \vee Z_2) = P(Z_1) + P(Z_2) - P(Z_1 \wedge Z_2).$$
(2-116)

Gilt auch für stochastisch-abhängige Zustände.

$$P(Z_1 \wedge Z_2) = P(Z_1)P(Z_2).$$
(2-117)

Gilt nur für stochastisch-<u>un</u>abhängige Zustände.

<u>Mittlere Häufigkeiten</u>

$$H(Z_1 \vee Z_2) = H(Z_1) + H(Z_2) - H(Z_1 \wedge Z_2). \tag{2-118}$$

Gilt auch für stochastisch-abhängige Zustände. Gilt jedoch nicht, wenn zwischen Z_1 und Z_2 Übergänge stattfinden.

$$H(Z_1 \wedge Z_2) = H(Z_1)P(Z_2) + P(Z_1)H(Z_2). \tag{2-119}$$

Gilt nur für stochastisch-<u>un</u>abhängige Zustände.

<u>Mittlere Dauern</u>

Sind die Wahrscheinlichkeiten und die mittleren Häufigkeiten der logischen ODER-Verknüpfung $Z_1 \vee Z_2$ und der logischen UND-Verknüpfung $Z_1 \wedge Z_2$ bekannt, so kann man die mittleren Dauern mit der Grundgleichung (2-113) berechnen. Die Beziehungen lauten

$$T(Z_1 \vee Z_2) = \frac{P(Z_1 \vee Z_2)}{H(Z_1 \vee Z_2)}, \tag{2-120}$$

$$T(Z_1 \wedge Z_2) = \frac{P(Z_1 \wedge Z_2)}{H(Z_1 \wedge Z_2)}. \tag{2-121}$$

Bei Kenntnis der einzelnen mittleren Zustandsdauern gilt außerdem folgende Beziehung

$$\frac{1}{T(Z_1 \wedge Z_2)} = \frac{1}{T(Z_1)} + \frac{1}{T(Z_2)}. \tag{2-122}$$

Gilt nur für stochastisch-<u>un</u>abhängige Zustände.

Diese Beziehungen lassen sich in einfacher Weise auf beliebig viele Zustände erweitern.

2.5 Zusammenfassung

Ausgehend von der Beschreibung zufälliger Ereignisse wurde auf das für Zuverlässigkeitsberechnungen technischer Anlagen wichtige Zustandsverhalten eingegangen. Mit Hilfe der Wahrscheinlichkeitstheorie und der Theorie der stochastischen Prozesse wurden die Kenngrößen, die Verknüpfungsarten und die Berechnungsgrundlagen für stochastische Prozesse erarbeitet. Auf diesen Grundlagen bauen die folgenden Kapitel auf.

Im Prinzip lassen sich mit diesen Grundlagen einfache Zuverlässigkeitsrechnungen durchführen, wobei jedoch schon bei kleinen Systemen der Berechnungsaufwand sehr groß werden kann. In der Praxis haben wir es jedoch oft mit

- großen und vermaschten Systemen mit
- stochastisch-abhängigen Komponenten

zu tun, so daß die bisher beschriebenen Beziehungen nicht ohne weitere Vorarbeiten angewandt werden können. Deshalb werden in den folgenden Kapiteln spezielle anwendungsfreundliche Verfahren entwickelt.

3 Zustandsraum-Verfahren

3.0 Übersicht

Unter dem Zustandsraum soll die Menge der Zustände eines Prozesses verstanden werden, die den Zustandsablauf einer Komponente oder eines Systems vollständig beschreiben. Die beiden wesentlichen Merkmale der Zustandsraum-Verfahren sind, daß erstens alle Zustände einem einzigen Zustandsraum angehören und daß sich zweitens alle Zustände gegenseitig ausschließen. Dies bedeutet, daß sich der Prozeß zu jedem Zeitpunkt in genau einem dieser Zustände befindet. Dadurch ist es möglich, den Prozeßablauf Schritt für Schritt zu verfolgen und dadurch detaillierte Zuverlässigkeitsuntersuchungen durchzuführen. Der Nachteil liegt darin, daß man das Zustandsverhalten in einem einzigen mitunter sehr großen Zustandsraum modellieren muß und nicht wie bei den Netzwerk-Verfahren als Verkettung mehrerer kleinerer Zustandsräume betrachten kann.

Die für die Anwendung wichtigsten Zustandsraum-Verfahren sind das

- Kombinations-Verfahren und das
- Verfahren der Markoffschen Prozesse.

Insbesondere ist das Verfahren der Markoffschen Prozesse auf viele Probleme anwendbar.

3.1 Kombinations-Verfahren

Das Kombinations-Verfahren ist ein sehr einfaches Verfahren. Es ist nur auf Systeme mit stochastisch-unabhängigen Komponenten an-

wendbar. Das Kombinations-Verfahren wird an einem einfachen Beispiel, das auch noch in den Beispielen 4-6 und 6-1 behandelt wird,
erklärt.

<u>Beispiel</u>

Bild 3-1 zeigt ein Energieversorgungssystem. Ein Versorgungsgebiet
wird von Kraftwerk 1 direkt und von Kraftwerk 2 über die Leitung
3 versorgt, wobei die Leistung jedes Kraftwerks alleine ausreicht,
um das Versorgungsgebiet voll zu versorgen. Das System besteht aus
drei Komponenten, wobei jede Komponente durch die beiden Zustände:
Betrieb (B) und Ausfall (A) gekennzeichnet werden soll. Als Eingangsgrößen seien die mittlere Betriebsdauer $T(B)$ und die mittlere
Ausfalldauer $T(A)$ der drei Komponenten bekannt. Es sei ferner vorausgesetzt, daß die Komponenten voneinander stochastisch-unabhängig sind. Es sollen die Systemzustände

$$\text{Systembetrieb } (B_S)\text{: Versorgung des Versorgungsgebietes,}$$

$$\text{Systemausfall } (A_S)\text{: Ausfall der Versorgung}$$

untersucht werden.

Die Zuverlässigkeitsuntersuchung wird in eine Komponenten- und Systembetrachtung gegliedert.

<u>Komponente</u>

Aus den vorgegebenen mittleren Dauern lassen sich mit (2-97) bis
(2-99) die Wahrscheinlichkeiten ermitteln. Die Formeln lauten

$$P(B) = \frac{T(B)}{T(B) + T(A)}, \tag{3-1}$$

$$P(A) = 1 - P(B). \tag{3-2}$$

<u>System</u>

Wir wollen jetzt die einzelnen Schritte des Kombinations-Verfahrens
aufbauen.

Das System besteht aus drei zweistufigen Komponenten und damit aus
insgesamt

$$z = 2^3 = 8 \tag{3-3}$$

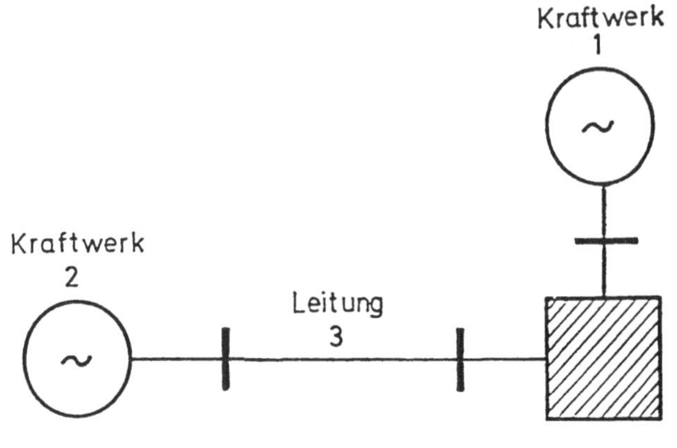

Bild 3-1. Einfaches Energieversorgungssystem.

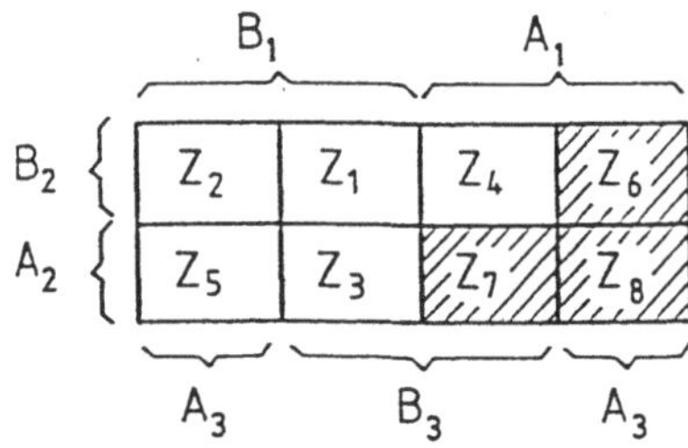

Bild 3-2. Karnaugh-Veitch-Diagramm zur Ermittlung
des Systembetriebes B_S (weiße Fläche) und
des Systemausfalles A_S (schraffierte Fläche).

Tabelle 3-1. Systemzustände des elektrischen Energieversorgungssystems.

Einzel-Systemzustände (unterste Betrachtungsebene)		Globale Systemzustände (oberste Betrachtungsebene)
Z_1	$B_1 \wedge B_2 \wedge B_3$	
Z_2	$B_1 \wedge B_2 \wedge A_3$	
Z_3	$B_1 \wedge A_2 \wedge B_3$	B_S
Z_4	$A_1 \wedge B_2 \wedge B_3$	
Z_5	$B_1 \wedge A_2 \wedge A_3$	
Z_6	$A_1 \wedge B_2 \wedge A_3$	
Z_7	$A_1 \wedge A_2 \wedge B_3$	A_S
Z_8	$A_1 \wedge A_2 \wedge A_3$	

Systemzuständen, die in Tabelle 3-1 zusammengestellt sind. Die Gesamtheit der Systemzustände Z_1 bis Z_8 bildet den Zustandsraum. Als Systemzustand bezeichnet man jede der 8 Zustandskombinationen, z.B. bedeutet der Systemzustand

$$Z_5 = B_1 \wedge A_2 \wedge A_3, \tag{3-4}$$

daß das Kraftwerk 1 in Betrieb ist UND das Kraftwerk 2 UND die Leitung 3 ausgefallen sind. In einem Systemzustand sind die Komponentenzustände logisch UND-verknüpft. Alle Systemzustände schließen sich gegenseitig aus, z.B. schließen sich Z_1 und Z_2 gegenseitig aus, da die Leitung 3 nicht zur gleichen Zeit in Betrieb UND ausgefallen sein kann. Es kann entweder nur Z_1 oder Z_2 auftreten. Isoliert betrachtet sagen die 8 Systemzustände noch nichts darüber aus, ob das System in Betrieb oder ausgefallen ist. Sie sind sozusagen aufgabenneutral. Man kann sie wie folgt einteilen:

    1 Systemzustand: 3 Komponenten in Betrieb

    3 Systemzustände: 2 Komponenten in Betrieb und
                        1 Komponente ausgefallen

    3 Systemzustände: 1 Komponente in Betrieb und
                        2 Komponenten ausgefallen

    1 Systemzustand: 3 Komponenten ausgefallen.

Allgemein kann man sagen, daß in einem System mit n Komponenten die Anzahl der Systemzustände, in denen k Komponenten in Betrieb und n-k Komponenten ausgefallen sind, durch folgenden Binomialkoeffizienten berechnet wird

$$\binom{n}{n-k} = \frac{n(n-1)\ldots(k+1)}{1 \cdot 2 \ldots (n-k)}. \tag{3-5}$$

Die Anzahl der Systemzustände hängt nur von der Anzahl der Komponenten und ihren Zuständen ab. Die Auswahl der Systemzustände, die zum Systembetrieb und zum Systemausfall gehören, hängt von der Aufgabenstellung, der Systemstruktur und den Voraussetzungen ab. In Tabelle 3-1 sind die Systemzustände zum Systembetrieb und zum Systemausfall zusammengefaßt. Die ersten fünf Systemzustände gehören zum Systembetrieb und die letzten drei zum Systemausfall. Die Gleichungen lauten

$$B_S = Z_1 \vee Z_2 \vee Z_3 \vee Z_4 \vee Z_5, \tag{3-6}$$

$$A_S = Z_6 \vee Z_7 \vee Z_8. \tag{3-7}$$

Diese Zustände lassen sich entweder mit dem im Kapitel 2 erworbenen Grundlagenwissen oder mit Hilfe spezieller Rechentechniken wie z.B. mit dem Karnaugh-Veitch-Diagramm vereinfachen. Letztere Technik ist im Bild 3-2 gezeigt. Jedes Kästchen entspricht einem Systemzustand der Tabelle 3-1. Die weiße Fläche entspricht dem Systembetrieb B_S, die schraffierte komplementäre Fläche dem Systemausfall A_S. Aus dem Karnaugh-Veitch-Diagramm kann man direkt die logischen Ausdrücke für B_S und A_S ablesen. Diese lauten

$$B_S = B_1 \vee (B_2 \wedge B_3), \tag{3-8}$$

$$A_S = (A_1 \wedge A_2) \vee (A_1 \wedge A_3). \tag{3-9}$$

Durch Ausklammern von A_1 erhält man weiter

$$A_S = A_1 \wedge (A_2 \vee A_3). \tag{3-10}$$

Es gibt jetzt zwei Wege, B_S und A_S wahrscheinlichkeitstheoretisch zu berechnen, entweder über (3-6) und (3-7) oder über (3-8) und (3-10). Da (3-8) und (3-10) im Beispiel 6-1 noch besprochen werden, gehen wir bei unseren weiteren Untersuchungen von (3-6) und (3-7) aus. Die Wahrscheinlichkeiten des Systembetriebes und des Systemausfalls betragen

$$P(B_S) = P(Z_1 \vee Z_2 \vee Z_3 \vee Z_4 \vee Z_5), \tag{3-11}$$

$$P(A_S) = P(Z_6 \vee Z_7 \vee Z_8). \tag{3-12}$$

Da sich alle Systemzustände gegenseitig ausschließen, folgt weiter

$$P(B_S) = P(Z_1) + P(Z_2) + P(Z_3) + P(Z_4) + P(Z_5), \tag{3-13}$$

$$P(A_S) = P(Z_6) + P(Z_7) + P(Z_8). \tag{3-14}$$

Für die Berechnung der Einzelwahrscheinlichkeiten gilt die einfache Multiplikationsregel, da die Komponentenzustände als stochastisch-unabhängig angenommen wurden

$$P(Z_1) = P(B_1)P(B_2)P(B_3),$$
(3-15)

$$P(Z_2) = P(B_1)P(B_2)P(A_3),$$
(3-16)

usw..

Die mittleren Häufigkeiten des Systembetriebszustandes B_S und des Systemausfallzustandes A_S kann man bei der Kombinationsmethode nicht mehr über die einzelnen Systemzustände ermitteln, da die Zustandsübergänge unbekannt sind. Wir betrachten dazu Bild 3-3. Dieses Bild zeigt eine mögliche Realisation des Zustandsablaufs unseres Beispiels. Im oberen Teil des Bildes sind die 8 Systemzustände Z_1 bis Z_8 aufgetragen, im unteren Teil die Zusammenfassung zu B_S und A_S. Durch die Zusammenfassung von Systemzuständen wird das in 8 Stufen detaillierte Systemzustands-Verhalten auf die beiden Stufen B_S und A_S reduziert. Um die Häufigkeit von B_S bzw. A_S berechnen zu können, benötigt man die Übergänge zwischen den Systemzuständen, die die gestrichelt gezeichnete Schnittstelle zwischen B_S und A_S durchstoßen. Das Kombinations-Verfahren gibt jedoch nur Auskunft über die einzelnen Systemzustände Z_i, nicht aber über deren Übergänge ($Z_i \to$?). Somit kann man die mittleren Häufigkeiten der Übergänge $B_S \rightleftarrows A_S$ nicht ermitteln. Folgende Betrachtung untermauert diesen Sachverhalt.

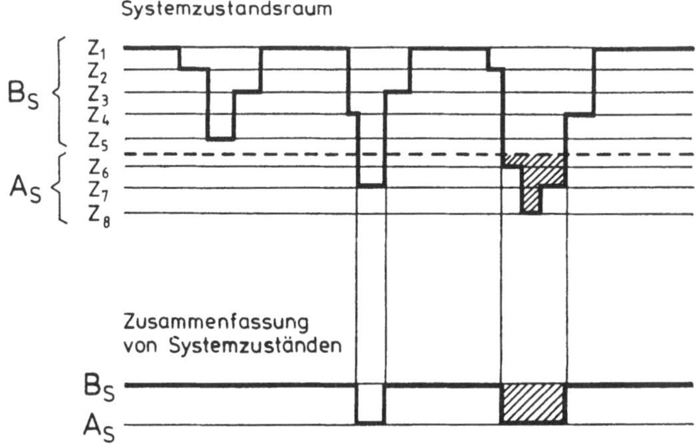

Bild 3-3. Mögliche Realisation eines Systemzustandsablaufs.

Die unüberlegte Anwendung der Gl. (2-118) auf den schraffierten
Zustandsbereich im Bild 3-3

$$H(A_S) = H(Z_6 \vee Z_7 \vee Z_8) = H(Z_6) + H(Z_7) + H(Z_8).$$ (3-17)

(Terme höherer Ordnung fallen weg, da
sich die Systemzustände ausschließen.

führt zu falschen Ergebnissen, da die Übergänge $Z_2 \rightarrow Z_6$, $Z_6 \rightarrow Z_8$,
$Z_8 \rightarrow Z_7$ unmittelbar hintereinander liegen und deshalb nicht als
drei einzelne, sondern nur als ein Ausfall gezählt werden dürfen.
Diese Zusammengehörigkeit läßt sich jedoch mit dem Kombinations-
Verfahren nicht berücksichtigen. Hier erkennen wir auch, daß
(2-118) nicht mehr angewandt werden darf, da zwischen Z_6, Z_7 und
Z_8, d.h. innerhalb der Zustandsmenge A_S Übergänge auftreten. Beispielsweise würde ein Übergang von Z_6 nach Z_8 dann stattfinden,
wenn die Komponente 2 ausfällt (siehe Tabelle 3-1).

Im Gegensatz zum Kombinations-Verfahren werden beim Verfahren der
Markoffschen Prozesse die Zustandsübergänge berücksichtigt, so
daß man mit diesem Verfahren auch die mittleren Häufigkeiten des
Systembetriebes bzw. des Systemausfalles berechnen kann.

Für Systemberechnungen ist das Kombinations-Verfahren von unterge-
ordneter Bedeutung. In Verbindung mit Markoffschen Prozessen kann
es zur Verringerung des Rechenaufwandes bei der Ermittlung der
mittleren Häufigkeit (siehe Beispiel 4-6) von Bedeutung sein. Das
Kombinations-Verfahren findet ferner für spezielle Problemlösungen,
wie z.B. bei der Bestimmung der notwendigen Kraftwerksreserve [39]
Anwendung.

3.2 Verfahren der Markoffschen Prozesse

Bei der Beschreibung und Beurteilung des stochastischen Zustandsverhaltens technischer Anlagen ist der Markoffsche [1] Prozeß von
großer Bedeutung. Er ist wie folgt definiert:

---

[1] Andrej Andrejewitsch Markoff (auch Markow oder Markov geschrieben), russischer Mathematiker, geboren in Rjasan am 14.6.1856,
gestorben in Petrograd am 20.7.1922, Professor und Mitglied der
Akademie der Wissenschaften, lieferte grundlegende Beiträge zur
Wahrscheinlichkeitsrechnung und zur mathematischen Analysis
(aus dem Brockhaus).

- Einen stochastischen Prozeß bezeichnet man dann
  als einen Markoffschen Prozeß, wenn das Auftreten eines zufälligen Ereignisses oder Zustandes
  nur von den unmittelbar davor aufgetretenen Ereignissen oder Zuständen abhängt und nicht von
  weiter zurückliegenden.

Innerhalb der verschiedenen Typen von Markoffschen Prozessen hat
der homogene Markoffsche Prozeß für technische Anwendungen die
größte Bedeutung, die von folgenden Eigenschaften herrührt:

- Einfache Berücksichtigung von komplizierten
  Zustandsabläufen,

- einfache Eingangskenngrößen für die Modelle,

- einfache angenäherte Berechenbarkeit.

In den folgenden Kapiteln werden wir uns hauptsächlich mit homogenen Markoffschen Prozessen beschäftigen.

3.2.1 Theoretische Grundlagen

Das Zustandsverhalten Markoffscher Prozesse kann man durch ein Zustands-Übergangsdiagramm darstellen, wobei die Markoffschen Zustände (die mit MZ abgekürzt werden) durch Blocksymbole und die Zustandsübergänge durch Pfeile gekennzeichnet werden (Bild 3-4).

Die Grundlagen der Theorie der Markoffschen Prozesse wurden von
Kolmogoroff gelegt. Einige Elemente dieser Theorie sind Gegenstand
der folgenden Betrachtung. Dazu legen wir das Zustands-Übergangsdiagramm im Bild 3-4 zugrunde.

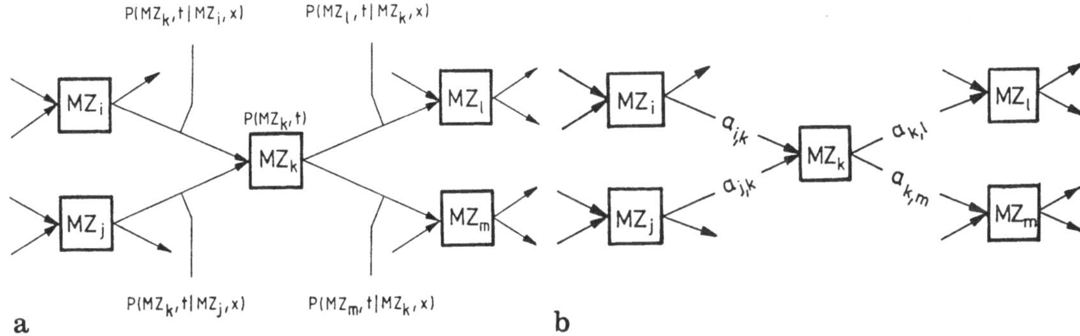

Bild 3-4. Zustands-Übergangsdiagramm zur Herleitung der Markoffschen
         Gleichungen. a) Allgemeiner Ansatz. b) Homogener Markoff-
         scher Prozeß.

1 Mathematische Herleitung der Markoffschen Gleichungen

Für die Beschreibung und Herleitung Markoffscher Prozesse definieren wir folgende Größen:

(MZ_k, t) Zustand,

$P(MZ_k, t)$ Zustandswahrscheinlichkeit,

$(MZ_k, t \mid MZ_i, x)$ Zustandsübergang (bedingte Zustandsrealisation),

$P(MZ_k, t \mid MZ_i, x)$ Übergangswahrscheinlichkeit (bedingte Wahrscheinlichkeit).

Mit (MZ_k, t) wird der Markoffsche Zustand bezeichnet, der im Zeitpunkt t vorliegt. Die Zustände eines Markoffschen Prozesses schließen sich gegenseitig aus. Mit $P(MZ_k, t)$ wird die entsprechende Zustandswahrscheinlichkeit bezeichnet.

$(MZ_k, t \mid MZ_i, x)$ bedeutet, daß der Markoffsche Prozeß zum Zeitpunkt t im Zustand MZ_k ist unter der Bedingung, daß er zum Zeitpunkt x im Zustand MZ_i war und im Zeitraum (x,t) ein Zustandsübergang von MZ_i nach MZ_k stattfindet. Mit $P(MZ_k, t \mid MZ_i, x)$ wird die entsprechende Übergangswahrscheinlichkeit bezeichnet, die eine bedingte Wahrscheinlichkeit darstellt.

Das Ziel der Zuverlässigkeitsberechnung liegt in der Ermittlung der Zustandswahrscheinlichkeiten aus den Übergangswahrscheinlichkeiten, die die Eingangsgrößen darstellen sollen.

Nachdem wir die Basiskenngrößen Markoffscher Prozesse definiert haben, wollen wir den mathematischen Ansatz zur Berechnung Markoffscher Prozesse herleiten. Wir gehen dabei von folgender Überlegung aus (Bild 3-4a).

Der Zustand MZ_k liegt zum Zeitpunkt t vor, wenn

    I.   der Zustand MZ_k zum Zeitpunkt x realisiert war UND im Zeitraum (x,t) erhalten bleibt

       ODER

    II. zum Zeitpunkt x irgendein vorhergehender Zustand MZ_i oder MZ_j realisiert war UND im Zeitraum (x,t) ein Zustandsübergang zum Zustand MZ_k erfolgt.

Die logische Beziehung hierzu lautet

$$(MZ_k,t) = (MZ_k,x) \wedge (MZ_k,t\,|\,MZ_k,x) \; \underset{\substack{i\\ i<k}}{\bigvee} \; (MZ_i,x) \wedge (MZ_k,t\,|\,MZ_i,x).$$

$$\underbrace{\hphantom{(MZ_k,x) \wedge (MZ_k,t\,|\,MZ_k,x)}}_{\text{I}} \qquad \underbrace{\hphantom{(MZ_i,x) \wedge (MZ_k,t\,|\,MZ_i,x)}}_{\text{II}} \tag{3-18}$$

Die Indizierung i, i < k unter der logischen ODER-Verknüpfung bedeutet, daß alle Zustände MZ_i betrachtet werden, die in der Zustandsfolge vor MZ_k liegen. Da sich die Teilzustandsmengen I und II gegenseitig ausschließen, folgt für die Wahrscheinlichkeit

$$P(MZ_k,t) = P[(MZ_k,x) \wedge (MZ_k,t\,|\,MZ_k,x)] +$$

$$+ \sum_{\substack{i\\ i<k}} P[(MZ_i,x) \wedge (MZ_k,t\,|\,MZ_i,x)]. \tag{3-19}$$

Die Auflösung der Wahrscheinlichkeiten liefert folgende Beziehung:

$$P(MZ_k,t) = P(MZ_k,x)\,P(MZ_k,t\,|\,MZ_k,x) +$$

$$+ \sum_{\substack{i\\ i<k}} P(MZ_i,x)\,P(MZ_k,t\,|\,MZ_i,x). \tag{3-20}$$

In dieser Gleichung wird nun folgende Umformung vorgenommen:

$$P(MZ_k,t\,|\,MZ_k,x) = 1 - \sum_{\substack{l\\ l>k}} P(MZ_l,t\,|\,MZ_k,x). \tag{3-21}$$

Diese Beziehung drückt aus, daß ein Aufenthalt in MZ_k im Zeitintervall (x,t) (linke Seite der Gleichung) gleich ist mit der Aussage, daß während dieser Zeit keine Übergänge in nachfolgende Zustände MZ_l oder MZ_m (siehe Bild 3-4) stattfinden (rechte Seite der Gleichung). Wir können (3-20) mit dieser Beziehung auch in der folgenden Form schreiben:

$$P(MZ_k,t) - P(MZ_k,x) = \underbrace{\sum_{\substack{i \\ i<k}} P(MZ_i,x)\,P(MZ_k,t\,|\,MZ_i,x)}_{\text{Zugänge zu } MZ_k} -$$

$$\underbrace{\text{Änderung von } MZ_k}$$

$$- P(MZ_k,x)\underbrace{\sum_{\substack{l \\ l>k}} P(MZ_l,t\,|\,MZ_k,x)}_{\text{Abgänge von } MZ_k}. \qquad (3-22)$$

Diese Gleichung läßt sich jetzt auch folgendermaßen interpretieren: Die Änderung der Wahrscheinlichkeit des Zustandes MZ_k im Zeitraum (x,t) ergibt sich aus der Differenz der Wahrscheinlichkeiten der Zugänge zu MZ_k (Zufluß) und der Abgänge von MZ_k (Abfluß) während dieses Zeitintervalls. Aufgrund der vorausgesetzten Markoffschen Eigenschaft werden nur die unmittelbar benachbarten Zustände und deren Übergänge betrachtet.

Die Beziehung in (3-22) gilt ganz allgemein für alle Markoffschen Prozesse. Sie gilt sowohl für Markoffsche Prozesse mit diskreten Übergangswahrscheinlichkeiten (z.B. Markoffsche Ketten) als auch für Prozesse mit kontinuierlichen Übergangswahrscheinlichkeiten (z.B. homogene Markoffsche Prozesse). Diese Gleichung befindet sich jedoch noch auf einer relativ hohen anwendungsfernen theoretischen Ebene und muß deshalb weiterentwickelt werden. Sie läßt sich jedoch nur für spezielle Prozesse zu handhabungsfähigen einfachen Beziehungen auflösen. Der für technische Anwendungen bedeutendste Prozeß ist der homogene Markoffsche Prozeß, für den wir jetzt die Markoffschen Gleichungen aus (3-22) herleiten wollen.

Wir betrachten zunächst die Übergangswahrscheinlichkeit $P(MZ_k,t\,|\,MZ_i,x)$. Sie läßt sich durch die Aufenthaltsdauern in den einzelnen Zuständen wie folgt ausdrücken:

$$P(MZ_k,t\,|\,MZ_i,x) = P(T_{MZ_i \to MZ_k} \leq t\,|\,T_{MZ_i} > x). \qquad (3-23)$$

$T_{MZ_i \to MZ_k}$ ist die Aufenthaltsdauer im Zustand MZ_i, bevor ein Übergang in den Zustand MZ_k erfolgt. T_{MZ_i} ist die Aufenthaltsdauer im

Zustand MZ_i, bevor irgendein Zustandsübergang erfolgt. Diese Dauern sind als stochastische Variablen anzusehen und nicht mit deren Mittelwerten $T(MZ_i \rightarrow MZ_k)$ bzw. $T(MZ_i)$ zu verwechseln. Nach (2-74) läßt sich die Übergangswahrscheinlichkeit als bedingte Verteilungsfunktion interpretieren, die wir im folgenden als Übergangsverteilungsfunktion $F_{i,k}(x,t)$ eines Markoffschen Prozesses bezeichnen wollen. Sie beträgt

$$F_{i,k}(x,t) = P(T_{MZ_i \rightarrow MZ_k} \leq t \mid T_{MZ_i} > x). \qquad (3\text{-}24)$$

Mit (3-23) folgt die Beziehung

$$F_{i,k}(x,t) = P(MZ_k,t \mid MZ_i,x). \qquad (3\text{-}25)$$

Ebenso läßt sich auch $P(MZ_1,t \mid MZ_k,x)$ in (3-22) ausdrücken. Wir können damit (3-22) folgendermaßen umformen:

$$P(MZ_k,t) - P(MZ_k,x) = \sum_{\substack{i \\ i < k}} P(MZ_i,x) F_{i,k}(x,t) -$$

$$- P(MZ_k,t) \sum_{\substack{1 \\ 1 > k}} F_{k,1}(x,t). \qquad (3\text{-}26)$$

Für die weitere Umformung wird die spezielle Eigenschaft des homogenen Markoffschen Prozesses ausgenutzt, die wir jetzt genauer analysieren. Ein homogener Markoffscher Prozeß ist dadurch definiert, daß bei ihm ein Übergang von einem Zustand in einen anderen Zustand im Zeitintervall $(t, t + \Delta t)$ nur vom Zeitpunkt t abhängt (siehe Definition eines homogenen Markoffschen Prozesses im Abschnitt 2 dieses Kapitels). Somit darf es auch keine Rolle spielen, wie lange sich der Prozeß im Zustand vor dem Übergang aufgehalten hat (während der Zeitdauer $t - x$). Dies ist jedoch nur dann erfüllt, wenn die Intensität eines Überganges im Zeitelement Δt für jeden Zeitpunkt t gleich groß ist, konkret ausgedrückt, wenn die Übergangswahrscheinlichkeit $F_{i,k}(t, t + \Delta t)$ in jedem Zeitintervall $(t, t + \Delta t)$ gleich groß und damit zeitunabhängig ist. Es gilt also für die Übergangsverteilungsfunktionen eines homogenen Markoffschen Prozesses die Beziehung

$$F_{i,k}(t, t + \Delta t) = C(\Delta t). \tag{3-27}$$

Wir wollen jetzt die Konstante C, die noch vom Zeitelement Δt abhängt, bestimmen. Dazu lösen wir $F_{i,k}(t, t + \Delta t)$ mit (2-77) auf und ersetzen x_1 durch t, x durch $t + \Delta t$ und bilden den Grenzwert. Wir erhalten so die Beziehung

$$\lim_{\Delta t \to 0} \frac{1}{\Delta t} F_{i,k}(t, t + \Delta t) = \lim_{\Delta t \to 0} \frac{1}{\Delta t} \frac{F_{i,k}(t + \Delta t) - F_{i,k}(t)}{1 - F_{i,k}(t)}$$

$$= \frac{f_{i,k}(t)}{1 - F_{i,k}(t)} \tag{3-28}$$

Der letzte Ausdruck stellt nach Gl. (2-80) die Übergangsrate vom Zustand MZ_i zum Zustand MZ_k dar. Sie ist wegen der Voraussetzung in (3-27) konstant. Die Übergangsrate lautet somit

$$\lim_{\Delta t \to 0} \frac{1}{\Delta t} F_{i,k}(t, t + \Delta t) = a_{i,k}. \tag{3-29}$$

Die Übergangsraten beschreiben die Intensität eines Überganges. Die entsprechenden Übergangsverteilungs- und Übergangsdichtefunktionen zu konstanten Übergangsraten sind Exponentialverteilungen (siehe Kapitel 2.1.5). Konstante Übergangsraten sind notwendige und hinreichende Bedingung für homogene Markoffsche Prozesse.

Wir wollen mit diesem Ergebnis noch einmal die für homogene Markoffsche Prozesse fundamentale Beziehung in (3-27) betrachten. Bild 3-5 zeigt anschaulich die Überlegungen dazu. Es ist dort die Exponentialfunktion als Übergangsdichtefunktion zwischen den Zuständen MZ_i und MZ_k untersucht. Es sei angenommen, daß der Zustand MZ_i jeweils zu den Zeitpunkten x_1, x_2 und x_3 realisiert wird (d.h. die Exponentialfunktion beginnt in diesen Zeitpunkten) und der Prozeß sich zum Zeitpunkt t noch im Zustand MZ_i befindet. Gefragt ist nach der bedingten Wahrscheinlichkeit eines Überganges von MZ_i nach MZ_k im Zeitintervall $(t, t + \Delta t)$. Mit Hilfe der Überlegungen im Kapitel 2.1.5 erhält man das Ergebnis, daß die Wahrscheinlichkeit

$F_{i,k}(t, t+\Delta t)$ eines Zustandsüberganges in allen drei Fällen gleich groß ist und somit unabhängig von der Aufenthaltsdauer im Zustand MZ_i. Wie man sich leicht selbst überzeugen kann, ist diese Tatsache nur bei Exponentialverteilungen erfüllt (siehe im Vergleich zu Bild 3-5 auch Bild 2-9, wo man erkennt, daß die Formen der gestrichelten Kurve und der durchgezogenen Kurve bei Nicht-Exponentialfunktionen unterschiedlich sind).

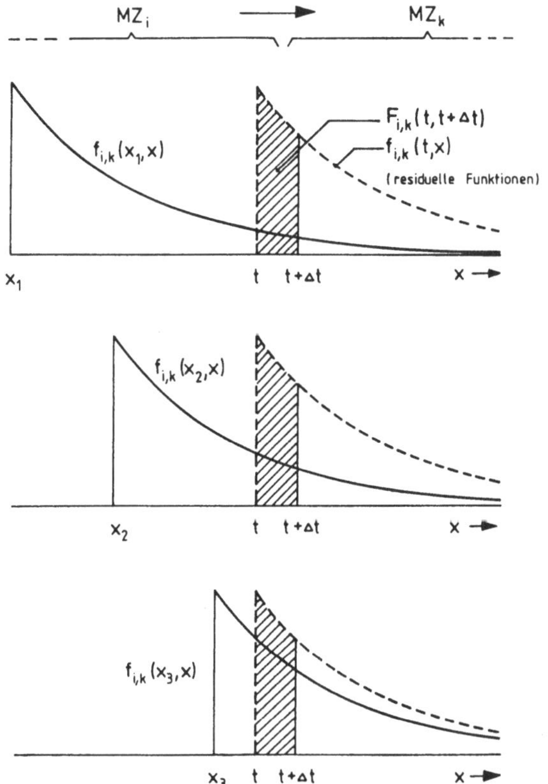

Bild 3-5. Betrachtung der Exponentialfunktion als Übergangsdichtefunktion.

Mit (3-29) läßt sich (3-26) weiterentwickeln. Wenn wir t durch $t + \Delta t$ und x durch t ersetzen, erhalten wir durch Grenzwertbetrachtung folgende Beziehung:

$$\lim_{\Delta t \to 0} \frac{P(MZ_k, t + \Delta t) - P(MZ_k, t)}{\Delta t} =$$

$$= \sum_{\substack{i \\ i < k}} P(MZ_i, t) \lim_{\Delta t \to 0} \frac{1}{\Delta t} F_{i,k}(t, t + \Delta t) -$$

$$- P(MZ_k, t) \sum_{\substack{l \\ l > k}} \lim_{\Delta t \to 0} \frac{1}{\Delta t} F_{k,l}(t, t + \Delta t). \qquad (3-30)$$

Der Grenzwertübergang $\Delta t \to 0$ ergibt die homogene Differentialglei-chung 1. Ordnung:

$$\frac{dP(MZ_k, t)}{dt} = \sum_{\substack{i \\ i < k}} P(MZ_i, t) a_{i,k} - P(MZ_k, t) \sum_{\substack{l \\ l > k}} a_{k,l}. \qquad (3-31)$$

Entwickelt man für jeden Zustand eines homogenen Markoffschen Pro-zesses die spezifische Differentialgleichung, so erhält man zur Beschreibung des stochastischen Prozesses ein lineares homogenes Differentialgleichungssystem 1. Ordnung, das mit der Nebenbedin-gung

$$\sum_{k} P(MZ_k, t) = 1 \qquad (3-32)$$

und den Anfangsbedingungen

$$0 \leq P(MZ_k, t) \leq 1 \qquad \text{für} \qquad k = 1, 2, 3, \ldots \qquad (3-33)$$

gelöst werden kann. Im Kapitel 3.2.3 werden wir das Differential-gleichungssystem an einem Beispiel aufstellen.

Bedeutend ist noch die Tatsache, daß bei homogenen Markoffschen Prozessen die mittlere Aufenthaltsdauer im Zustand MZ_k, auch als mittlere Zustandsdauer bezeichnet, nach (2-85) einfach berechnet werden kann. Sie lautet

$$T(MZ_k) = \frac{1}{\sum_{l} a_{k,l}}. \qquad (3-34)$$

Bild 3-4b zeigt die Darstellung homogener Markoffscher Prozesse in Zustands-Übergangsdiagrammen. Die Übergänge werden durch die Übergangsraten gekennzeichnet.

2 Definition verschiedener Prozeßtypen

Wir wollen mit den bisher gewonnenen Erkenntnissen die möglichen Arten verschiedener stochastischer Prozesse definieren. Kriterien zur Definition der Prozesse sind die Markoffsche Zustandsbedingung und die Markoffsche Zeitbedingung. Letztere haben wir auch schon im vorherigen Abschnitt kennengelernt.

Die <u>Markoffsche Zustandsbedingung</u> besagt, daß ein Übergang von einem Zustand Z_i in einen anderen Z_{i+1} nur vom letzten Zustand Z_i und nicht von Zuständen davor, d.h. von Zuständen Z_k mit $k < i$ abhängt.

Die <u>Markoffsche Zeitbedingung</u> besagt, daß ein Zustandsübergang im ausreichend kleinen Zeitintervall $(t, t + \Delta t)$ nur vom Zeitpunkt t und nicht von weiter zurückliegenden Zeitpunkten $x < t$ abhängt.

Je nachdem, welche Bedingungen erfüllt bzw. nicht erfüllt sind, lassen sich die in Tabelle 3-2 angegebenen Prozeßtypen definieren. Sie lauten

- Einen stochastischen Prozeß bezeichnet man als homogenen Markoffschen Prozeß, wenn die Markoffsche Zeitbedingung erfüllt ist.

Tabelle 3-2. Klassifizierung der prinzipiell möglichen Prozeßtypen.

Prozeßtyp	Zustandsbedingung	Zeitbedingung
Homogener Markoffscher Prozeß	wird automatisch durch die Zeitbedingung erfüllt	erfüllt
Semi-Markoffscher Prozeß	erfüllt	nicht erfüllt
Nicht-Markoffscher Prozeß	nicht erfüllt	wird automatisch durch die Zustandsbedingung nicht erfüllt

Die Bedingung ist erfüllt, wenn (3-27) gilt. Da bei hinreichend kleinen Zeitelementen $\Delta t \rightarrow dt$ nur ein stochastischer Zustandsübergang auftreten kann, ist die Markoffsche Zustandsbedingung automatisch erfüllt. Der Fall, daß die Zeitbedingung erfüllt ist und die Zustandsbedingung nicht erfüllt ist, kann somit nicht auftreten. Der umgekehrte Fall, daß die Zustandsbedingung erfüllt ist und die Zeitbedingung nicht, ist jedoch möglich. Er führt zur Definition des Semi-Markoffschen Prozesses.

> • Einen stochastischen Prozeß bezeichnet man als Semi-Markoffschen Prozeß, wenn die Markoffsche Zustandsbedingung erfüllt ist und die Markoffsche Zeitbedingung nicht.

Die Bezeichnung Semi- (lat. Wortbestandteil mit der Bedeutung "halb") soll darauf hinweisen, daß nur die Zustandsbedingung als eine der beiden Markoffschen Bedingungen erfüllt ist, sozusagen die Markoffschen Bedingungen nicht voll, sondern nur halb erfüllt sind.

Ist die Zustandsbedingung nicht erfüllt, ist auch die Zeitbedingung automatisch nicht erfüllt. Es liegt dann ein Nicht-Markoffscher Prozeß vor, den man wie folgt definieren kann:

> • Als Nicht-Markoffschen Prozeß bezeichnen wir einen stochastischen Prozeß, der die Markoffsche Zustandsbedingung in mindestens einem Zustandsübergang nicht erfüllt, d.h. in dem mindestens ein Zustandsübergang nicht nur vom unmittelbar vorhergehenden, sondern auch von davor liegenden Zuständen abhängt.

Wir fragen jetzt nach den Modellkriterien, die erfüllt sein müssen, um stochastische Prozesse als homogene, Semi- oder Nicht-Markoffsche Prozesse einstufen zu können. Die Bedingung für homogene Markoffsche Prozesse haben wir schon in (3-29) kennengelernt, nämlich die Annahme konstanter Übergangsraten. Sind die Übergangsraten nicht konstant, haben wir es entweder mit Semi-Markoffschen oder mit Nicht-Markoffschen Prozessen zu tun. Die Frage, wann Semi-Markoffsche und Nicht-Markoffsche Prozesse vorliegen, ist jedoch nicht einfach zu beantworten. Sie läßt sich nur aufgrund des konkreten Modells für jeden einzelnen Fall entscheiden.

Einen einfachen Semi-Markoffschen Prozeß stellt der im Anhang 8-7 beschriebene Erneuerungsprozeß mit nicht-exponentialverteilten

Übergangsverteilungsfunktionen dar. Zwei einfache Beispiele Nicht-Markoffscher Prozesse sind in den Beispielen 4-3 und 4-4 berechnet.

Stochastische Prozesse in der Anlagentechnik besitzen oft nicht-konstante Übergangsraten. Detaillierte Untersuchungen [36,39,41, 51] von Kraftwerksblöcken und Freileitungen zeigen beispielsweise, daß die Betriebs- und Instandsetzungsdauern nicht exponentialverteilt sind. Ebenso sind Inspektionsintervalle, Wartungsintervalle und Wartungsdauern nicht exponentialverteilt, sondern eher als planmäßig vorgegebene (determinierte) Größen anzusehen.

Die Berechnung Semi- und Nicht-Markoffscher Prozesse ist äußerst schwierig, da die Vorgeschichte berücksichtigt werden muß [23,37, 38]. In vielen Fällen kann man jedoch technische Prozesse mit zeitabhängigen Übergangsraten durch die einfach zu berechnenden homogenen Markoffschen Prozesse angenähert beschreiben. Diese Annäherung ist auch unter dem Gesichtspunkt gerechtfertigt, daß die statistische Datenbasis meistens zu gering ist, um den zeitabhängigen Verlauf der Übergangsraten zu ermitteln.

Bisher haben wir uns mit den theoretischen Grundlagen beschäftigt. In den Ausführungen der folgenden Kapitel wollen wir diese theoretischen Grundlagen als Basis zur Herleitung praxisgerechter Lösungen benutzen und das vollständige Berechnungsschema homogener Markoffscher Prozesse angeben. Da wir uns hauptsächlich mit homogenen Markoffschen Prozessen beschäftigen, bezeichnen wir diese der Einfachheit halber und wenn Verwechslungen ausgeschlossen sind als Markoffsche Prozesse.

3.2.2 Zustands-Übergangsdiagramme

Ein Zustands-Übergangsdiagramm enthält alle möglichen sich gegenseitig ausschließenden Zustände eines Prozesses und deren Übergänge. Für die Ermittlung der Übergangsverteilungsfunktionen, der Übergangsdichtefunktionen und der Übergangsraten ist der Aufbau der Markoffschen Zustände wichtig. Grundsätzlich unterscheiden wir zwischen Komponenten- und Systemzuständen (Bild 3-6).

Die Komponentenzustände und ihre Übergänge werden durch das Betriebsverhalten der Komponente und des Systems bestimmt.

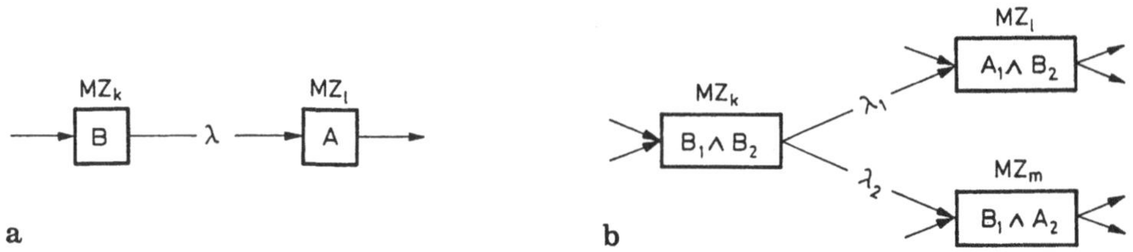

Bild 3-6. Bausteine Markoffscher Zustands-Übergangsdiagramme.
a) Komponentenzustände. b) Systemzustände.

Die Systemzustände und ihre Übergänge werden durch Kombination der
Komponentenzustände unter Berücksichtigung systemspezifischer Randbedingungen gebildet. Ein Markoffscher Systemzustand besteht aus
einer logischen UND-Verknüpfung von Komponentenzuständen. Bezeichnet man diese mit Z_i, so kann man jeden Markoffschen Systemzustand
durch folgende Beziehung kennzeichnen:

$$MZ = Z_1 \wedge Z_2 \wedge \ldots \wedge Z_n \qquad \text{(n = Anzahl der Komponenten)}. \qquad (3\text{-}35)$$

Diese logische UND-Verknüpfung ist von Bedeutung, da sie als
Schnittstelle für die Kombination mit anderen Verfahren interpretiert werden kann. Zustands-Übergangsdiagramme beschreiben somit
logische Verknüpfungen.

Wir können als wichtiges Ergebnis festhalten, daß Markoffsche Zustände entweder Komponentenzustände (in Komponentenmodellen) oder
logische Verknüpfungen von Komponentenzuständen (in Systemmodellen)
darstellen. Diese Zustandsbeziehungen sollten auch bei der Modell-
beschreibung deutlich zum Ausdruck kommen.

Der Prozeß befindet sich zu jedem beliebigen Zeitpunkt in genau einem Markoffschen Zustand. Dadurch ist es möglich, den Zustandsablauf im Modell Schritt für Schritt nachzuvollziehen und auch durch
Hinzunehmen oder Weglassen von Übergängen zu beeinflussen. Die Modellierung ist somit in der Berücksichtigung realistischer Randbedingungen äußerst flexibel. Auch läßt sich der Zustandsablauf de-
tailliert berechnen. Die Bildung von Zustands-Übergangsdiagrammen
wird in den Beispielen noch ausführlich beschrieben.

Zur Berechnung der Zustandskenngrößen P(MZ), H(MZ) und T(MZ) gibt
es folgende Berechnungsmöglichkeiten:

- Exakte analytische Berechnung,

- angenäherte analytische Berechnung,

- numerische Berechnung.

Die ersten beiden Berechnungsmöglichkeiten werden in den folgenden Kapiteln erklärt. Rechnerprogramme zur numerischen Berechnung Markoffscher Prozesse sind z.B. in [45] beschrieben.

3.2.3 Exakte Berechnung Markoffscher Prozesse

Die Zustandswahrscheinlichkeiten $P(MZ_i,t)$ eines homogenen Markoffschen Prozesses für den Zeitpunkt t in der Zukunft lassen sich mit einem linearen homogenen Differentialgleichungssystem 1. Ordnung berechnen, das aus Gleichungen des Typs (3-31) besteht. Am Beispiel des vierstufigen stochastischen Prozesses im Bild 3-7 ist das Gleichungssystem in (3-36) angegeben. Stochastische Prozesse dieser Größenordnung werden uns noch in den unterschiedlichen Varianten in den Beispielen des Kapitels 4 begegnen.

$$\begin{bmatrix} \dfrac{dP(MZ_1,t)}{dt} \\[2ex] \dfrac{dP(MZ_2,t)}{dt} \\[2ex] \dfrac{dP(MZ_3,t)}{dt} \\[2ex] \dfrac{dP(MZ_4,t)}{dt} \end{bmatrix} = \begin{bmatrix} P(MZ_1,t) \\[2ex] P(MZ_2,t) \\[2ex] P(MZ_3,t) \\[2ex] P(MZ_4,t) \end{bmatrix}^T \cdot \begin{bmatrix} -a_{1,1} & a_{1,2} & a_{1,3} & 0 \\[1ex] a_{2,1} & -a_{2,2} & 0 & a_{2,4} \\[1ex] a_{3,1} & 0 & -a_{3,3} & a_{3,4} \\[1ex] 0 & a_{4,2} & a_{4,3} & -a_{4,4} \end{bmatrix}$$

Ableitung des Zustandsvektors ⎵ Zustandsvektor ⎵ Übergangsmatrix **A** ⎵

$$(3-36)$$

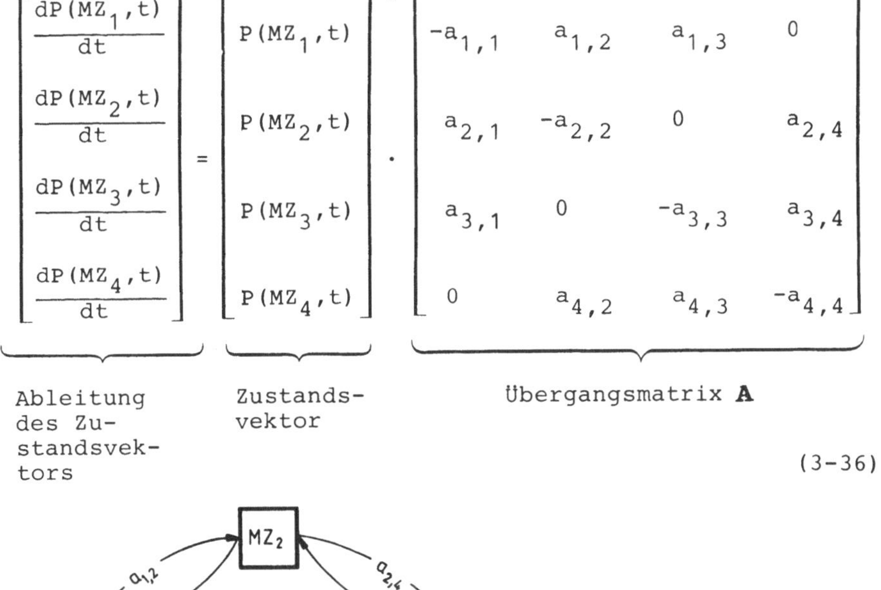

Bild 3-7. Beispiel eines vierstufigen Markoffschen Prozesses.

$P(MZ_i,t)$ bedeutet die Wahrscheinlichkeit, daß der Markoffsche Zustand MZ_i zum Zeitpunkt t realisiert ist. Der Zustandsvektor enthält alle zeitabhängigen Zustandswahrscheinlichkeiten des Markoffschen Prozesses. T bedeutet die Transposition des Spaltenvektors
in einen Zeilenvektor. Die Übergangsmatrix enthält die Übergangsraten des Markoffschen Prozesses. $a_{i,k}$ bedeutet die Übergangsrate
vom Zustand MZ_i in den Zustand MZ_k. Für die Diagonalelemente $a_{i,i}$
gilt

$$a_{i,i} = \sum_{\substack{k \\ k \neq i}} a_{i,k}. \tag{3-37}$$

Das Matrizenprodukt aus Zeilenvektor der Zustandswahrscheinlichkeiten und Übergangsmatrix ergibt die Ableitung des Zustandsvektors.
In allgemeiner Matrizenschreibweise lautet das Gleichungssystem
(3-36)

$$\left[\frac{d\mathbf{P}(MZ,t)}{dt} \right] = [\mathbf{P}(MZ,t)]^T [\mathbf{A}]. \tag{3-38}$$

Da die Gleichungen des Gleichungssystems linear abhängig sind, benötigt man zur Lösung noch folgende Nebenbedingung:

$$\sum_i P(MZ_i,t) = 1. \tag{3-39}$$

Das Differentialgleichungssystem benötigt noch Anfangsbedingungen:

$$0 \leq P(MZ_i,t=0) \leq 1 \qquad \text{für} \qquad i = 1,2,3,\ldots. \tag{3-40}$$

Für den gegenwärtigen Zeitpunkt $t = 0$ (Istzustand) sind diese aus
dem Anlagenzustand bekannt. Sie können nur die Werte 1 oder 0 annehmen, je nachdem, ob die Anlage in Betrieb oder ausgefallen ist
(Bild 3-8). Für einen Berechnungszeitraum, der in der Zukunft beginnt, kann $P(MZ_i,t=0)$ einen beliebigen Wert zwischen 1 und 0 annehmen (t bedeutet jetzt der Zeitpunkt, der in der Zukunft beginnt).

Für Systeme mit reparierbaren Komponenten und praxisbezogenen Fra-
gestellungen (Zuverlässigkeitsnachweis, Vergleich verschiedener Sy-

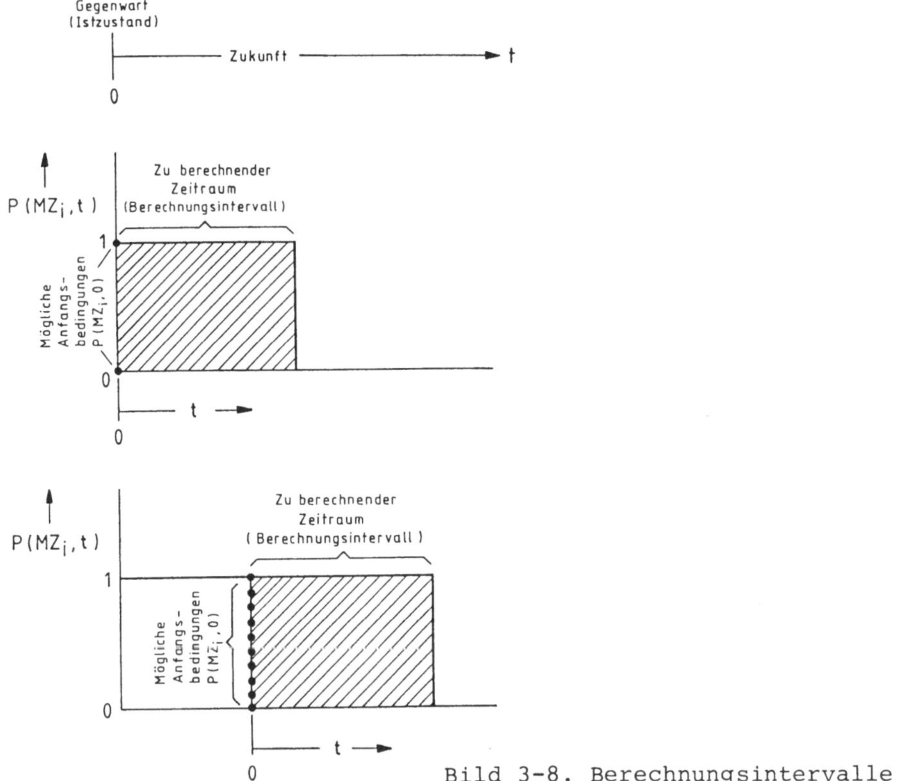

Bild 3-8. Berechnungsintervalle.

stemvarianten, Sensitivitätsanalyse) interessieren meistens nur
die stationären Zustandskenngrößen. Für sie gilt

$$\lim_{t \to \infty} \frac{dP(MZ_i,t)}{dt} = 0,$$
(3-41)

so daß die Ableitung der Zustandswahrscheinlichkeiten in (3-36)
und (3-38) verschwindet. Das Differentialgleichungssystem geht
dann in ein linear abhängiges Gleichungssystem mit n Unbekannten
über. Es lautet in Matrizenschreibweise

$$[\mathbf{O}] = [\mathbf{P}(MZ)]^T [\mathbf{A}].$$
(3-42)

Dieses Gleichungssystem ist mit der Nebenbedingung

$$\sum_i P(MZ_i) = 1$$
(3-43)

unabhängig von den Anfangsbedingungen lösbar. Damit sind die Zustandswahrscheinlichkeiten $P(MZ_i)$ bekannt. Es fehlen jetzt noch
die mittleren Dauern und die mittleren Häufigkeiten der Zustände.

Die mittleren Zustandsdauern betragen mit (3-34) und (3-37)

$$T(MZ_i) = \frac{1}{a_{i,i}} \cdot \tag{3-44}$$

Für die mittleren Zustandshäufigkeiten gilt

$$H(MZ_i) = \frac{P(MZ_i)}{T(MZ_i)} \cdot \tag{3-45}$$

Mit diesen Gleichungen sind die Kenngrößen der einzelnen Markoffschen Zustände exakt berechenbar. Je nach Aufgabenstellung können
sie sowohl Komponenten- als auch Systemzustände darstellen. Die
Gesamtheit der Markoffschen Zustände kennzeichnet den Zustandsraum.

3.2.4 Angenäherte Berechnung Markoffscher Prozesse
(Verfahren der wahrscheinlichen Übergänge)

Die exakte analytische Lösung Markoffscher Prozesse ist in der Regel bei mehr als vier Zuständen entweder nur mit viel Arbeitsauf-
wand oder überhaupt nicht mehr möglich. Mit einem Rechner lassen
sich auch noch größere Prozesse berechnen, wobei man dann jedoch
an einen Rechner, an entsprechende Programme und an die Restrik-
tionen einer numerischen Lösung gebunden ist. Es wird deshalb die
Entwicklung einfach anwendbarer analytischer Näherungsverfahren
angestrebt.

Ein interessantes Näherungsverfahren [34] erhält man durch Berücksichtigung technischer Randbedingungen. Das Verfahren geht von folgender Überlegung aus.

In technischen Systemen gibt es immer einen Betriebszustand MZ_1,
der realisiert werden soll, d.h. möglichst wenig gestört werden
soll. Für diesen Zustand gilt die Näherung

$$P(MZ_1) \approx 1 . \tag{3-46}$$

Er bildet den Ausgangszustand, von dem alle wahrscheinlichen Übergänge in die zu berechnenden Zustände ermittelt werden. Die wahrscheinlichen Übergänge sind die "direkten" Wege in die Zustände ohne "Umwege" oder "Schleifen". Als Kriterium dafür, was ein direkter Weg ist, gilt, daß dieser im Vergleich zu anderen die minimale Anzahl der Zyklen: Betrieb und Ausfall durchläuft. Dadurch fallen Rückwege und Schleifen weg. Man erhält so entkoppelte Wege vom Ausgangszustand zu den Endzuständen, die sich bei Markoffschen Prozessen einfach berechnen lassen. Da bei diesen ein Zustandsübergang nur vom letzten Zustand abhängt, braucht man jeweils nur benachbarte Zustände zu betrachten und kann so schrittweise, d.h. von Zustand zu Zustand die wahrscheinlichen Übergänge "abfahren", bis man die Endzustände erreicht hat. Da das Verfahren nur die wahrscheinlichen Übergänge berücksichtigt, wird es Verfahren der wahrscheinlichen Übergänge genannt.

Die Berechnung soll an Bild 3-9 erklärt werden. In diesem Beispiel sei angenommen, daß MZ_1 der Betriebszustand (Ausgangszustand) und MZ_4 der zu berechnende Ausfallzustand (Zielzustand) ist. Die schwarz ausgezogenen Übergänge $MZ_1 \rightarrow MZ_2 \rightarrow MZ_4$ und $MZ_1 \rightarrow MZ_3 \rightarrow MZ_4$ stellen die wahrscheinlichen Übergänge in den Zustand MZ_4 dar. Unwahrscheinliche Übergänge auf dem Weg von MZ_1 nach MZ_4 sind z.B. Kombinationen aus Übergängen und Schleifen des folgenden Typs: $MZ_1 \rightarrow MZ_2 \rightarrow MZ_1 \rightarrow MZ_2 \rightarrow MZ_4$. Es lassen sich beliebig viele Kombinationen dieses Typs konstruieren, wobei die Schleifen einmal, zweimal oder mehrmals durchlaufen werden können. Diese Übergänge sind jedoch gegenüber den direkten Übergängen unwahrscheinlich und deshalb vernachlässigbar.

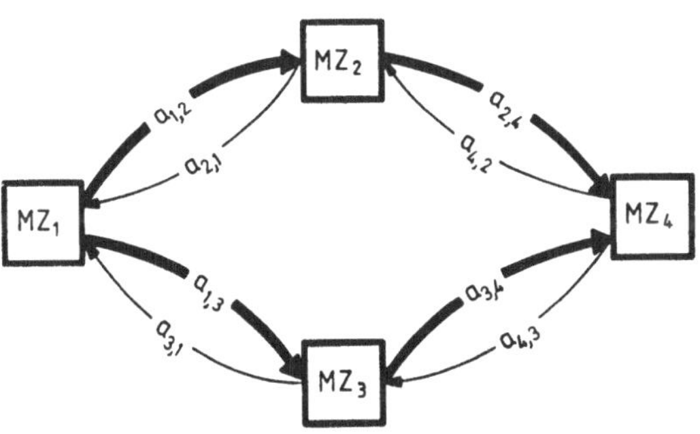

Bild 3-9. Wahrscheinliche Übergänge vom Zustand MZ_1 in den Zustand MZ_4 (schwarz ausgezogen).

Mit dem Verfahren der wahrscheinlichen Übergänge werden nun die
Kenngrößen der Zustände entlang der wahrscheinlichen Wege berechnet. Sie lauten

$$P(MZ_1) \approx 1, \tag{3-47}$$

$$H(MZ_2) = P(MZ_1)a_{1,2} \approx a_{1,2}$$

$$T(MZ_2) = \frac{1}{a_{2,2}} \quad \text{mit} \quad a_{2,2} = a_{2,1} + a_{2,4} \tag{3-48}$$

$$P(MZ_2) = H(MZ_2)T(MZ_2) \approx \frac{a_{1,2}}{a_{2,2}},$$

$$H(MZ_3) = P(MZ_1)a_{1,3} \approx a_{1,3}$$

$$T(MZ_3) = \frac{1}{a_{3,3}} \quad \text{mit} \quad a_{3,3} = a_{3,1} + a_{3,4} \tag{3-49}$$

$$P(MZ_3) = H(MZ_3)T(MZ_3) \approx \frac{a_{1,3}}{a_{3,3}},$$

$$P(MZ_4) = P(MZ_2)a_{2,4} + P(MZ_3)a_{3,4} \approx \frac{a_{1,2}a_{2,4}}{a_{2,2}} + \frac{a_{1,3}a_{3,4}}{a_{3,3}}$$

$$T(MZ_4) = \frac{1}{a_{4,4}} \quad \text{mit} \quad a_{4,4} = a_{4,2} + a_{4,3} \tag{3-50}$$

$$P(MZ_4) = H(MZ_4)T(MZ_4) \approx \frac{a_{1,2}a_{2,4}}{a_{2,2}a_{4,4}} + \frac{a_{1,3}a_{3,4}}{a_{3,3}a_{4,4}}.$$

Dieses Berechnungsschema wird jetzt anhand von Bild 3-10 allgemeingültig dargestellt. Die Übergänge $MZ_{i-1} \rightarrow MZ_k$, $MZ_i \rightarrow MZ_k$ und
$MZ_{i+1} \rightarrow MZ_k$ sollen die wahrscheinlichen Übergänge darstellen. Es
läßt sich folgendes Berechnungsprinzip angeben:

$$H(MZ_k) = \sum_i P(MZ_i)a_{i,k}$$

$$T(MZ_k) = \frac{1}{a_{k,k}} \quad \text{mit} \quad a_{k,k} = \sum_{\substack{l \\ l \neq k}} a_{k,l} \tag{3-51}$$

$$P(MZ_k) = H(MZ_k)T(MZ_k).$$

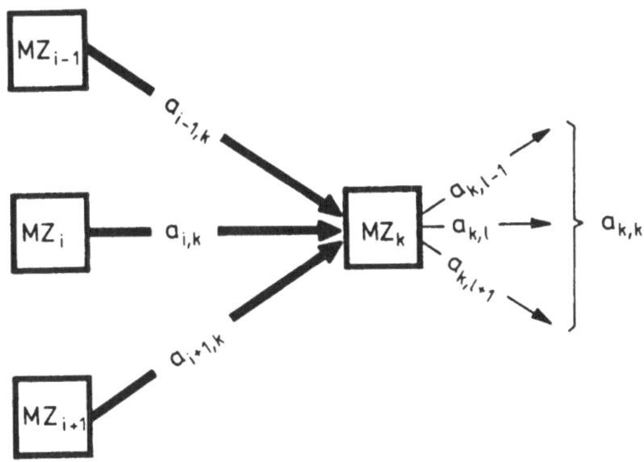

Bild 3-10. Modell zur Herleitung der Grundschritte des Verfahrens
der wahrscheinlichen Übergänge im Gleichungssatz (3-51).

Ausgehend vom Anfangszustand MZ_1 eines Prozesses kann man so durch
schrittweises Anwenden des Gleichungssystems (3-51) von Zustand zu
Zustand entlang der wahrscheinlichen Wege die Kenngrößen der zu
berechnenden Endzustände erhalten. Das wird in den folgenden Beispielen noch gezeigt.

Mit Hilfe des analytischen Näherungsverfahrens ist der Rechenweg
einfach und überschaubar, so daß aufwendige Rechenprogramme in der
Regel entfallen können.

3.2.5 Zusammenfassung von Zuständen eines Markoffschen Modells

Mit den Gleichungen in den Kapiteln 3.2.3 und 3.2.4 kann man die
Kenngrößen

$$\left\{ \begin{array}{c} P(MZ_i) \\ H(MZ_i) \\ T(MZ_i) \end{array} \right\}$$

der Einzelzustände eines Markoffschen Prozesses entweder exakt oder
angenähert berechnen. In Zuverlässigkeitsuntersuchungen lassen sich
mit den Kenngrößen der Einzelzustände alleine oft noch keine Zuverlässigkeitsaussagen machen, da diese erst zusammengefaßt werden
müssen. Eine Zusammenfassung stellt z.B. die Zuordnung der Einzelzustände zu den aufgabenbezogenen Zuständen: Betrieb (B) und Ausfall (A) dar. Dabei müssen einige Regeln beachtet werden, die zu-

erst am Beispiel im Bild 3-11 erklärt und dann verallgemeinert werden sollen. Die Umrandung soll hervorheben, daß es sich um einen
einzigen Zustandsraum handelt.

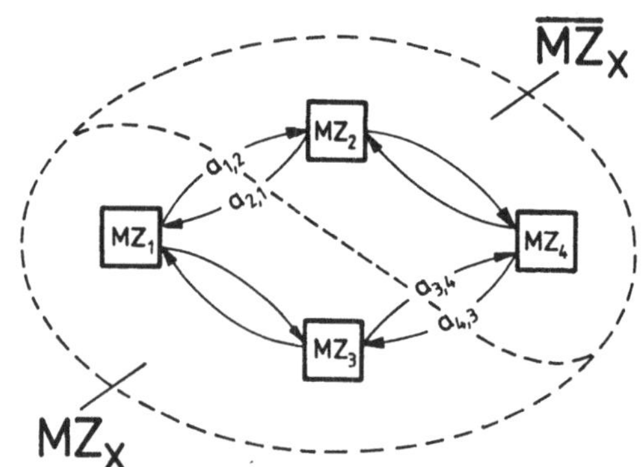

Bild 3-11. Zusammenfassung von Zuständen innerhalb eines Markoffschen Modells (Markoffscher Zustandsraum).

MZ_X sei die Menge der zusammengefaßten Zustände (Teilzustandsmen-
ge), $\overline{MZ}_X$ die Komplementärmenge. Es gilt

$$MZ_X = MZ_1 \vee MZ_3, \tag{3-52}$$

$$\overline{MZ}_X = MZ_2 \vee MZ_4. \tag{3-53}$$

Da die einzelnen Zustände sich gegenseitig ausschließen, gilt für
die Wahrscheinlichkeiten

$$P(MZ_X) = P(MZ_1) + P(MZ_3), \tag{3-54}$$

$$P(\overline{MZ}_X) = P(MZ_2) + P(MZ_4). \tag{3-55}$$

Da MZ_X und $\overline{MZ}_X$ Komplementärzustände darstellen, gilt die Beziehung

$$P(MZ_X) + P(\overline{MZ}_X) = 1. \tag{3-56}$$

Für die mittlere Häufigkeit eines Überganges aus der Zustandsmenge
MZ_X in die Menge $\overline{MZ}_X$ gilt

$$H(MZ_X) = P(MZ_1)a_{1,2} + P(MZ_3)a_{3,4}. \tag{3-57}$$

Für die mittlere Häufigkeit eines Überganges aus der Zustandsmenge $\overline{MZ}_X$ in die Menge MZ_X erhält man

$$H(\overline{MZ}_X) = P(MZ_2)a_{2,1} + P(MZ_4)a_{4,3}. \tag{3-58}$$

Zwischen den mittleren Häufigkeiten gilt im stationären Zustand die Gleichgewichtsbeziehung

$$H(MZ_X) = H(\overline{MZ}_X). \tag{3-59}$$

Man erkennt, daß Übergänge zwischen den Zuständen MZ_1 und MZ_3, d.h. Übergänge innerhalb der Zustandsmenge MZ_X deren mittlere Häufigkeit nicht beeinflussen. Nur "grenzüberschreitende" Übergänge bestimmen die Häufigkeit der Zustandsmenge MZ_X. Das gleiche gilt ebenfalls für $\overline{MZ}_X$. Ganz allgemein kann man deshalb folgende Beziehungen angeben.

Für den Fall, daß innerhalb der Zustandsmenge MZ_X keine Übergänge stattfinden, gilt die Gleichung

$$H(MZ_X) = \sum_i H(MZ_i). \tag{3-60}$$

Für den Fall, daß innerhalb der Zustandsmenge MZ_X Übergänge stattfinden, gilt die Abschätzung

$$H(MZ_X) < \sum_i H(MZ_i). \tag{3-61}$$

Auf diese Beziehungen wurde auch schon in (2-118) hingewiesen.

Einen wichtigen Anwendungsfall für die soeben hergeleiteten Beziehungen zwischen komplementären Zustandsmengen stellt die zweistufige Betrachtung mit folgenden Zuständen dar:

$$\begin{aligned} MZ_X &= \text{Betriebszustand B,}\\ \overline{MZ}_X &= \text{Ausfallzustand A.} \end{aligned} \tag{3-62}$$

Bisher haben wir alle Übergänge zwischen komplementären Zustandsmengen betrachtet. Wir wollen jetzt die Betrachtung verallgemeinern

und die Übergänge zwischen zwei nicht notwendigerweise komplementären Zustandsmengen betrachten, die wir mit MZ_X und MZ_Y bezeichnen (siehe Bild 3-12).

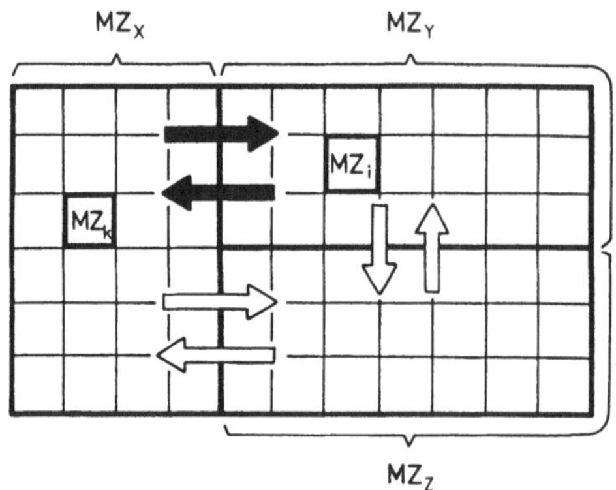

Bild 3-12. Übergänge zwischen beliebigen Zustandsmengen. MZ_k und
MZ_i bedeuten Markoffsche Einzelzustände.

Wir erhalten für die Zustandsmengen und die Zustandswahrscheinlichkeiten als Verallgemeinerung der Gl. (3-52) bis (3-55) folgende Beziehungen:

$$MZ_X = \bigvee_k MZ_k , \tag{3-63}$$

$$MZ_Y = \bigvee_i MZ_i , \tag{3-64}$$

$$P(MZ_X) = \sum_k P(MZ_k) , \tag{3-65}$$

$$P(MZ_Y) = \sum_i P(MZ_i) . \tag{3-66}$$

Bei den mittleren Häufigkeiten wollen wir nur die direkten Übergänge zwischen MZ_X und MZ_Y betrachten. Diese sind im Bild 3-12
durch schwarz ausgezogene Pfeile markiert. Wir erhalten dafür die
Gleichungen

$$H(MZ_X \rightarrow MZ_Y) = \sum_k P(MZ_k) \sum_i a_{k,i} , \tag{3-67}$$

$$H(MZ_Y \rightarrow MZ_X) = \sum_i P(MZ_i) \sum_k a_{i,k} . \tag{3-68}$$

$H(MZ_X \rightarrow MZ_Y)$ stellt die mittlere Häufigkeit von direkten Übergängen vom Zustand MZ_X in den Zustand MZ_Y dar, $H(MZ_Y \rightarrow MZ_X)$ die mittlere Häufigkeit in umgekehrter Richtung. Indirekte Übergänge von MZ_X über MZ_Z nach MZ_Y (nicht schwarz ausgezogene Pfeile im Bild 3-12) sind hier voraussetzungsgemäß nicht berücksichtigt. Würden nämlich alle Übergänge zwischen MZ_X und MZ_Y betrachtet, so hätten wir wieder den Fall, wie er bei komplementären Zuständen weiter oben beschrieben wurde.

Für die mittleren Dauern in den Zustandsmengen gilt

$$T(MZ_X \rightarrow MZ_Y) = \frac{P(MZ_X)}{H(MZ_X \rightarrow MZ_Y)} \, , \qquad (3\text{-}69)$$

$$T(MZ_Y \rightarrow MZ_X) = \frac{P(MZ_Y)}{H(MZ_Y \rightarrow MZ_X)} \, . \qquad (3\text{-}70)$$

$T(MZ_X \rightarrow MZ_Y)$ stellt die mittlere Aufenthaltsdauer in der Zustandsmenge MZ_X dar, bevor ein direkter Übergang in die Zustandsmenge MZ_Y erfolgt. In der gleichen Weise ist $T(MZ_Y \rightarrow MZ_X)$ zu interpretieren. Wir hatten bisher alle direkten Übergänge zwischen zwei Zustandsmengen betrachtet. Die gleichen Beziehungen gelten auch für ausgesuchte einzelne Übergänge zwischen zwei Zustandsmengen. Diese differenzierte Betrachtungsweise kann z.B. dann notwendig werden, wenn man den Einfluß einzelner Übergänge betrachtet.

Wir wollen jetzt noch die Frage beantworten, wozu wir die mittleren Dauern in (3-69) und (3-70) eigentlich brauchen. Wir benötigen sie zur Bestimmung der Übergangsraten zwischen den Zustandsmengen MZ_X und MZ_Y. Sie betragen

$$a_{X,Y} = \frac{1}{T(MZ_X \rightarrow MZ_Y)} \, , \qquad (3\text{-}71)$$

$$a_{Y,X} = \frac{1}{T(MZ_Y \rightarrow MZ_X)} \, . \qquad (3\text{-}72)$$

Mit diesen Angaben ist das Verfahren der Markoffschen Prozesse im Hinblick auf die Lösung praxisorientierter Zuverlässigkeitsaufgaben vollständig beschrieben. Konkrete Anwendungen dazu werden in den nachfolgenden Beispielen noch ausführlich beschrieben.

3.3 Zusammenstellung wichtiger Formeln

Alle für die Anwendung notwendigen Rechenschritte des Kombinations-
verfahrens und des Verfahrens der Markoffschen Prozesse sollen
jetzt übersichtlich und griffbereit zusammengestellt werden.

1 Kombinationsverfahren

Wir wollen uns auf zweistufige Komponenten beschränken. Jede Komponente wird durch die Wahrscheinlichkeiten $P(B)$ und $P(A)$ gekennzeichnet.

Ein Sytem mit n Komponenten besitzt

$$z = 2^n \tag{3-73}$$

sich ausschließende Systemzustände, die mit Z_k bezeichnet werden.
Jeder Systemzustand Z_k besteht aus einer logischen UND-Verknüpfung,
an der <u>alle</u> Komponenten beteiligt sind, z.B.

$$Z_k = B_1 \wedge B_2 \wedge A_3 \wedge \ldots \wedge A_n. \tag{3-74}$$

Der Systembetriebs- und Systemausfallzustand setzt sich aus den Systemzuständen zusammen.

$$B_S = \bigvee_{\substack{k \\ k \in \text{Betrieb}}} Z_k$$

$$\tag{3-75}$$

$$A_S = \bigvee_{\substack{i \\ i \in \text{Ausfall}}} Z_i.$$

Es gilt

$$B_S = \overline{A}_S. \tag{3-76}$$

Wahrscheinlichkeiten des Systembetriebes und des Systemausfalls

$$P(B_S) = \sum_{\substack{k \\ k \in \text{Betrieb}}} P(Z_k)$$

$$\tag{3-77}$$

$$P(A_S) = \sum_{\substack{i \\ i \in \text{Ausfall}}} P(Z_i).$$

Es gilt

$$P(B_S) = 1 - P(A_S). \tag{3-78}$$

Wahrscheinlichkeiten der Systemzustände für stochastisch-unabhängige Komponenten am Beispiel von (3-74):

$$P(Z_k) = P(B_1)P(B_2)P(A_3)...P(A_n). \tag{3-79}$$

Die Häufigkeiten des Systembetriebes und des Systemausfalls lassen sich mit (2-118) nur dann berechnen, wenn innerhalb der zusammengefaßten Zustände B_S und A_S in (3-75) keine Übergänge stattfinden.

2 Verfahren der Markoffschen Prozesse

Es bedeuten

MZ_i ein Markoffscher Komponenten- oder Systemzustand.
In einem Markoffschen Systemzustand sind die Komponentenzustände logisch UND-verknüpft.

Der Markoffsche Prozeß wird in einem Zustands-Übergangsdiagramm dargestellt. Es enthält alle Markoffschen Zustände und deren Übergänge.

Exakte Berechnung Markoffscher Zustände

Der Markoffsche Prozeß wird über folgendes lineare homogene Differentialgleichungssystem 1. Ordnung berechnet:

$$
\begin{bmatrix}
\dfrac{dP(MZ_1,t)}{dt} \\[2ex]
\dfrac{dP(MZ_2,t)}{dt} \\[2ex]
\dfrac{dP(MZ_3,t)}{dt} \\[2ex]
\cdot \\ \cdot \\ \cdot \\[1ex]
\dfrac{dP(MZ_n,t)}{dt}
\end{bmatrix}
=
\begin{bmatrix}
P(MZ_1,t) \\[2ex]
P(MZ_2,t) \\[2ex]
P(MZ_3,t) \\[2ex]
\cdot \\ \cdot \\ \cdot \\[1ex]
P(MZ_n,t)
\end{bmatrix}^{T}
\cdot
\begin{bmatrix}
-a_{1,1} & a_{1,2} & a_{1,3} & & a_{1,n} \\[1ex]
a_{2,1} & -a_{2,2} & a_{2,3} & & a_{2,n} \\[1ex]
a_{3,1} & a_{3,2} & -a_{3,3} & & a_{3,n} \\[1ex]
 & & & \cdot & \\
 & & & & \cdot \\[1ex]
a_{n,1} & a_{n,2} & a_{n,3} & & -a_{n,n}
\end{bmatrix}
$$

$$(3-80)$$

$P(MZ_i,t)$ bedeutet die Wahrscheinlichkeit, daß der Markoffsche Zustand MZ_i __zum__ Zeitpunkt t realisiert ist. n bezeichnet die Anzahl der Markoffschen Zustände, T die Transposition des Spaltenvektors in einen Zeilenvektor.

Die Übergangsrate $a_{i,k}$ bezeichnet den Übergang vom Zustand MZ_i in den Zustand MZ_k. Die Diagonalelemente betragen

$$a_{i,i} = \sum_{\substack{k \\ k \neq i}} a_{i,k}. \qquad\qquad (3-81)$$

Zur Lösung des Gleichungssystems werden folgende Bedingungen benötigt.

Wegen der linearen Abhängigkeit des Differentialgleichungssystems (3-80) benötigt man die Nebenbedingung

$$\sum_i P(MZ_i,t) = 1. \qquad\qquad (3-82)$$

Das Differentialgleichungssystem (3-80) benötigt Anfangsbedingungen

$$0 \leq P(MZ_i,t = 0) \leq 1 \qquad \text{für} \qquad i = 1,2,3,\ldots . \qquad (3-83)$$

Mit diesen Gleichungen ist der transiente und stationäre Markoffsche Prozeß exakt und vollständig beschrieben. Für den stationären

Markoffschen Prozeß $(t \to \infty)$ geht das Differentialgleichungssystem in folgendes einfache Gleichungssystem über:

$$\begin{bmatrix} 0 \\ 0 \\ 0 \\ \cdot \\ \cdot \\ \cdot \\ 0 \end{bmatrix} = \begin{bmatrix} P(MZ_1) \\ P(MZ_2) \\ P(MZ_3) \\ \cdot \\ \cdot \\ \cdot \\ P(MZ_n) \end{bmatrix}^T \cdot \begin{bmatrix} -a_{1,1} & a_{1,2} & a_{1,3} & a_{1,n} \\ a_{2,1} & -a_{2,2} & a_{2,3} & a_{2,n} \\ a_{3,1} & a_{3,2} & -a_{3,3} & a_{3,n} \\ & & \cdot & \\ & & & \cdot \\ & & & \cdot \\ a_{n,1} & a_{n,2} & a_{n,3} & -a_{n,n} \end{bmatrix}$$

$$(3\text{-}84)$$

Die Matrizengleichung läßt sich als lineares Gleichungssystem mit n Unbekannten in folgender Form anschreiben:

$$0 = -a_{1,1}\, P(MZ_1) + a_{2,1}\, P(MZ_2) + a_{3,1}\, P(MZ_3) + \ldots + a_{n,1}\, P(MZ_n)$$

$$0 = a_{1,2}\, P(MZ_1) - a_{2,2}\, P(MZ_2) + a_{3,2}\, P(MZ_3) + \ldots + a_{n,2}\, P(MZ_n)$$

$$0 = a_{1,3}\, P(MZ_1) + a_{2,3}\, P(MZ_2) - a_{3,3}\, P(MZ_3) + \ldots + a_{n,3}\, P(MZ_n)$$

$$\vdots$$

$$0 = a_{1,n}\, P(MZ_1) + a_{2,n}\, P(MZ_2) + a_{3,n}\, P(MZ_3) + \ldots - a_{n,n}\, P(MZ_n).$$

$$(3\text{-}85)$$

Im stationären Markoffschen Prozeß sind die Zustandswahrscheinlichkeiten unabhängig von den Anfangsbedingungen in (3-83). Zur Lösung des Gleichungssystems (3-84) bzw. (3-85) ist daher nur noch die Nebenbedingung

$$\sum_i P(MZ_i) = 1 \qquad\qquad (3\text{-}86)$$

erforderlich.

Die übrigen Zustandskenngrößen betragen:

106

Mittlere Zustandsdauer

$$T(MZ_i) = \frac{1}{a_{i,i}} \, . \tag{3-87}$$

Mittlere Zustandshäufigkeit

$$H(MZ_i) = \frac{P(MZ_i)}{H(MZ_i)} \, . \tag{3-88}$$

Angenäherte Berechnung Markoffscher Zustände mit dem Verfahren der wahrscheinlichen Übergänge

Es werden zuerst die wahrscheinlichen Wege oder Übergänge vom Ausgangszustand (z.B. Betriebszustand) in den oder die Zielzustände festgelegt. Für einen Berechnungsschritt zwischen benachbarten Zuständen entlang der wahrscheinlichen Wege (Bild 3-10) erhält man folgenden Kenngrößensatz:

$$H(MZ_k) = \sum_i P(MZ_i) a_{i,k}$$

$$T(MZ_k) = \frac{1}{\displaystyle\sum_{\substack{l \\ l \ne k}} a_{k,l}} = \frac{1}{a_{k,k}} \tag{3-89}$$

$$P(MZ_k) = H(MZ_k) T(MZ_k) \, .$$

Durch wiederholtes Anwenden dieser Berechnungsschritte werden die Zustände entlang der wahrscheinlichen Wege berechnet.

Zusammenfassung Markoffscher Zustände in einem Markoffschen Modell

Wir betrachten das Bild 3-12. Es werden zwei beliebige Zustandsmengen und ihre direkten Übergänge (schwarze Pfeile) zugrunde gelegt.

Zustandsmengen

$$MZ_X = \bigvee_k MZ_k \, , \tag{3-90}$$

$$MZ_Y = \bigvee_i MZ_i \, . \tag{3-91}$$

Wahrscheinlichkeiten der Zustandsmengen

$$P(MZ_X) = \sum_k P(MZ_k)\,, \tag{3-92}$$

$$P(MZ_Y) = \sum_i P(MZ_i)\,. \tag{3-93}$$

Mittlere Häufigkeiten der direkten Übergänge zwischen den Zustandsmengen

$$H(MZ_X \to MZ_Y) = \sum_k P(MZ_k) \sum_i a_{k,i}\,, \tag{3-94}$$

$$H(MZ_Y \to MZ_X) = \sum_i P(MZ_i) \sum_k a_{i,k}\,. \tag{3-95}$$

Mittlere Dauern in den Zustandsmengen, bevor ein direkter Übergang
stattfindet

$$T(MZ_X \to MZ_Y) = \frac{P(MZ_X)}{H(MZ_X \to MZ_Y)}\,, \tag{3-96}$$

$$T(MZ_Y \to MZ_X) = \frac{P(MZ_Y)}{H(MZ_Y \to MZ_X)}\,. \tag{3-97}$$

Übergangsraten zwischen den Zustandsmengen

$$a_{X,Y} = \frac{1}{T(MZ_X \to MZ_Y)}\,, \tag{3-98}$$

$$a_{Y,X} = \frac{1}{T(MZ_Y \to MZ_X)}\,. \tag{3-99}$$

Wichtige Anwendungsfälle in der Praxis bilden Beziehungen zwischen
komplementären Zustandsmengen (Bild 3-13), die wir jetzt beschreiben.

Schreibweise

$$
\begin{aligned}
&MZ_X && \text{(z.B. Betrieb B)}\\[4pt]
&\overline{MZ}_X = MZ_Y && \text{(z.B. Ausfall A)}.
\end{aligned}
\tag{3-100}
$$

108

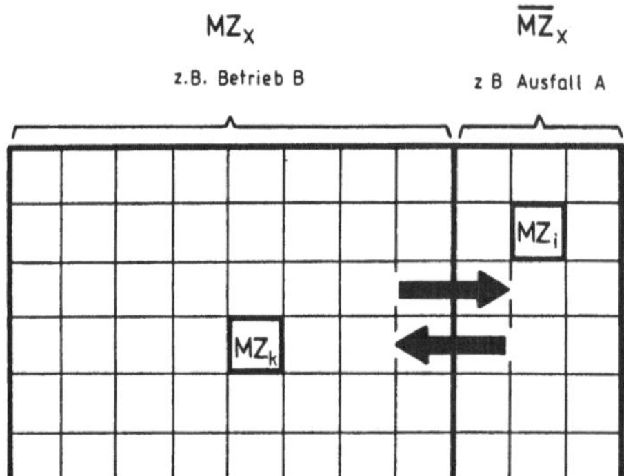

Bild 3-13. Übergänge zwischen komplementären Zustandsmengen.

Für (3-90) bis (3-99) erhalten wir mit (3-100) folgende Beziehungen:

Zustandsmengen

$$MZ_X = \bigvee_k MZ_k \, , \tag{3-101}$$

$$\overline{MZ}_X = \bigvee_i MZ_i \, . \tag{3-102}$$

Wahrscheinlichkeiten der Zustandsmengen

$$P(MZ_X) = \sum_k P(MZ_k) \, , \tag{3-103}$$

$$P(\overline{MZ}_X) = \sum_i P(MZ_i) \, . \tag{3-104}$$

Es gilt zusätzlich die Beziehung

$$P(MZ_X) + P(\overline{MZ}_X) = 1 \, . \tag{3-105}$$

Mittlere Häufigkeiten von Übergängen zwischen den Zustandsmengen

$$H(MZ_X) = H(MZ_X \rightarrow \overline{MZ}_X) = \sum_k P(MZ_k) \sum_i a_{k,i} \, , \tag{3-106}$$

$$H(\overline{MZ}_X) = H(\overline{MZ}_X \rightarrow MZ_X) = \sum_i P(MZ_i) \sum_k a_{i,k} \, . \tag{3-107}$$

Es gilt zusätzlich die Beziehung

$$H(MZ_X) = H(\overline{MZ}_X) \,. \tag{3-108}$$

Mittlere Dauern in den Zustandsmengen

$$T(MZ_X) = T(MZ_X \to \overline{MZ}_X) = \frac{P(MZ_X)}{H(MZ_X)} \,, \tag{3-109}$$

$$T(\overline{MZ}_X) = T(\overline{MZ}_X \to MZ_X) = \frac{P(\overline{MZ}_X)}{H(\overline{MZ}_X)} \,. \tag{3-110}$$

Übergangsraten zwischen den Zustandsmengen

$$a_{X,\overline{X}} = \frac{1}{T(MZ_X)} \,, \tag{3-111}$$

$$a_{\overline{X},X} = \frac{1}{T(\overline{MZ}_X)} \,. \tag{3-112}$$

3.4 Zusammenfassung

Unter den Zustandsraum-Verfahren hat das Verfahren der Markoffschen
Prozesse die größte Bedeutung. Seine Hauptvorteile liegen in der
Berechnung mehrstufiger stochastischer Prozesse und in der Berücksichtigung von Abhängigkeiten im Betriebsverhalten von Komponenten
und Systemen. Das Berechnungsverfahren läßt sich schematisieren
und übersichtlich darstellen, was sowohl für analytische als auch
für numerische Berechnungen vorteilhaft ist. Es lassen sich einfache Näherungsverfahren herleiten, so daß man auch von Prozessen mit
vielen Zuständen analytische Lösungen entwickeln kann.

Der Hauptnachteil liegt darin, daß die Anzahl der Zustände schon in
kleinen Systemen unübersichtlich groß werden kann. Bei homogenen
Markoffschen Prozessen müssen ferner die Übergangsraten konstant,
d.h. die Zustandsdauern exponentialverteilt sein, was jedoch in der
Praxis meistens eine brauchbare Näherung darstellt.

Einen durchschlagenden Erfolg verspricht jedoch das Verfahren der
Markoffschen Prozesse erst dann, wenn es mit den Netzwerk-Verfahren
im Kapitel 5 zusammengefügt wird. Man erhält so äußerst leistungs-
fähige Verfahren zur Systemberechnung.

4 Anwendungen I

In den folgenden Beispielen sollen die theoretischen Grundlagen
vertieft und wichtige Betriebseigenschaften von Anlagen im Hinblick
auf realitätsbezogene Systemberechnungen berücksichtigt werden. In
den Berechnungen wird nur noch mit den Betrachtungseinheiten Komponente und System entsprechend Kapitel 1.4 operiert, wobei die
Komponenten Bauelemente, Geräte oder auch ganze Anlagen darstellen
können.

Bild 4-1 gibt eine Übersicht über die Beispiele. Die ersten vier
Beispiele sind Komponentenberechnungen und die übrigen Systemberechnungen. Bei den Systemen wurde von der Zielvorstellung ausgegangen, wichtige Betriebseigenschaften in kleinen Systemen mit
zwei Komponenten zu untersuchen und in den Anwendungen II (Kapitel
6) als Bestandteile größerer Systeme einzubauen. Die logischen Beziehungen zwischen zwei Komponenten sind nämlich bei allen redun-
dant ausgelegten Systemen von Bedeutung. Bei den Systemen wird
unterschieden, ob die Komponenten untereinander überhaupt keine,
eine schwache oder eine starke stochastische Abhängigkeit besitzen,
je nachdem wie sich die Abhängigkeit im Ergebnis der Systemberechnung niederschlägt.

Obwohl die Berechnungen an konkreten Beispielen durchgeführt werden, ist die Berechnungsmethode in vielen Fällen auf ähnlich ge-
lagerte Anwendungen übertragbar.

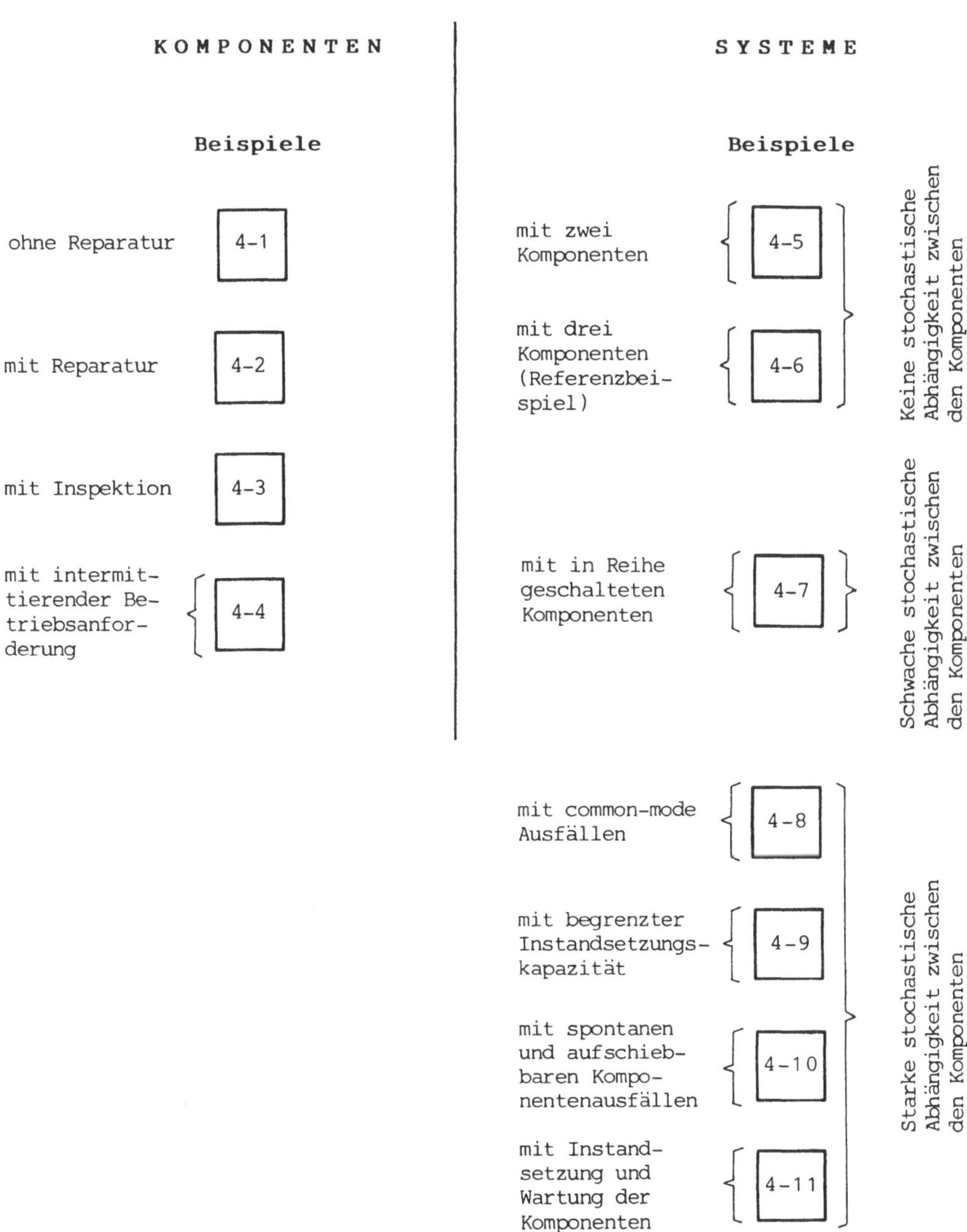

Bild 4-1. Überblick über die Beispiele zur Komponenten- und Systemberechnung mit den Zustandsraum-Verfahren.

Beispiel 4-1 Nicht reparierbare Komponente

<u>A Aufgabe</u>

Es soll ein Zuverlässigkeitsmodell für Komponenten entwickelt werden, die aus technischen oder wirtschaftlichen Gründen nicht repariert werden (z.B. Dioden, Mikroprozessoren, Glühlampen, Satelliten).

<u>B Lösung</u>

Nicht reparierbare Komponenten lassen sich durch den zweistufigen homogenen Markoffschen Prozeß im Bild 4-2 mit den beiden Zuständen Betrieb (B) und Nichtbetrieb (A) (auch als Ausfall bezeichnet) beschreiben. Durch einen Ausfall findet ein Übergang von B nach A statt. Dieser Übergang wird durch die Ausfallrate λ gekennzeichnet, die über die mittlere Betriebsdauer T(B) berechnet wird.

> T(B) mittlere Betriebsdauer von Inbetriebnahme bis zum Ausfall. Diese ist bei nicht reparierbaren und ununterbrochen betriebenen Komponenten gleich der mittleren Lebensdauer.

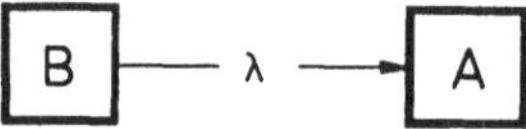

Bild 4-2. Zweistufiges Modell für nicht reparierbare Komponenten.

Da ausgefallene Komponenten nicht repariert werden, existiert kein Übergang vom Zustand A zum Zustand B. Die als konstant angenommene Ausfallrate errechnet man zu

$$\lambda = \frac{1}{T(B)} \, . \qquad (4-1)$$

Die mittlere Betriebsdauer läßt sich als Mittelwert über die Einzelbetriebsdauern vieler Komponenten (siehe Kapitel 2.3) berechnen.

Da das Auftreten von Ausfällen rein zufällig erfolgt, ist die Betriebsdauer als stochastische Variable zu betrachten. Sind die einzelnen Betriebsdauern exponentialverteilt (Bild 4-3), so ist die Ausfallrate konstant. Die Annahme konstanter Ausfallraten ist

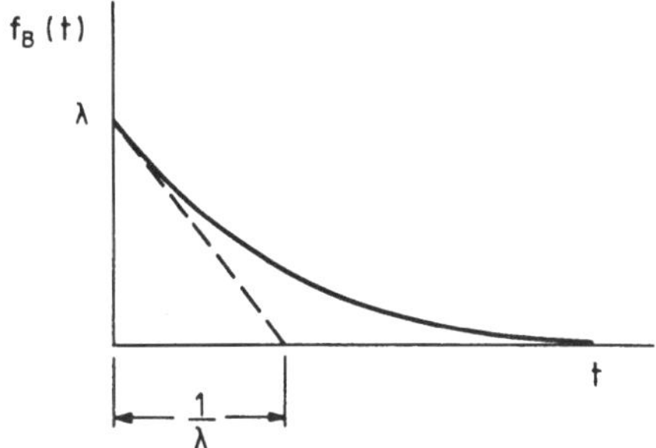

Bild 4-3. Dichtefunktion der Betriebsdauern bei konstanter Ausfallrate.

bei vielen Komponenten, besonders bei elektronischen Baugruppen, annähernd erfüllt. Bei Komponenten, die zu Betriebsbeginn hohen thermischen Belastungen unterworfen sind (z.B. Starten von Motoren, Anfahren von Kesselanlagen) kann es in der Startphase zu vermehrten Ausfällen kommen, so daß die Betriebsdauern nicht mehr exponentialverteilt sind. In diesem Falle lassen sie sich durch eine Weibull-Verteilung mit dem Parameter $\beta < 1$ (siehe Bild 2-10) annähern. Damit werden wir uns jedoch nicht beschäftigen.

Es werden jetzt die Zustandswahrscheinlichkeiten des Komponentenmodells berechnet. Sie werden mit den Gl. (3-80) bis (3-83) für den Zeitraum $(0,t)$ berechnet. Das Gleichungssystem lautet mit $MZ_1 = B$, $MZ_2 = A$, $a_{1,2} = a_{1,1} = \lambda$ und $a_{2,1} = a_{2,2} = 0$

$$\begin{bmatrix} \dfrac{dP(B,t)}{dt} \\[2mm] \dfrac{dP(A,t)}{dt} \end{bmatrix} = [P(B,t),\ P(A,t)] \cdot \begin{bmatrix} -\lambda & \lambda \\ 0 & 0 \end{bmatrix} . \qquad (4-2)$$

Nebenbedingung zur Lösung des Gleichungssystems

$$P(B,t) + P(A,t) = 1. \qquad (4-3)$$

Setzt man voraus, daß die Komponente zum Zeitpunkt $t = 0$ in Betrieb ist, was den Anfangsbedingungen

$$P(B,0) = 1$$
$$\qquad\qquad (4-4)$$
$$P(A,0) = 0$$

114

entspricht, so lautet die Lösung des Gleichungssystems (4-2)

$$P(B,t) = e^{-\lambda t}$$

$$P(A,t) = 1 - e^{-\lambda t}.$$

(4-5)

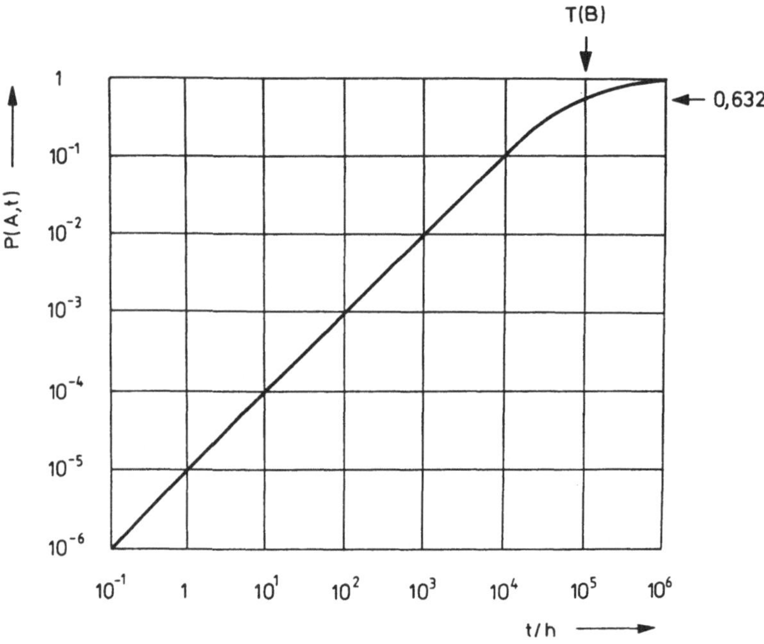

Bild 4-4. Zeitabhängige Ausfallwahrscheinlichkeit nicht reparierbarer Komponenten (logarithmischer Maßstab).

Kenngröße: $T(B) = 10^5$ h.
Anfangsbedingungen: $P(B,0) = 1$; $P(A,0) = 0$.

Für

$$\lambda t \ll 1$$

(4-6)

erhalten wir aus (4-5) die Näherungen

$$P(B,t) \approx 1$$

$$P(A,t) \approx \lambda t.$$

(4-7)

Die Ausfallwahrscheinlichkeit steigt im hinreichend kleinen Zeitbereich nach Inbetriebnahme näherungsweise linear an.

Im Bild 4-4 ist die zeitabhängige Ausfallwahrscheinlichkeit einer nicht reparierbaren Komponente, die z.B. einer elektronischen Baugruppe entsprechen könnte, für vorgegebene Zahlenwerte aufgetragen. Ausgehend von der voraussetzungsgemäß intakten Komponente zum Zeitpunkt t = 0 steigt die Ausfallwahrscheinlichkeit P(A,t) nach einer Exponentialverteilung an und erreicht nach der mittleren Betriebsdauer (= mittlere Lebensdauer) T(B) den Wert 0,632. Dieser Wert bedeutet, daß innerhalb des Zeitraumes T(B) 63,2 % aller Komponenten ausfallen oder anders ausgedrückt, 36,8 % aller Komponenten überleben den Zeitraum T(B).

In der Literatur wird P(B,t) als Zuverlässigkeitsfunktion R(t) und P(A,t) als Ausfallfunktion Q(t) bezeichnet.

Beispiel 4-2 Reparierbare Komponente

A Aufgabe

Es soll ein Zuverlässigkeitsmodell für Komponenten entwickelt werden, die nach Ausfällen repariert werden. Dabei wird vorausgesetzt, daß alle Ausfälle sofort erkannt werden, sofort mit der Reparatur begonnen wird und die Komponente nach jeder Reparatur wieder in Betrieb genommen wird. Es wird ferner vorausgesetzt, daß
die Komponente nach jeder Reparatur den gleichen technischen Zustand wie vor dem Ausfall besitzt, so daß auch ihre Kenngrößen
gleich bleiben.

B Lösung

Reparierbare Komponenten lassen sich durch den zweistufigen stochastischen Prozeß im Bild 4-5 beschreiben. Der Prozeß besitzt die
Zustände Betrieb (B) und Nichtbetrieb (A) (auch als Ausfall bezeichnet). Durch einen Ausfall findet ein Übergang von B nach A statt.
Im Zustand A wird die Komponente repariert und anschließend wieder
in Betrieb genommen, was durch einen Übergang von A nach B dargestellt ist. Das Komponentenmodell benötigt die Ausfallrate λ und
die Instandsetzungsrate μ, die über folgende mittleren Dauern berechnet werden:

$T(B)$ mittlere Betriebsdauer von Inbetriebnahme bis
zum Ausfall,

$T(A)$ mittlere Ausfalldauer (Reparaturdauer).

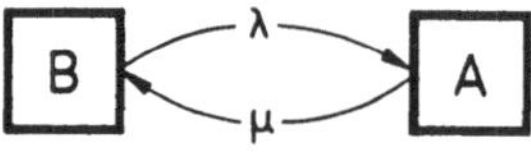

Bild 4-5. Zweistufiges Modell für
reparierbare Komponenten.

Die als konstant angenommenen Übergangsraten errechnet man zu

$$\lambda = \frac{1}{T(B)} \qquad \text{Ausfallrate}$$

$$\mu = \frac{1}{T(A)} \qquad \text{Instandsetzungsrate.}$$

$$(4-8)$$

Die mittlere Betriebsdauer läßt sich als Mittelwert über die Einzelbetriebsdauern während eines größeren Zeitraumes einer oder mehrerer gleichartiger Komponenten ermitteln. Für die mittlere Betriebsdauer gilt das im Beispiel 4-1 Gesagte.

Die mittlere Ausfalldauer errechnet man in gleicher Weise als Mittelwert über die Einzelausfalldauern eines größeren Zeitraumes einer oder mehrerer gleichartiger Komponenten.

Berücksichtigt man, daß die in der Zukunft auftretende Ausfallart
unbekannt ist und die Zeitdauer der Reparatur vom Schadensumfang,
dem Aufwand an Personal und Material sowie der Reparaturstrategie
abhängt, so ist die Reparaturdauer ebenfalls als stochastische Variable anzusehen. Während die Betriebsdauer häufig durch eine Exponentialfunktion und damit durch eine konstante Übergangsrate beschrieben werden kann (Bild 4-3), trifft dies für die Reparaturdauer oft nicht mehr zu. Dies soll am Beispiel der Exponential-
funktion im Bild 4-6 erklärt werden. Die Flächen $F_{A1}(\Delta t)$ und $F_{A2}(\Delta t)$
bedeuten die Wahrscheinlichkeiten, daß innerhalb der Zeit Δt die
Reparatur beendet ist. Es gilt bei einer Exponentialverteilung

$$F_{A1}(\Delta t) > F_{A2}(\Delta t). \tag{4-9}$$

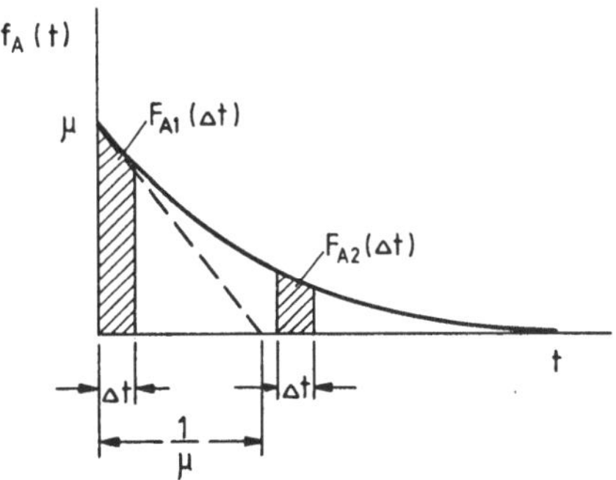

Bild 4-6. Dichtefunktion der Reparaturdauern bei konstanter Instandsetzungsrate.

Dies bedeutet, daß die meisten Störungen direkt nach einem Ausfall
behoben werden, was bei vielen Anlagen nicht der Fall ist, weil
durch die Anfahrt zur Störungsstelle, durch die Fehlersuche und
die Vorbereitungszeit eine beträchtliche Zeit vergehen kann, ehe
überhaupt mit der Reparatur begonnen wird. Deshalb stellt eine

konstante Reparaturrate meistens nur eine grobe Näherung dar. Die
Reparaturdauern können dann in guter Näherung durch eine Weibull-
Verteilung mit $\beta > 1$ oder durch eine Normalverteilung (Bild 2-10)
beschrieben werden. Die Auswirkungen nicht konstanter Reparaturra-
ten auf das Zustandsverhalten macht sich jedoch bei zweistufigen
Komponenten nur im transienten Bereich (und nicht im stationären
Bereich) bemerkbar (siehe auch Anhang 8-7), der schnell abklingt
und für die meisten praktischen Anwendungen bedeutungslos ist. Wir
wollen deshalb annehmen, daß die Reparaturdauern exponentialverteilt sind bzw. daß die Reparaturrate μ konstant ist.

Es werden jetzt die Zustandswahrscheinlichkeiten des Komponentenmodells berechnet. Das Gleichungssystem zur Berechnung der zeitabhängigen Zustandswahrscheinlichkeiten für den Zeitraum $(0,t)$ lau-
tet mit (3-80) bis (3-83) mit $MZ_1 = B$, $MZ_2 = A$, $a_{1,2} = a_{1,1} = \lambda$ und
$a_{2,1} = a_{2,2} = \mu$

$$\begin{bmatrix} \dfrac{dP(B,t)}{dt} \\[2ex] \dfrac{dP(A,t)}{dt} \end{bmatrix} = [P(B,t),\ P(A,t)] \cdot \begin{bmatrix} -\lambda & \lambda \\[2ex] \mu & -\mu \end{bmatrix}. \tag{4-10}$$

Nebenbedingung

$$P(B,t) + P(A,t) = 1. \tag{4-11}$$

Um eine allgemeingültige Lösung zu erhalten, lassen wir beliebige
Anfangsbedingungen zu.

$$0 \leq P(B,0),\ P(A,0) \leq 1. \tag{4-12}$$

Für die Wahrscheinlichkeiten, daß die Anlage zum Zeitpunkt t in
Betrieb bzw. ausgefallen ist, erhält man als Lösung des Differentialgleichungssystems mit der Nebenbedingung und den Anfangsbedingungen die Lösung

$$P(B,t) = \frac{\mu}{\mu + \lambda} + \frac{\lambda P(B,0) - \mu P(A,0)}{\mu + \lambda}\, e^{-(\mu + \lambda)t}$$

$$\tag{4-13}$$

$$P(A,t) = \frac{\lambda}{\mu + \lambda} - \frac{\lambda P(B,0) - \mu P(A,0)}{\mu + \lambda}\, e^{-(\mu + \lambda)t}.$$

$$\underbrace{}_{\substack{\text{stationäre} \\ \text{(zeitunabhän-} \\ \text{gige) Terme}}} \quad \underbrace{}_{\substack{\text{transiente} \\ \text{(zeitabhän-} \\ \text{gige) Terme}}}$$

Die Zustandswahrscheinlichkeiten bestehen aus einem zeitabhängigen
und einem zeitunabhängigen Term. Im Bild 4-7 ist der zeitliche Verlauf der Ausfallwahrscheinlichkeit an zwei Beispielen aufgezeichnet.

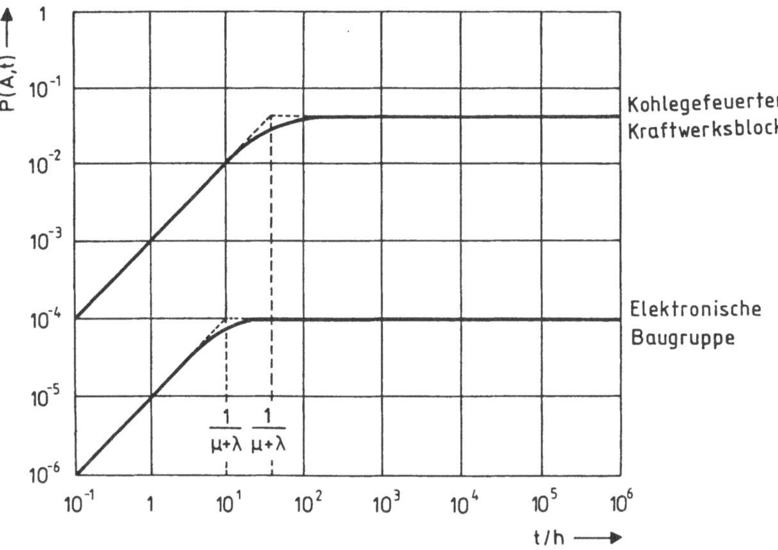

Bild 4-7. Zeitabhängige Ausfallwahrscheinlichkeiten verschiedener
reparierbarer Komponenten.
Kohlegefeuerter Kraftwerksblock: $T(B) = 10^3$ h; $T(A) = 50$ h.
Elektronische Baugruppe: $T(B) = 10^5$ h; $T(A) = 10$ h.
Anfangsbedingungen: $P(B,0) = 1$; $P(A,0) = 0$.

Wir wollen jetzt noch etwas näher auf die stationären Zustandswahrscheinlichkeiten eingehen. Sie betragen

$$P(B) = \frac{\mu}{\mu + \lambda}$$

$$P(A) = \frac{\lambda}{\mu + \lambda}$$

(4-14)

und sind damit unabhängig von den Anfangsbedingungen. Die stationären Werte bedeuten, daß sich für den Betrachter ein stochastisches Gleichgewicht im komplizierten zeitlichen Ablauf der Zustände B → A → B → A → ... eingestellt hat. Mit den mittleren Zustandsdauern

$$T(B) = \frac{1}{\lambda}$$
$$T(A) = \frac{1}{\mu}$$

(4-15)

lassen sich die Wahrscheinlichkeiten in (4-14) auch folgendermaßen ausdrücken

$$P(B) = \frac{T(B)}{T(B) + T(A)}$$
$$P(A) = \frac{T(A)}{T(B) + T(A)}.$$

(4-16)

Diese beiden wichtigen Zuverlässigkeitskenngrößen sind uns schon aus (2-97) und (2-98) bekannt. Im Anhang 8-7 wird gezeigt, daß diese beiden Gleichungen auch dann gelten, wenn die Betriebs- und Instandsetzungsdauern nicht exponentialverteilt sind. Die stationären Kenngrößen zweistufiger Prozesse sind also verteilungsunabhängig. Sie lassen sich auch ohne Kenntnis der jeweiligen Verteilungsfunktion durch einfache Mittelwertbildung der Betriebs- und Instandsetzungsdauern schätzen (siehe Kapitel 2.3). Hier zeigt sich die große Bedeutung der Erwartungswerte von Betriebs- und Instandsetzungsdauern als Zuverlässigkeitskenngrößen.

Erweiterung des Anwendungsbereichs

Die Ausführungen für reparierbare Komponenten gelten auch für Komponenten, die nach einem Ausfall durch gleichwertige ausgetauscht werden. Anstelle der Reparaturzeit tritt dann die Austauschzeit. Das Austauschen ist meistens sehr viel schneller zu bewerkstelligen als eine Reparatur, insbesondere, wenn die Komponente zur Reparatur zum Hersteller geschickt werden muß. Die Reparatur und das Austauschen werden als Instandsetzung bezeichnet. Ganz allgemein bezeichnet man als Instandsetzung alle Maßnahmen, die zur Wiederherstellung des Sollzustandes dienen. Das Modell im Bild 4-5 gilt deshalb ganz allgemein für instandsetzbare Komponenten. Die (vorbeugende) Wartung fällt nicht hierunter (siehe Beispiel 4-11).

Allgemeine Aussagen

Aus den Ergebnissen der Beispiele 4-1 und 4-2 lassen sich folgende Schlüsse ziehen. Bei nicht instandsetzbaren Komponenten ist die

Zeitabhängigkeit der Zustandskenngrößen von Bedeutung. Bei instandsetzbaren Komponenten liegen die Verhältnisse anders. Hier besteht
der Zustandsablauf aus einem zeitabhängigen und einem zeitunabhängigen Term, wobei das zeitabhängige Glied aufgrund der im allgemeinen kurzen Instandsetzungsdauern sehr schnell verschwindet. Als
Richtwert kann man sagen, daß die Zeitabhängigkeit bei instandsetzbaren Komponenten für

$$t > 5 \; \frac{1}{\mu + \lambda} \approx 5 \; \frac{1}{\mu} = 5 \; T(A) \qquad\qquad (4-17)$$

zu vernachlässigen ist, weil dann der stationäre Zustand annähernd
erreicht ist. Dieses Ergebnis gilt auch für Systeme mit stochastisch-unabhängigen, instandsetzbaren Komponenten, wobei dann die
längste Instandsetzungsdauer als Kriterium dafür, ab wann die Kurve zeitunabhängig wird, maßgebend ist. Für praktische Anwendungen
bedeutet diese Tatsache, daß die Zeitabhängigkeit für Betriebsfüh-
rungsaufgaben für die nächsten Stunden von Bedeutung sein kann, für
längerfristige Zuverlässigkeitsuntersuchungen jedoch nicht. Beispielsweise kann die Zeitabhängigkeit für die Bestimmung der notwendig vorzuhaltenden Kraftwerksreserve eines Elektrizitäts-Versor-
gungs-Unternehmens für den nächsten Tag eine Rolle spielen [39].
Für Reserveplanungen über die nächsten Jahre ist die Zeitabhängigkeit jedoch bedeutungslos.

Beispiel 4-3 Komponente mit regelmäßiger Überprüfung (Inspektion)

A Aufgabe

In technischen Anlagen werden häufig Komponenten eingesetzt, die keine selbsttätige oder automatische Fehlererkennung besitzen und deren Fehler sich nicht sofort bemerkbar machen (sogenannte passive Fehler). Dieser Fall kann z.B. bei Komponenten auftreten, deren Funktionen nur selten benötigt werden, die aber dauernd funktionsbereit sein müssen (z.B. Schutz- und Sicherheitseinrichtungen). Besitzen diese Komponenten keine selbsttätige Fehlererkennung, so können Fehler auftreten, die längere Zeit unerkannt bleiben, wodurch die Zuverlässigkeit vermindert wird. Durch regelmäßige Überprüfung (Inspektion) der Komponenten lassen sich die passiven Fehler erkennen und beseitigen (Bild 4-8).

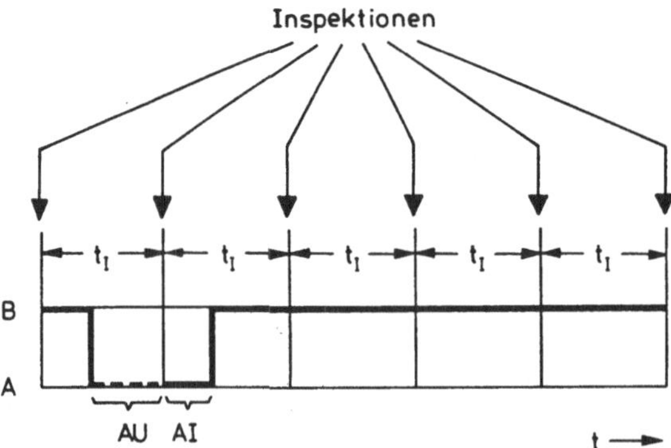

Bild 4-8. Komponente mit regelmäßiger Überprüfung. B Betrieb; A Ausfall; AU unerkannter Ausfall; AI erkannter Ausfall mit Instandsetzung; t_I Inspektionsintervall.

Zur Inspektion zählen alle Maßnahmen zur Feststellung und Beurteilung des Istzustandes, z.B.

- Überwachen,
- Besichtigen,
- Messen,
- Prüfen.

Der Einfluß von Inspektionen auf die Zuverlässigkeit soll in diesem Beispiel untersucht werden.

B Lösung

Wir wollen hier sowohl das transiente als auch das quasi-stationäre Zustandsverhalten untersuchen. Dazu bauen wir ein geeignetes Modell auf.

1 Komponentenmodell

Bild 4-9 zeigt das Modell für Komponenten mit regelmäßiger Überprüfung (Inspektion) und Bild 4-10 einen möglichen Zustandsablauf im Zustands-Zeitdiagramm. Das Modell ist aus zwei spiegelsymmetrischen Modellhälften (indiziert mit 1 und 2) aufgebaut, die im Rhythmus der Inspektionen zyklisch durchlaufen werden. Jede Tätigkeit, auch die Inspektionen, sind durch einen Übergang beschrieben. Das ist notwendig, um nach jeder Inspektion einen neuen Bezugszeitpunkt für das nächste Inspektionsintervall zu erhalten. Deshalb kann man das Zustandsverhalten auch nicht mit einer Modellhälfte (3 Zustände) beschreiben. Es wird vorausgesetzt, daß die Inspektionen kein Abschalten der Komponente erfordern, bzw. die Inspektionsdauern vernachlässigbar sind, wie dies bei modernen elektronischen Komponenten der Fall ist.

Wir betrachten die Bilder 4-9 und 4-10. Tritt im Zustand B_1 kein Ausfall auf, so wird durch die Inspektion ein Wechsel von B_1 nach B_2 erzwungen. Nach dem Wechsel beginnt im Zustand B_2 der neue Betriebszyklus bis zur nächsten Inspektion. Die beiden Zustände werden abwechselnd so lange durchlaufen, bis ein Ausfall auftritt. Von "außen" betrachtet merkt man nichts von dem Wechselspiel $B_1 \rightleftarrows B_2$. Die Komponente ist im Betrieb. Tritt im Betriebszustand B_1 ein Ausfall auf, so bleibt dieser zunächst unerkannt. Es findet ein Über-

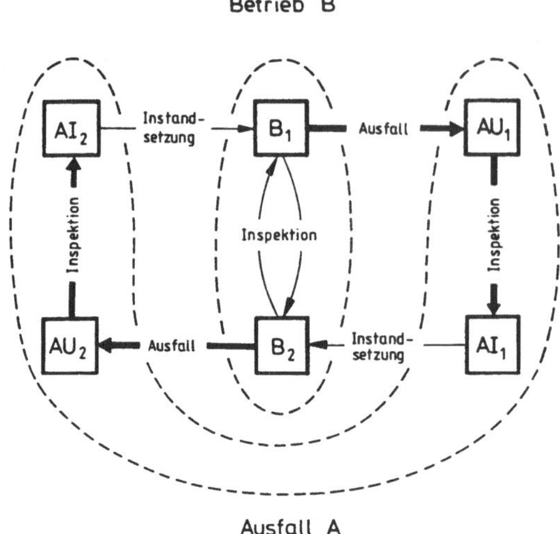

Bild 4-9. Modell für Komponenten mit regelmäßiger Überprüfung.
B_1, B_2 Betriebszustände; AU_1, AU_2 Ausfallzustände, die
zwischen den Inspektionen auftreten und unerkannt bleiben; AI_1, AI_2 Ausfallzustände, die durch die Inspektionen
erkannt und anschließend beseitigt werden.

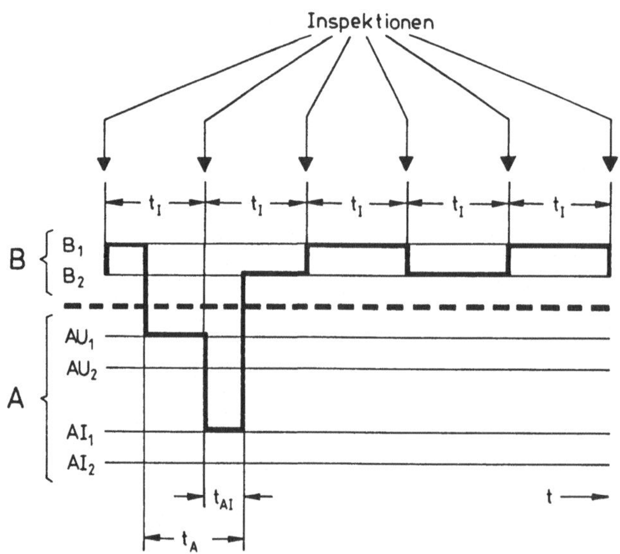

Bild 4-10. Zustands-Zeitdiagramm von Komponenten mit regelmäßiger
Überprüfung. t_I Inspektionsintervall; t_{AI} Instandsetzungsdauer; t_A Ausfalldauer.

gang von B_1 nach AU_1 statt. Erst in der darauffolgenden Inspektion wird der Ausfall erkannt, wodurch ein Übergang von AU_1 nach AI_1 stattfindet. Im Zustand AI_1 wird die Komponente instandgesetzt (repariert oder ausgetauscht). Nach der Instandsetzung findet ein Übergang von AI_1 zum Betriebszustand B_2, dem Ausgangszustand der zweiten Modellhälfte, statt.

Durch die Inspektion werden im Modell Übergänge von B_1 nach B_2 und nach einem Ausfall von AU_1 nach AI_1 erzwungen oder mit anderen Worten ausgedrückt: In den Zeitpunkten t_I wird gleichzeitig der Inhalt von B_1 nach B_2 und von AU_1 nach AI_1 entleert. Der Übergang von AU_1 nach AI_1 ist also abhängig vom Zustand B_1 (d.h. vom Übergang B_1 nach B_2 durch die Inspektion), weshalb dieser Prozeß ein Nicht-Markoffscher Prozeß ist.

Nach der Inspektion bzw. der Instandsetzung beginnt im Zustand B_2 der neue Betriebszyklus.

2 Eingangsgrößen des Komponentenmodells

Zur Berechnung des Modells im Bild 4-9 benötigen wir als Eingangsgrößen die Verteilungsfunktionen der einzelnen Übergänge. Wir beschreiben also zuerst jeden einzelnen Übergang völlig losgelöst vom Zustandsverlauf des Gesamtmodells durch eine Verteilungsfunktion. Für jeden Übergang werden Verteilungsfunktionen des folgenden Typs zugrunde gelegt (siehe (2-66)):

$$F_X(t) = P(T_X \leq t). \qquad (4\text{-}18)$$

T_X bedeutet die Aufenthaltsdauer im Zustand X. T_X ist eine Zufallsvariable. $F_X(t)$ bedeutet die Wahrscheinlichkeit, daß die Aufenthaltsdauer T_X kleiner als die betrachtete Zeit t ist, d.h. daß innerhalb der Zeit t ein Zustandsübergang vom Zustand X in einen anderen definierten Zustand erfolgt. Die Verteilungsfunktionen $F_X(t)$ werden jetzt für die einzelnen Übergänge angegeben.

Verteilungsfunktion der Betriebsdauern (Exponentialverteilung, siehe Bild 2-10)

$$F_B(t) = 1 - e^{-\lambda t}. \qquad (4\text{-}19)$$

Mit dieser Verteilungsfunktion werden folgende Übergänge beschrieben: $B_1 \rightarrow AU_1$ und $B_2 \rightarrow AU_2$.

126

Verteilungsfunktion der Instandsetzungsdauern (planmäßig vorgege-
bener diskreter Wert, siehe Bild 2-10)

$$F_{AI}(t) = \begin{cases} 0 & \text{für} \quad t < t_{AI} \quad \text{(Instandsetzungsdauer)} \\ 1 & \text{für} \quad t \geq t_{AI}. \end{cases} \qquad (4\text{-}20)$$

Mit dieser Verteilungsfunktion werden folgende Übergänge beschrieben: $AI_1 \rightarrow B_2$ und $AI_2 \rightarrow B_1$.

Verteilungsfunktion der Inspektionsintervalle (planmäßig vorgege-
bener diskreter Wert, siehe Bild 2-10)

$$F_I(t) = \begin{cases} 0 & \text{für} \quad t < t_I \quad \text{(Inspektionsintervall)} \\ 1 & \text{für} \quad t \geq t_I. \end{cases} \qquad (4\text{-}21)$$

Mit dieser Verteilungsfunktion werden folgende Übergänge beschrie-
ben: $B_1 \rightarrow B_2$, $B_2 \rightarrow B_1$, $AU_1 \rightarrow AI_1$ und $AU_2 \rightarrow AI_2$. Die beiden letzten
Übergänge sind auch vom Beginn des Zustandes B_1 bzw. B_2 abhängig.

In (4-20) und (4-21) erfolgen Übergänge nach den fest vorgegebenen
Zeiten (Mittelwerte) t_{AI} und t_I. Man kann diesen einfachen Verteilungstyp als Grenzfall bzw. als Näherung für solche Verteilungsfunktionen ansehen, die nur einen kleinen Streubereich um ihren Mittelwert aufweisen. Mit den diskreten Verteilungsfunktionen lassen
sich z.B. Weibull-Verteilungen mit $\beta \gg 1$ oder entsprechende Normal-
verteilungen annähern. Die diskreten Verteilungsfunktionen vereinfachen die Rechnung erheblich. Es lassen sich mit ihnen die wesentlichen Gedankengänge verständlich und transparent darstellen. Es
sei jedoch erwähnt, daß das Komponentenmodell im Bild 4-9 auch für
beliebige Verteilungsfunktionen $F_B(t)$, $F_{AI}(t)$ und $F_I(t)$ gilt. Mit
den Verteilungsfunktionen läßt sich das Komponentenmodell berechnen.

3 Berechnung des Komponentenmodells

In diesem Abschnitt werden die zeitabhängigen Zustandswahrscheinlichkeiten des Modells im Bild 4-9 berechnet. Der Zustandsablauf
des Modells ergibt sich aus dem Zusammenspiel der im vorigen Abschnitt beschriebenen Verteilungsfunktionen aller Übergänge im Komponentenmodell. Zur Ermittlung der zeitabhängigen Zustandswahrscheinlichkeiten wird das Verfahren der wahrscheinlichen Übergänge

angewandt. Die wahrscheinlichen Übergänge sind im Bild 4-9 durch die schwarz ausgezogenen Pfeile hervorgehoben und werden jetzt berechnet.

Ausgehend vom Zustand B_1, der die Anfangswahrscheinlichkeit 1 besitzen soll, treten während des Inspektionsintervalls $t \leq t_I$ unter der Annahme

$$\lambda t_I \ll 1 \qquad (4\text{-}22)$$

entsprechend (4-19) unerkannte Ausfälle mit der Wahrscheinlichkeit

$$P(AU_1,t) = 1 - e^{-\lambda t} \approx \lambda t \qquad \text{für} \qquad t \leq t_I \qquad (4\text{-}23)$$

auf (Bild 4-11a).

Durch die Inspektion (bzw. am Ende des Inspektionsintervalls) wird der Zustand B_1 entleert und sein verbliebener Restinhalt von

$$P(B_1,t_I) = e^{-\lambda t_I} \approx 1 - \lambda t_I \approx 1 \qquad (4\text{-}24)$$

nach B_2 gebracht, so daß von B_1 aus während der Zeit $t_I < t \leq 2t_I$ keine Ausfälle mehr auftreten können. Es gilt dann

$$P(AU_1,t) = 0 \qquad \text{für} \qquad t_I < t \leq 2t_I. \qquad (4\text{-}25)$$

Die zum Zeitpunkt $t = t_I$ in AU_1 akkumulierte Wahrscheinlichkeit der Größe λt_I (nach (4-23)) wird durch die Inspektion nach AI_1 gebracht und verbleibt dort wegen (4-20) während der Instandsetzungsdauer t_{AI} (Bild 4-11b), ehe ein Übergang nach B_2 stattfindet. Es gilt

$$P(AI_1,t) \approx \lambda t_I \qquad \text{für} \qquad t_I < t \leq t_I + t_{AI}. \qquad (4\text{-}26)$$

Setzen wir voraus, daß zu Beginn der zweiten Betriebsperiode der Ausgangszustand B_2 die Anfangswahrscheinlichkeit 1 besitzt, so erhalten wir für AU_2 und AI_2 dieselben Gleichungen, wie sie oben für die 1. Betriebsperiode beschrieben wurden (Bilder 4-11c und 4-11d). Das gleiche gilt auch für alle folgenden Betriebsperioden.

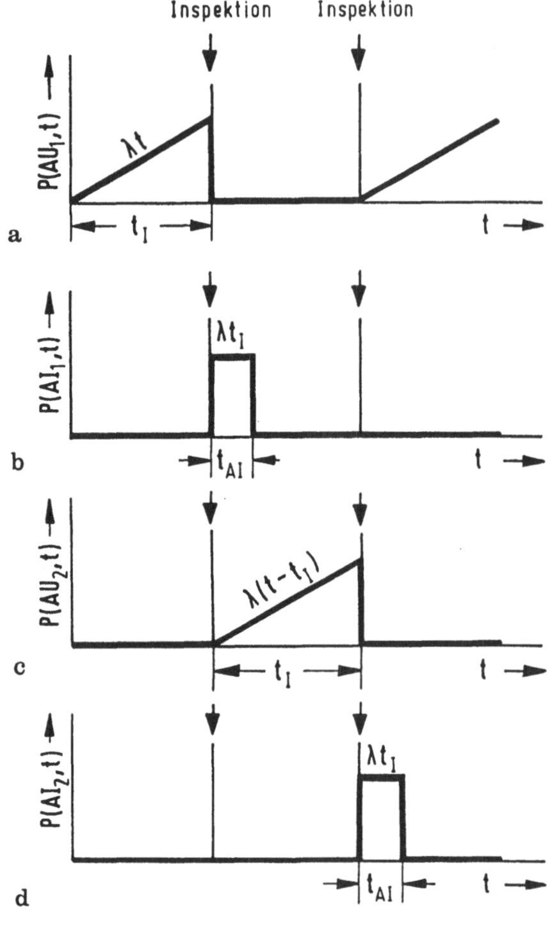

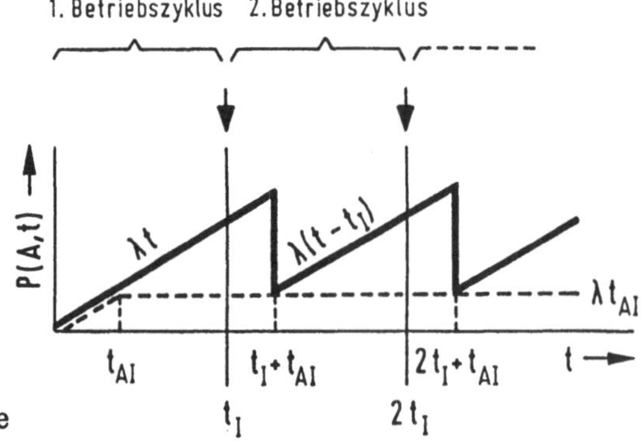

Bild 4-11a-e. Zeitlicher Verlauf der Zustandswahrscheinlichkeiten bezüglich des Ausfalls (linearer Maßstab).

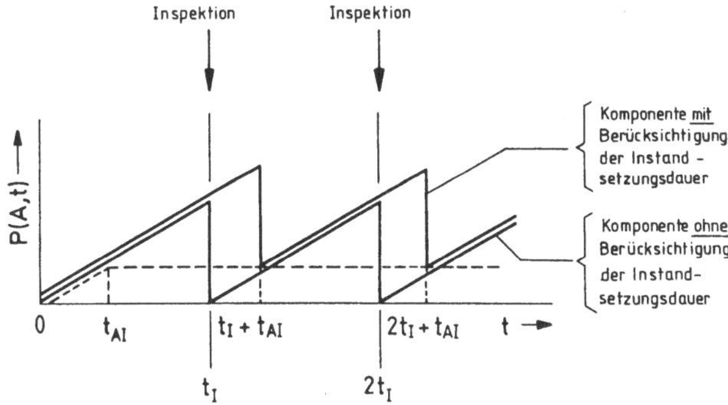

Bild 4-11f. Gegenüberstellung der Ausfallwahrscheinlichkeiten von
Komponenten mit Inspektion mit und ohne Berücksichtigung
der Instandsetzungsdauer.

Es sei jedoch darauf hingewiesen, daß die hier vorausgesetzte Anfangsbedingung

$$P(B_i, nt_I) = 1 \qquad \text{mit} \qquad n = 0,1,2,\ldots \qquad (4-27)$$

für $n \geq 1$ nur angenähert erfüllt ist, da wegen (4-24) und des um
die Dauer t_{AI} gegenüber des Periodenbeginns verzögert einsetzenden
Überganges von AI nach B die Anfangsbedingung immer etwas kleiner
als 1 ist. Eine exakte Berechnung ist sehr aufwendig und bringt
auch keine zusätzlichen Erkenntnisse. Folglich sind (4-23) bis
(4-26) nur als Näherungslösungen zu verstehen.

Addiert man alle einzelnen Ausfallwahrscheinlichkeiten auf (siehe
Bild 4-9), so erhält man die Gesamtausfallwahrscheinlichkeit in
Bild 4-11e. Man erkennt, daß der quasi-stationäre Zustand näherungsweise schon nach dem ersten Betriebszyklus erreicht ist. Bei einer
genauen Rechnung würde er erst bei $t \rightarrow \infty$ erreicht werden.

Im Bild 4-11f sind die beiden Betrachtungsfälle, die Komponente
mit und ohne Berücksichtigung der Instandsetzungsdauer gegenübergestellt.

Mit Berücksichtigung der Instandsetzungsdauer würde für Inspektionsintervalle $t_I = 0$ (was einer dauernden Beobachtung entsprechen
würde) die Ausfallwahrscheinlichkeit P(A,t) der Komponente auf die
gestrichelt gezeichnete Kurve fallen. Diese Kurve entspricht der
Ausfallwahrscheinlichkeit von Komponenten mit sofortiger Fehlererkennung und sofort anschließender Instandsetzung (Beispiel 4-2).

<u>Ohne</u> Berücksichtigung der Instandsetzungsdauer, wenn also $t_{AI} = 0$ angenommen wird, würde für Inspektionsintervalle $t_I = 0$ die Ausfallwahrscheinlichkeit P(A,t) der Komponente 0 sein, d.h. die Komponente wäre 100 % zuverlässig, was jedoch ein Trugschluß ist. Wir erkennen hier, daß sehr schnell Irrtümer entstehen können, wenn wichtige Parameter (wie hier die Instandsetzungsdauer) leichtfertig weggelassen oder vergessen werden.

Im Bild 4-12 ist im Vergleich zu den Bildern 4-4 und 4-7 die zeitabhängige Ausfallwahrscheinlichkeit im logarithmischen Maßstab aufgetragen.

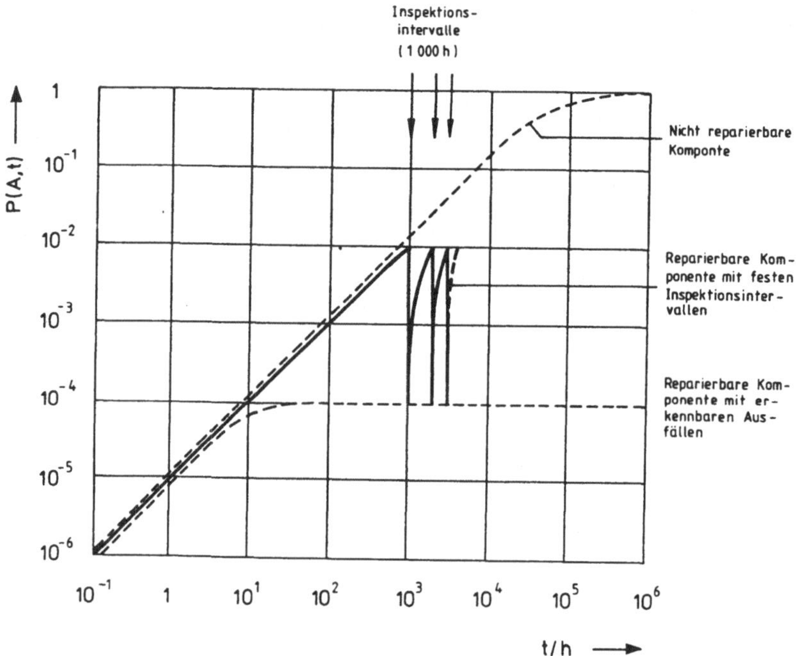

Bild 4-12. Zeitabhängige Ausfallwahrscheinlichkeit von Komponenten mit regelmäßiger Überprüfung.

Kenngrößen: $T(B) = 10^5$ h; $T(A) = 10$ h.
Anfangsbedingungen: $P(B,0) = 1$; $P(A,0) = 0$.

4 Ermittlung der quasi-stationären Zustandskenngrößen

Die Ergebnisse in den Bildern 4-11 und 4-12 zeigen, daß dieser Prozeß keine stationären Zustände, sondern nur quasi-stationäre Zustände besitzt. Wir wollen den Unterschied jetzt etwas genauer untersuchen.

Unter stationärem Zustandsverhalten verstehen wir ein zeitunabhängiges Verhalten, für das die Bedingung

$$\lim_{t \to \infty} \frac{dP(Z,t)}{dt} = 0 \qquad (4-28)$$

gilt (siehe auch (3-41)). Unter quasi-stationärem Zustandsverhalten verstehen wir ein sich periodisch wiederholendes (alternierendes) zeitabhängiges Zustandsverhalten für $t \to \infty$. Für dieses Zustandsverhalten ist die Bedingung in (4-28) nicht mehr erfüllt. Es gilt dafür die Bedingung

$$\lim_{t \to \infty} P(Z,t) = \lim_{t \to \infty} P(Z,t+T). \qquad (4-29)$$

T bedeutet die Periodendauer.

Stochastische Prozesse mit alternierendem Zustandsverhalten treten immer dann auf, wenn determinierte äußere Eingriffe wie Inspektionen oder geplante Abschaltungen zu neuen Anfangsbedingungen in der Zukunft führen, die Unstetigkeitsstellen im wahrscheinlichkeitstheoretischen Verhalten verursachen. Typische Anwendungsfälle sind die hier beschriebene Komponente mit Inspektion und die im folgenden Beispiel untersuchte Komponente mit intermittierender Betriebsanforderung. Stochastische Prozesse mit alternierendem Zustandsverhalten stellen keine homogenen Markoffschen Prozesse dar. Einfache Anwendungen können jedoch - wie gezeigt wurde - zumindest näherungsweise mit den hier vermittelten Grundlagen berechnet werden.

Für die Zuverlässigkeitsbeurteilung ist der Mittelwert $P(A)$ der Ausfallwahrscheinlichkeit im quasi-stationären Zustand von Bedeutung (Bild 4-13). Der Erwartungswert beträgt

$$P(A) = E[P(A,t)] = \frac{1}{t_I} \int_0^{t_I} P(A,t)\,dt \approx \frac{1}{2}\,\lambda t_I + \lambda t_{AI}. \qquad (4-30)$$

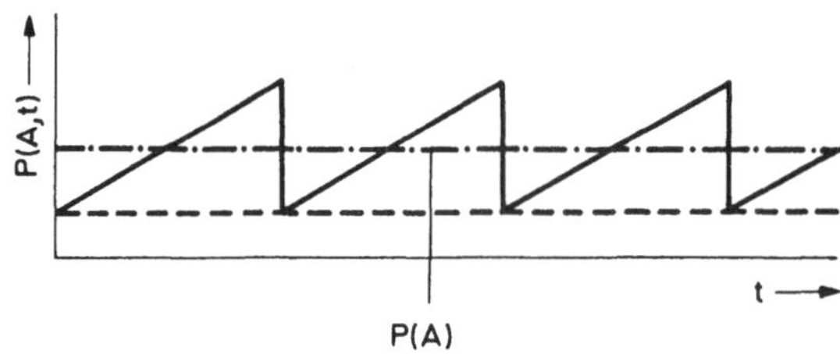

Bild 4-13. Zeitabhängige Ausfallwahrscheinlichkeit und ihr Mittelwert.

Für hinreichend große Inspektionsintervalle $t_I \gg t_{AI}$ läßt sich der
Term λt_{AI} vernachlässigen. Es gilt dann

$$P(A) \approx \frac{1}{2} \lambda t_I . \qquad (4-31)$$

Für die mittlere Ausfallhäufigkeit gilt

$$H(A) = H(B) \approx \frac{1}{\lambda} . \qquad (4-32)$$

Für die mittleren Dauern erhält man damit

$$T(B) = \frac{1}{\lambda}$$

$$\qquad (4-33)$$

$$T(A) \approx \frac{1}{2} t_I .$$

Die mittlere Ausfalldauer beträgt bei Komponenten ohne selbsttätige Fehlererkennung ungefähr die Hälfte des Inspektionsintervalls.
Durch Verringern der Inspektionsintervalle läßt sich somit die Zuverlässigkeit der Komponente und damit auch eines Systems erheblich
steigern.

5 Näherungsmodell

Für Systemmodelle ist das mehrstufige Komponentenmodell im Bild
4-9 zu kompliziert, weshalb ein einfaches Modell entwickelt wird.
Mit unseren Ergebnissen läßt sich eine Komponente mit regelmäßiger
Inspektion durch das im Bild 4-14 gezeichnete zweistufige Modell
darstellen. Gegenüber einer Komponente mit automatischer Fehlerer-

kennung unterscheidet sich dieses Modell lediglich in der Instandsetzungsrate, die wir mit μ_{IS} bezeichnen. Sie beträgt mit (4-33)

$$\mu_{IS} = \frac{1}{T(A)} \approx \frac{2}{t_I} \, .$$

(4-34)

Die Ausfallrate bleibt unverändert.

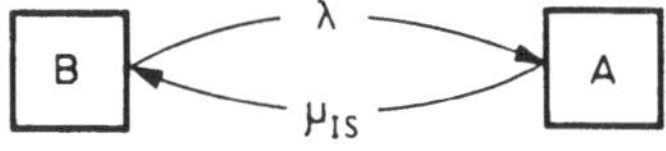

Bild 4-14. Vereinfachtes Modell für Komponenten mit regelmäßiger Überprüfung.

6 Zuverlässigkeitsvergleich

Es soll jetzt noch ein wichtiger Zuverlässigkeitsvergleich durchgeführt werden. Diesen kann man folgendermaßen beschreiben:

- Es soll eine elektronische Baugruppe ohne automatische Fehlererkennung, aber mit festen Inspektionsintervallen mit einer Baugruppe mit automatischer Fehlererkennung verglichen werden.

Die Fragestellung gewinnt durch den Einsatz mikroprozessorgesteuerter Baugruppen an Bedeutung. Diese Baugruppen bieten die Möglichkeit, Software-Prüfroutinen ablaufen zu lassen, die die Komponente selbsttätig auf Fehler testen und sie melden. Dies ist bei Mikroprozessoren einfacher als mit herkömmlichen elektronischen Baugruppen zu realisieren.

Der Vergleich zwischen Komponenten mit automatischer Fehlererkennung und Instandsetzung (gekennzeichnet durch MF) und solchen ohne automatische Fehlererkennung, aber mit Inspektion und anschließender Instandsetzung (gekennzeichnet durch MI) liefert mit den Ausfallwahrscheinlichkeiten der Gl. (4-14) (mit $\mu = 1/t_{AI}$) und (4-31) die Näherungslösungen

$$P(A)_{MF} \approx \lambda_{MF} t_{AI}\,,$$

(4-35)

$$P(A)_{MI} \approx \frac{1}{2} \lambda_{MI} t_{I}\,.$$

(4-36)

Der Vergleich liefert folgendes Ergebnis:

$$\frac{P(A)_{MF}}{P(A)_{MI}} \approx 2 \, \frac{\lambda_{MF}}{\lambda_{MI}} \, \frac{t_{AI}}{t_{I}} \, . \tag{4-37}$$

λ_{MF} und λ_{MI} sind die Ausfallraten der Komponenten, t_{I} bedeutet das Inspektionsintervall und t_{AI} die mittlere Instandsetzungsdauer. Wir wollen folgende zwei Fälle untersuchen.

<u>1. Fall:</u> $\qquad \lambda_{MF} = \lambda_{MI}$

Beide Komponenten fallen mit gleicher Häufigkeit aus. Beträgt beispielsweise das Inspektionsintervall t_{I} = 1/2 Jahr und die mittlere Instandsetzungsdauer t_{AI} = 10 h, so ist die Komponente mit automatischer Fehlererkennung (MF) 219mal zuverlässiger als die Komponente ohne automatische Fehlererkennung aber mit halbjährlicher Inspektion (MI). Damit wird natürlich auch die Zuverlässigkeit des Systems, in dem die Komponente eingesetzt wird, höher. Wir erkennen hier den großen Zuverlässigkeitsgewinn einer automatischen Fehlererkennung.

<u>2. Fall:</u> $\qquad \lambda_{MF} = 10 \, \lambda_{MI}$

Die Komponente mit automatischer Fehlererkennung fällt 10mal häufiger aus als die Komponente ohne automatische Fehlererkennung. Beträgt beispielsweise das Inspektionsintervall t_{I} = 1/2 Jahr und die mittlere Instandsetzungsdauer t_{AI} = 10 h, so ist die "schlechtere" Komponente (MF) aufgrund der Fehlererkennung trotzdem 22mal zuverlässiger als die "bessere" Komponente (MI), die nur halbjährlich inspiziert wird. Aus diesem Ergebnis läßt sich folgende wichtige Schlußfolgerung ziehen. Selbst wenn eine Komponente <u>mit</u> automatischer Fehlererkennung eine höhere Ausfallrate als eine Komponente <u>ohne</u> automatische Fehlererkennung besitzt, so kann die Komponente <u>mit</u> Fehlererkennung trotzdem zuverlässiger sein als die Komponente <u>ohne</u> Fehlererkennung. Das gleiche gilt auch für Anlagen, die mit diesen Komponenten betrieben werden. Diese Feststellung wird für die Anwendungen interessant, in denen man alte, aber bewährte Komponenten ohne automatische Fehlererkennung durch neue Komponenten, von denen man noch keine genauen Zuverlässigkeitsangaben besitzt, ersetzen will. Durch ständiges Überwachen und sofortige Instandsetzung nach Entdecken von Fehlern läßt sich auch bei solchen Komponenten eine hohe Anlagenzuverlässigkeit erzielen.

Beispiel 4-4 Komponente mit intermittierender Betriebsanforderung

A Aufgabe

Viele Komponenten sind nicht dauernd in Betrieb, sondern werden in mehr oder weniger regelmäßigen Zeitabständen benötigt und in der übrigen Zeit abgeschaltet bzw. in Bereitschaft gehalten. Beispiele dafür sind Fahrzeuge, Lampen oder in Automatisierungsanlagen Peripheriegeräte wie Sichtgeräte und Drucker. Bild 4-15 zeigt die geforderten Betriebsdauern (Anforderungsdauern) und Bereitschaftsdauern (Reservedauern).

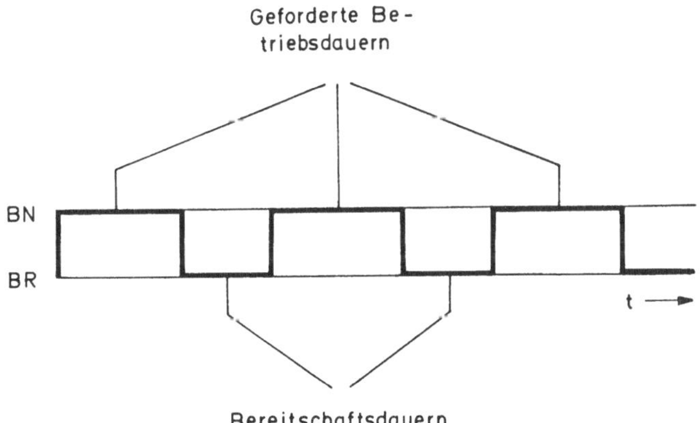

Bild 4-15. Komponente mit intermittierender Betriebsanforderung. BN Geforderter Betrieb; BR Bereitschaft.

Für die Zuverlässigkeitsberechnung sei angenommen, daß die Betriebsanforderungen in regelmäßigen Zeitabständen erfolgen. Ausfälle während den Anforderungsintervallen sollen sofort erkannt und anschließend beseitigt werden. Ferner sei angenommen, daß die Komponente in den Bereitschaftszeiten nicht ausfällt.

B Lösung

Die Vorgehensweise entspricht der im Beispiel 4-3, so daß wir uns auf die Ausführung der wesentlichen Schritte zur Berechnung des transienten und quasi-stationären Zustandsverhaltens beschränken.

1 Komponentenmodell

Bild 4-16 zeigt das Modell für Komponenten mit intermittierender Betriebsanforderung und Bild 4-17 einen möglichen Zustandsablauf. Ausgehend vom Bereitschaftszustand BR wird der Betriebszustand BN angefordert. Nach erfolgreicher Mission in BN wird nach Ablauf der Anforderungsdauer t_{ANF} wieder in den Bereitschaftszustand BR zurückgekehrt. Im Betriebszustand BN kann die Komponente ausfallen, was einem Übergang von BN nach AN entspricht. Wird die Instandsetzung

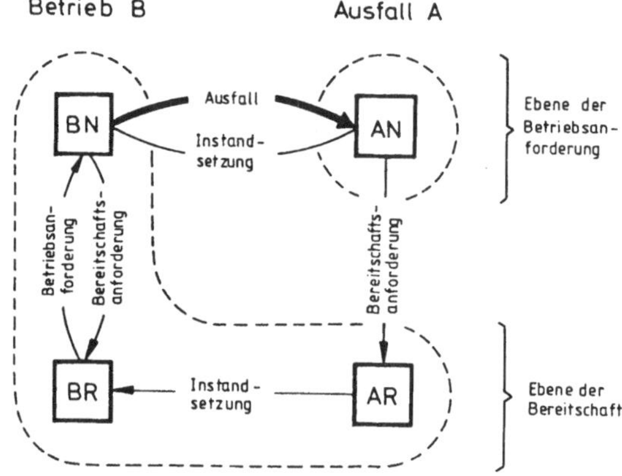

Bild 4-16. Modell für Komponenten mit intermittierender Betriebsanforderung. BN Geforderter Betriebszustand; BR Bereitschaftszustand; AN Ausfallzustand, der während der Betriebsanforderung auftritt; AR Ausfallzustand, der in die Bereitschaft fällt.

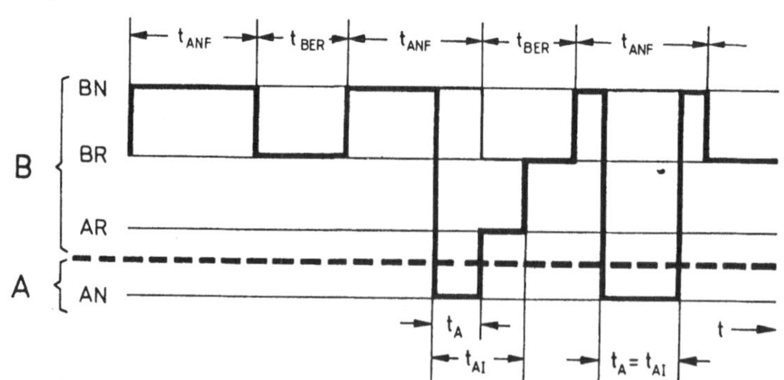

Bild 4-17. Zustands-Zeitdiagramm von Komponenten mit intermittierender Betriebsanforderung. t_{ANF} Anforderungsdauer; t_{BER} Bereitschaftsdauer; t_{AI} Instandsetzungsdauer; t_A Ausfalldauer.

noch während der Anforderungsdauer t_{ANF} beendet, so findet ein Übergang von AN nach BN statt, ansonsten wird nach der Anforderungsdauer t_{ANF} ein Übergang von AN nach AR erzwungen, weshalb AN ein Nicht-Markoffscher Zustand ist. Es sei darauf hingewiesen, daß die Übergänge von BN nach BR und von AN nach AR gleichzeitig nach Ablauf der Anforderungsdauer t_{ANF} stattfinden. In AR wird die Instandsetzung weiter geführt und nach Beendigung der Zustand BR eingenommen.

Wenn wir die Komponente im Hinblick auf den Einsatz in einem System betrachten und nur diesen wichtigen Anwendungsfall wollen wir weiter verfolgen, so interessieren nur die Ausfälle während der Betriebsanforderung, wenn also die Komponente im System Funktionen erfüllen muß. Der Zustand AN ist somit der relevante Ausfallzsutand A. Die übrigen Zustände bilden vom System her betrachtet Betriebszustände, die im Zustand B zusammengefaßt werden. Auch der Zustand AR wird demzufolge als Betriebszustand aufgefaßt, da die Instandsetzung während der Bereitschaftsdauer, wenn also die Komponente nicht benötigt wird, zu Ende geführt wird.

In dem Modell wird vorausgesetzt, daß die Bereitschaftsdauer t_{BER} so lang ist, daß im ungünstigsten Fall (z.B. bei einem Ausfall kurz vor Ende der Anforderungsdauer) eine Instandsetzung noch während der darauffolgenden Bereitschaftsdauer erfolgt. In diesem Fall fällt der Übergang von AR nach AN weg, was die Berechnung des Modells erleichtert. Das Modell ist also nur für die Komponenten anwendbar, deren Bereitschaftsdauern hinreichend groß bzw. deren Instandsetzungsdauern hinreichend klein sind.

Das Modell gilt ferner nur für die im folgenden Abschnitt beschriebenen Verteilungsfunktionen.

2 Eingangsgrößen des Komponentenmodells

In diesem Abschnitt werden die Verteilungsfunktionen der einzelnen (vom Modell isoliert betrachteten) Übergänge beschrieben. Die Verteilungsfunktionen der Betriebs- und Instandsetzungsdauern sollen (4-19) und (4-20) entsprechen.

Verteilungsfunktion der Betriebsdauern

$$F_B(t) = 1 - e^{-\lambda t}. \tag{4-38}$$

138

Mit dieser Verteilungsfunktion wird folgender Übergang beschrieben:
BN → AN.

Verteilungsfunktion der Instandsetzungsdauern

$$F_{AI}(t) = \begin{cases} 0 & \text{für} \quad t < t_{AI} \quad \text{(Instandsetzungsdauer)} \\ 1 & \text{für} \quad t \geq t_{AI}. \end{cases} \qquad (4\text{-}39)$$

Mit dieser Verteilungsfunktion werden folgende Übergänge beschrieben: AN → BN und AR → BR. Der letzte Übergang ist auch vom Beginn
des Zustandes AN abhängig.

Verteilungsfunktion der Anforderungsintervalle

$$F_{ANF}(t) = \begin{cases} 0 & \text{für} \quad t < t_{ANF} \quad \text{(Anforderungsdauer)} \\ 1 & \text{für} \quad t \geq t_{ANF}. \end{cases} \qquad (4\text{-}40)$$

Mit dieser Verteilungsfunktion werden folgende Übergänge beschrieben: BN → BR und AN → AR. Der letzte Übergang ist auch vom Beginn des
Zustandes BN abhängig.

Verteilungsfunktion der Bereitschaftsdauern

$$F_{BER}(t) = \begin{cases} 0 & \text{für} \quad t < t_{BER} \quad \text{(Bereitschaftsdauer)} \\ 1 & \text{für} \quad t \geq t_{BER}. \end{cases} \qquad (4\text{-}41)$$

Mit dieser Verteilungsfunktion wird folgender Übergang beschrieben: BR → BN.

3 Berechnung des Komponentenmodells

Mit den Eingangsgrößen läßt sich nun der Zustandsablauf des Modells
im Bild 4-16 berechnen. Wegen der im 1. Abschnitt genannten Voraussetzungen und den diskreten Verteilungsfunktionen der Übergänge unterscheiden wir folgende Fälle:

1. Fall: $\qquad t_{AI} \leq t_{ANF}, \ t_{AI} \leq t_{BER}$

Diese Zeitbedingungen bedeuten: Je nach Auftreten des Ausfalls kann
die Instandsetzung sowohl während der Anforderungsdauer t_{ANF} als
auch während der Bereitschaftsdauer t_{BER} beendet werden. Dieser

Fall tritt dann auf, wenn die Anforderungsdauer t_{ANF} und die Bereitschaftsdauer t_{BER} hinreichend groß sind bzw. die Instandsetzungsdauer t_{AI} hinreichend kurz ist.

2. Fall:$\qquad t_{AI} > t_{ANF}, \ t_{AI} \leq t_{BER}$

Diese Zeitbedingungen bedeuten: Die Instandsetzung wird immer in der nach dem Ausfall folgenden Bereitschaftsdauer t_{BER} beendet. Dieser Fall tritt dann auf, wenn die Anforderungsdauer t_{ANF} kleiner als die Instandsetzungsdauer t_{AI} ist.

Im 2. Fall ist der Übergang von AN nach BN nicht wirksam, da die Instandsetzungsdauer länger als die Anforderungsdauer ist.

Wir wollen jetzt die Zustandsgrößen ermitteln.

Der Ausfallzustand A der Komponente umfaßt nur den Modellzustand AN. Der für die Berechnung zugrundegelegte wahrscheinliche Übergang in diesen Zustand ist im Bild 4-16 durch den schwarz ausgezogenen Pfeil dargestellt. Ausgehend vom Betriebszustand BN können in den Anforderungsintervallen Ausfälle, d.h. Übergänge nach AN auftreten, deren Wahrscheinlichkeiten im Bild 4-18 unter der Annahme

$$\lambda t_{AI} \ll 1 \tag{4-42}$$

für die beiden Betrachtungsfälle dargestellt sind.

Im 1. Fall: $t_{AI} \leq t_{ANF}, \ t_{AI} \leq t_{BER}$ (Bild 4-18a) kann man das Zustandsverhalten während der Anforderungsintervalle t_{ANF} durch die zweistufige Komponente im Beispiel 4-2 beschreiben.

Im 2. Fall: $t_{AI} > t_{ANF}, \ t_{AI} \leq t_{BER}$ (Bild 4-18b) läßt sich das Zustandsverhalten während der Anforderungsintervalle t_{ANF} durch die zweistufige Komponente im Beispiel 4-1 beschreiben.

Auf das Aufschreiben der Gleichungen für die Ausfallwahrscheinlichkeit $P(AN,t)$ wird hier verzichtet, da der Verlauf durch Bild 4-18 anschaulich beschrieben ist. Wir haben es hier, wie im Beispiel 4-3, mit einem stochastischen Prozeß mit quasi-stationärem Zustandsverhalten zu tun.

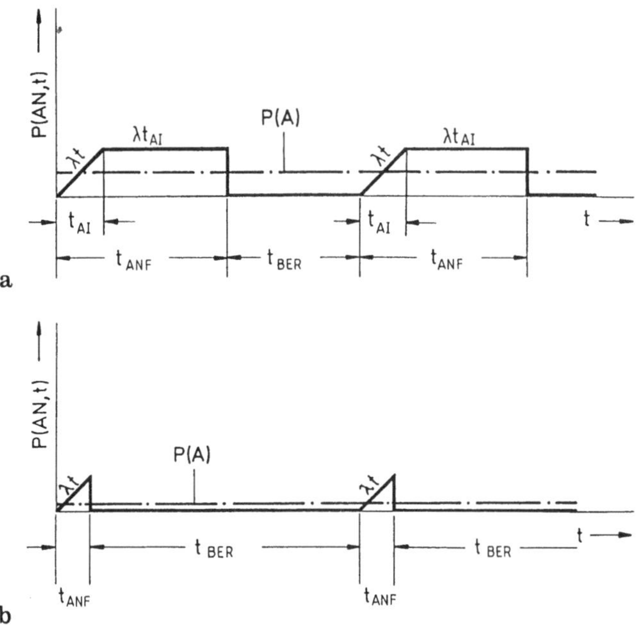

Bild 4-18. Zeitabhängige Ausfallwahrscheinlichkeiten und ihre Mittelwerte.
a) <u>1. Fall:</u> $t_{AI} \leq t_{ANF}$, $t_{AI} \leq t_{BER}$;
b) <u>2. Fall:</u> $t_{AI} > t_{ANF}$, $t_{AI} \leq t_{BER}$.

Für die Zustände BN und BR kann man aus Bild 4-15 unter Vernachlässigung der Zustände AN und AR folgende Näherungslösung (Mittelwerte) angeben:

$$P(BN) \approx \frac{t_{ANF}}{t_{ANF} + t_{BER}}$$

$$P(BR) \approx \frac{t_{BER}}{t_{ANF} + t_{BER}} \; . \tag{4-43}$$

4 Ermittlung der quasi-stationären Zustandskenngrößen

Wir interessieren uns für die stationären Kenngrößen der Zustände B und A (Bild 4-16), da diese für Systemberechnungen benötigt werden. Zunächst beschäftigen wir uns mit dem Ausfallzustand A, der nur den Modellzustand AN umfaßt. Die Mittelwerte der Ausfallwahrscheinlichkeiten lassen sich direkt aus Bild 4-18 ableiten, wenn

man die Wahrscheinlichkeitsflächen gleichmäßig verteilt (strich-
punktierte Linie). Wir erhalten somit über die Mittelwertbildung

$$P(A) = E[P(AN,t)] \tag{4-44}$$

folgende Ausfallwahrscheinlichkeiten:

1. Fall: $\quad t_{AI} \leq t_{ANF}, \quad t_{AI} \leq t_{BER}$

$$P(A) \approx \lambda \left(t_{AI} - \frac{t_{AI}^2}{2t_{ANF}} \right) \frac{t_{ANF}}{t_{ANF} + t_{BER}}, \tag{4-45}$$

2. Fall: $\quad t_{AI} > t_{ANF}, \quad t_{AI} \leq t_{BER}$

$$P(A) \approx \lambda \frac{t_{ANF}}{2} \frac{t_{ANF}}{t_{ANF} + t_{BER}}. \tag{4-46}$$

Für die mittlere Häufigkeit eines Ausfalls erhält man mit (4-43)
für beide Fälle folgende Beziehung:

$$H(A) = \lambda P(BN) \approx \lambda \frac{t_{ANF}}{t_{ANF} + t_{BER}}. \tag{4-47}$$

Mit (4-45)/(4-46) und (4-47) lassen sich die mittleren Ausfalldauern berechnen. Sie lauten für die beiden Fälle:

1. Fall: $\quad t_{AI} \leq t_{ANF}, \quad t_{AI} \leq t_{BER}$

$$T(A) = \frac{P(A)}{H(A)} \approx t_{AI} - \frac{t_{AI}^2}{2t_{ANF}}, \tag{4-48}$$

2. Fall: $\quad t_{AI} > t_{ANF}, \quad t_{AI} \leq t_{BER}$

$$T(A) = \frac{P(A)}{H(A)} \approx \frac{t_{ANF}}{2}. \tag{4-49}$$

Der Betriebszustand B umfaßt die Modellzustände BN, BR und AR. Für
die Betriebswahrscheinlichkeit gilt die Näherung

$$P(B) \approx 1. \tag{4-50}$$

Die mittlere Häufigkeit des Betriebszustandes erhält man zu

$$H(B) = H(A).\tag{4-51}$$

Mit diesen Kenngrößen läßt sich die mittlere Betriebsdauer berechnen. Man erhält damit

$$T(B) = \frac{P(B)}{H(B)} \approx \frac{1}{H(A)} \approx \frac{1}{\lambda}\ \frac{t_{ANF} + t_{BER}}{t_{ANF}}.\tag{4-52}$$

Die mittlere Betriebsdauer steigt somit um den Faktor $(t_{ANF} + t_{BER})/t_{ANF}$ an. Dies gilt jedoch nur unter der Voraussetzung, daß die Komponente während der Bereitschaftsdauern nicht ausfällt.

5 Näherungsmodell

Für Systemberechnungen ist das Komponentenmodell im Bild 4-16 ungeeignet, da es zu kompliziert ist. Es läßt sich aber mit den Ergebnissen im Abschnitt 4 ein einfaches zweistufiges Modell herleiten, das im Bild 4-19 dargestellt ist. Die Übergangsraten erhält man direkt aus den Kehrwerten der mittleren Dauern in (4-48)/(4-49) und (4-52). Sie lauten

$$\lambda_{IB} = \frac{1}{T(B)} \approx \lambda\ \frac{t_{ANF}}{t_{ANF} + t_{BER}}$$

$$\mu_{IB} = \frac{1}{T(A)} = \begin{cases} \dfrac{1}{t_{AI} - \dfrac{t_{AI}^2}{2t_{ANF}}} & \text{für}\quad t_{AI} \leq t_{ANF},\ t_{AI} \leq t_{BER} \\[3ex] \dfrac{2}{t_{ANF}} & \text{für}\quad t_{AI} > t_{ANF},\ t_{AI} \leq t_{BER}. \end{cases}\tag{4-53}$$

Mit diesen Gleichungen ist das zweistufige Modell im Bild 4-19 beschrieben.

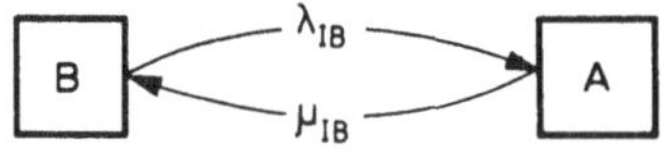

Bild 4-19. Vereinfachtes Modell für Komponenten mit intermittierender Betriebsanforderung.

Beispiel 4-5 System mit zwei stochastisch-unabhängigen Komponenten

A Aufgabe

In dieser Zuverlässigkeitsuntersuchung soll der Zusammenhang zwischen der logischen Serien-/Parallelstruktur und dem Markoffschen Zustands-Übergangsdiagramm hergestellt werden. Außerdem sollen die Abweichungen zwischen genauer und angenäherter Systemberechnung mit Zahlenwerten untersucht werden. Dazu wird ein System mit zwei stochastisch-unabhängigen Komponenten betrachtet. Für die Kriterien, wann Komponenten als stochastisch-unabhängig angesehen werden, sei auf Kapitel 2.2.3 verwiesen.

B Lösung

Die Zuverlässigkeitsberechnung gliedert sich in eine Komponenten- und Systembetrachtung.

1 Komponenten

Bild 4-20 zeigt die zweistufigen Markoffschen Modelle für die Komponenten. Diese wurden im Beispiel 4-2 beschrieben. Die als konstant angenommenen Ausfallraten λ_1, λ_2 und Instandsetzungsraten μ_1, μ_2 werden mit (4-8) aus den mittleren Dauern berechnet.

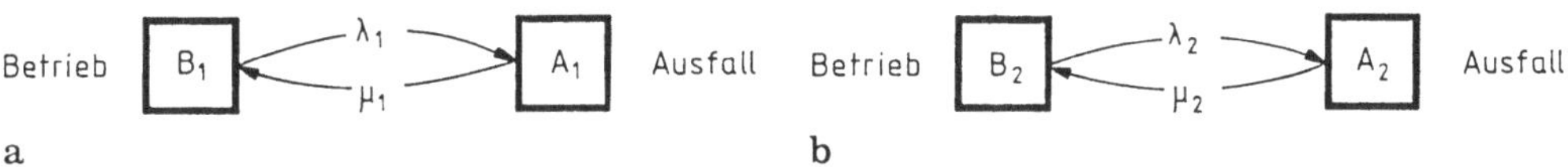

Bild 4-20. Komponentenmodelle. a) Komponente 1; b) Komponente 2.

Für die Übergangsraten werden folgende Zahlenwerte angenommen:

$$\lambda_1 = \lambda_2 = 10^{-5}\ h^{-1}$$

$$\mu_2 = \mu_2 = 10^{-2}\ h^{-1}.$$

$$(4-54)$$

2 System

2.1 Ermittlung der logischen Strukturen

Durch Kombination der Komponentenmodelle erhält man das Systemmodell im Bild 4-21 mit den vier sich gegenseitig ausschließenden Systenzuständen.

$$MZ_1 = B_1 \wedge B_2$$

$$MZ_2 = A_1 \wedge B_2$$

$$MZ_3 = B_1 \wedge A_2 \qquad\qquad (4\text{-}55)$$

$$MZ_4 = A_1 \wedge A_2 \, .$$

Bei der Festlegung der Systemzustandsübergänge im Zustands-Übergangsdiagramm wird vorausgesetzt, daß zur gleichen Zeit (d.h. im Zeitelement $\Delta t \to dt$) nur ein stochastisch-unabhängiges Ereignis (Zustandsübergang) stattfinden kann. Aus diesem Grunde existieren keine Zustandsübergänge von $MZ_1 \to MZ_4$, $MZ_4 \to MZ_1$, $MZ_2 \to MZ_3$ und $MZ_3 \to MZ_2$. Die möglichen Übergänge sind im Bild 4-21 eingezeichnet.

Das Zustands-Übergangsdiagramm im Bild 4-21 gilt für jedes Zweikomponentensystem mit stochastisch-unabhängigen Komponenten. Erst durch Zusammenfassung der Systemzustände zum Systembetrieb und zum Systemausfall wird die Zuverlässigkeitsaufgabe lösbar. Bild 4-22 zeigt die mögliche Zusammenfassung der Systemzustände zum Systembetrieb B_S und zum Systemausfall A_S.

Aus dem Markoffschen Prozeß lassen sich Serien- und Parallelstruktur ableiten.

Logische Serienstruktur bezüglich des Betriebes ($\hat{=}$ logische Parallelstruktur bezüglich des Ausfalls)

Beide Komponenten sind zum Betrieb erforderlich.

$$B_S = MZ_1 = B_1 \wedge B_2 , \qquad\qquad (4\text{-}56)$$

$$\dot{A}_S = MZ_2 \vee MZ_3 \vee MZ_4 = A_1 \vee A_2 . \qquad\qquad (4\text{-}57)$$

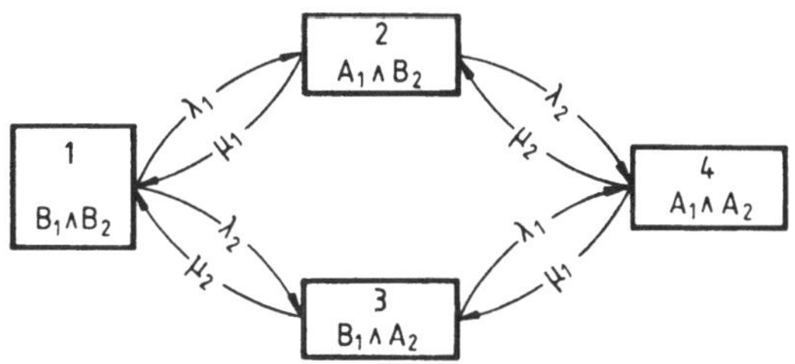

Bild 4-21. Systemmodell, gebildet durch Kombination der Komponentenmodelle im Bild 4-20.

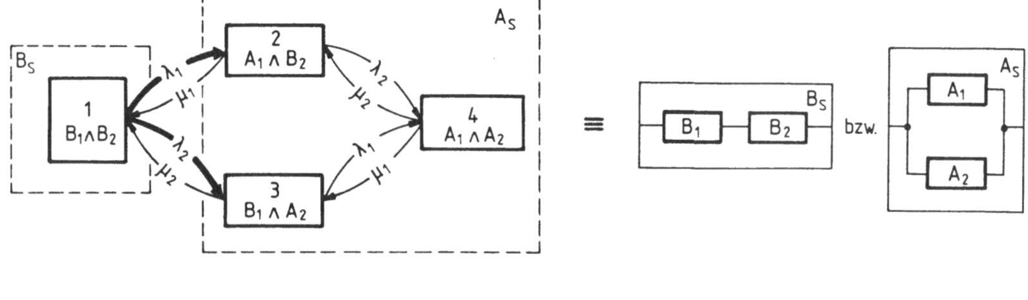

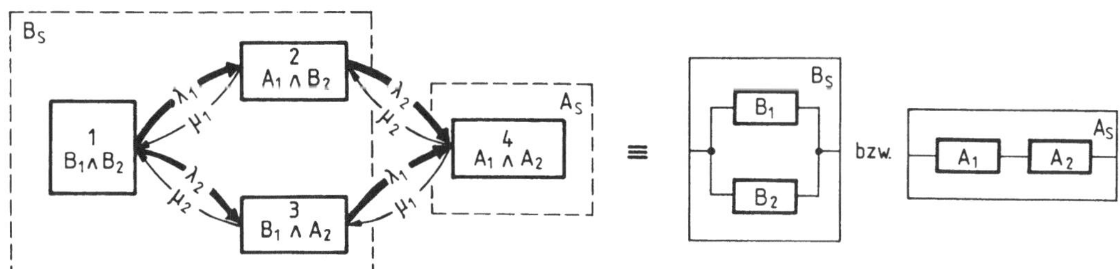

Bild 4-22. Zusammenhang zwischen Markoffschen Zustands-Übergangsdiagrammen und Zustands-Blockschaltbildern bei einem
Zweikomponentensystem.

<u>Logische Parallelstruktur bezüglich des Betriebes ($\hat{=}$ logische
Serienstruktur bezüglich des Ausfalls</u>

Eine Komponente genügt zum Betrieb.

$$B_S = MZ_1 \vee MZ_2 \vee MZ_3 = B_1 \vee B_2, \tag{4-58}$$

$$A_S = MZ_4 = A_1 \wedge A_2. \tag{4-59}$$

Durch die Beziehungen in (4-56) bis (4-59) ist der Zusammenhang zwischen den Markoffschen Prozessen und den Zustands-Blockschaltbildern hergestellt.

Als nächster Schritt schließt sich die Berechnung der Markoffschen Zustände an. Die Wahrscheinlichkeit $P(MZ_i)$, die mittlere Häufigkeit $H(MZ_i)$ und die mittlere Dauer $T(MZ_i)$ der _einzelnen_ Systemzustände im Bild 4-21 lassen sich mit (3-84) exakt und mit (3-89) angenähert berechnen. Beide Berechnungsarten werden im folgenden durchgeführt.

2.2 Exakte Berechnung der Markoffschen Zustände

Für die stationären Zustandswahrscheinlichkeiten gilt entsprechend (3-84) das linear abhängige Gleichungssystem

$$
\begin{bmatrix} 0 \\ 0 \\ 0 \\ 0 \end{bmatrix} = \begin{bmatrix} P(MZ_1) \\ P(MZ_2) \\ P(MZ_3) \\ P(MZ_4) \end{bmatrix}^T \cdot \begin{bmatrix} -(\lambda_1 + \lambda_2) & \lambda_1 & \lambda_2 & 0 \\ \mu_1 & -(\mu_1 + \lambda_2) & 0 & \lambda_2 \\ \mu_2 & 0 & -(\lambda_1 + \mu_2) & \lambda_1 \\ 0 & \mu_2 & \mu_1 & -(\mu_1 + \mu_2) \end{bmatrix}
$$

$$(4-60)$$

Die zur Lösung des Gleichungssystems benötigte Nebenbedingung lautet

$$
\sum_{i=1}^{4} P(MZ_i) = 1.
\tag{4-61}
$$

Die Lösung des Gleichungssystems mit der Nebenbedingung ergibt folgende Zustandswahrscheinlichkeiten

$$
P(MZ_1) = \frac{\mu_1}{\mu_1 + \lambda_1} \; \frac{\mu_2}{\mu_2 + \lambda_2} = 0{,}998003
$$

$$
P(MZ_2) = \frac{\lambda_1}{\mu_1 + \lambda_1} \; \frac{\mu_2}{\mu_2 + \lambda_2} = 9{,}98003 \cdot 10^{-4}
$$

$$(4-62)$$

$$
P(MZ_3) = \frac{\mu_1}{\mu_1 + \lambda_1} \; \frac{\lambda_2}{\mu_2 + \lambda_2} = 9{,}98003 \cdot 10^{-4}
$$

$$
P(MZ_4) = \frac{\lambda_1}{\mu_1 + \lambda_1} \; \frac{\lambda_2}{\mu_2 + \lambda_2} = 9{,}98003 \cdot 10^{-7}.
$$

Die mittleren Zustandsdauern kann man mit (3-87) direkt aus dem Zustands-Übergangsdiagramm im Bild 4-21 ermitteln. Sie betragen

$$T(MZ_1) = \frac{1}{\lambda_1 + \lambda_2} = 5 \cdot 10^4 \ h$$

$$T(MZ_2) = \frac{1}{\mu_1 + \lambda_2} = 99,9001 \ h$$

$$T(MZ_3) = \frac{1}{\lambda_1 + \mu_2} = 99,9001 \ h$$

$$T(MZ_4) = \frac{1}{\mu_1 + \mu_2} = 50 \ h.$$

(4-63)

Mit Kenntnis der Wahrscheinlichkeiten und der mittleren Dauern der einzelnen Markoffschen Systemzustände lassen sich die mittleren Häufigkeiten berechnen.

$$H(MZ_1) = \frac{P(MZ_1)}{T(MZ_1)} = 1996,006 \ h^{-1}$$

$$H(MZ_2) = \frac{P(MZ_2)}{T(MZ_2)} = 9,99001 \cdot 10^{-6} \ h^{-1}$$

$$H(MZ_3) = \frac{P(MZ_3)}{T(MZ_3)} = 9,99001 \cdot 10^{-6} \ h^{-1}$$

$$H(MZ_4) = \frac{P(MZ_4)}{T(MZ_4)} = 1,996006 \cdot 10^{-8} \ h^{-1}.$$

(4-64)

Mit (4-62) bis (4-64) ist der Markoffsche Prozeß vollständig berechnet.

Erwähnenswert ist noch die einfache Berechenbarkeit Markoffscher Systemzustände bei stochastisch-unabhängigen Komponenten. Mit den Wahrscheinlichkeiten der Komponentenzustände

$$P(B) = \frac{\mu}{\mu + \lambda} = 0,999001$$

$$P(A) = \frac{\lambda}{\mu + \lambda} = 9,99001 \cdot 10^{-4}$$

(4-65)

erhält man für die Wahrscheinlichkeiten der Markoffschen Systemzustände MZ_1 bis MZ_4 folgende Lösungen:

$$P(MZ_1) = P(B_1)P(B_2) = 0,998003$$

$$P(MZ_2) = P(A_1)P(B_2) = 9,98003 \cdot 10^{-4}$$

$$P(MZ_3) = P(B_1)P(A_2) = 9,98003 \cdot 10^{-4}$$

$$(4-66)$$

$$P(MZ_4) = P(A_1)P(A_2) = 9,98003 \cdot 10^{-7}.$$

2.3 Angenäherte Berechnung der Markoffschen Zustände

Mit der Annahme

$$\mu \gg \lambda \qquad (4-67)$$

läßt sich der Gleichungssatz (3-89) zur angenäherten Berechnung der Zustandskenngrößen anwenden. Die dafür zugrunde gelegten wahrscheinlichen Übergänge sind im Bild 4-22 durch die verstärkt ausgezogenen Pfeile gekennzeichnet.

$$P(MZ_1) \approx 1, \qquad (4-68)$$

$$H(MZ_2) = P(MZ_1)\lambda_1 \approx \lambda_1 = 10^{-5} \ h^{-1}$$

$$T(MZ_2) = \frac{1}{\mu_1 + \lambda_2} \approx \frac{1}{\mu_1} = 100 \ h \qquad (4-69)$$

$$P(MZ_2) = H(MZ_2)T(MZ_2) \approx \frac{\lambda_1}{\mu_1} = 10^{-3},$$

$$H(MZ_3) = P(MZ_1)\lambda_2 \approx \lambda_2 = 10^{-5} \ h^{-1}$$

$$T(MZ_3) = \frac{1}{\lambda_1 + \mu_2} \approx \frac{1}{\mu_2} = 100 \ h \qquad (4-70)$$

$$P(MZ_3) = H(MZ_3)T(MZ_3) \approx \frac{\lambda_2}{\mu_2} = 10^{-3},$$

$$H(MZ_4) = P(MZ_2)\lambda_2 + P(MZ_3)\lambda_1 \approx \frac{\lambda_1}{\mu_1}\lambda_2 + \frac{\lambda_2}{\mu_2}\lambda_1 = 2 \cdot 10^{-8}\ h^{-1}$$

$$T(MZ_4) = \frac{1}{\mu_1 + \mu_2} = 50\ h \tag{4-71}$$

$$P(MZ_4) = H(MZ_4)T(MZ_4) \approx \frac{\lambda_1}{\mu_1}\ \frac{\lambda_2}{\mu_2} = 10^{-6}.$$

Man erkennt an diesen Gleichungen die gute Übereinstimmung zu den Ergebnissen in (4-62) bis (4-64) der exakten Lösung.

2.4 Zusammenfassung Markoffscher Zustände

Zur Berechnung der Systemzustände B_S und A_S der Markoffschen Modelle im Bild 4-22 müssen die Kenngrößen der Zustände in (4-56) bis (4-59) berechnet werden. Für die Wahrscheinlichkeiten $P(MZ_k)$ werden sowohl die genauen Zahlen der Gl. (4-62) und die angenäherten Zahlen der Gl. (4-68) bis (4-71) eingesetzt. Letztere sind in Klammern gesetzt.

<u>Markoffsches Modell, das der logischen Serienstruktur bezüglich des Betriebes ($\widehat{=}$ logische Parallelstruktur bezüglich des Ausfalles) entspricht</u>

Wahrscheinlichkeiten

$$P(B_S) = P(MZ_1) = 0{,}998003\ (\approx 1), \tag{4-72}$$

$$P(A_S) = P(MZ_2 \vee MZ_3 \vee MZ_4) =$$

$$= P(MZ_2) + P(MZ_3) + P(MZ_4) =$$

$$= 1{,}997004 \cdot 10^{-3}\ (\approx 2 \cdot 10^{-3}). \tag{4-73}$$

150

Mittlere Häufigkeiten

Aus (3-100) und (3-106) folgt

$$H(B_S) = H(MZ_1) =$$

$$= (\lambda_1 + \lambda_2) \; P(MZ_1) =$$

$$= 1,996006 \cdot 10^{-5} \; h^{-1} \; (\approx 2 \cdot 10^{-5} \; h^{-1}). \qquad (4-74)$$

Aus (3-100) und (3-107) folgt

$$H(A_S) = H(MZ_2 \vee MZ_3 \vee MZ_4) =$$

$$= \mu_1 \; P(MZ_2) + \mu_2 \; P(MZ_3) =$$

$$= 1,996006 \cdot 10^{-5} \; h^{-1} \; (\approx 2 \cdot 10^{-5} \; h^{-1}). \qquad (4-75)$$

Die mittleren Häufigkeiten $H(B_S)$ und $H(A_S)$ sind aufgrund der Beziehung (3-108) gleich groß.

Mittlere Dauern

$$T(B_S) = \frac{P(B_S)}{H(B_S)} = 5 \cdot 10^4 \; h, \qquad (4-76)$$

$$T(A_S) = \frac{P(A_S)}{H(A_S)} = 100,05 \; h \; (\approx 100 \; h). \qquad (4-77)$$

<u>Markoffsches Modell, das der logischen Parallelstruktur bezüglich des Betriebes ($\hat{=}$ logische Serienstruktur bezüglich des Ausfalles) entspricht</u>

Wahrscheinlichkeiten

$$P(A_S) = P(MZ_4) = 9,98003 \cdot 10^{-7} \; (\approx 10^{-6}), \qquad (4-78)$$

$$P(B_S) = P(MZ_1 \vee MZ_2 \vee MZ_3)$$

$$= P(MZ_1) + P(MZ_2) + P(MZ_3) =$$

$$= 0,999999002 \; (\approx 1). \qquad (4-79)$$

Mittlere Häufigkeiten

Aus (3-100) und (3-106) folgt

$$H(B_S) = H(MZ_1 \vee MZ_2 \vee MZ_3) =$$

$$= \lambda_2 \, P(MZ_2) + \lambda_1 \, P(MZ_3) =$$

$$= 1,996006 \cdot 10^{-8} \, h^{-1} \quad (\approx 2 \cdot 10^{-8} \, h^{-1}). \tag{4-80}$$

Aus (3-100) und (3-107) folgt

$$H(A_S) = H(MZ_4) =$$

$$= (\mu_1 + \mu_2) P(MZ_4) =$$

$$= 1,996006 \cdot 10^{-8} \, h^{-1} \quad (\approx 2 \cdot 10^{-8} \, h^{-1}). \tag{4-81}$$

Die mittleren Häufigkeiten $H(B_S)$ und $H(A_S)$ sind wieder gleich groß.

Mittlere Dauern

$$T(B_S) = \frac{P(B_S)}{H(B_S)} = 5,01 \cdot 10^7 \, h \quad (\approx 5 \cdot 10^7 \, h), \tag{4-82}$$

$$T(A_S) = \frac{P(A_S)}{H(A_S)} = 50 \, h. \tag{4-83}$$

Beispiel 4-6 System mit drei stochastisch-unabhängigen Komponenten

A Aufgabe

Die Aufgabenstellung des Beispiels ist im Kapitel 3.1 beschrieben. Das Beispiel soll hier mit dem Verfahren der Markoffschen Prozesse berechnet werden. Es wird außerdem noch im Beispiel 6-1 mit den Netzwerk-Verfahren berechnet.

B Lösung

Die Zuverlässigkeitsberechnung gliedert sich in eine Komponenten- und Systembetrachtung.

1 Komponenten

Bild 4-23 zeigt die Markoffschen Modelle für die Komponenten des elektrischen Energieversorgungssystems. Es handelt sich um zwei- stufige Modelle, wie sie im Beispiel 4-2 berechnet wurden. Die als konstant angenommenen Ausfall- und Instandsetzungsraten der Kompo- nenten werden über (4-8) ermittelt.

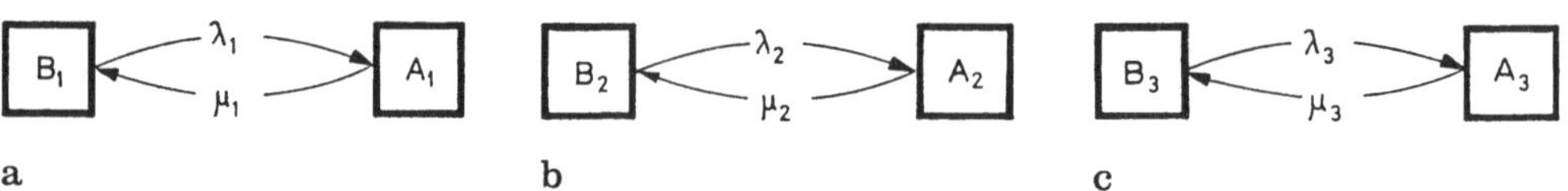

Bild 4-23. Komponentenmodelle des elektrischen Energieversorgungs- systems im Bild 3-1. a) Komponente 1; b) Komponente 2; c) Komponente 3.

2 System

Durch Kombination der Komponentenmodelle erhält man das Systemmo- dell im Bild 4-24. Es sei vorausgesetzt, daß die Komponenten sto- chastisch-unabhängig sind.

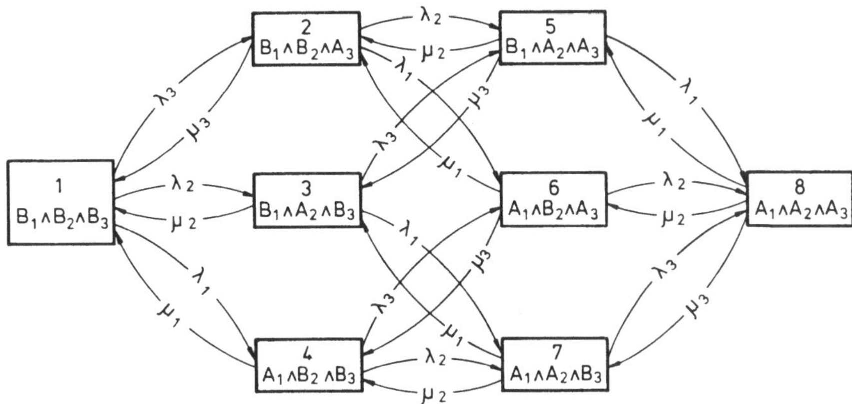

Bild 4-24. Systemmodell, zusammengesetzt aus den drei Komponentenmodellen im Bild 4-23.

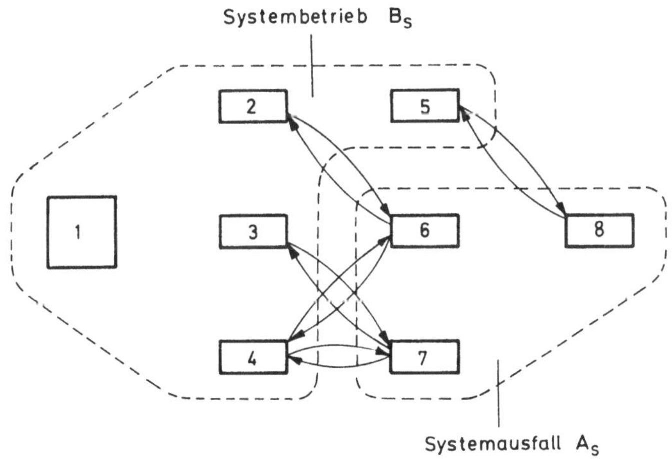

Bild 4-25. Systemzustände, die zum Systembetrieb B_S und zum Systemausfall A_S gehören mit den zugehörigen Übergängen an der
Schnittstelle B_S, A_S.

Bild 4-25 zeigt die Systemzustände, die zum Systembetrieb und zum
Systemausfall gehören. Diese sind

$$B_S = MZ_1 \vee MZ_2 \vee MZ_3 \vee MZ_4 \vee MZ_5$$

$$\text{(4-84)}$$

$$A_S = MZ_6 \vee MZ_7 \vee MZ_8 .$$

Diese Gleichungen sind uns schon von (3-6) und (3-7) her bekannt,
wobei die Zustände Z_i hier Markoffsche Zustände MZ_i bedeuten. Durch

Zusammenfassung der Markoffschen Zustände entsprechend der Vorgehensweise im Kapitel 3.1 erhält man die Beziehungen in (3-8) und (3-10), nämlich

$$B_S = B_1 \vee (B_2 \wedge B_3)$$

$$A_S = A_1 \wedge (A_2 \vee A_3).$$

(4-85)

Vergleicht man (4-84) und (4-85) miteinander, so lassen sich folgende Unterschiede erkennen. Im Gleichungspaar (4-84) werden Markoffsche Zustände, im Gleichungspaar (4-85) Komponentenzustände verknüpft. Die Markoffschen Zustände kann man praktisch als Zwischenstufe zur Systemberechnung auffassen, die ein detaillierteres Abbild des Zustandsverhaltens und damit eine detailliertere Modellierung und Berechnung erlauben, als wenn man nur die Komponentenzustände verknüpft.

Die exakte Berechnung der Markoffschen Systemzustände geschieht in gleicher Weise, wie im vorherigen Beispiel vorgeführt wurde. Eine angenäherte Berechnung läßt sich mit dem Verfahren der wahrscheinlichen Übergänge durchführen. Die wahrscheinlichen Übergänge vom vollständigen Betrieb zum Ausfall sind

$$\text{Weg } 1: \ MZ_1 \rightarrow MZ_2 \rightarrow MZ_6$$

$$\text{Weg } 2: \ MZ_1 \rightarrow MZ_3 \rightarrow MZ_7$$

$$\text{Weg } 3: \ MZ_1 \rightarrow MZ_4 \rightarrow MZ_6$$

$$\text{Weg } 4: \ MZ_1 \rightarrow MZ_4 \rightarrow MZ_7$$

Auf die Durchführung der angenäherten Berechnung soll hier verzichtet werden.

Neben den schon angedeuteten exakten und angenäherten Berechnungsmöglichkeiten wollen wir jetzt eine dritte Möglichkeit untersuchen, die eine Kombination des Kombinations-Verfahrens aus Kapitel 3.1 und des Verfahrens der Markoffschen Prozesse darstellt. Sind die Komponenten wie in unserem Fall stochastisch-unabhängig, so lassen sich die Wahrscheinlichkeiten der Markoffschen Systemzustände mit dem Kombinations-Verfahren einfacher als mit dem Verfahren der Markoffschen Prozesse berechnen. Entsprechend (3-15) und (3-16) erhält man

$$P(MZ_1) = P(B_1)P(B_2)P(B_3)$$

$$P(MZ_2) = P(B_1)P(B_2)P(A_3)$$
(4-86)

usw.

Die Wahrscheinlichkeiten $P(B_S)$ und $P(A_S)$ werden dann mit (4-84) entsprechend (3-13) und (3-14) berechnet. Wir erhalten

$$P(B_S) = P(MZ_1) + P(MZ_2) + P(MZ_3) + P(MZ_4) + P(MZ_5)$$

$$P(A_S) = P(MZ_6) + P(MZ_7) + P(MZ_8) .$$
(4-87)

Bisher haben wir das Verfahren der Markoffschen Prozesse nicht angewandt. Wir haben lediglich das Kombinations-Verfahren angewandt. Dieses hat jedoch den Nachteil, daß sich mit ihm die mittleren Häufigkeiten $H(B_S)$ bzw. $H(A_S)$ nicht exakt berechnen lassen, wie wir im Kapitel 3.1 feststellten. Sind jedoch die Wahrscheinlichkeiten der Markoffschen Systemzustände MZ_1 bis MZ_8 und ihre Übergänge bekannt, so lassen sich mit (3-100) bis (3-108) die mittleren Häufigkeiten auf einfache Weise berechnen. Das soll jetzt geschehen.

Mittlere Häufigkeiten

1. Berechnungsart (nach (3-100) und (3-106))

$$H(B_S) = \lambda_1 [P(MZ_2) + P(MZ_3) + P(MZ_5)] + (\lambda_2 + \lambda_3)P(MZ_4) . \qquad (4-88)$$

2. Berechnungsart (nach (3-100) und (3-107))

$$H(A_S) = (\mu_1 + \mu_3)P(MZ_6) + (\mu_1 + \mu_2)P(MZ_7) + \mu_1 P(MZ_8) . \qquad (4-89)$$

Es gilt

$$H(B_S) = H(A_S) . \qquad (4-90)$$

Daraus folgt für die mittleren Dauern

$$T(A_S) = \frac{P(A_S)}{H(A_S)}$$

$$T(B_S) \approx \frac{1}{H(A_S)} .$$

$$(4-91)$$

Wir sehen hier, wie wir den Rechenaufwand durch Verbinden des Kombinations-Verfahrens mit dem Verfahren der Markoffschen Prozesse reduzieren können.

Beispiel 4-7 System mit stochastischer Abhängigkeit zwischen in Reihe geschalteten Komponenten

A Aufgabe

Wir betrachten die elektrisch in Reihe geschalteten Komponenten im Bild 4-26. Ihr Zustandsverhalten wird durch die dargestellte logische Serienstruktur bezüglich des Betriebes beschrieben. Berechnet man die Zuverlässigkeit dieser Serienschaltung mit den Netzwerk-Verfahren, so enthalten diese bei Annahme stochastisch-unabhängiger Komponenten implizit die Bedingung, daß nach Ausfall einer Komponente auch noch weitere ausfallen können (z.B. Minimalschnitte enthalten Schnitte, siehe Kapitel 5.5). Dies ist jedoch in den Fällen unrealistisch, in denen nach Ausfall einer Komponente ein Teil oder alle Komponenten abgeschaltet werden oder betrieblich stillliegen (z.B. spannungslos sind), so daß diese nicht mehr oder nur mit einer wesentlich geringeren Wahrscheinlichkeit als im Betrieb ausfallen. Die Berücksichtigung dieser Randbedingung führt zu einem stochastisch-abhängigen Ausfallverhalten, das wir hier untersuchen wollen. Die stochastische Abhängigkeit ist im Zustands-Blockschaltbild durch eine gestrichelte Linie zwischen den in Serie liegenden Betriebszuständen angedeutet.

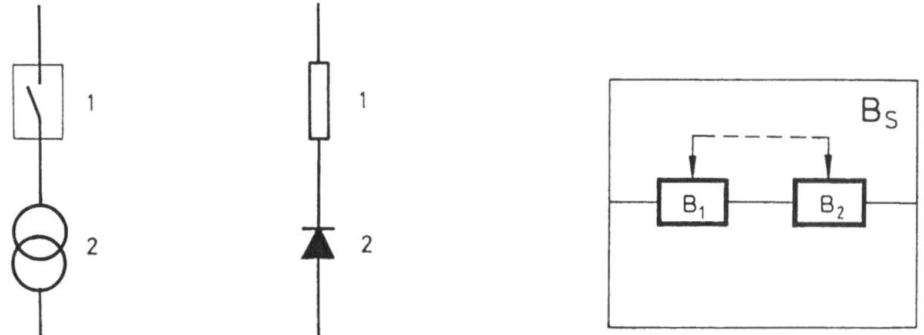

Bild 4-26. Beispiele von zwei in Reihe geschalteten Komponenten, die das Zustands-Blockschaltbild (logische Serienstruktur bezüglich der Betriebszustände) besitzen. B_1 Betriebszustand der Komponente 1; B_2 Betriebszustand der Komponente 2; B_S Betriebszustand des Zweikomponentensystems.

Wir untersuchen an den beiden Reihenschaltungen im Bild 4-26 folgende Fälle:

1. Beide Komponenten fallen stochastisch-unabhängig aus.

2. Bei Ausfall einer Komponente fällt die andere nicht mehr aus (stochastisch-abhängiges Ausfallverhalten der Komponenten).

B Lösung

Wir betrachten zunächst die Komponenten, dann die Systeme.

1 Komponenten

Beide Komponenten werden durch die zweistufigen Modelle im Bild 4-20 beschrieben. Die Systeme sollen mit folgenden Zahlenwerten berechnet werden.

$$\lambda_1 = \lambda_2 = 10^{-5} \ h^{-1}$$

$$\mu_1 = \mu_2 = 10^{-2} \ h^{-1}.$$

$$(4-92)$$

2 Systeme

Zur Untersuchung der beiden Fälle werden aus den Komponentenmodellen Markoffsche Systemmodelle gebildet, die im Bild 4-27 dargestellt sind. Diese Modelle wollen wir jetzt betrachten.

2.1 Beide Komponenten fallen stochastisch-unabhängig aus

Dieser Fall wird durch das Systemmodell 1 im Bild 4-27a beschrieben. Es entspricht dem Modell im Bild 4-22 (oberes Bild).

Für den Systembetrieb gilt

$$B_{S1} = MZ_1.$$

$$(4-93)$$

Für den Systemausfall gilt

$$A_{S1} = MZ_2 \vee MZ_3 \vee MZ_4.$$

$$(4-94)$$

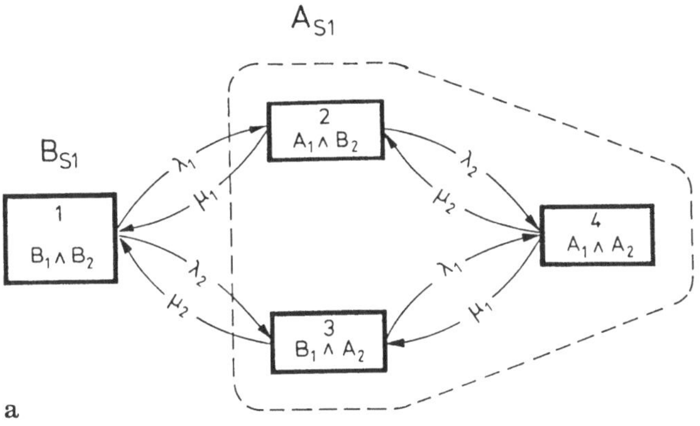

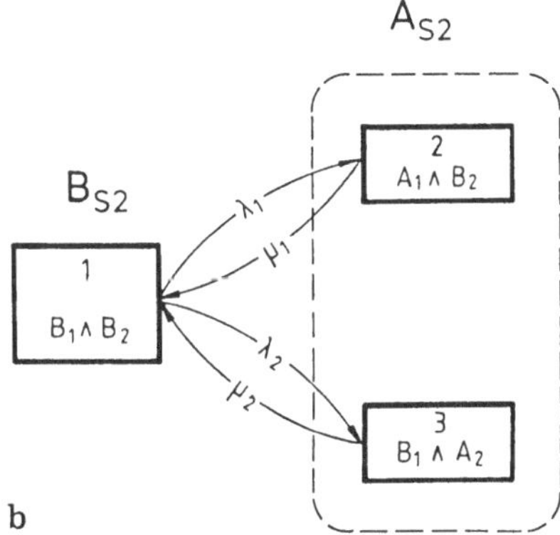

Bild 4-27. Systemmodell mit stochastisch-unabhängigem und stocha-
stisch-abhängigem Ausfallverhalten der Komponenten.
a) <u>Systemmodell 1</u>: Beide Komponenten fallen stochastisch-unabhängig aus; b) <u>Systemmodell 2</u>: Nach Ausfall
einer Komponente fällt die andere nicht mehr aus (stochastisch-abhängiges Ausfallverhalten).

Da die Komponenten stochastisch-unabhängig sind, kann man die Modellzustände mit (2-117) und (2-122) einfacher als mit dem Verfahren der Markoffschen Prozesse berechnen. Man erhält somit die Kenngrößen

$$P(B_{S1}) = P(B_1)P(B_2) = \frac{\mu_1}{\mu_1 + \lambda_1} \frac{\mu_2}{\mu_2 + \lambda_2} = 0,998003, \qquad (4-95)$$

$$T(B_{S1}) = \frac{1}{\frac{1}{T(B_1)} + \frac{1}{T(B_2)}} = \frac{1}{\lambda_1 + \lambda_2} = 50.000 \ h. \qquad (4-96)$$

Mit diesen Gleichungen lassen sich die anderen Systemkenngrößen berechnen.

$$P(A_{S1}) = 1 - P(B_{S1}) = 1,997004 \cdot 10^{-3},\tag{4-97}$$

$$H(B_{S1}) = \frac{P(B_{S1})}{T(B_{S1})} = 1,996006 \cdot 10^{-5} \ h^{-1},\tag{4-98}$$

$$H(A_{S1}) = H(B_{S1}) = 1,996006 \cdot 10^{-5} \ h^{-1},\tag{4-99}$$

$$T(A_{S1}) = \frac{P(A_{S1})}{H(A_{S1})} = 100,05 \ h.\tag{4-100}$$

2.2 Bei Ausfall einer Komponente fällt die andere nicht mehr aus

Dieser Fall wird durch das Systemmodell 2 im Bild 4-27b beschrieben. In diesem Modell fällt der Systemzustand MZ_4 des Systemmodells
1, in dem beide Komponenten ausgefallen sind, weg. Die beiden Komponenten sind jetzt stochastisch-abhängig, da eine Komponente dann
nicht mehr ausfällt, wenn die andere ausgefallen ist.

Für den Systembetrieb gilt

$$B_{S2} = MZ_1.\tag{4-101}$$

Für den Systemausfall gilt

$$A_{S2} = MZ_2 \lor MZ_3.\tag{4-102}$$

Die genaue Berechnung mit dem Verfahren der Markoffschen Prozesse
liefert mit der Abkürzung

$$p = 1 + \frac{\lambda_1}{\mu_1} + \frac{\lambda_2}{\mu_2} = 1,002\tag{4-103}$$

folgende Ergebnisse:

$$P(B_{S2}) = \frac{1}{p} = 0,998004,\tag{4-104}$$

$$P(A_{S2}) = \frac{1}{p}\left(\frac{\lambda_1}{\mu_1} + \frac{\lambda_2}{\mu_2}\right) = 1,996008 \cdot 10^{-3}, \qquad (4-105)$$

$$H(B_{S2}) = (\lambda_1 + \lambda_2)\ P(MZ_1) = \frac{1}{p}(\lambda_1 + \lambda_2) = 1,996008 \cdot 10^{-5}\ h^{-1}.$$

$$(4-106)$$

Mit diesen Gleichungen folgt weiter

$$H(A_{S2}) = H(B_{S2}) = 1,996008 \cdot 10^{-5}\ h^{-1}, \qquad (4-107)$$

$$T(B_{S2}) = \frac{P(B_{S2})}{H(B_{S2})} = \frac{1}{\lambda_1 + \lambda_2} = 50.000\ h, \qquad (4-108)$$

$$T(A_{S2}) = \frac{P(A_{S2})}{H(A_{S2})} = \frac{1}{\lambda_1 + \lambda_2}\left(\frac{\lambda_1}{\mu_1} + \frac{\lambda_2}{\mu_2}\right) = 100\ h. \qquad (4-109)$$

2.3 Vergleich der Ergebnisse

Die beiden Fälle in den Abschnitten 2.1 (alle Komponenten können ausfallen) und 2.2 (nur eine Komponente kann ausfallen) kann man als Grenzfälle ansehen. Die Realität dürfte zwischen diesen Grenz-fällen liegen, z.B. dann, wenn nach Ausfall einer Komponente die andere (oder die anderen) mit geringerer Wahrscheinlichkeit als im Normalbetrieb ausfällt. Wir wollen jetzt die beiden Ergebnisse ge-genüberstellen. Für

$$\mu \gg \lambda \qquad (4-110)$$

liegen die Zahlenwerte dicht zusammen, wie (4-95) bis (4-109) zeig-ten. Wir können deshalb folgende Näherungen angeben:

$$P(B_{S1}) \approx P(B_{S2})$$

$$P(A_{S1}) \approx P(A_{S2})$$

$$H(B_{S1}) \approx H(B_{S2})$$

$$(4-111)$$

$$H(A_{S1}) \approx H(A_{S2})$$

$$T(B_{S1}) \approx T(B_{S2})$$

$$T(A_{S1}) \approx T(A_{S2}).$$

Die Untersuchung zeigte, daß die Abweichungen vernachlässigbar
sind. Wir können also auch im 2. Fall von einem stochastisch-unabhängigen Ausfallverhalten ausgehen und in beiden Fällen die Netzwerk-Verfahren in gleicher Weise anwenden.

Dieses Ergebnis haben wir für eine Reihenschaltung zweier Komponenten hergeleitet. Es läßt sich leicht auf n Komponenten erweitern.
Anstelle der Bedingung in (4-110) tritt dann die Bedingung

$$\sum_{i=1}^{n} \frac{\lambda_i}{\mu_i} \ll 1. \qquad (4-112)$$

Diese Bedingung erhält man als Erweiterung aus (4-103).

Das Ergebnis, das wir für funktionale Reihenschaltungen hergeleitet haben, gilt allgemein für logische Serienstrukturen bezüglich
des Betriebes.

Im Kapitel 5.5.5 (Näherungsformeln zur Berechnung von Systemen mit
stochastisch-abhängigen Komponenten) wird die in diesem Beispiel
gewonnene Erkenntnis dahingehend verallgemeinert, daß generell stochastische Abhängigkeiten zwischen logisch in Serie geschalteten
Betriebszuständen vernachlässigbar sind.

Beispiel 4-8 System mit common-mode Ausfällen

Vorbemerkung

Während wir in den Systembeispielen 4-5 und 4-6 Systeme mit stochastisch-unabhängigen Komponenten untersuchten und im Beispiel 4-7
die stochastische Abhängigkeit zwischen in Reihe liegenden Komponenten vernachlässigen konnten, werden wir in den folgenden Beispielen
4-8 bis 4-11 stochastische Abhängigkeiten kennenlernen, die man
nicht mehr ohne weiteres vernachlässigen kann. Das sind z.B. stochastische Abhängigkeiten zwischen zwei Komponenten, deren Betriebszustände logisch parallel liegen. Bild 4-28 zeigt das Zustands-Blockschaltbild. Dieses kleine Netzwerk wollen wir für unsere Untersuchungen in den folgenden vier Beispielen zugrunde legen. Die logische Parallelstruktur im Bild 4-28 stellt den logi-
schen Ausdruck $B_1 \vee B_2$ bzw. $A_1 \wedge A_2$ dar, der sowohl ein kleines System
(z.B. zwei parallel geschaltete Transformationen, eine Doppelleitung
oder ein Doppelrechnersystem) beschreiben kann, als auch Bestandteil
einer größeren Systemuntersuchung (z.B. Minimalschnitt 2. Ordnung)
sein kann. Damit werden wir uns in den Beispielen 6-5 bis 6-7 noch
eingehend beschäftigen. Die Beziehungen in den folgenden Beispielen
4-8 bis 4-11 sind deshalb wichtige Grundlagen bzw. bilden wichtige
Bestandteile für größere Systemberechnungen mit den Netzwerk-Verfahren.

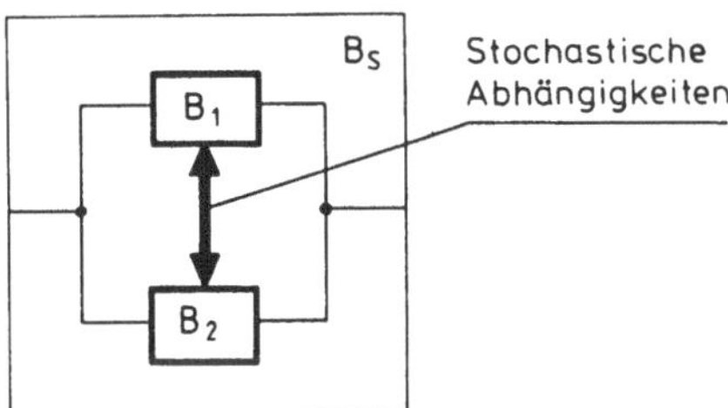

Bild 4-28. Zustands-Blockschaltbild einer logischen Parallelstruktur bezüglich des Betriebes eines Zweikomponentensystems mit Kennzeichnung stochastischer Abhängigkeiten
durch die schwarz ausgezogenen Pfeile. B_1 Betriebszustand der Komponente 1; B_2 Betriebszustand der Komponente 2; B_S Betriebszustand des Zweikomponentensystems.

164

A Aufgabe

In diesem Beispiel sollen common-mode Ausfälle berücksichtigt werden. Unter einem common-mode Ausfall ist der gleichzeitige Ausfall mehrerer Komponenten zu verstehen, der durch ein einziges stochastisches Ereignis hervorgerufen wird (Bild 4-29). Typische common-mode Ausfälle in elektrischen Energieversorgungssystemen sind der Doppelleitungsausfall z.B. durch rückwärtigen Überschlag bei Blitzeinschlag in das Erdseil oder das Umknicken eines Hochspannungsmastes mit mehreren Übertragungssystemen. In Automatisierungssystemen können z.B. elektromagnetische Störungen oder Busausfälle zum gleichzeitigen Ausfall von mehreren Komponenten führen.

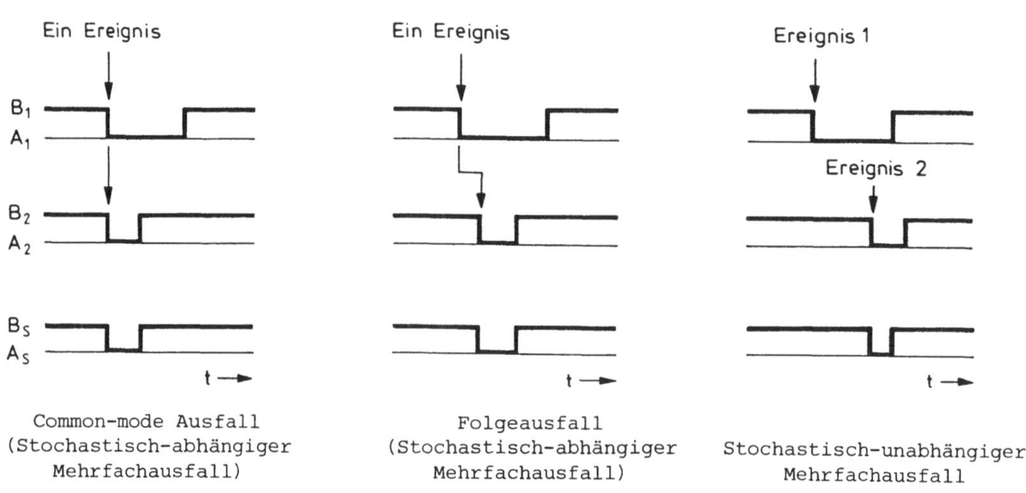

Common-mode Ausfall
(Stochastisch-abhängiger
Mehrfachausfall)

Folgeausfall
(Stochastisch-abhängiger
Mehrfachausfall)

Stochastisch-unabhängiger
Mehrfachausfall

Bild 4-29. Verschiedene Arten von Mehrfachausfällen.

Vom common-mode Ausfall zu unterscheiden ist der Folgeausfall (Bild 4-29). Unter diesem versteht man eine Folge von Ausfällen, d.h. zeitlich aufeinander folgende und voneinander abhängige Ausfälle, die ein stochastisches Ereignis als auslösendes Ereignis besitzen. Folgeausfälle können z.B. dadurch hervorgerufen werden, daß durch Ausfall einer Komponente andere überlastet werden und später ausfallen. Auch Erdschlüsse in kompensierten Energieversorgungsnetzen können weitere Erschlüsse zur Folge haben; oder wenn bei Wartungsarbeiten in einem Schaltfeld durch Unaufmerksamkeit das benachbarte in Betrieb befindliche Schaltfeld auslöst bzw. abgeschaltet wird. Folgeausfälle lassen sich in ähnlicher Weise wie

wie common-mode Ausfälle durch Markoffsche Prozesse modellieren
und berechnen.

In der Literatur wird der common-mode Ausfall auch häufig als Mehrfachausfall bezeichnet. Das ist nur teilweise richtig. Denn der
Begriff Mehrfachausfall gibt nur darüber Auskunft, daß zu einem
beliebigen Zeitpunkt mehrere Komponenten ausgefallen sind. Er läßt
keine Aussage über die auslösenden Ereignisse zu und umfaßt somit
auch stochastisch-unabhängige Mehrfachausfälle (siehe Bild 4-29).

Besonders schwerwiegend sind common-mode Ausfälle in redundanten
Strukturen, die wir im folgenden am Beispiel im Bild 4-28 betrachten.

B Lösung

Als Ausgangsmodell wird das Markoffsche Modell im Bild 4-22 (unteres Bild) zugrundegelegt. Die Berücksichtigung von common-mode Ausfällen führt auf das Modell im Bild 4-30. Der zusätzliche Übergang
von MZ_1 nach MZ_4 wird durch die common-mode Ausfallraten der beiden
Komponenten gekennzeichnet. Sie werden über folgende mittlere Dauer
berechnet:

$T(B_C)$ mittlere Dauer zwischen zwei common-mode
Ausfällen einer Komponente im System.

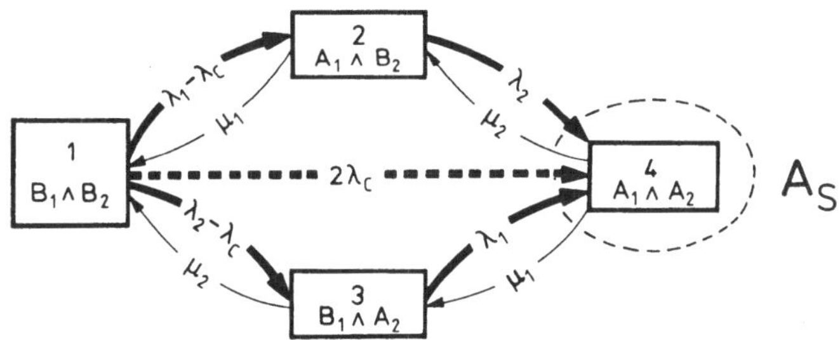

Bild 4-30. Systemmodell mit Berücksichtigung von common-mode Ausfällen.

Damit errechnet man die common-mode Ausfallraten der Komponenten
im System zu

$$\lambda_C = \frac{1}{T(B_C)} \, . \tag{4-113}$$

Die Ausfallraten λ_1, λ_2 und die Instandsetzungsraten μ_1, μ_2 sind die Übergangsraten der unabhängig voneinander betrachteten Komponenten. Sie werden mit (4-8) ermittelt. Die common-mode Ausfallraten sind die Kenngrößen der Komponenten im System. Sie hängen vom System ab und sind deshalb systemspezifische Komponentenkenngrößen. Es wird in unserem Beispiel angenommen, daß die common-mode Ausfallraten der beiden Komponenten gleich groß sind.

Die Übergangsraten λ_1 und λ_2 von MZ_1 nach MZ_2 und von MZ_1 nach MZ_3 werden jeweils um die common-mode Ausfallrate reduziert. Diesem Vorgehen liegt folgende Überlegung zugrunde. Die Ausfallraten λ_1 und λ_2 kennzeichnen die gesamten Ausfälle der einzelnen, isoliert betrachteten Komponenten. In einem System können nun ein Teil dieser Ausfälle Einfachausfälle und der andere Teil common-mode Ausfälle hervorrufen. Beide Ausfallarten werden im Systemmodell durch getrennte Übergänge berücksichtigt. Deshalb müssen für die Übergänge von MZ_1 nach MZ_2 und von MZ_1 nach MZ_3 die common-mode Ausfallraten λ_C von den einzelnen Ausfallraten λ_1 und λ_2 abgezogen werden. Die Komponenten werden also durch die Berücksichtigung von common-mode Ausfällen nicht unzuverlässiger. Nur das System wird unzuverlässiger. Sie Summe der Ausfallraten der von MZ_1 wegführenden Übergänge ergibt somit wieder $\lambda_1 + \lambda_2$.

Bei Berücksichtigung von common-mode Ausfällen sind die Komponenten nicht mehr als stochastisch-unabhängig zu betrachten. Der Einfluß soll im folgenden untersucht werden. Unter der Annahme

$$\mu \gg \lambda \gg \lambda_C \tag{4-114}$$

erhalten wir mit dem Verfahren der wahrscheinlichen Übergänge für den Systemausfall die Näherungslösung

$$P(A_S) = P(MZ_4) \approx \frac{1}{\mu_1 + \mu_2} \left(2\lambda_C + \frac{\lambda_1 \lambda_2}{\mu_1} + \frac{\lambda_1 \lambda_2}{\mu_2} \right), \tag{4-115}$$

$$H(A_S) = H(MZ_4) \approx 2\lambda_C + \frac{\lambda_1 \lambda_2}{\mu_1} + \frac{\lambda_1 \lambda_2}{\mu_2}. \tag{4-116}$$

Setzen wir gleiche Kenngrößen für beide Komponenten voraus, so hat der common-mode Ausfall für

$$\lambda_C > \frac{\lambda^2}{\mu} \tag{4-117}$$

einen großen Einfluß auf den Systemausfall. Das soll folgende Zahlenwertrechnung zeigen.

Zahlenbeispiel

Wir nehmen folgende Zahlenwerte an:

$$\lambda_1 = \lambda_2 = 10^{-5} \; h^{-1}$$

$$\mu_1 = \mu_2 = 10^{-2} \; h^{-1} \tag{4-118}$$

$$\lambda_C = 10^{-7} \; h^{-1}.$$

Wir setzen diese Zahlen in (4-115) und (4-116) ein und erhalten für die Systemkenngrößen folgende Werte

$$P(A_S) \approx 1,1 \cdot 10^{-5}, \tag{4-119}$$

$$H(A_S) \approx 2,2 \cdot 10^{-7} \; h^{-1}. \tag{4-120}$$

Vergleichen wir diese Ergebnisse mit (4-78) und (4-81) (ohne Berücksichtigung von common-mode Ausfällen), so erhalten wir die Quotienten

$$\frac{P(A_S) \text{ Mit common-mode Ausfall}}{P(A_S) \text{ Ohne common-mode Ausfall}} \approx \frac{1,1 \cdot 10^{-5}}{10^{-6}} = 11, \tag{4-121}$$

$$\frac{H(A_S) \text{ Mit common-mode Ausfall}}{H(A_S) \text{ Ohne common-mode Ausfall}} \approx \frac{2,2 \cdot 10^{-7} \; h^{-1}}{2 \cdot 10^{-8} \; h^{-1}} = 11. \tag{4-122}$$

Mit Berücksichtigung des common-mode Ausfalls wird das System um den Faktor 11 unzuverlässiger.

Im Beispiel 6-6 werden Dreikomponentensysteme mit common-mode Ausfällen untersucht.

Beispiel 4-9 System mit begrenzter Instandsetzungskapazität

A Aufgabe

In der Realität ist die Anzahl der Instandsetzungsmannschaften nicht unbegrenzt, wie bei Rechnungen mit stochastisch-unabhängigen Komponenten angenommen wird. Die stochastische Unabhängigkeit beinhaltet, daß jede ausgefallene Komponente sofort instandgesetzt wird, was bedeutet, daß bei einem n-fachen Ausfall auch n Instandsetzungsmannschaften eingesetzt werden müssen. Eine Instandsetzungsmannschaft soll immer nur _eine_ ausgefallene Komponente instandsetzen. Sie kann je nach Größe und Bedeutung der ausgefallenen Komponente aus einer Person (z.B. zum Auswechseln einer ausgefallenen Speicherkarte im Rechner) oder aus mehreren Personen (z.B. zur Instandsetzung eines ausgefallenen Hochspannungstransformators) bestehen. Für die Untersuchung wird das Zustands-Blockschaltbild des Zweikomponentensystems im Bild 4-28 zugrunde gelegt. Es sollen folgende Fälle berücksichtigt werden:

> 1. Für jede ausgefallene Komponente steht eine
>   Instandsetzungsmannschaft zur Verfügung.
>
> 2. Insgesamt steht nur eine Instandsetzungsmann-
>   schaft zur Verfügung.

Der Einsatz nur einer Instandsetzungsmannschaft (2. Fall) führt dazu, daß beim Zweifachausfall mit der Instandsetzung der zuletzt ausgefallenen Komponente so lange gewartet wird, bis die zuerst ausgefallene Komponente instandgesetzt worden ist (Bild 4-31). Durch den Einsatz nur einer Instandsetzungsmannschaft wird die Systemausfalldauer länger als beim Einsatz von zwei Instandsetzungsmannschaften (1. Fall) und damit die Ausfallwahrscheinlichkeit größer.

B Lösung

Für den ersten Fall gilt das Systemmodell im Bild 4-22 (unteres Bild). Dort sind die Komponenten stochastisch-unabhängig, was bedeutet, daß jeder Ausfall sofort von einer Instandsetzungsmannschaft behoben wird. Das wird dadurch berücksichtigt, daß von MZ_4 aus zwei Übergänge, nämlich nach MZ_2 und MZ_3 möglich sind.

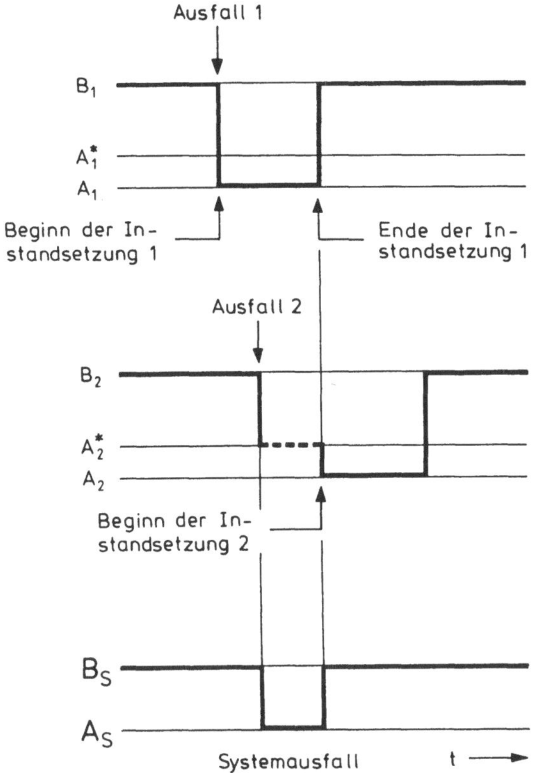

Bild 4-31. Zustands-Zeitdiagramm mit der Möglichkeit bzw. Notwendigkeit, Instandsetzungen aufzuschieben.

Für den zweiten Fall entwickeln wir ein neues Komponenten- und Systemmodell.

1 Komponenten

Das Zustandsverhalten der beiden Komponenten wird durch das Modell im Bild 4-32 beschrieben. Wir berücksichtigen die Möglichkeit bzw. Notwendigkeit, Instandsetzungen aufzuschieben, durch den zusätzlichen Ausfallzustand A* im Komponentenmodell. Ausgehend vom Betriebszustand B gibt es zwei mögliche Übergänge in die Ausfallzustände, nämlich nach A* oder A, je nachdem, ob die andere Komponente im System vorher ausgefallen ist oder nicht. Für die Übergangsraten gelten die Gl. (4-8).

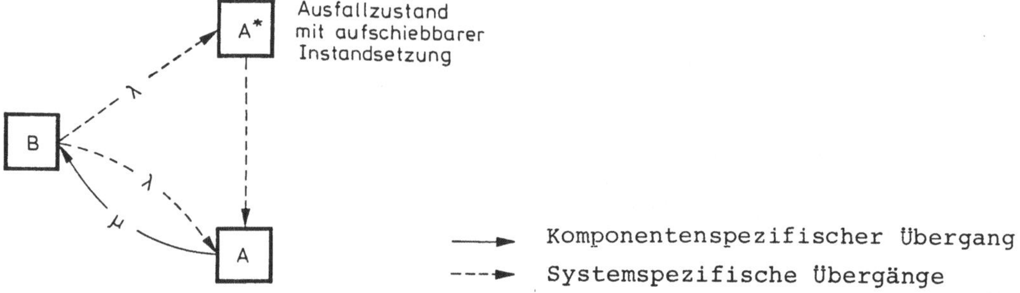

Bild 4-32. Modell für Komponenten mit der Möglichkeit bzw. Notwendigkeit, Instandsetzungen aufzuschieben.

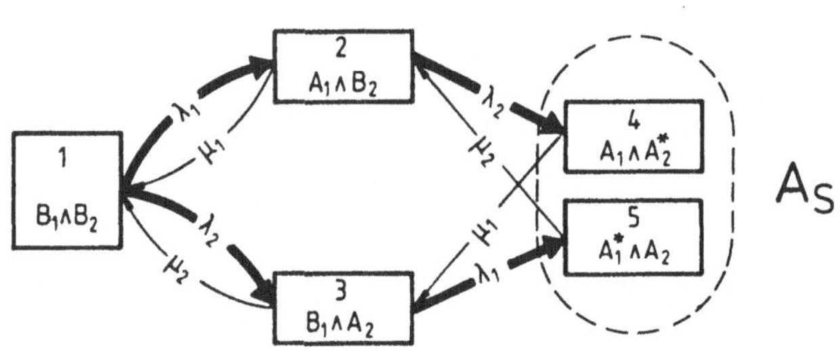

Bild 4-33. Systemmodell mit Berücksichtigung nur einer Instandsetzungsmannschaft.

2 System

Bild 4-33 stellt das Systemmodell bei Berücksichtigung nur einer Instandsetzungsmannschaft dar. Es wurde durch Kombination zweier Komponentenmodelle aus Bild 4-32 gewonnen. Sind beide Komponenten in Betrieb, so befindet sich das System im Zustand MZ_1. Fällt in diesem Zustand die Komponente 1 aus, so geht diese von B_1 nach A_1 und das System von MZ_1 nach MZ_2. Fällt im Zustand MZ_2 die Komponente 2 aus, so geht diese von B_2 nach A_2^* und das System von MZ_2 nach MZ_4. Während in MZ_4 mit der Instandsetzung von Komponente 1 fortgefahren wird, muß mit der Instandsetzung der Komponente 2 gewartet werden. Wenn Komponente 1 in MZ_4 instandgesetzt worden ist und wieder in Betrieb genommen wird, geht die Komponente 2 von A_2^* nach A_2 und das System von MZ_4 nach MZ_3, wo jetzt mit der Instandsetzung der Komponente 2 begonnen wird. Entsprechend ist die Folge $MZ_3 \rightarrow MZ_5 \rightarrow MZ_2$ zu interpretieren.

Da die Komponentenübergänge vom Systemverhalten abhängen, sind sie systemspezifisch. Die systemspezifischen Übergänge sind im Komponentenmodell im Bild 4-32 gestrichelt gezeichnet.

Mit etwas Übung läßt sich die Aufschiebbarkeit - ohne im Komponentenmodell berücksichtigt werden zu müssen - erst im Systemmodell berücksichtigen. Man kann dann von den schon bekannten einfacheren zweistufigen Komponentenmodellen mit den Zuständen B und A ausgehen. Im Systemmodell kann man in diesem Fall die Zustände A* durch A ersetzen. Dies führt zu einer Modellvereinfachung, die in den folgenden Beispielen ausgenutzt wird.

Unter der Annahme

$$\mu \gg \lambda \tag{4-123}$$

erhalten wir mit dem Verfahren der wahrscheinlichen Übergänge für den Systemausfall die Näherungslösung

$$P(A_S) = P(MZ_4 \vee MZ_5) \approx \lambda_1 \lambda_2 \left(\frac{1}{\mu_1^2} + \frac{1}{\mu_2^2} \right), \tag{4-124}$$

$$H(A_S) = H(MZ_4 \vee MZ_5) \approx \lambda_1 \lambda_2 \left(\frac{1}{\mu_1} + \frac{1}{\mu_2} \right). \tag{4-125}$$

Vergleichen wir (4-124) mit (4-71) $(P(MZ_4))$, so wird die Wahrscheinlichkeit eines Systemausfalls beim Einsatz nur einer Instandsetzungsmannschaft um das Verhältnis

$$y = \frac{\mu_2}{\mu_1} + \frac{\mu_1}{\mu_2} \tag{4-126}$$

größer als beim Einsatz von zwei Instandsetzungsmannschaften. Die Abweichungen werden um so größer, je stärker sich die Instandsetzungsdauern unterscheiden. Die mittlere Häufigkeit eines Systemausfalls bleibt gleich groß.

<u>Zahlenbeispiel</u>

Wir nehmen folgende Zahlenwerte an:

$$\begin{aligned} \lambda_1 = \lambda_2 &= 10^{-5} \ h^{-1} \\ \mu_1 = \mu_2 &= 10^{-2} \ h^{-1}. \end{aligned} \tag{4-127}$$

Wir setzen diese Zahlen in (4-124) und (4-125) ein und erhalten für
die Systemkenngrößen folgende Werte:

$$P(A_S) \approx 2 \cdot 10^{-6}, \tag{4-128}$$

$$H(A_S) \approx 2 \cdot 10^{-8} \; h^{-1}. \tag{4-129}$$

Vergleichen wir diese Ergebnisse mit (4-78) und (4-81) (zwei Instandsetzungsmannschaften werden eingesetzt), so erhalten wir die
Quotienten

$$\frac{P(A_S) \; \text{Eine Instandsetzungsmannschaft}}{P(A_S) \; \text{Zwei Instandsetzungsmannschaften}} \approx \frac{2 \cdot 10^{-6}}{10^{-6}} = 2, \tag{4-130}$$

$$\frac{H(A_S) \; \text{Eine Instandsetzungsmannschaft}}{H(A_S) \; \text{Zwei Instandsetzungsmannschaften}} \approx \frac{2 \cdot 10^{-8} \; h^{-1}}{2 \cdot 10^{-8} \; h^{-1}} = 1.$$

$$\tag{4-131}$$

Die Wahrscheinlichkeit eines Systemausfalls ist unter der Voraussetzung gleicher Komponenten beim Einsatz einer Instandsetzungsmannschaft doppelt so hoch als beim Einsatz von zwei Instandsetzungsmannschaften. Die Häufigkeit eines Systemausfalls ist in beiden Fällen gleich groß.

Beispiel 4-10 System mit spontanen und aufschiebbaren Komponentenausfällen

A Aufgabe

Bei Komponentenausfällen kann man oft zwischen folgenden zwei Ausfallarten unterscheiden:

1. Spontane Ausfälle (darunter versteht man die sofortige Außerbetriebnahme der Komponente nach schwerwiegenden Fehlern, z.B. sofortige automatische Abschaltung durch eine Schutzeinrichtung, sofortiger Stillstand der Komponente oder sofortiges manuelles Abschalten der Komponente nach schwerwiegenden Fehlern).

2. Aufschiebbare Ausfälle (darunter versteht man die Möglichkeit, die Abschaltung einer Komponente nach Auftreten von nicht schwerwiegenden Fehlern zu verschieben, z.B. bei Fehlern in Schalterantrieben von Leistungsschaltern).

Aufschiebbare Ausfälle sind dann von Bedeutung, wenn durch das Aufschieben von Ausfällen ein Systemausfall verhindert werden kann. Tritt ein aufschiebbarer Ausfall zu einem anderen Komponentenausfall hinzu, so wird vorausgesetzt, daß sich der Ausfall bzw. die Abschaltung so lange aufschieben läßt, bis die zuerst ausgefallene Komponente instandgesetzt und wieder in Betrieb genommen worden ist und somit kein Systemausfall auftritt (Bild 4-34). Die Ausnutzung der Aufschiebbarkeit von Ausfällen trägt also zur Erhöhung der Systemzuverlässigkeit bei. Sie führt dazu, daß die Komponentenzustände stochastisch-abhängig werden.

Für die Untersuchung wird das Zustands-Blockschaltbild des Zweikomponentensystems im Bild 4-28 zugrunde gelegt.

B Lösung

Zur Zuverlässigkeitsuntersuchung entwickeln wir ein neues Komponenten- und Systemmodell.

1 Komponenten

Das Zustandsverhalten der beiden Komponenten wird durch das Modell im Bild 4-35 beschrieben. Wesentliches Merkmal ist die Trennung

zwischen spontanen und aufschiebbaren Ausfällen, die zu getrennten
Übergängen führt. Bei aufschiebbaren Ausfällen kann der Betrieb
kurzfristig weitergefahren werden (B*-Zustand), ehe die Komponente
abgeschaltet werden muß (gestrichelter Übergäng von B* → A). Ob ein
aufschiebbarer Ausfall aufgeschoben wird oder nicht, hängt vom Ausfallverhalten anderer Komponenten im System ab. Der gestrichelt gezeichnete Übergang vom fehlerhaften B*-Zustand in den A-Zustand ist
deshalb ein systemspezifischer Übergang und wird erst im Systemmodell näher festgelegt.

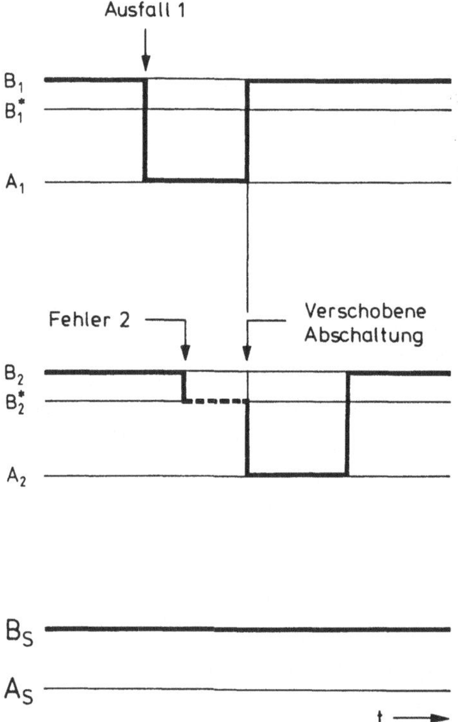

Bild 4-34. Zustands-Zeitdiagramm von Komponenten mit der Möglichkeit, Ausfälle bzw. Abschaltungen nach Fehlern aufzuschieben.

Die Übergangsraten werden über folgende mittleren Dauern ermittelt:

    T(BS) mittlere Dauer zwischen zwei spontanen
           Ausfällen,

    T(BD) mittlere Dauer zwischen zwei aufschieb-
           baren Ausfällen,

    T(A)   mittlere Instandsetzungsdauer.

Die Übergangsraten betragen

$$\lambda_D = \frac{1}{T(BD)}$$

$$\lambda_S = \frac{1}{T(BS)} \qquad\qquad (4-132)$$

$$\mu = \frac{1}{T(A)} \cdot$$

Es gilt für die Gesamtausfallrate

$$\lambda = \lambda_D + \lambda_S. \qquad\qquad (4-133)$$

Mit diesen Übergangsraten ist das Komponentenmodell vollständig beschrieben.

2 System

Bild 4-36 stellt das durch Kombination zweier Komponentenmodelle aus Bild 4-35 gewonnene Systemmodell dar. Tritt ausgehend vom Systemzustand MZ_1 ein spontaner oder aufschiebbarer Ausfall auf, so findet in beiden Fällen ein Übergang nach MZ_2 oder MZ_3 statt. Da keine Notwendigkeit besteht, aufschiebbare Ausfälle hinauszuzögern, denn das System läuft ja noch, wird ausgehend von MZ_1 keine Trennung zwischen den beiden Ausfallarten vorgenommen. In den Zuständen MZ_2 und MZ_3 sieht dies jedoch anders aus. Tritt z.B. in MZ_2 ein spontaner Ausfall in Komponente 2 auf, so findet ein Übergang nach MZ_5, dem Systemausfallzustand, statt. Ein aufschiebbarer Ausfall von Komponente 2 soll jedoch so lange hinausgezögert werden, bis die Komponente 1 repariert ist, was durch einen Übergang $MZ_2 \rightarrow MZ_4 \rightarrow MZ_3$ erreicht wird. Das gleiche gilt für Ausfälle von Komponente 1 in MZ_3.

Die wahrscheinlichen Übergänge in den Systemausfallzustand MZ_5 sind dick ausgezogen. Die Reihe der Übergänge $MZ_2 \rightarrow MZ_4 \rightarrow MZ_3 \rightarrow MZ_6 \rightarrow MZ_2$ und $MZ_3 \rightarrow MZ_6 \rightarrow MZ_2 \rightarrow MZ_4 \rightarrow MZ_3$, die entweder gar nicht, einmal oder auch mehrmals vor einem Übergang von MZ_2 bzw. MZ_3 nach MZ_5 auftreten kann, kann auch fortfallen, denn in jedem Fall sind diese Übergänge viel unwahrscheinlicher als die direkten (spontanen) Übergänge von MZ_2 bzw. MZ_3 nach MZ_5 ohne vorherige Umwege.

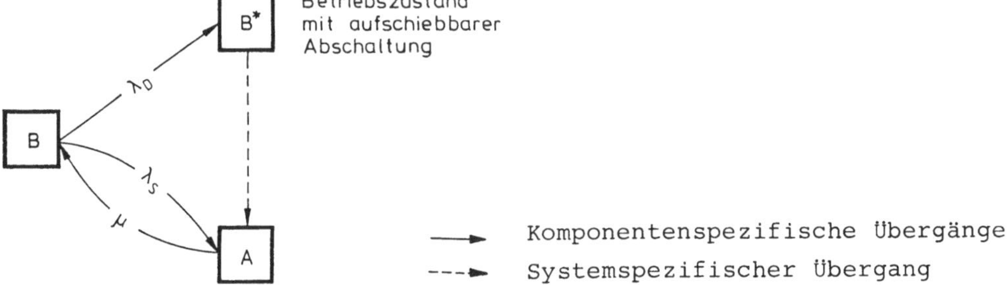

Bild 4-35. Modell für Komponenten mit der Möglichkeit, Ausfälle bzw. Abschaltungen nach Fehlern aufzuschieben.

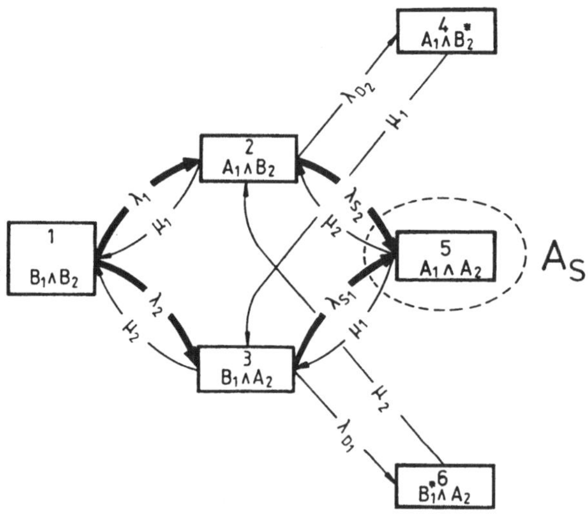

Bild 4-36. Systemmodell mit Berücksichtigung von spontanen und auf-schiebbaren Ausfällen.

Unter der Annahme

$$\mu \gg \lambda \tag{4-134}$$

erhalten wir mit dem Verfahren der wahrscheinlichen Übergänge für den Systemausfall die Näherungslösung

$$P(A_S) = P(MZ_4) \approx \frac{1}{\mu_1 + \mu_2} \left(\frac{\lambda_1 \lambda_{S_2}}{\mu_1} + \frac{\lambda_2 \lambda_{S_1}}{\mu_2} \right), \tag{4-135}$$

$$H(A_S) = H(MZ_4) \approx \frac{\lambda_1 \lambda_{S_2}}{\mu_1} + \frac{\lambda_2 \lambda_{S_1}}{\mu_2}. \tag{4-136}$$

Der Vergleich der Gl. (4-135) und (4-136) mit (4-71) (P(MZ$_4$) und
H(MZ$_4$)) ergibt allgemein, daß bei Berücksichtigung aufschiebbarer
Ausfälle die Wahrscheinlichkeit und Häufigkeit eines Systemausfalls
bei Annahme gleicher Komponenten um das Verhältnis

$$y \approx \frac{\lambda_S}{\lambda} \triangleq \frac{\text{Anzahl der spontanen Ausfälle}}{\text{Anzahl der Gesamtausfälle}} \qquad (4\text{-}137)$$

kleiner werden. Besonders bei Komponenten der elektrischen Energietechnik treten oft aufschiebbare Ausfälle auf. Beispielsweise
führt bei Leistungsschaltern nur ein geringer Anteil der Fehler zu
einem spontanen Ausfall (z.B. $y = 0,1$). Auch bei Kraftwerksblöcken
führt nur ein kleiner Anteil der Fehler zu einer sofortigen Abschaltung (z.B. Wicklungsschaden im Generator). Ein großer Anteil
der Fehler ist aufschiebbar (z.B. Schäden im Kessel). Diese Tatsache wird auch durch die Definition unterschiedlicher Schadensklas-
sen in der Kraftwerksstatistik berücksichtigt. Auch ein Prozeßrechner kann nach Ausfall der Lüftung eine Zeitlang weiterbetrieben
werden, ehe er abgeschaltet werden muß. Wir erkennen an den wenigen Beispielen, daß in technischen Anlagen aufschiebbare Ausfälle
auftreten. Je größer ihr Anteil ist, desto zuverlässiger ist das
System. Für den theoretischen Fall $y = 0$ (keine spontanen Ausfälle,
alle Ausfälle sind aufschiebbar) wäre das System 100 % zuverlässig,
vorausgesetzt, die Ausfälle könnten so lange aufgeschoben werden,
bis die anderen ausgefallenen Komponenten wieder repariert sind bzw.
kein Systemausfall mehr durch die Abschaltung auftreten würde. Dies
war eine Voraussetzung, die wir bei der Systemmodellierung gemacht
haben. Man erkennt an diesem Beispiel den großen Einfluß aufschiebbarer Ausfälle auf die Systemzuverlässigkeit.

Zahlenbeispiel

Wir nehmen folgende Zahlenwerte an:

$$\lambda_1 = \lambda_2 = 10^{-5} \text{ h}^{-1}$$

$$\lambda_{S_1} = \lambda_{S_2} = 10^{-6} \text{ h}^{-1} \qquad (4\text{-}138)$$

$$\mu_1 = \mu_2 = 10^{-2} \text{ h}^{-1}.$$

Wir setzen diese Zahlen in (4-135) und (4-136) ein und erhalten
für die Systemkenngrößen folgende Werte:

$$P(A_S) \approx 10^{-7}, \tag{4-139}$$

$$H(A_S) \approx 2 \cdot 10^{-9} \, h^{-1}. \tag{4-140}$$

Vergleichen wir diese Ergebnisse mit (4-78) und (4-81) (keine Unterscheidung zwischen spontanen und aufschiebbaren Ausfällen; alle
Ausfälle werden als spontane Ausfälle betrachtet), so erhalten wir

$$\frac{P(A_S) \; \text{Spontane und aufschiebbare Ausfälle}}{P(A_S) \; \text{Alle Ausfälle sind spontan}} \approx \frac{10^{-7}}{10^{-6}} = 0,1 \tag{4-141}$$

$$\frac{H(A_S) \; \text{Spontane und aufschiebbare Ausfälle}}{H(A_S) \; \text{Alle Ausfälle sind spontan}} \approx \frac{2 \cdot 10^{-9} \, h^{-1}}{2 \cdot 10^{-8} \, h^{-1}} = 0,1. \tag{4-142}$$

Durch die Unterscheidung zwischen spontanen und aufschiebbaren Ausfällen wird das System um den Faktor 10 zuverlässiger.

Beispiel 4-11 System mit Instandsetzung und Wartung der Komponenten

A Aufgabe

Viele Komponenten der Energie- und Industrietechnik werden nicht nur instandgesetzt, sondern auch (vorbeugend) gewartet. Unter Wartung fallen alle Maßnahmen zur Bewahrung des Sollzustandes, z.B.

- Reinigung,

- Überprüfung,

- vorbeugender Austausch von Teilen,

- Schmieren von Lagern und Gelenken,

- Anstricharbeiten,

- Einstellarbeiten,

- Funktionsprüfung.

Wartung, Instandsetzung und Inspektion bezeichnet man nach DIN 31051 [81] als Instandhaltung. Alle drei Instandhaltungsmaßnahmen haben Einfluß auf die Zuverlässigkeit von Komponenten und Systemen. Den Einfluß der Instandsetzung und der Inspektion haben wir schon in vorangegangenen Beispielen kennengelernt. Wir wenden uns deshalb der Wartung zu. Durch die Wartung wird die Zuverlässigkeit in zweierlei Hinsicht beeinflußt:

1. Durch regelmäßige Wartung werden die Komponenten auf einem gleichmäßig hohen Zuverlässigkeitsniveau gehalten.

2. Durch die Wartung werden Komponenten abgeschaltet, so daß dadurch die Zuverlässigkeit des Systems sinken kann.

Wir wollen uns nur mit dem zweiten Fall beschäftigen. In diesem Fall wirken sich Wartungen nur dann zuverlässigkeitsmindernd aus, wenn sie nicht in prozeßbedingte Stillstandszeiten der Komponente gelegt werden können. Das ist z.B. bei Komponenten, die dauernd in Betrieb sind, gegeben. Eine Zuverlässigkeitsminderung infolge von Wartungen tritt sowohl in Systemen mit Einfachstrukturen (serielle Strukturen) als auch in Systemen mit redundanten Strukturen auf. Während in Einfachstrukturen schon die Wartung der einzelnen Komponente zum Systemausfall führt, besteht der Einfluß der Wartung in redundanten Strukturen darin, daß während der Wartung einer Komponente andere ausfallen und somit einen Systemausfall hervorrufen können (Bild 4-37).

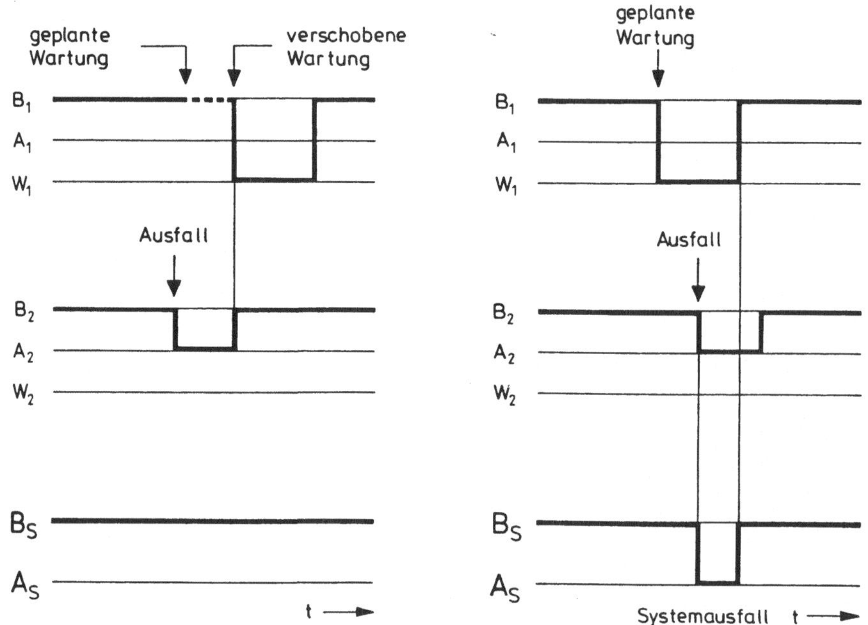

Bild 4-37. Zustands-Zeitdiagramme mit Berücksichtigung von Instandsetzung und Wartung.

Am Beispiel des Zweikomponentensystems im Bild 4-28 soll der Einfluß der Wartung auf die Systemzuverlässigkeit untersucht werden. Für die Zuverlässigkeitsberechnung werden folgende Annahmen getroffen:

1. Alle Komponentenfehler treten stochastisch-
   unabhängig auf.

2. Ausgefallene Komponenten werden instandgesetzt.

3. Es steht nur eine Instandsetzungsmannschaft
   zur Verfügung (Beispiel 4-9), d.h. die Komponente, die zuerst ausfällt, wird auch bei
   Ausfall der zweiten Komponente zuerst instandgesetzt.

4. Die Komponenten werden in regelmäßigen Zeitabständen gewartet, wobei die Instandsetzungsmannschaft auch die Wartung ausführen
   soll.

5. Doppelwartungen werden grundsätzlich ausgeschlossen.

6. Wartungsabschaltungen einer Komponente können aufgeschoben werden, wenn die andere Komponente ausgefallen ist (Bild 4-37).

7. Wartungen sollen nicht unterbrechbar sein,
   d.h. fällt während der Wartung einer Komponente die zweite Komponente aus, so wird
   die Wartung der ersten Komponente zu Ende
   geführt, ehe mit der Instandsetzung der
   zweiten ausgefallenen Komponente begonnen
   wird.

Die Annahmen haben zur Folge, daß zwischen den Komponentenzuständen trotz Annahme 1 stochastische Abhängigkeiten bestehen.

B Lösung

Zur Zuverlässigkeitsuntersuchung entwickeln wir neue Komponenten-
und Systemmodelle.

1 Komponenten

Das Zustandsverhalten jeder Komponente wird durch das im Bild 4-38
dargestellte Markoffsche Komponentenmodell mit einem Ausfall- und
einem Wartungszustand dargestellt (entsprechend den Voraussetzungen
2 und 4). Um ein möglichst einfaches Komponentenmodell zu erhalten,
werden wir die Aufschiebbarkeit der Instandsetzung beim Einsatz nur
einer Instandsetzungsmannschaft und die Aufschiebbarkeit von Wartungsabschaltungen nicht im Komponentenmodell, sondern erst im Systemmodell berücksichtigen. Wir können deshalb ein einfaches dreistufiges Komponentenmodell bilden. Zur Berechnung der Übergangsraten sind folgende Kenngrößen notwendig:

Ausfallkenngrößen

   T(BA) mittlere Betriebsdauer zwischen zwei
          Ausfällen,

   T(A)   mittlere Ausfalldauer (Instandsetzungs-
          dauer).

Wartungskenngrößen

    T(BW) mittlere Betriebsdauer zwischen zwei
         Wartungen (Wartungsintervall),

    T(W) mittlere Wartungsdauer.

Die Ermittlung dieser Kenngrößen geschieht entsprechend Kapitel
2.3 (Bild 2-16, Gl. (2-111) und (2-112)).

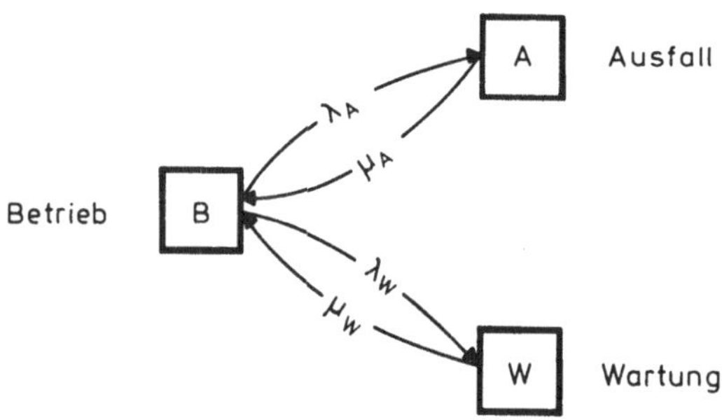

Bild 4-38. Komponentenmodell mit Berücksichtigung von Instandsetzung
und Wartung.

Mit diesen mittleren Dauern werden die Übergangsraten berechnet:

$$\lambda_A = \frac{1}{T(BA)}$$

$$\mu_A = \frac{1}{T(A)}$$

$$\lambda_W = \frac{1}{T(BW)}$$
(4-143)

$$\mu_W = \frac{1}{T(W)} \cdot$$

Damit ist das Markoffsche Komponentenmodell im Bild 4-38 vollständig gekennzeichnet.

2 System

Zur Ermittlung des Systemmodells werden die Komponentenmodelle im
Bild 4-38 miteinander kombiniert. Bild 4-39 zeigt das vollständige
Zustands-Übergangsdiagramm des Systems. Bei der Bildung der Zu-
standskombinationen und der Übergänge müssen die eingangs festge-

legten Voraussetzungen berücksichtigt werden. Die Annahme 3 führt zu einer Aufspaltung des Ausfallzustandes $A_1 \wedge A_2$ in die beiden Systemzustände MZ_7 und MZ_8 (siehe Beispiel 4-9). Durch die Annahme 4 treten die Systemzustände MZ_6 und MZ_9 auf. Die Annahme 5 bedeutet, daß Doppelwartungen nicht auftreten, d.h. daß keine Systemzustände des Typs $W_1 \wedge W_2$ vorkommen. Die Annahme 6 bedeutet, daß Wartungen dann nicht vorgenommen werden, wenn die andere Komponente ausgefallen ist und durch die zusätzliche Wartungsabschaltung ein Systemausfall auftreten würde (Bild 4-37 linke Hälfte). Die Annahme 6 wird dadurch berücksichtigt, daß keine Übergänge von MZ_3 nach MZ_6 und von MZ_4 nach MZ_9 stattfinden. Wegen der Annahmen 4 und 7 findet aus den Zuständen MZ_6 bzw. MZ_9 nur ein Übergang, nämlich nach MZ_3 bzw. MZ_4 statt.

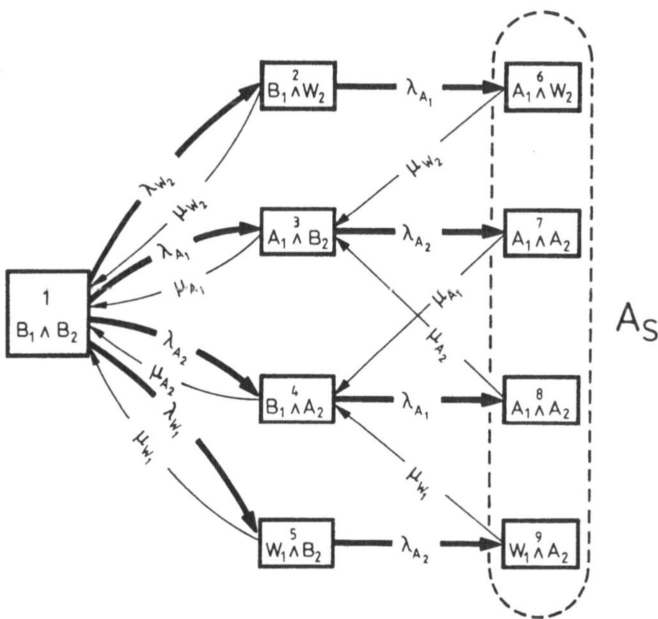

Bild 4-39. Systemmodell mit Berücksichtigung von Instandsetzung und Wartung.

Der Systemausfall A_S wird durch die logische ODER-Verknüpfung der Systemzustände MZ_6 bis MZ_9 ausgedrückt:

$$A_S = MZ_6 \vee MZ_7 \vee MZ_8 \vee MZ_9. \tag{4-144}$$

Unter der Annahme

$$\mu \gg \lambda \qquad (4-145)$$

erhalten wir mit dem Verfahren der wahrscheinlichen Übergänge für den Systemausfall die Näherungslösung

$$P(A_S) \approx \lambda_{A_1}\lambda_{A_2}\left(\frac{1}{\mu_{A_1}^2}+\frac{1}{\mu_{A_2}^2}\right)+\frac{\lambda_{W_1}\lambda_{A_2}}{\mu_{W_1}^2}+\frac{\lambda_{W_2}\lambda_{A_1}}{\mu_{W_2}^2}, \qquad (4-146)$$

$$H(A_S) \approx \underbrace{\lambda_{A_1}\lambda_{A_2}\left(\frac{1}{\mu_{A_1}}+\frac{1}{\mu_{A_2}}\right)}_{\substack{\text{Kombinationen von}\\ \text{Ausfällen}}}+\underbrace{\frac{\lambda_{W_1}\lambda_{A_2}}{\mu_{W_1}}+\frac{\lambda_{W_2}\lambda_{A_1}}{\mu_{W_2}}}_{\substack{\text{Kombinationen von}\\ \text{Wartungsabschal-}\\ \text{tungen und Ausfällen}}}. \qquad (4-147)$$

Zahlenbeispiel

Wir nehmen folgende Zahlenwerte an:

$$
\begin{aligned}
\lambda_{A_1} &= \lambda_{A_2} = 10^{-5}\ \text{h}^{-1}\\[4pt]
\mu_{A_1} &= \mu_{A_2} = 10^{-2}\ \text{h}^{-1}\\[4pt]
\lambda_{W_1} &= \lambda_{W_2} = 10^{-4}\ \text{h}^{-1}\\[4pt]
\mu_{W_1} &= \mu_{W_2} = 5\cdot 10^{-2}\ \text{h}^{-1}.
\end{aligned}
\qquad (4-148)
$$

Wir setzen diese Zahlen in (4-146) und (4-147) ein und erhalten für die Systemkenngrößen folgende Werte:

$$P(A_S) \approx 2\cdot 10^{-6}+8\cdot 10^{-7}=2{,}8\cdot 10^{-6}, \qquad (4-149)$$

$$H(A_S) \approx 2\cdot 10^{-8}\ \text{h}^{-1}+4\cdot 10^{-8}\ \text{h}^{-1}=6\cdot 10^{-8}\ \text{h}^{-1}. \qquad (4-150)$$

Diese Ergebnisse berücksichtigen Instandsetzungen (mit nur einer Instandsetzungsmannschaft) und Wartungen. Um nur den Einfluß der Wartungen zu untersuchen, vergleichen wir diese Ergebnisse mit (4-128) und (4-129) (nur Instandsetzung mit einer Instandsetzungsmannschaft). Wir erhalten die Quotienten

$$\frac{P(A_S) \quad \text{Instandsetzung und Wartung}}{P(A_S) \quad \text{Nur Instandsetzung}} \approx \frac{2,8 \cdot 10^{-6}}{2 \cdot 10^{-6}} = 1,4 \qquad (4-151)$$

$$\frac{H(A_S) \quad \text{Instandsetzung und Wartung}}{H(A_S) \quad \text{Nur Instandsetzung}} \approx \frac{6 \cdot 10^{-8} \, h^{-1}}{2 \cdot 10^{-8} \, h^{-1}} = 3. \qquad (4-152)$$

Die Wartung hat unterschiedlichen Einfluß auf die beiden Systemkenngrößen. Die Ausfallwahrscheinlichkeit des Systems steigt um 40 % und die mittlere Häufigkeit um den Faktor 3. Der unterschiedliche Einfluß kommt durch die unterschiedlichen Instandsetzungs- und Wartungsdauern zustande.

Die Gl. (4-146) und (4-147) liefern das Ergebnis, daß die Kombination von Ausfällen und die Kombination von Wartungsabschaltungen und Ausfällen näherungsweise getrennt berechnet werden können. Dazu stellen wir folgende Überlegung an.

Wir haben die Kenngrößen des Systemausfalls aus einem 9-stufigen Systemmodell (Bild 4-39) hergeleitet, das durch Kombination von zwei dreistufigen Komponentenmodellen (Bild 4-38) entwickelt wurde. Bei Komponenten mit mehr als drei Stufen und bei Systemen mit mehr als zwei Komponenten würde eine solche Systemmodellierung sehr aufwendig und das System sehr groß und damit unpraktikabel werden. Für einfache Systemmodelle sind deshalb kleinere Komponentenmodelle geeigneter. Zu diesem Zweck spalten wir das dreistufige Komponentenmodell im Bild 4-38 in zweistufige Modelle im Bild 4-40 auf. Im Anhang 8-8 ist diese Aufspaltung entwickelt.

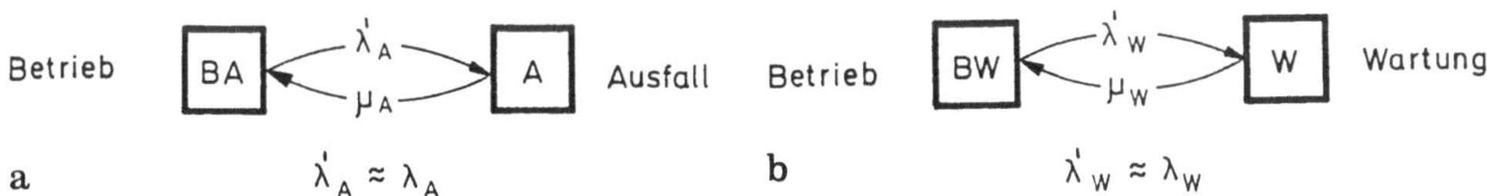

Bild 4-40. Aufspaltung des dreistufigen Komponentenmodells aus Bild 4-38 in zwei zweistufige Komponentenmodelle. a) MODELL A; b) MODELL W.

Bei der Aufspaltung des Komponentenmodells müssen auch die Bezeichnungen der Zustände sorgfältig angepaßt werden. Während vom Betriebszustand B im Bild 4-38 sowohl ein Übergang in den Ausfallzustand A als auch in den Wartungszustand W erfolgen kann, kann in den beiden Modellen im Bild 4-40 jeweils nur _ein_ Übergang stattfinden. Das muß sich auch in den Bezeichnungen widerspiegeln. BA bezeichnet demzufolge den Betriebszustand, der nur in den Ausfallzu-

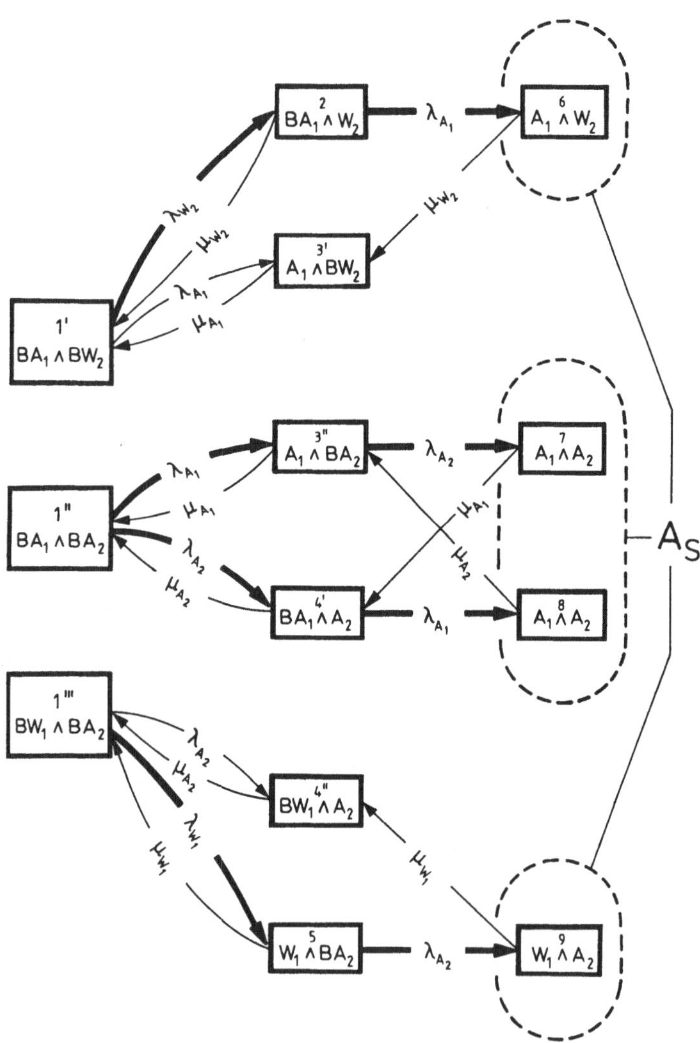

Bild 4-41. Drei Teilsystemmodelle, die durch Kombination der zweistufigen Komponentenmodelle im Bild 4-40 entstanden sind (entspricht Systemmodell im Bild 4-39).

stand übergeht. BW bezeichnet den Betriebszustand, der nur in den
Wartungszustand W übergeht. Diese eindeutige Bezeichnungsweise ist
besonders im Hinblick auf die Modellierung von Minimalschnitten
wichtig (Beispiele 6-5 bis 6-7).

Zur Bildung des Systemmodells werden jetzt jeweils zwei zweistufige Modelle im Bild 4-40 miteinander zu einem Teilsystemmodell kombiniert, also einmal MODELL A (für Komponente 1) (aus Bild 4-40a)
mit MODELL A (für Komponente 2) und zweimal MODELL A (für Komponente 1/2) mit MODELL W (für Komponente 2/1) (aus Bild 4-40b).
Wir erhalten auf diese Weise drei Teilsystemmodelle, die im Bild
4-41 dargestellt sind. Die drei Teilsystemmodelle zusammen bilden
das Gesamtsystem. Die Berechnung der Teilsystemmodelle ergibt die
gleichen Ergebnisse wie in (4-146) und (4-147).

Würde man die drei Teilsysteme zu einem System zusammenfassen, so
erhielte man das Systemmodell im Bild 4-39. Bei der Zusammenfassung müßten lediglich die Zustände BW und BA zu B zusammengefaßt
werden (B = BW $\vee$ BA).

Mit der hier gezeigten Technik lassen sich komplizierte mehrstufige Komponentenmodelle in kleine Modelle aufspalten, mit denen dann
kleine Teilsystemmodelle gebildet werden können, die völlig unabhängig voneinander berechnet werden. Auf diese Weise ist man bei
der Modellierung von Minimalschnitten sehr flexibel (Beispiele 6-5
bis 6-7).

5 Netzwerk-Verfahren

5.0 Übersicht

In der Zuverlässigkeitstechnik versteht man unter Netzwerk eine logische Verknüpfung (oder logische Struktur) von Komponenten- und/oder Teilsystemzuständen, die mit speziellen Verfahren, den Netzwerk-Verfahren, zuverlässigkeitstheoretisch berechnet werden. Netzwerke lassen sich in Zustands-Blockschaltbildern darstellen.

Alle logischen Strukturen lassen sich aufgrund ihrer Verknüpfung in folgende Klassen einteilen (Bild 5-1):

- Serienstrukturen,

- Parallelstrukturen,

- Mischstrukturen aus Serien- und Parallelstrukturen,

- vermaschte Strukturen,

- r-aus-n-Strukturen.

Grundsätzlich kann man alle vermaschten Strukturen und r-aus-n-Strukturen in Serien-Parallel- und Parallel-Serien-Strukturen umwandeln, wobei jedoch die Berechnung durch diese Umwandlung nicht einfacher wird, wie wir noch sehen werden.

Die wichtigsten Verfahren zur Berechnung logischer Netzwerke kann man einteilen in (siehe auch Bild 1-8):

- Verfahren für logische Serienstrukturen,

- Verfahren für logische Parallelstrukturen,

- Verfahren der Minimalwege,

- Verfahren der Minimalschnitte.

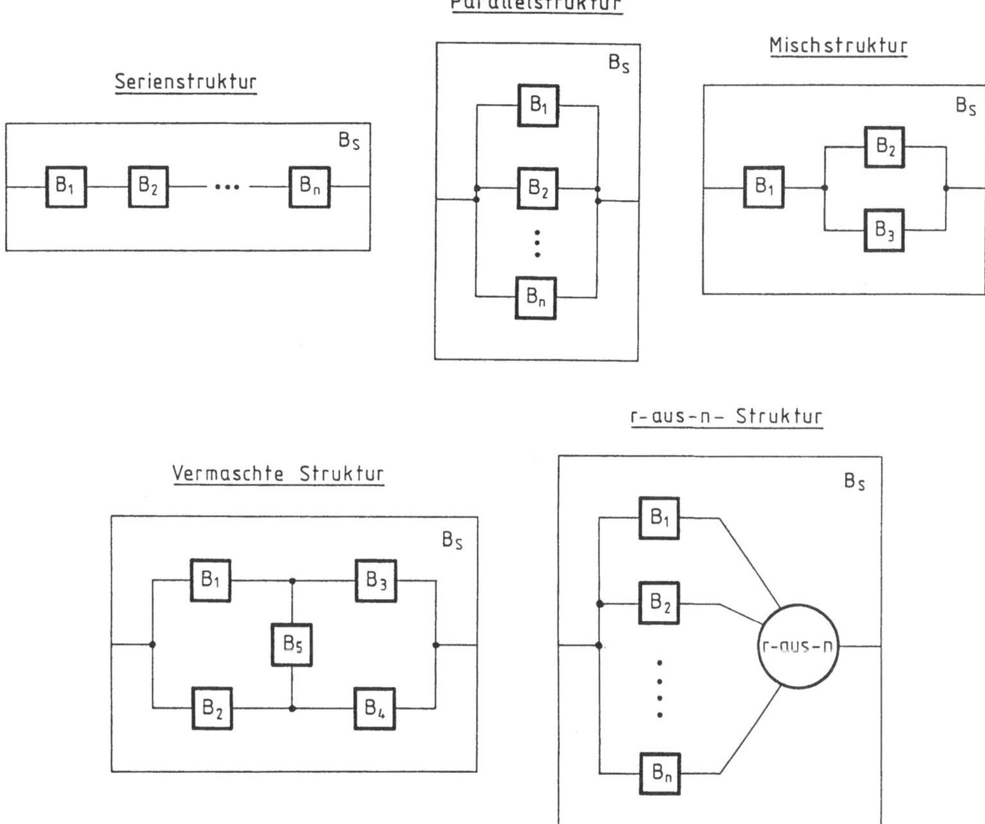

Bild 5-1. Zusammenstellung logischer Strukturen.

Neben den bekannten einfachen Verfahren für logische Serien- und
Parallelstrukturen ist das Verfahren der Minimalschnitte zur Berechnung großer und komplexer Systeme am geeignetsten. Es ist uni-
versell auf alle logischen Strukturen (insbesondere auf vermaschte
Strukturen und r-aus-n-Strukturen) anwendbar. Ferner lassen sich
mit dem Minimalschnitt-Verfahren die für die Berechnung notwendigen Ausdrücke der Systeme ohne die Kenntnis ihrer Zustands-Blockschaltbilder in einfacher Weise direkt aus ihren funktionalen Strukturen ermitteln.

Wegen der großen Leistungsfähigkeit wird das Verfahren der Minimalschnitte neben dem Verfahren der Markoffschen Prozesse als Kernver-
fahren zur Zuverlässigkeitsberechnung angesehen und ausführlich beschrieben.

5.1 Voraussetzungen zur Anwendung der Netzwerk-Verfahren

Zur Anwendung der Netzwerk-Verfahren müssen die nachfolgenden Voraussetzungen erfüllt sein:

1. Für die Netzwerk-Verfahren werden zweistufige Modelle vorausgesetzt.

2. Für die Systemberechnung müssen zwei Systemzustände (Systembetrieb/Systemausfall) definiert werden.

3. Es müssen die Monotoniebedingungen erfüllt sein.

Oft werden auch noch stochastisch-unabhängige Komponentenzustände vorausgesetzt. Diese Voraussetzung ist jedoch nicht notwendig.
Sie dient lediglich der Berechnungsvereinfachung. Die Komponentenkenngrößen als Eingabedaten zur Netzwerkberechnung sind Mittelwerte und damit verteilungsunabhängig.

Die drei Voraussetzungen werden jetzt beschrieben.

5.1.1 Zweistufige Modelle

Für die Netzwerk-Verfahren werden zweistufige Modelle bzw. zweistufige stochastische Prozesse vorausgesetzt. Darunter werden sowohl zweistufige Komponentenmodelle als auch entsprechende Minimalschnitt- bzw. Minimalwegmodelle verstanden, je nachdem, welches Netzwerk-Verfahren betrachtet wird.

Die Ausgangsmodelle der Komponenten dürfen mehrstufig sein. Man muß sie jedoch für die Systemberechnung zu zweistufigen Modellen weiterentwickeln (z.B. Aufspalten des Ausgangsmodells in mehrere kleine Modelle oder Zusammenfassen von Zuständen des Ausgangsmodells). Es können auch stochastische Abhängigkeiten zwischen den Komponenten berücksichtigt werden. Die Techniken zur Berücksichtigung dieser Eigenschaften werden in den folgenden Kapiteln beschrieben.

5.1.2 Definition der beiden Systemzustände Systembetrieb/Systemausfall

Die Berechnung des Systems mit den Netzwerk-Verfahren liefert als Ergebnis eine Beurteilung über zwei Zustände, die wir als "Systembetrieb B_S" und "Systemausfall A_S" bezeichnen. Da die Zustände komplementär sind, sprechen wir auch von einem Systemzustandspaar. Die beiden zu untersuchenden Systemzustände müssen in der Aufgabenstellung genau definiert werden.

In großen Systemen kann es vorkommen, daß man zur Zuverlässigkeitsbeurteilung eines Systems nicht mit einem einzigen Systemzustandspaar auskommt. In diesen Fällen muß man mehrere Systemzustandspaare definieren. Dies wird in Beispielen noch gezeigt.

Anmerkung

Die beiden Zustände "Systembetrieb B_S" und "Systemausfall A_S" bilden Teilmengen, in denen alle Systemzustände sozusagen der untersten Ebene zusammengefaßt sind. Tabelle 3-1 im Kapitel 3.1 zeigt z.B. die Zusammenfassung der einzelnen Systemzustände unseres Referenzbeispiels zum Systembetrieb B_S und Systemausfall A_S. Die Zusammenfassung der einzelnen schon in kleinen Systemen sehr zahlreich auftretenden Systemzustände wird bei der Anwendung der Netzwerk-Verfahren automatisch durchgeführt. Die Netzwerk-Verfahren liefern als Ergebnis lediglich die Zustände B_S und A_S, nicht dagegen die einzelnen Systemzustände selbst, so daß diese im allgemeinen unbekannt sind.

5.1.3 Monotoniebedingungen

Zur Anwendung der Netzwerk-Verfahren müssen folgende Monotoniebedingungen erfüllt sein:

1. Wenn alle Komponenten in Betrieb sind, soll das System ebenfalls in Betrieb sein.

2. Wenn alle Komponenten ausgefallen sind, soll das System ebenfalls ausgefallen sein.

3. Bei Ausfall einer zusätzlichen Komponente in einem ausgefallenen System soll das System nicht in Betrieb gehen.

4. Bei Wiederinbetriebnahme einer ausgefallenen Komponente in einem in Betrieb befindlichen System soll das System nicht ausfallen.

Sind diese Monotoniebedingungen erfüllt, so bezeichnet man das System als monoton. Es soll im folgenden gezeigt werden, wann ein

192

System als monoton bezeichnet werden kann und wann nicht. Dazu
sind im Bild 5-2 einige Beispiele angeführt, die jetzt beschrieben
werden.

Beispiel 1 für ein monotones System

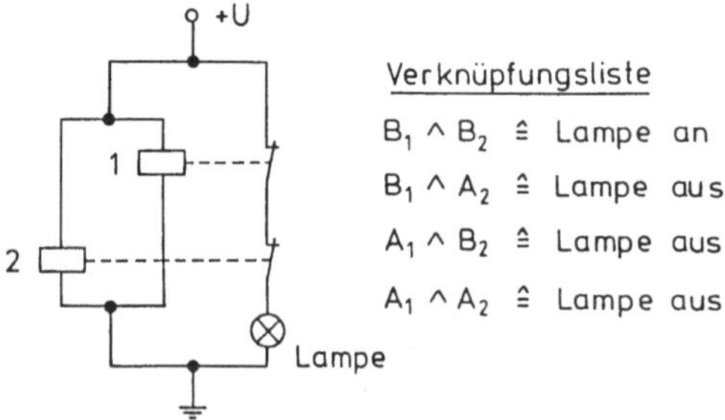

Beispiel 2 für ein nichtmonotones System

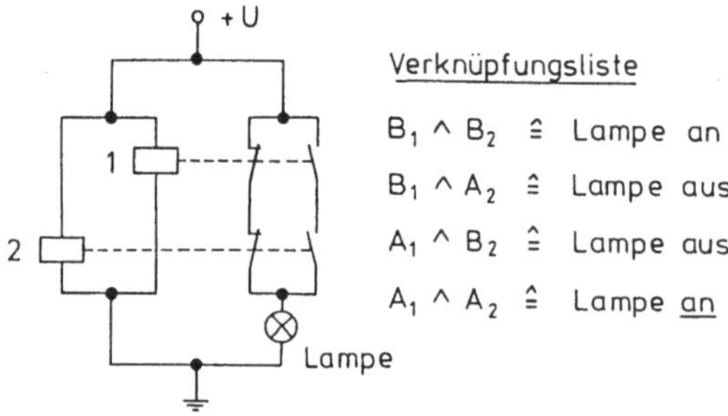

Beispiel 3 für ein nichtmonotones System

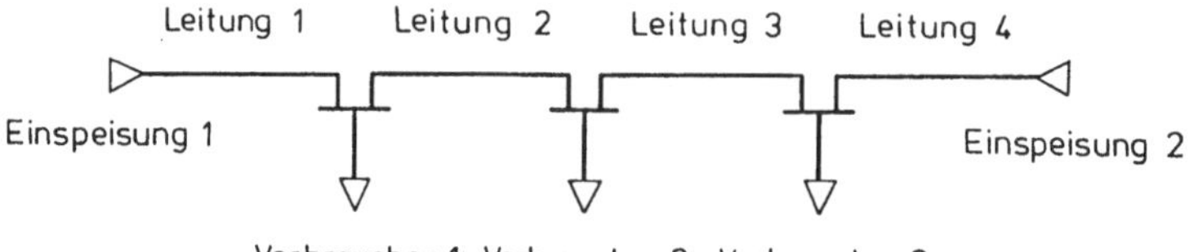

Bild 5-2. Beispiele für ein monotones und zwei nichtmonotone Sy-
          steme.

Beispiel 1 für ein monotones System

In der Schaltung wird über zwei in Serie geschaltete Kontakte eine
Lampe gespeist. Die Kontakte werden durch die beiden als stochastisch-unabhängig angenommenen Relais 1 und 2, die die Komponenten

des Systems darstellen, betätigt. Bei Anliegen der Spannung U und
intakter Relais sollen die Kontakte geschlossen sein und die Lampe
soll leuchten. Als Systemausfall wird das Erlöschen der Lampe definiert. Als Fehler der Komponenten sei nur die Fehlerart: Wick-
lungsunterbrechung der Relaisspulen betrachtet, die einen Ausfall
der Komponente und dadurch ein Öffnen der Kontakte bewirkt. Aus
der Verknüpfungstabelle, die alle Zustände des Systems enthält,
kann man sofort erkennen, daß die Monotoniebedingungen 1 bis 4 erfüllt sind, so daß das System als monoton bezeichnet werden kann.
Für die Wahrscheinlichkeit eines Systemausfalls erhält man nach
Zusammenfassen der drei Zustände "Lampe aus" (siehe auch (2-31)
bis (2-35)) die Beziehung

$$P(A_S) = P(A_1 \vee A_2).\qquad\qquad(5-1)$$

Diese Beziehung gilt nicht mehr, wenn das System nicht monoton
ist, wie wir im folgenden Beispiel sehen werden.

Beispiel 2 für ein nichtmonotones System

Die Schaltung ist um einen parallelen Zweig mit zusätzlichen geöff-
neten Relaiskontakten erweitert worden, die nur dann schließen,
wenn die Relais ausfallen. Es gelten dieselben Voraussetzungen wie
im Beispiel 1. Auch hier soll als Systemausfall das Erlöschen der
Lampe definiert werden. Wie man aus der logischen Verknüpfungstabelle erkennt, ist diese Schaltung wegen des Systemzustandes "$A_1 \wedge A_2$ =
Lampe an" nicht mehr monoton, da die Monotoniebedingungen 2 und 3
verletzt werden, d.h. wenn beide Relais ausgefallen sind, leuchtet
die Lampe, was bedeutet, daß der Zustand Systembetrieb wieder aufge-
treten ist. Für den Systemausfall gilt deshalb die Ungleichung

$$P(A_S) \neq P(A_1 \vee A_2)\qquad\qquad(5-2)$$

weil der Ausdruck $A_1 \vee A_2$ auch den nichtmonotonen Systemzustand
$A_1 \wedge A_2$ enthält. Dieser repräsentiert hier einen Betriebszustand
und darf deshalb im Systemausfall nicht enthalten sein.

Wir erkennen hier folgenden Sachverhalt: Bei Anwendung der Netzwerk-Verfahren auf nichtmonotone Systeme werden automatisch auch
solche Ausfallkombinationen berücksichtigt, die nichtmonoton sind.
Beispielsweise können dann Minimalschnitte nichtmonotone Schnitte
enthalten.

Beispiel 3 für ein nichtmonotones System

Drei Verbraucher werden über zwei Einspeisungen versorgt (Ringlei-
tung). Wir betrachten in diesem Beispiel nur den Verbraucher 3.
Dieser könnte z.B. ein Industriebetrieb darstellen. Als Systemausfall bezeichnen wir das Absinken der Spannung am Verbraucher 3 unter eine vorgegebene Grenze. Wir nehmen jetzt an, daß die Einspeisung 1 ausfällt und alle Verbraucher nur noch über die Einspeisung
2 versorgt werden. Die Belastung und damit der Spannungsabfall auf
der Leitung 4, über die dann alle Verbraucherströme fließen, soll
so groß sein, daß die Spannung am Verbraucher 3 die vorgegebene
Grenze unterschreitet und damit der Systemausfall eintritt. Wenn
jetzt zusätzlich die Leitung 3 ausfällt, so wird die Leitung 4

wieder entlastet und die Spannung am Verbraucher 3 steigt wieder,
so daß der Zustand Systembetrieb wieder auftritt. In diesem Beispiel wird die Monotoniebedingung 3 verletzt.

Diskussion der Beispiele

Die Nichtmonotonie eines Systems wird durch mindestens einen Systemzustand verursacht, der mindestens eine der vier Monotoniebedingungen verletzt. Wir sprechen deshalb auch von nichtmonotonen
Systemzuständen. Aus den Beispielen lassen sich folgende Eigenschaften herausarbeiten.

Beispiel 1

Dieses Beispiel stellt ein monotones System dar, da alle Systemzustände monoton sind. Die Lampenzustände können zur Beurteilung von
Relaisausfällen herangezogen werden. Dieses Prinzip (in Reihe geschaltete Relaiskontakte) wird in den klassischen Sicherheitseinrichtungen (z.B. Not-Aus-Schaltung) angewandt.

Wir stellen fest, daß in diesem Beispiel die Aufgabenstellung sinnvoll ist.

Beispiel 2

Dieses Beispiel ist ein konstruiertes Schulbeispiel für ein nichtmonotones System, das keine sinnvolle technische Anwendung hat. Die
Lampenzustände können nämlich nicht zur Beurteilung von Relaisausfällen verwendet werden.

In diesem Beispiel ist die Aufgabenstellung und damit die Systemausfalldefinition nicht sinnvoll.

Beispiel 3

Die in diesem Beispiel gezeigte Nichtmonotonie kann in Energieversorgungssystemen auftreten, wenn sich die Wirkungen bei Ausfällen
verschiedener Komponenten aufheben.

Aus Beispiel 2 läßt sich der Schluß ziehen, daß technisch nicht
sinnvolle Aufgabenstellungen die Monotoniebedingungen verletzen
können. An diesem Beispiel läßt sich auch erkennen, daß zwischen
den Monotoniebedingungen und stochastischer Unabhängigkeit oder Abhängigkeit kein Zusammenhang besteht. Obwohl die Komponenten als
stochastisch-unabhängig vorausgesetzt wurden, ist das System nicht
monoton.

Aus Beispiel 3 läßt sich folgern, daß die Monotoniebedingungen dann
verletzt werden können, wenn beim Ausfall von Komponenten sogenannte Selbstregeleffekte auftreten.

Die Verletzung der Monotoniebedingungen im Beispiel 3 läßt sich auf eine nicht ausreichende Auslegung des Ringnetzes zurückführen. Allgemein läßt sich sagen, daß Spezifikations-, Entwurfs- und Herstellungsfehler die Monotoniebedingungen verletzen können.

Fassen wir die Ergebnisse zusammen, so lassen sich monotone Systeme wie folgt kennzeichnen:

- Ausfälle von Komponenten dürfen die Zuverlässigkeit des Systems nicht erhöhen und Reparaturen nicht vermindern.

Wir haben bisher eine Reihe von Merkmalen kennengelernt, die die Monotoniebedingungen verletzen können. Daraus lassen sich jedoch keine notwendigen und hinreichenden Merkmale ableiten, nach denen ein System als monoton eingestuft werden kann. Es muß als im Prinzip bei jeder Systemuntersuchung die oft mühsame Monotonieprüfung für jeden Systemzustand anhand der vier Monotoniebedingungen vorgenommen werden. Es läßt sich jedoch aus der Erfahrung heraus sagen, daß die meisten technischen Systeme mit wirtschaftlichem Nutzen monoton sind. Besonders auch Sicherheitseinrichtungen müssen die Monotoniebedingungen erfüllen, weil sonst gefährliche Zustände auftreten können. Man denke nur an eine Notbremsung, die durch einen Fehler wieder aufgehoben wird.

Behandlung nichtmonotoner Systeme

Wir wir bereits erkannt haben, können besonders in elektrischen Energieversorgungssystemen mit begrenzter Übertragungsfähigkeit der Betriebsmittel nichtmonotone Systemzustände auftreten. Die Netzwerk-Verfahren sind dann theoretisch nicht mehr anwendbar, da die Berechnungsverfahren nichtmonotone Zustände automatisch wie monotone Zustände behandeln. Wie berechnen wir nun nichtmonotone Systeme? Dazu gibt es folgende Möglichkeiten:

In jedem Fall müssen zuerst die einzelnen nichtmonotonen Systemzustände ermittelt werden. Dies kann z.B. wie im Beispiel 2 über die Verknüpfungstabelle geschehen. Für das weitere Vorgehen gibt es folgende Wege:

1. Es ist zu prüfen, ob die nichtmonotonen Systemzustände vernachlässigt werden können oder die Nichtmonotonie einfach ignoriert werden kann.

Das ist in der Regel bei nichtmonotonen Minimalschnitten (bzw. Schnitten) höherer Ordnung der
Fall.

Im Beispiel 2 ist der Ausfall jedes Relais ein
Minimalschnitt und der Ausfall der beiden Relais
ein nichtmonotoner Schnitt, der bei hinreichend
kleinen Ausfallwahrscheinlichkeiten der Relais
entweder vernachlässigt werden kann oder als monotoner Schnitt und damit als Systemausfallzustand in die Rechnung mit eingehen kann, womit
man außerdem auf der sicheren Seite liegt.

Ebenso ist im Beispiel 3 der beschriebene Ausfall der Einspeisung 1 ein Minimalschnitt und
der zusätzliche Ausfall der Leitung 4 ein nichtmonotoner Schnitt, der eventuell vernachlässigt
werden kann.

2. Kleine nichtmonotone Systeme lassen sich über
   einen Markoffschen Prozeß berechnen.

3. Eine andere Berechnungsmöglichkeit nichtmonotoner Systeme läßt sich wie folgt beschreiben.
   Wir ignorieren im ersten Schritt die Nichtmonotonie und berechnen das System als monotones
   System z.B. mit den Netzwerk-Verfahren. Dann berechnen wir im zweiten Schritt die einzelnen
   nichtmonotonen Systemzustände. Diese werden dann
   im dritten Schritt dem monotonen System überlagert. Die Überlagerung bedeutet: Führt ein nichtmonotoner Systemzustand zum Systembetrieb (wie im
   Beispiel 2), so ist er aus dem Systemausfall des
   monoton berechneten Systems herauszunehmen und
   zum Systembetrieb hinzuzufügen. Es gilt auch die
   umgekehrte Möglichkeit: Führt ein nichtmonotoner
   Systemzustand zum Systemausfall, so ist er aus
   dem Systembetrieb des monoton berechneten Systems
   herauszunehmen und zum Systemausfall hinzuzufügen. Diese Vorgehensweise ist jedoch nur bei Systemen mit stochastisch-unabhängigen Komponenten
   praktikabel, da nur in diesem Fall die einzelnen
   Systemzustände einfach ermittelbar sind.

Da die meisten Systeme der Energie- und Industrietechnik monotone

Systeme sind, gehen wir in den Beispielen des Kapitels 6 davon aus,

daß die Monotoniebedingungen erfüllt sind.

5.2 Zustands-Blockschaltbilder

In Zustands-Blockschaltbildern werden die Zustände der Komponenten

durch Zustands-Blocksymbole gekennzeichnet und entsprechend der

logischen Verknüpfung zusammengeschaltet. Zustands-Blockschaltbilder lassen sich nur für zweistufiges Zustandsverhalten angeben,
d.h. sowohl die zu verknüpfenden Komponentenzustände als auch das
Ergebnis, die Systemzustände, sind zweistufig (Betrieb/Ausfall).
Bild 5-3 zeigt die beiden Grundzustände, aus denen alle Zustands-
Blockschaltbilder aufgebaut sind. Ein wichtiges Merkmal in der Darstellung von Zustands-Blockschaltbildern ist, daß die Blocksymbole
nur <u>Zustände</u> und keine technischen Gerätebezeichnungen darstellen.
Diese Tatsache, auf die auch die Bezeichnung "Zustands-Blockschaltbild" extra hinweisen soll, wird oft mißachtet, was zur Folge hat,
daß das weitere Verständnis erschwert werden kann.

Bild 5-3. Blocksymbole für die Darstellung von Zuständen in Zustands-Blockschaltbildern.

Bild 5-4 zeigt die Darstellungsmöglichkeiten logischer Strukturen
in Zustands-Blockschaltbildern bei der Verknüpfung zweier Zustände. Wir unterscheiden zwischen der Betriebslogik-Darstellung und
der Ausfallogik-Darstellung, je nachdem, ob sich die Zustands-
Blockschaltbilder ausschließlich aus Betriebs- oder Ausfallzuständen zusammensetzen. Beide Darstellungsarten sind äquivalent und
lassen sich mit den Theoremen von De Morgan in (2-115) ineinander
überführen. In den Anwendungen werden Zustands-Blockschaltbilder
überwiegend in Betriebslogik-Darstellung verwendet, da die Aus-
fallogik-Denkweise ungewohnt ist.

Eine gleichwertige Darstellungsform zum Zustands-Blockschaltbild
ist der Fehlerbaum, den wir hier nicht behandeln. Die Verfahren
zur Berechnung von Zustands-Blockschaltbildern und Fehlerbäumen
sind identisch. Zustands-Blockschaltbilder und Fehlerbäume unterscheiden sich lediglich in der Darstellungsform und eventuell in
der weiteren Verarbeitung ihrer sonst gleichen Verfahren.

Zustands-Blockschaltbilder werden in der Literatur auch oft als
Zuverlässigkeits-Blockschaltbilder oder einfach als Zuverlässigkeits-

198

diagramme bezeichnet. Wir wollen jedoch den Begriff Zustands-Blockschaltbild durchgängig beibehalten, da er den wesentlichen Sachverhalt, nämlich die Verknüpfung (Schaltung) von Zuständen, besser
trifft.

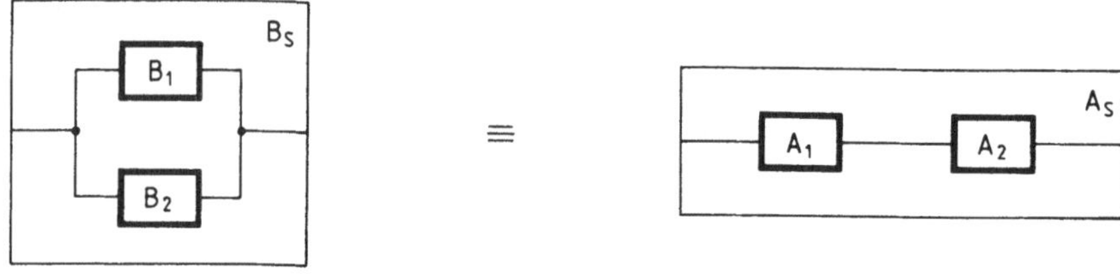

$$B_S = B_1 \vee B_2$$
Logische Parallelstruktur
bezüglich des Betriebes
(Betriebslogik-Darstellung)

$$A_S = A_1 \wedge A_2$$
Logische Serienstruktur
bezüglich des Ausfalls
(Ausfallogik-Darstellung)

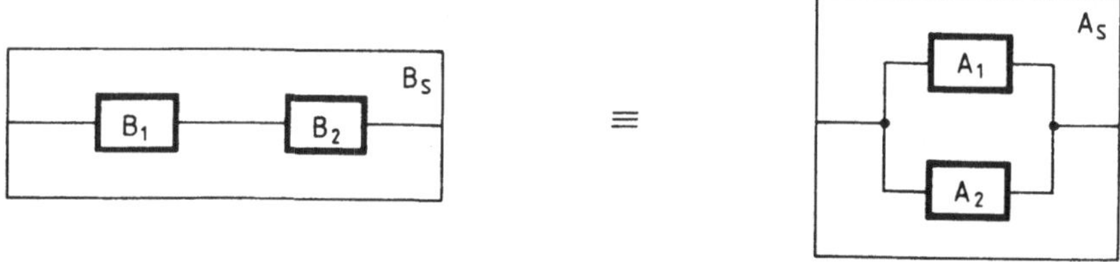

$$B_S = B_1 \wedge B_2$$
Logische Serienstruktur
bezüglich des Betriebes
(Betriebslogik-Darstellung)

$$A_S = A_1 \vee A_2$$
Logische Parallelstruktur
bezüglich des Ausfalls
(Ausfallogik-Darstellung)

Bild 5-4. Darstellungsarten logischer Strukturen in Zustands-Blockschaltbildern.

Neben logischen Gleichungen haben wir jetzt zwei Darstellungsarten
logischer Strukturen kennengelernt, nämlich

- Zustands-Übergangsdiagramme für
  Markoffsche Prozesse und

- Zustands-Blockschaltbilder für
  Netzwerk-Verfahren.

Damit lassen sich auch große und komplexe logische Strukturen übersichtlich darstellen.

5.3 Verfahren für logische Serienstrukturen

Wir beschreiben das Verfahren für eine logische Serienstruktur bezüglich des Betriebes. Eine logische Serienstruktur bezüglich des Betriebes liegt dann vor, wenn nur der Betrieb aller Komponenten zum Betrieb des Systems führt (Bild 5-5). Berechnungsgrundlage bilden die im Kapitel 2.4 zusammengestellten Beziehungen.

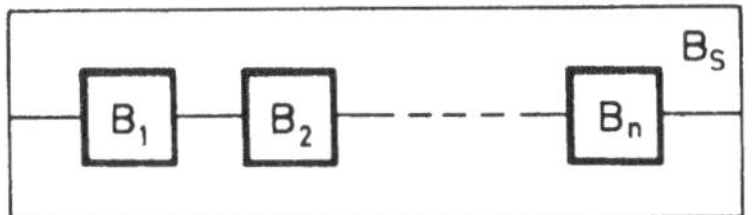

Bild 5-5. Logische Serienstruktur bezüglich des Betriebes.

Logische Verknüpfung für den Systembetriebszustand

$$B_S = B_1 \wedge B_2 \wedge \ldots \wedge B_n. \tag{5-3}$$

Für stochastisch-unabhängige Komponenten gelten folgende Beziehungen:

Wahrscheinlichkeit des Systembetriebszustandes

$$P(B_S) = P(B_1) P(B_2) \ldots P(B_n). \tag{5-4}$$

Wahrscheinlichkeit des Systemausfallzustandes

$$P(A_S) = 1 - P(B_S). \tag{5-5}$$

Mittlere ausfallfreie Systembetriebsdauer

$$\frac{1}{T(B_S)} = \frac{1}{T(B_1)} + \frac{1}{T(B_2)} + \ldots + \frac{1}{T(B_n)} . \tag{5-6}$$

[1]

---

[1] Ersetzt man die Kehrwerte der mittleren Dauern durch konstante Ausfallraten, so kommt man zu der in der Literatur häufig anzutreffenden Beziehung, daß die Systemausfallrate gleich der Summe der Ausfallraten der Bauelemente des Systems ist. Die Gleichung lautet

$$\lambda_S = \lambda_1 + \lambda_2 + \ldots + \lambda_n.$$

Diese Beziehung wird z.B. häufig benutzt, um die Ausfallraten elektronischer Baugruppen zu berechnen (siehe Kapitel 2.3, Punkt 3).

Mittlere Häufigkeit für das Auftreten des Systembetriebes

$$H(B_S) = \frac{P(B_S)}{T(B_S)} \,. \qquad (5-7)$$

Mittlere Häufigkeit für das Auftreten des Systemausfalls

$$H(A_S) = H(B_S)\,. \qquad (5-8)$$

Mittlere Systemausfalldauer

$$T(A_S) = \frac{P(A_S)}{H(A_S)} \,. \qquad (5-9)$$

Alle Gleichungen gelten sinngemäß auch für logische Serienstrukturen bezüglich des Ausfalls (siehe Bild 5-4).

Mit diesen Gleichungen ist das Verfahren für logische Serienstrukturen vollständig beschrieben.

5.4 Verfahren für logische Parallelstrukturen

Wir beschreiben das Verfahren für eine logische Parallelstruktur bezüglich des Betriebes. Eine logische Parallelstruktur bezüglich des Betriebes liegt dann vor, wenn der Betrieb mindestens einer Komponente zum Betrieb des Systems führt (Bild 5-6).

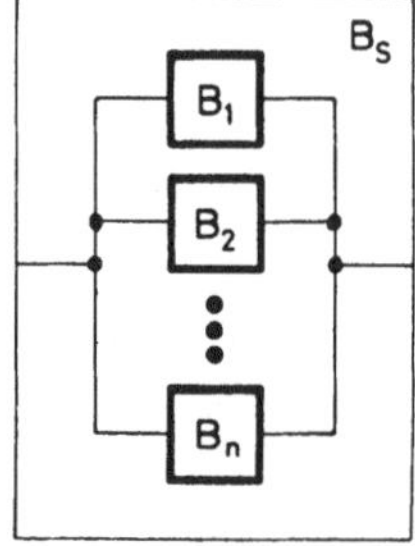

Bild 5-6. Logische Parallelstruktur bezüglich des Betriebes.

Logische Verknüpfung für den Systembetriebszustand

$$B_S = B_1 \vee B_2 \vee \ldots \vee B_n. \qquad (5\text{-}10)$$

Nach (2-51) ist die Auflösung dieser logischen ODER-Struktur sehr umständlich. Aus diesem Grunde wird diese Gleichung mit dem Theorem von De Morgan in (2-115) in die entsprechende logische UND-Struktur übergeführt. Das Ergebnis lautet

$$A_S = \overline{B}_S = A_1 \wedge A_2 \wedge \ldots \wedge A_n. \qquad (5\text{-}11)$$

Diese Beziehung stellt eine logische Serienstruktur bezüglich des Ausfallzustandes dar. Darauf lassen sich sinngemäß (5-4) bis (5-9) anwenden. Für stochastisch-unabhängige Komponenten gelten folgende Beziehungen:

Wahrscheinlichkeit des Systemausfallzustandes

$$P(A_S) = P(A_1)P(A_2)\ldots P(A_n). \qquad (5\text{-}12)$$

Wahrscheinlichkeit des Systembetriebszustandes

$$P(B_S) = 1 - P(A_S). \qquad (5\text{-}13)$$

Mittlere Systemausfalldauer

$$\frac{1}{T(A_S)} = \frac{1}{T(A_1)} + \frac{1}{T(A_2)} + \ldots + \frac{1}{T(A_n)}. \qquad (5\text{-}14)$$

Mittlere Häufigkeit für das Auftreten des Systemausfalls

$$H(A_S) = \frac{P(A_S)}{T(A_S)}. \qquad (5\text{-}15)$$

Mittlere Häufigkeit für das Auftreten des Systembetriebes

$$H(B_S) = H(A_S). \qquad (5\text{-}16)$$

Mittlere ausfallfreie Systembetriebsdauer

$$T(B_S) = \frac{P(B_S)}{H(B_S)}. \qquad (5\text{-}17)$$

Die gleichen Überlegungen lassen sich sinngemäß auch für logische Parallelstrukturen bezüglich des Ausfalls (siehe Bild 5-4) anwenden.

Mit diesen Gleichungen ist das Verfahren für logische Parallelstrukturen vollständig beschrieben.

Mit (5-3) bis (5-17) lassen sich auch Mischstrukturen aus Serien- und Parallelstrukturen berechnen.

5.5 Verfahren der Minimalschnitte

Das Verfahren der Minimalschnitte ist ein sehr leistungsfähiges Verfahren, das sich leicht auf komplexe und große Systeme anwenden läßt. Es wird deshalb ausführlich beschrieben.

Bei der Anwendung des Verfahrens kann das System sowohl als logische Struktur in Form von Zustands-Blockschaltbildern als auch als funktionale Struktur vorliegen. Zur Beschreibung des Verfahrens legen wir das Zustands-Blockschaltbild 5-7 zugrunde, das eine vermaschte Struktur darstellt. Solche logischen Strukturen treten z.B. in Energieversorgungssystemen und Automatisierungssystemen auf. Zur Ermittlung der Minimalschnitte wird das System gedanklich durch Komponentenausfälle derart aufgeschnitten, daß eine Versorgungsunterbrechung zwischen dem Eingang und dem Ausgang besteht. Die logische UND-Verknüpfung der Komponentenausfallzustände bezeichnet man als Schnitt bzw. Minimalschnitt. Diese sind folgendermaßen definiert:

- Definition eines Schnittes (S)

  Unter einem Schnitt versteht man eine Kombination von Komponentenausfallzuständen, die zum Ausfall des Systems führen.

- Definition eines Minimalschnittes (MS)

  Unter einem Minimalschnitt versteht man eine Kombination von Komponentenausfallzuständen (Schnitt), die für den Systemausfall über diesen Schnitt hinreichend und notwendig sind. In einem Minimalschnitt führt der Betrieb jeder in ihm enthaltenen Komponente zur Aufhebung dieses Schnittes.

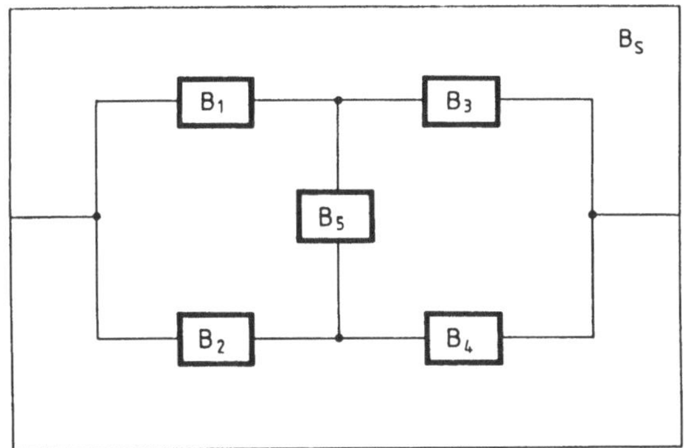

Bild 5-7. Zustands-Blockschaltbild einer vermaschten Struktur
(Brückenschaltung).

Unter Komponentenausfallzustände werden in einer erweiterten Betrachtung auch Abschaltzustände, z.B. Wartungen gezählt (siehe Beispiele 6-5 bis 6-7). Für Zuverlässigkeitsberechnungen interessieren nur die Minimalschnitte. Die Schnitte werden durch die Minimalschnitte indirekt mit berücksichtigt.

5.5.1 Ermittlung der Minimalschnitte und des Systembetriebes/ Systemausfalls

In diesem Kapitel werden die Systemgleichungen hergeleitet. Für das Beispiel im Bild 5-7 erhält man die im Bild 5-8 dargestellten Minimalschnitte. Die Komponentenausfallzustände der Minimalschnitte sind schwarz ausgezeichnet. Die Minimalschnitte lauten

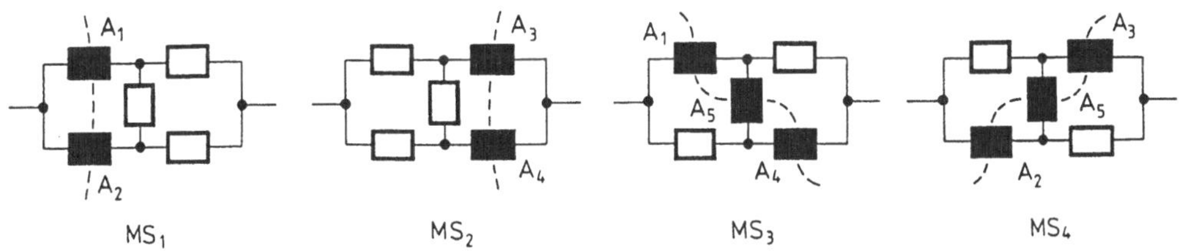

Bild 5-8. Ermittlung der Minimalschnitte aus Bild 5-7.

$$MS_1 = A_1 \wedge A_2$$

$$MS_2 = A_3 \wedge A_4$$

$$MS_3 = A_1 \wedge A_4 \wedge A_5$$

$$MS_4 = A_2 \wedge A_3 \wedge A_5 .$$

$$(5-18)$$

Zur Ermittlung der Minimalschnitte läßt man die Komponenten in allen Kombinationen "ausfallen" und prüft, ob das System ausfällt. Anhand der Minimalschnittdefinition läßt sich feststellen, ob ein Minimalschnitt vorliegt.

In dem Beispiel ist $MS_1 = A_1 \wedge A_2$ ein Minimalschnitt, weil der Ausfall beider Komponenten für den Systemausfall über diesen Schnitt unbedingt notwendig ist. Der Betrieb der Komponente 1 oder 2 führt nämlich zur Aufhebung dieses Schnittes oder anders ausgedrückt, der Betrieb einer der beiden Komponenten führt zum Betrieb des Systems.

Dagegen ist der Zustand $S = A_1 \wedge A_2 \wedge A_3$ kein Minimalschnitt, sondern nur ein Schnitt, weil der Betrieb der Komponente 3 den Schnitt nicht aufhebt.

Es seien noch zwei weitere Beispiele erwähnt. Die logische Serienstruktur im Bild 5-5 enthält n (n = Anzahl der Betriebszustände) Minimalschnitte und die logische Parallelstruktur im Bild 5-6 einen einzigen Minimalschnitt.

In Minimalschnitten ist die Kenntnis der Zustände der restlichen, nicht enthaltenen Komponenten ohne Bedeutung, weshalb deren Zustände nicht betrachtet werden. Sie werden jedoch indirekt durch die Minimalschnitte berücksichtigt.

In einem Minimalschnitt sind die Komponentenausfallzustände logisch UND-verknüpft. Entsprechend der Anzahl der logisch UND-verknüpften Komponentenausfallzustände in einem Minimalschnitt unterscheidet man zwischen Minimalschnitten unterschiedlicher Ordnung:

$$MS = \begin{cases} A_i & \text{1. Ordnung} \\[2ex] A_i \wedge A_j & \text{2. Ordnung} \\[2ex] A_i \wedge A_j \wedge A_k & \text{3. Ordnung} \\[1ex] \quad \cdot \\ \quad \cdot \\ \quad \cdot \\[1ex] A_i \wedge A_j \wedge A_k \wedge \ldots & \text{n. Ordnung} \\[1ex] \text{(insgesamt n Komponenten).} \end{cases} \qquad (5\text{-}19)$$

Im Bild 5-8 treten nur Minimalschnitte 2. und 3. Ordnung auf.

Wir ermitteln nun den Systemausfall A_S. Er tritt dann auf, wenn mindestens einer der vier Minimalschnitte auftritt. Der Systemausfallzustand wird deshalb durch folgende logische ODER-Verknüpfung ausgedrückt:

$$A_S = MS_1 \vee MS_2 \vee MS_3 \vee MS_4 . \qquad (5\text{-}20)$$

Der Systemausfall in (5-20) stellt eine logische Parallel-Serien-Struktur bezüglich des Ausfalls (Bild 5-9, linke Seite) dar.

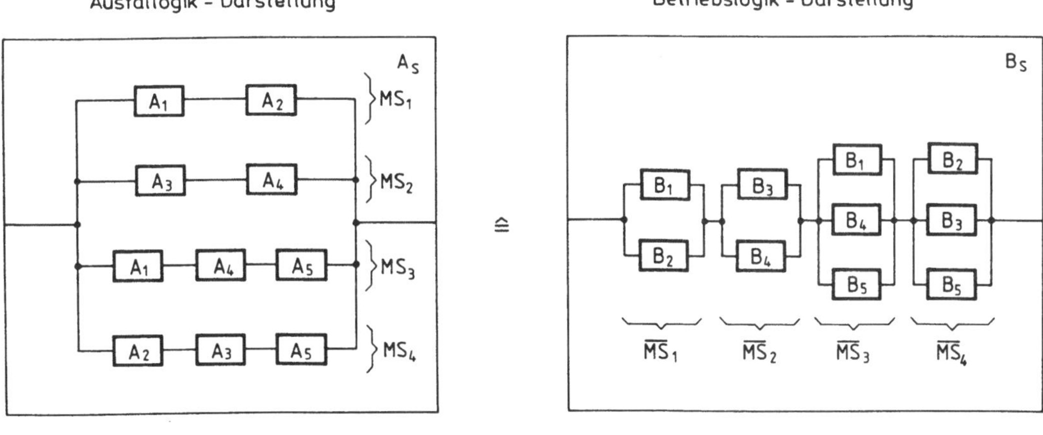

Bild 5-9. Darstellung der Minimalschnitte aus Bild 5-8 in Zustands-Blockschaltbildern.

Der Systemausfall wird allgemein als logische ODER-Verknüpfung
über alle Minimalschnitte ausgedrückt. Die Beziehung dazu lautet

$$A_S = \bigvee_k MS_k . \tag{5-21}$$

Die logische Verknüpfung in (5-21) umfaßt nicht nur, wie schon erwähnt, alle Minimalschnitte, sondern implizit auch alle Schnitte,
d.h. alle möglichen Ausfallzustände des Systems. In (5-21) wird
nur die minimale Anzahl der Zustände - die Minimalschnitte - zur
Systemberechnung benötigt. Der Ausdruck bedeutet damit eine starke
Reduzierung der benötigten Zustände, gemessen an der Gesamtzahl
der möglichen Systemzustände. Im Anhang 8-9 ist dieser Sachverhalt
an einem kleinen Beispiel erläutert.

Der Systembetrieb B_S ist das Komplement zum Systemausfall A_S. Der
Systembetriebszustand beträgt für unser Beispiel

$$B_S = \overline{A}_S = \overline{MS}_1 \wedge \overline{MS}_2 \wedge \overline{MS}_3 \wedge \overline{MS}_4 . \tag{5-22}$$

Durch Negieren der Minimalschnitte erhalten wir

$$\overline{MS}_1 = B_1 \vee B_2$$

$$\overline{MS}_2 = B_3 \vee B_4$$

$$\overline{MS}_3 = B_1 \vee B_4 \vee B_5 \tag{5-23}$$

$$\overline{MS}_4 = B_2 \vee B_3 \vee B_5 .$$

Nach diesen Gleichungen stellt der Systembetrieb eine logische Serien-Parallel-Struktur bezüglich des Betriebes dar (Bild 5-9, rechte Seite). Die drei logischen Strukturen in den Bildern 5-7 und
5-9 sind äquivalent.

Die logischen Gl. (5-18) bis (5-23) gelten ganz allgemein, d.h.
auch für stochastisch-abhängige Komponenten.

Alle vermaschten logischen Strukturen und r-aus-n-Strukturen lassen sich auf diese Weise in logische Parallel-Serien- und Serien-
Parallel-Strukturen umformen. Ein wesentliches Merkmal ist dabei
das Auftreten identischer Komponentenzustände an verschiedenen

Plätzen innerhalb der logischen Strukturen. Dadurch wird die Berechnung erheblich erschwert, weil die Idempotenzrelationen (2-114) beachtet werden müssen. Es lassen sich deshalb auf die im ersten Augenblick einfach erscheinenden logischen Strukturen im Bild 5-9 nicht ohne weiteres die Rechenregeln für logische Serien- und Parallelstrukturen anwenden. Dagegen ist die Berechnung mit Hilfe des Verfahrens der Minimalschnitte relativ einfach.

Bisher haben wir die Minimalschnitte über ein Zustands-Blockschaltbild gewonnen. Sofern ein Zustands-Blockschaltbild vorliegt, läßt sich dieser Weg immer beschreiten. Ein Vorteil des Minimalschnitt-Verfahrens liegt darin, daß man in der Praxis die Minimalschnitte <u>immer</u> direkt aus den funktionalen oder technischen Strukturen unter Berücksichtigung der Betriebsbedingungen ermitteln kann, was die Zuverlässigkeitsanalyse sehr praxisnah gestaltet. Das ist besonders für die komplizierten Anwendungen von Bedeutung, für die ein Zustands-Blockschaltbild nicht so einfach zu entwickeln ist. Die Ermittlung der Minimalschnitte aus einer funktionalen Struktur soll im folgenden Beispiel demonstriert werden.

Beispiel Doppelrechnersystem

Bild 5-10 zeigt ein Doppelrechnersystem mit drei Wechselplattenspeichern. Die Programme und die Daten jedes Rechners sind auf den beiden zugehörigen Wechselplatten jeweils vollständig gespeichert (insgesamt also doppelt), um somit gegen den Einfachausfall geschützt zu sein. Die Programme und die Daten sollen nicht über die Rechnerkopplung ausgetauscht werden können. Es sollen die Minimalschnitte bezüglich des Totalausfalls ermittelt werden. Die Minimalschnitte lauten

$$MS_1 = A_1 \wedge A_2$$

$$MS_2 = A_1 \wedge A_4 \wedge A_5$$

$$MS_3 = A_2 \wedge A_3 \wedge A_5$$

$$MS_4 = A_3 \wedge A_4 \wedge A_5 .$$

(5-24)

Mit (5-21) bis (5-23) ließen sich analog zum Bild 5-9 entsprechende Zustands-Blockschaltbilder aufbauen, was hier jedoch nicht weiter ausgeführt wird.

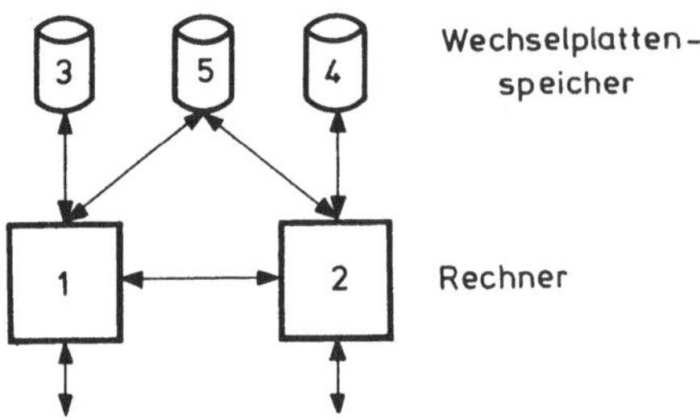

Bild 5-10. Doppelrechnersystem mit drei Wechselplattenspeichern.

5.5.2 Berechnung des Systembetriebes/Systemausfalls

Die beiden Systemzustände werden nun wahrscheinlichkeitstheoretisch durch die im Kapitel 2.2 eingeführten Kenngrößen bewertet.

Für die Wahrscheinlichkeit des Systemausfalls gilt sowohl für unsere Brückenschaltung (Gl. (5-18)) als auch für unser Doppelrechnersystem (Gl. (5-24)) die Beziehung

$$P(A_S) = P(MS_1 \vee MS_2 \vee MS_3 \vee MS_4). \tag{5-25}$$

Mit (2-116) wird diese logische ODER-Verknüpfung aufgelöst. Wir erhalten

$$
\begin{aligned}
P(A_S) = {}& P(MS_1) + P(MS_2) + P(MS_3) + P(MS_4) - \\
& - P(MS_1 \wedge MS_2) - P(MS_1 \wedge MS_3) - P(MS_1 \wedge MS_4) - \\
& - P(MS_2 \wedge MS_3) - P(MS_2 \wedge MS_4) - P(MS_3 \wedge MS_4) + \\
& + P(MS_1 \wedge MS_2 \wedge MS_3) + P(MS_1 \wedge MS_2 \wedge MS_4) + \\
& + P(MS_1 \wedge MS_3 \wedge MS_4) + P(MS_2 \wedge MS_3 \wedge MS_4) - \\
& - P(MS_1 \wedge MS_2 \wedge MS_3 \wedge MS_4).
\end{aligned}
\tag{5-26}
$$

Die Wahrscheinlichkeit, daß zwei oder mehrere Minimalschnitte gleichzeitig auftreten, ist im allgemeinen wesentlich geringer als die Wahrscheinlichkeit, daß ein Minimalschnitt auftritt. Die Zahlenwerte der Minimalschnittkombinationen in (5-26) nehmen deshalb nach unten rasch ab.

(5-25) lautet allgemeingültig

$$P(A_S) = P\left(\bigvee_k MS_k\right) \qquad (5-27)$$

und entsprechend (5-26) aufgelöst

$$P(A_S) = \sum_k P(MS_k) - \sum_{\substack{k,l \\ k < l}} P(MS_k \wedge MS_l) + \sum_{\substack{k,l,m \\ k < l < m}} P(MS_k \wedge MS_l \wedge MS_m) - \ldots$$

obere Abschätzung:
ergibt "zu große"
Ausfallwahrschein-
lichkeit [2]

untere Abschätzung:
ergibt "zu kleine"
Ausfallwahrschein-
lichkeit [2]

$$(5-28)$$

Der erste Summenausdruck liefert eine obere Abschätzung und die ersten beiden Ausdrücke zusammen eine untere Abschätzung der Systemausfallwahrscheinlichkeit bei Vernachlässigung der Restglieder. Dies ist im Anhang 8-11 bewiesen. Durch schrittweises Hinzunehmen jeweils eines weiteren Summenterms erhalten wir abwechselnd "zu große" bzw. "zu kleine" Ausfallwahrscheinlichkeiten, wobei die Abweichungen immer kleiner und bei Berücksichtigung aller Terme zu Null werden, so daß das Ergebnis in die genaue Lösung konvergiert. Im allgemeinen liegen die ersten beiden Abschätzungen jedoch schon so dicht zusammen, daß man keine weiteren Terme zu berücksichtigen braucht und deshalb mit der ersten Abschätzung allein auskommt.

Die einzelnen Wahrscheinlichkeiten $P(MS_k)$, $P(MS_k \wedge MS_l)$ usw. in (5-28) werden in den Kapiteln 5.5.3 und 5.5.5 berechnet.

Für die Wahrscheinlichkeit des Systembetriebszustandes gilt

$$P(B_S) = 1 - P(A_S) . \qquad (5-29)$$

---

[2] Die gekennzeichneten Eigenschaften "zu groß" und "zu klein" bedeuten nur eine Tendenz in eine Richtung und keine Wertung über eine große oder kleine Abweichung.

Analog zur Wahrscheinlichkeit läßt sich auch die mittlere Häufigkeit eines Systemausfalls bestimmen. Sie beträgt für unser Beispiel

$$H(A_S) = H(MS_1 \vee MS_2 \vee MS_3 \vee MS_4). \tag{5-30}$$

Entsprechend (2-118) läßt sich diese Beziehung auflösen

$$
\begin{aligned}
H(A_S) = &\, H(MS_1) + H(MS_2) + H(MS_3) + H(MS_4) - \\[4pt]
& - H(MS_1 \wedge MS_2) - H(MS_1 \wedge MS_3) - H(MS_1 \wedge MS_4) - \\[4pt]
& - H(MS_2 \wedge MS_3) - H(MS_2 \wedge MS_4) - H(MS_3 \wedge MS_4) + \\[4pt]
& + H(MS_1 \wedge MS_2 \wedge MS_3) + H(MS_1 \wedge MS_2 \wedge MS_4) + \\[4pt]
& + H(MS_1 \wedge MS_3 \wedge MS_4) + H(MS_2 \wedge MS_3 \wedge MS_4) - \\[4pt]
& - H(MS_1 \wedge MS_2 \wedge MS_3 \wedge MS_4).
\end{aligned}
\tag{5-31}
$$

(5-30) lautet allgemeingültig

$$H(A_S) = H\left(\bigvee_k MS_k\right) \tag{5-32}$$

und entsprechend (5-31) aufgelöst

$$H(A_S) = \sum_k H(MS_k) - \sum_{\substack{k,l \\ k<l}} H(MS_k \wedge MS_l) + \sum_{\substack{k,l,m \\ k<l<m}} H(MS_k \wedge MS_l \wedge MS_m) - \ldots . \tag{5-33}$$

obere Abschätzung:
ergibt "zu große"
Ausfallhäufigkeit

untere Abschätzung:
ergibt "zu kleine"
Ausfallhäufigkeit

Analog zur Systemausfallwahrscheinlichkeit lassen sich auch bei
der mittleren Systemausfallhäufigkeit die angegebenen Abschätzungen
herleiten.

Die einzelnen Häufigkeiten $H(MS_k)$, $H(MS_k \wedge MS_l)$ usw. in (5-33) werden in den Kapiteln 5.5.3 und 5.5.5 berechnet.

Für die mittlere Häufigkeit des Systembetriebszustandes gilt wegen des zweistufigen Verhaltens

$$H(B_S) = H(A_S) . \tag{5-34}$$

Für die mittlere Systembetriebsdauer und die mittlere Systemausfalldauer erhält man

$$T(B_S) = \frac{P(B_S)}{H(B_S)} , \tag{5-35}$$

$$T(A_S) = \frac{P(A_S)}{H(A_S)} . \tag{5-36}$$

Mit den Systemkenngrößen

$$\left\{ \begin{array}{l} P(B_S), \ P(A_S) \\ H(B_S), \ H(A_S) \\ T(B_S), \ T(A_S) \end{array} \right\}$$

sind die aufgabenbezogenen Systemzustände: Systembetrieb (B_S) und Systemausfall (A_S) vollständig und exakt beschrieben. Alle bisher hergeleiteten Beziehungen, insbesondere (5-28) und (5-33) gelten auch für stochastisch-abhängige Komponenten. Einschränkungen diesbezüglich werden erst bei der Berechnung der einzelnen Terme in diesen Gleichungen gemacht. Dies wird in den Kapiteln 5.5.3 und 5.5.5 beschrieben.

5.5.3 Berechnung der Minimalschnitte

Die Einzelterme $P(MS_k)$ und $H(MS_k)$ sowie die Kombinationsterme $P(MS_k \wedge MS_l)$, $H(MS_k \wedge MS_l)$ usw. in (5-28) und (5-33) werden durch Einsetzen der Komponentenausfallzustände der Minimalschnitte aufgelöst. Bei der weiteren Berechnung muß man unterscheiden, ob die Komponenten stochastisch-unabhängig sind oder nicht. Wir werden in diesem Kapitel die Minimalschnitte für stochastisch-unabhängige Komponentenzustände berechnen, wobei wir im Hinblick auf die ab-

gestufte Berechnungsmöglichkeit mit den im Kapitel 5.5.4 beschriebenen Näherungslösungen zwischen <u>einzelnen Minimalschnitten</u> und
<u>Minimalschnittkombinationen</u> unterscheiden.

1 Kenngrößen der einzelnen Minimalschnitte

Die Kenngrößen der einzelnen Minimalschnitte MS_k lauten:

Wahrscheinlichkeit der Minimalschnitte

$$P(MS_k) = P\left(\bigwedge_{\substack{i \\ i \in k}} A_i\right) = \prod_{\substack{i \\ i \in k}} P(A_i). \qquad (5\text{-}37)$$

Mittlere Häufigkeit der Minimalschnitte

$$H(MS_k) = H\left(\bigwedge_{\substack{i \\ i \in k}} A_i\right) = \sum_{\substack{m \\ m \in k}} H(A_m) \prod_{\substack{i \\ i \in k \\ i \neq m}} P(A_i). \qquad (5\text{-}38)$$

Die mittlere Häufigkeit der Minimalschnitte kann man mit (2-122)
auch einfacher über die mittleren Dauern der Komponentenausfallzustände berechnen. Für die mittlere Dauer der Minimalschnitte
gilt demzufolge

$$T(MS_k) = T\left(\bigwedge_{\substack{i \\ i \in k}} A_i\right) = \frac{1}{\displaystyle\sum_{\substack{i \\ i \in k}} \frac{1}{T(A_i)}}. \qquad (5\text{-}39)$$

Die mittlere Häufigkeit beträgt damit

$$H(MS_k) = \frac{P(MS_k)}{T(MS_k)}. \qquad (5\text{-}40)$$

Mit diesen Formeln sind die Kenngrößen der einzelnen Minimalschnitte vollständig beschrieben.

2 Kenngrößen der Minimalschnittkombinationen

Die Kenngrößen der Minimalschnittkombinationen $MS_k \wedge MS_1 \wedge \ldots$ entfallen in einer angenäherten Systemberechnung. Sie müssen nur in einer genauen Systemberechnung berücksichtigt werden. Dies geschieht in der gleichen Weise wie bei den einzelnen Minimalschnitten durch Einsetzen der Ausfallzustände, jedoch zusätzlich unter Beachten der Idempotenzrelationen. Wir erhalten für die einzelnen Kenngrößen:

Wahrscheinlichkeit der Minimalschnitte

$$P(MS_k \wedge MS_1 \wedge \ldots) = P\left(\bigwedge_{\substack{i \\ i \in k,1\ldots}} A_i \right) = \prod_{\substack{i \\ i \in k,1\ldots}} P(A_i). \qquad (5\text{-}41)$$

Mittlere Häufigkeit der Minimalschnitte

$$H(MS_k \wedge MS_1 \wedge \ldots) = H\left(\bigwedge_{\substack{i \\ i \in k,1\ldots}} A_i \right) = \sum_{\substack{m \\ m \in k,1\ldots}} H(A_m) \prod_{\substack{i \\ i \in k,1\ldots \\ i \neq m}} P(A_i).$$

$$(5\text{-}42)$$

Die mittlere Häufigkeit der Minimalschnitte kann man auch hier einfacher über die mittleren Dauern der Komponentenausfallzustände berechnen. Für die mittlere Dauer der Minimalschnitte erhalten wir demzufolge

$$T(MS_k \wedge MS_1 \wedge \ldots) = T\left(\bigwedge_{\substack{i \\ i \in k,1\ldots}} A_i \right) = \frac{1}{\displaystyle\sum_{\substack{i \\ i \in k,1\ldots}} \frac{1}{T(A_i)}}. \qquad (5\text{-}43)$$

Die mittlere Häufigkeit beträgt damit

$$H(MS_k \wedge MS_1 \wedge \ldots) = \frac{P(MS_k \wedge MS_1 \wedge \ldots)}{T(MS_k \wedge MS_1 \wedge \ldots)}. \qquad (5\text{-}44)$$

Die Gleichungen (5-37) bis (5-40) unterscheiden sich von (5-41) bis
(5-44) nur dadurch, daß anstelle der einzelnen Minimalschnitte MS_k
die Minimalschnittkombinationen $MS_k \wedge MS_1 \wedge \dots$ eingesetzt werden.
Die Kenngrößen $P(MS_k \wedge MS_1 \wedge \dots)$, $H(MS_k \wedge MS_1 \wedge \dots)$ und $T(MS_k \wedge MS_1 \wedge \dots)$
können aber nicht direkt mit (2-117), (2-119) und (2-122) berech-
net werden, da die Minimalschnitte gemeinsame Ausfallzustände enthalten können und dann stochastisch-abhängig sind. Es müssen also
zuerst die Ausfallzustände der Minimalschnitte eingesetzt werden
und identische Ausfallzustände A_i in den Verknüpfungen $MS_k \wedge MS_1 \wedge \dots$
durch die Idempotenzrelationen eliminiert werden.

Mit (5-37) bis (5-44) ist die Systemausfallwahrscheinlichkeit nach
(5-28) und die Systemausfallhäufigkeit nach (5-33) für stochastisch-
unabhängige Komponenten berechenbar.

5.5.4 Näherungsformeln zur Berechnung von Systemen mit stochastisch-unabhängigen Komponenten

Das Verfahren der Minimalschnitte ist in der bisher vorliegenden
Form zur Berechnung großer Systeme ungeeignet, da die Anzahl der
Terme in (5-28) und (5-33) mit der Anzahl der Minimalschnitte expo-
nentiell anwächst und somit unüberschaubar wird. Eine genaue Berechnung ist jedoch in fast allen Anwendungen nicht nötig. Das Verfahren bietet die Möglichkeit zur Herleitung brauchbarer Näherungslösungen, wie im folgenden für Systeme mit stochastisch-unabhängigen Komponenten gezeigt wird.

Näherung 1. Art

In (5-28) und (5-33) sind für $P(A_S)$ und $H(A_S)$ eine obere und eine
untere Abschätzung angegeben. Sie lauten

$$\underbrace{\sum_k P(MS_k)}_{\substack{\text{obere} \\ \text{Abschätzung}}} \geq P(A_S) \geq \underbrace{\sum_k P(MS_k) - \sum_{\substack{k,1 \\ k < 1}} P(MS_k \wedge MS_1)}_{\text{untere Abschätzung}}, \tag{5-45}$$

$$\sum_k H(MS_k) \geq H(A_S) \geq \sum_k H(MS_k) - \sum_{\substack{k,1 \\ k < 1}} H(MS_k \wedge MS_1). \tag{5-46}$$

In den meisten technischen Systemen gelten für die einzelnen Komponenten die Annahmen

$$P(B) \approx 1 \qquad \text{und} \qquad P(A) \ll 1. \tag{5-47}$$

Setzt man diese Abschätzung für die Komponentenausfallwahrscheinlichkeiten in (5-37), (5-38), (5-41) und (5-42) ein, so erhält man folgende Abschätzungen:

$$\sum_k P(MS_k) \gg \sum_{\substack{k,l \\ k<l}} P(MS_k \wedge MS_l)$$

$$\sum_k H(MS_k) \gg \sum_{\substack{k,l \\ k<l}} H(MS_k \wedge MS_l). \tag{5-48}$$

Damit liegt die obere Abschätzung meistens so nahe am richtigen Modellergebnis, daß man mit dieser auskommt. Diese Abschätzung soll als Näherung 1. Art bezeichnet werden. Die Gleichungen dazu lauten

$$P(A_S) \leq \sum_k P(MS_k), \tag{5-49}$$

$$\underbrace{H(A_S) \leq \sum_k H(MS_k).}_{\substack{\text{k umfaßt alle} \\ \text{Minimalschnitte}}} \tag{5-50}$$

Die Abschätzungen (5-47) bzw. (5-48) müssen nicht mehr in Systemen mit sehr vielen Komponenten mit relativ großen Ausfallwahrscheinlichkeiten gelten, wie z.B. in großen Kraftwerkssystemen. (5-49) und (5-50) gelten dann zwar immer noch, aber die Abweichungen können groß werden.

Näherung 2. Art

In technischen Anlagen treten im allgemeinen Minimalschnitte unterschiedlicher Ordnung auf. Dabei bestimmen unter der Voraussetzung in (5-47) nur die Minimalschnitte _niedrigster_ Ordnung die Systemzuverlässigkeit. In technischen Systemen sind das meistens die Minimalschnitte 1. und 2. Ordnung, in seltenen Fällen auch die Minimalschnitte 3. Ordnung. Diese Aussage ist gleichbedeutend mit der Tatsache, daß in technisch-wirtschaftlichen Systemen keine unnötigen Reserven eingebaut werden.

Aus den Aufgaben und Anforderungen technischer Anlagen läßt sich abschätzen, welche Minimalschnitte im Prinzip auftreten bzw. welche ausgeschlossen werden können. Im folgenden wird eine Zuordnung der prinzipiell möglichen Minimalschnitte zu verschiedenen Anlagentypen vorgenommen.

- <u>Minimalschnitte 1. Ordnung</u> treten als Minimalschnitte niedrigster Ordnung in wirtschaftlich arbeitenden Geräten und Anlagen der Verfahrens-, Produktions- und Energietechnik sowie in Sicherheitskreisen mit (bewährten) mechanischen oder elektromechanischen Komponenten auf, wenn keine speziellen Verfügbarkeits- und Sicherheitsanforderungen zu erfüllen sind.

  <u>Beispiele</u>

  1. Motor eines Autos mit den Bausteinen: Gehäuse, Zylinder, Kolben, Ventile usw.

  2. Prozeßrechneranlage (Beispiel 6-2) mit einem Rechner, einem Externspeicher und einem Bediensystem.

  3. Sicherheitskreise (z.B. Not-Aus-Schaltung) für Förder- und Bandanlagen des Bergbaus mit in Reihe geschalteten Relaiskontakten.

  Bei diesen Beispielen verursacht der Einfachausfall der genannten Bausteine einen Ausfall der Funktion(en) des Gerätes oder der Anlage (entspricht Minimalschnitten 1. Ordnung).

- <u>Minimalschnitte 2. Ordnung</u> treten als Minimalschnitte niedrigster Ordnung in Geräten und Anlagen der Verfahrens-, Produktions- und Energietechnik mit hohen Zuverlässigkeitsanforderungen sowie in Sicherheitskreisen mit speziellen Sicherheitsvorschriften auf. Minimalschnitte 1. Ordnung treten in diesen Systemen dann nicht auf.

  <u>Beispiele</u>

  1. Auto mit vier Reifen und einem Reservereifen (4-aus-5-Struktur), zwei Lampen, zwei Rückleuchten, Zweikreisbremssystem. Jedes dieser Teilsysteme ist für sich betrachtet ein redundantes Teilsystem.

  2. Elektrische Schaltanlage mit zwei Einspeisungen (Beispiel 6-7).

3. Für Sicherheitskreise mit elektronischen Bauelementen wird in manchen Sicherheitsvorschriften (z.B. für den Bergbau) einfache Redundanz gefordert.

Bei diesen Beispielen verursacht erst der Zweifachausfall der genannten Bausteine einen Totalausfall der Funktion(en) des Gerätes oder der
Anlage (entspricht Minimalschnitten 2. Ordnung).

- Minimalschnitte 3. Ordnung treten als Minimalschnitte niedrigster Ordnung nur in Sicherheitskreisen mit sehr hohen Sicherheitsanforderungen
  auf. Minimalschnitte 1. und 2. Ordnung werden
  dann ausgeschlossen.

  Beispiele

  1. Notkühlsystem in Kernkraftwerken mit drei
     Kühlsystemen.

  2. Dieselnotstromanlage in Kernkraftwerken mit
     drei Dieselaggregaten.

  3. Computersystem in Satelliten mit drei Com-
     putern.

  Bei diesen Beispielen verursacht erst der Drei-
  fachausfall der genannten Teilsysteme einen Totalausfall der Funktion(en) der Anlage (entspricht
  Minimalschnitten 3. Ordnung).

- Darüber hinaus gibt es einige spezielle Anlagen
  oder Systeme mit speziellen Systemausfalldefinitionen, bei denen erst Minimalschnitte 4. oder
  gar höherer Ordnung in Erscheinung treten.

  Beispiele

  1. Flugzeug mit vier Antrieben, bei dem erst der
     Ausfall aller Antriebe zum Absturz führt. Als
     Minimalschnitte niedrigster Ordnung treten
     hier Minimalschnitte 4. Ordnung auf (1-aus-4-
     Struktur).

  2. Eine riskante militärische Operation, zu der
     7 Hubschrauber eingesetzt werden, soll dann
     gelingen, wenn mindestens 2 Hubschrauber über-
     leben. Als Minimalschnitte niedrigster Ordnung
     treten hier Minimalschnitte 6. Ordnung auf
     (2-aus-7-Struktur).

Neben den Minimalschnitten niedrigster Ordnung können auch Minimal-
schnitte höherer Ordnung auftreten. Da die Zuverlässigkeit eines
Systems im allgemeinen nur durch die Minimalschnitte niedrigster
Ordnung bestimmt wird, besteht die Näherung 2. Art in der Vernach-

lässigung von Minimalschnitten höherer Ordnung (falls sie auftreten) in (5-49) und (5-50). Durch diese Vernachlässigung kann man nicht mehr sagen, daß man auf der sicheren Seite (obere Abschätzung) liegt, so daß diese Gleichungen in folgende Näherungen übergehen.

$$P(A_S) \approx \sum_i P(MS_i),$$ (5-51)

$$H(A_S) \approx \sum_i H(MS_i).$$ (5-52)

i umfaßt nur die
Minimalschnitte
niedrigster Ordnung

Es kann jedoch auch Ausnahmen von dieser Regel geben, so daß dann einzelne oder alle Minimalschnitte höherer Ordnung berücksichtigt werden müssen. Diese Ausnahmen sind

Ausnahme 1

Treten neben den Minimalschnitten niedrigster Ordnung solche höherer Ordnung auf, so können diese dann einen spürbaren Beitrag leisten, wenn ihre Anzahl sehr groß ist.

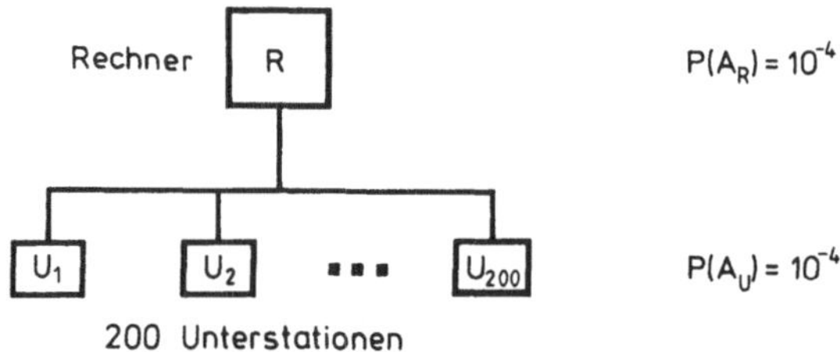

Bild 5-11. Beispiel Automatisierungssystem.

Beispiel Automatisierungssystem (Bild 5-11)

Ein Netzleitsystem eines Energieversorgungssystems besteht aus einem Rechner und n = 200 gleichen Unterstationen, mit denen Umspannwerke und Schaltanlagen überwacht und gesteuert werden. Der Systemausfall A_S sei definiert als der Ausfall der Überwachung und Steuerung von mindestens zwei Unterstationen. Die Komponenten sollen stochastisch-unabhängig sein. Wir erhalten die Kenngrößen:

Minimalschnitt 1. Ordnung

$$MS_1 = A_R.$$
(5-53)

Minimalschnitte 2. Ordnung

$$MS_1 = A_{U_i} \wedge A_{U_k} \qquad \text{mit} \qquad i \neq k.$$
(5-54)

Anzahl der Minimalschnitte 2. Ordnung nach (6-53)

$$z = \frac{n(n-1)}{1 \cdot 2} = 19.900.$$
(5-55)

Systemausfall

$$A_S = MS_1 \vee \left[\bigvee_{1=1}^{z} MS_1 \right].$$
(5-56)

Systemausfallwahrscheinlichkeit

$$P(A_S) \leq P(MS_1) + \sum_{1=1}^{z} P(MS_1) =$$

$$= P(A_R) + zP(A_U)^2 =$$

$$= 10^{-4} + 19.900 \cdot 10^{-8} = 2,99 \cdot 10^{-4}.$$
(5-57)

Man erkennt hier, daß die große Anzahl von Minimalschnitten 2. Ordnung einen größeren Einfluß als der Minimalschnitt 1. Ordnung auf den Systemausfall hat.

Ausnahme 2

Komponenten mit stark unterschiedlichen Ausfallkenngrößen können ebenfalls dazu führen, daß Minimalschnitte höherer Ordnung stärker ins Gewicht fallen und berücksichtigt werden müssen, besonders dann, wenn zusätzlich die erste Ausnahme noch hinzukommt.

Beispiel Hochspannungsmast (Bild 5-12)

An einem Hochspannungsmast sind zwei elektrische Übertragungssysteme aufgehängt. Als Systemausfall A_S sei der Ausfall beider Übertragungssysteme definiert. Dieser tritt ein, wenn entweder der Mast umknickt oder wenn beide Übertragungssysteme unabhängig voneinander zur gleichen Zeit ausgefallen sind. Die Kenngrößen betragen:

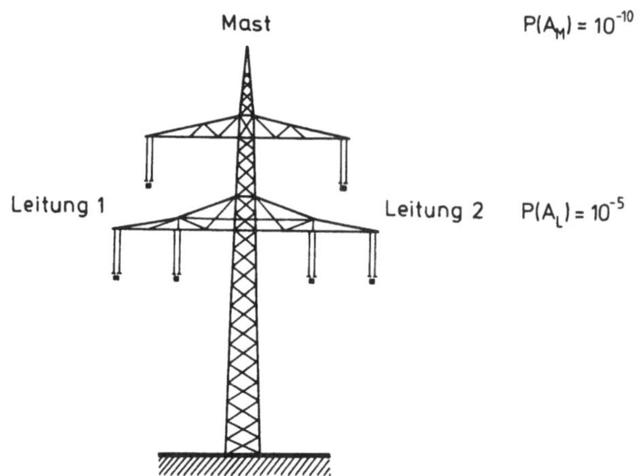

Bild 5-12. Beispiel Hochspannungsmast.

Minimalschnitt 1. Ordnung

$$MS_1 = A_M. \tag{5-58}$$

Minimalschnitt 2. Ordnung

$$MS_2 = A_{L_1} \wedge A_{L_2}. \tag{5-59}$$

Systemausfall

$$A_S = MS_1 \vee MS_2. \tag{5-60}$$

Systemausfallwahrscheinlichkeit

$$P(A_S) \leq P(MS_1) + P(MS_2) =$$

$$= P(A_M) + P(A_L)^2 =$$

$$= 10^{-10} + 10^{-10} = 2 \cdot 10^{-10}. \tag{5-61}$$

Aufgrund der im Vergleich zum Mastumbruch (Minimalschnitt 1. Ordnung) hohen Ausfallwahrscheinlichkeit der beiden Leitungssysteme (Minimalschnitt 2. Ordnung) müssen diese berücksichtigt werden.

Beispiel Kraftwerksreserve

Die Ausnahmen 1 und 2 treten zusammen in Kraftwerkssystemen auf [39,41].

<u>Ausnahme 3</u>
Common-mode Ausfälle können ebenfalls dazu führen, daß Minimalschnitte höherer Ordnung berücksichtigt werden müssen.

Zur Berücksichtigung von common-mode Ausfällen
sei auf die Beispiele 4-8 und 6-6 verwiesen.

Treten diese Ausnahmen auf, so ist Vorsicht geboten und zu prüfen,
ob Minimalschnitte vernachlässigt werden dürfen. Zur Prüfung reicht
oft eine vereinfachte grobe Abschätzung unter Zugrundelegen stochastisch-unabhängiger Komponenten aus, die man im Umgang mit solchen Systemen schnell erlernt. Man kann jedoch sagen, daß in den
meisten Anwendungen (z.B. elektrische Schaltanlagen, elektronische
Anlagen, Automatisierungssysteme) die <u>Summe</u> der Minimalschnitte
höherer Ordnung gegenüber der <u>Summe</u> der Minimalschnitte niedrigster
Ordnung vernachlässigbar ist.

Durch die systematische Verringerung der zu untersuchenden Minimalschnitte wird der Rechenaufwand auf ein den technischen Notwendig-
keiten entsprechendes Minimum reduziert. Der Zuverlässigkeitsweg
wird somit auch leicht durchschaubar. Man kann dieses Verfahren in
Analogie zu dem im Kapitel 3.2.4 beschriebenen Verfahren der wahrscheinlichen Übergänge auch als Verfahren der wahrscheinlichen Minimalschnitte bezeichnen. Die Reduktion der Minimalschnitte stellt
eine Art qualitative Sensitivitätsanalyse dar, die auch ohne Zahlenwertrechnung Aufschluß über Schwachstellen im System geben kann.

Nachdem die Anzahl der zu berechnenden Minimalschnitte durch die
Vorauswahl drastisch verringert wurde, bestimmen von den verblei-
benden Minimalschnitten niedrigster Ordnung meistens nur wenige
die Zuverlässigkeit des Systems. Diese Minimalschnitte können jedoch nur durch die Berechnung erkannt werden. Dieser Berechnungsschritt stellt als Ergänzung zur Vorauswahl der Minimalschnittte
eine Art quantitative Sensitivitätsanalyse dar, weil durch die Berechnung der zahlenmäßige Einfluß der Komponenten auf die Minimalschnitte und damit auf die Systemzuverlässigkeit ermittelt wird.

Obwohl wir meistens nur wenige Minimalschnitte zu untersuchen brauchen, ist es trotzdem ratsam, alle Minimalschnitte zu ermitteln,
um das Ausfallverhalten vollständig zu analysieren und zu verstehen. Ferner wird dann gewährleistet, daß auch keine wesentlichen
Minimalschnitte unerkannt bleiben.

5.5.5 Näherungsformeln zur Berechnung von Systemen mit stochastisch-abhängigen Komponenten (Verfahren der Markoffschen Minimalschnitte)

Bei Berechnung von Systemen mit stochastisch-abhängigen Komponenten gelten (5-37) bis (5-43) nicht mehr. Die Verfahrensschritte zur Berücksichtigung stochastisch-abhängiger Komponentenzustände werden in diesem Kapitel entwickelt. Da in den Anwendungen eine exakte Berechnung zu aufwendig wäre, streben wir die Entwicklung einfacher Näherungslösungen an.

Zunächst stellen wir folgende Überlegung an. Stochastische Abhängigkeiten haben in logischen Serien- und Parallelstrukturen unterschiedliche Auswirkungen. Stochastische Abhängigkeiten zwischen <u>in Reihe</u> liegenden Betriebszuständen haben nur schwache Auswirkungen auf die Zuverlässigkeit der Reihenanordnung, da der Ausfall jeder Komponente zum Ausfall der Reihenschaltung führt, unabhängig davon, ob noch eine oder mehrere Komponenten der Reihenschaltung zusätzlich ausfallen (siehe auch Beispiel 4-7). Dagegen können stochastische Abhängigkeiten zwischen <u>parallel</u> liegenden Betriebszuständen einen großen Einfluß auf die Zuverlässigkeit der Parallelanordnung haben, da hier der Betrieb der Parallelschaltung sehr wohl davon abhängt, ob der Ausfall einer Komponente andere beeinflußt bzw. andere mit ausfallen (siehe Beispiel 4-8 bis 4-11). Zur Entwicklung einer Näherungslösung muß also unterschieden werden, ob stochastische Abhängigkeiten zwischen in Reihe oder zwischen parallel geschalteten Betriebszuständen auftreten. In dieser Richtung untersuchen wir als nächstes die Minimalschnitte. Wir können über sie folgende Aussagen treffen.

1. Jeder Minimalschnitt repräsentiert einen Betriebszustandsblock, der bei Minimalschnitten 1. Ordnung aus einem Betriebszustand und bei Minimalschnitten n. Ordnung aus n parallelgeschalteten Betriebszuständen besteht.

2. Der Systembetriebszustand B_S läßt sich als logische Serienstruktur der unter 1. beschriebenen Betriebszustandsblöcke darstellen.

Diese beiden Aussagen lassen sich am Beispiel im Bild 5-9 (rechtes Zustands-Blockschaltbild) nachvollziehen.

Näherung 3. Art

Mit den bisher angestellten Überlegungen läßt sich für die Systemberechnung folgende Näherungslösung entwickeln, die wir als Näherung 3. Art bezeichnen. Diese Näherung besteht darin, daß ausgehend von den Näherungen 1. oder 2. Art die stochastischen Abhängigkeiten zwischen den Minimalschnitten, d.h. <u>zwischen</u> den unter 2.
beschriebenen in Reihe liegenden Betriebszustandsblöcken vernachlässigt werden. Wir erhalten damit die Näherungslösung für den Systemausfall A_S zu

$$P(A_S) \approx \sum_k P(MS_k) , \tag{5-62}$$

$$H(A_S) \approx \sum_k H(MS_k) . \tag{5-63}$$

Eine obere Abschätzung entsprechend (5-49) und (5-50) existiert
bei Vernachlässigung stochastischer Abhängigkeiten zwischen den
Minimalschnitten nicht. Sie existiert nur dann, wenn stochastische
Abhängigkeiten zwischen den Minimalschnitten berücksichtigt werden. Dieser Fall wird jedoch nicht betrachtet, da er zu sehr aufwendigen Berechnungen führt. Er braucht auch nicht in Betracht ge-
zogen zu werden, da die Abweichungen zwischen genauer und angenäherter Berechnung vernachlässigbar gering sind. Es wurde deshalb in
(5-62) und (5-63) anstelle des Zeichens "kleiner als" das Nähe-
rungszeichen eingesetzt. Diese Tatsache wird im Anhang 8-12 bewiesen. In dieser Untersuchung wird auch deutlich, daß für große Systeme eine exakte Systemberechnung unter Berücksichtigung stochastischer Abhängigkeiten nahezu unmöglich ist.

Auch in Systemen mit stochastisch-abhängigen Komponenten kann man
davon ausgehen, daß die Minimalschnitte niedrigster Ordnung die
Systemzuverlässigkeit bestimmen, so daß die im Kapitel 5.5.4 getroffenen Aussagen auch hier gültig sind. (5-62) und (5-63) gelten
deshalb auch für den Fall, daß nur die Minimalschnitte niedrigster
Ordnung berücksichtigt werden.

Durch die Vernachlässigung der stochastischen Abhängigkeiten <u>zwi-
schen</u> den Minimalschnitten können diese unabhängig voneinander modelliert und berechnet werden, wobei jedoch stochastische Abhängigkeiten <u>innerhalb</u> der Minimalschnitte berücksichtigt werden kön-

nen. Wie die vorangegangenen Überlegungen zeigten, können diese einen großen Einfluß auf den Minimalschnitt und damit auf das System haben.

Im folgenden wollen wir die einzelnen Verfahrensschritte zur Berücksichtigung stochastischer Abhängigkeiten in den Minimalschnitten beschreiben. Dazu werden die Minimalschnitte über einen Markoffschen Prozeß modelliert und berechnet. Die auf diese Weise berechneten Minimalschnitte nennen wir Markoffsche Minimalschnitte und das Verfahren sinngemäß das Verfahren der Markoffschen Minimalschnitte.

Wir wollen zuerst die einzelnen Überlegungen zur Modellierung Markoffscher Minimalschnitte an einem kleinen Beispiel kennenlernen und dann allgemeingültig formulieren.

Beispiel zur Modellierung Markoffscher Minimalschnitte

Wir legen das Zustands-Blockschaltbild 5-13 zugrunde. Die Komponenten 1, 2 und 3 sollen stochastisch-abhängig sein. Die stochastische Abhängigkeit soll darin bestehen, daß nur eine Instandsetzungsmannschaft eingesetzt wird (siehe Beispiel 4-9). Die einzelnen Schritte sind:

Ermittlung der Minimalschnitte

$$MS_1 = A_1 \wedge A_2$$
$$MS_2 = A_1 \wedge A_3 .$$

$$(5-64)$$

Ermittlung des Systemausfalls

$$A_S = MS_1 \vee MS_2 .$$

$$(5-65)$$

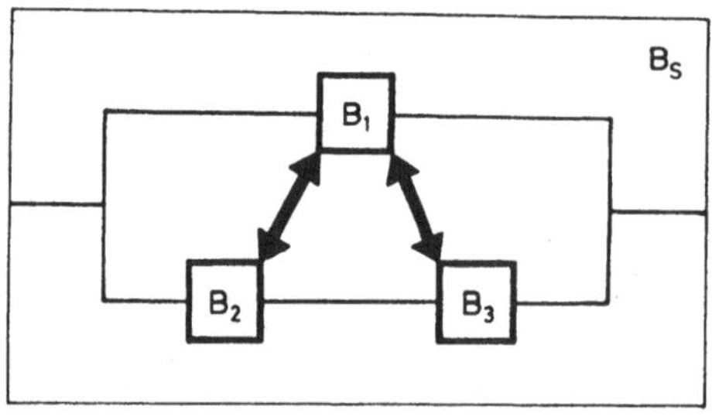

Bild 5-13. Zustands-Blockschaltbild mit Kennzeichnung der stochastischen Abhängigkeiten zwischen den Komponenten 1 und 2 bzw. 1 und 3.

Berechnung der Wahrscheinlichkeit des Systemausfalls mit der Näherung 3. Art, d.h. Vernachlässigung der stochastischen Abhängigkeit zwischen den Minimalschnitten. Die Gleichung dazu lautet

$$P(A_S) \approx P(MS_1) + P(MS_2). \qquad (5-66)$$

Einsetzen der Minimalschnitte

$$P(A_S) \approx \underbrace{P(A_1 \wedge A_2)}_{\substack{\text{Berechnung} \\ \text{mit Mar-} \\ \text{koffschen} \\ \text{Prozeß 1}}} + \underbrace{P(A_1 \wedge A_3)}_{\substack{\text{Berechnung} \\ \text{mit Mar-} \\ \text{koffschen} \\ \text{Prozeß 2}}}. \qquad (5-67)$$

Die beiden Minimalschnitte werden jeweils mit einem Markoffschen Prozeß berechnet. Diese Markoffschen Prozesse wurden im Beispiel 4-9 beschrieben, so daß wir auf deren Ergebnisse zurückgreifen. Bild 5-14 zeigt die beiden Markoffschen Prozesse, die wir benötigen. Die Markoffschen Zustände MZ_4 und MZ_5 bilden jeweils die Minimalschnitte, weshalb wir die beiden Modelle auch als Markoffsche Minimalschnittmodelle bezeichnen. Die Wahrscheinlichkeiten $P(MS_1)$ und $P(MS_2)$ lassen sich als Kenngrößen der Markoffschen Prozesse berechnen. Dabei muß jeder Minimalschnitt durch einen eigenen Markoffschen Prozeß modelliert und berechnet werden. Die auf diese Art berechneten Minimalschnitte werden Markoffsche Minimalschnitte genannt. Man erkennt im Bild 5-14, daß die Schnittstelle zwischen Markoffschen Zuständen und Minimalschnitten die logischen UND-Verknüpfungen $A_1 \wedge A_2$ und $A_1 \wedge A_3$ bilden.

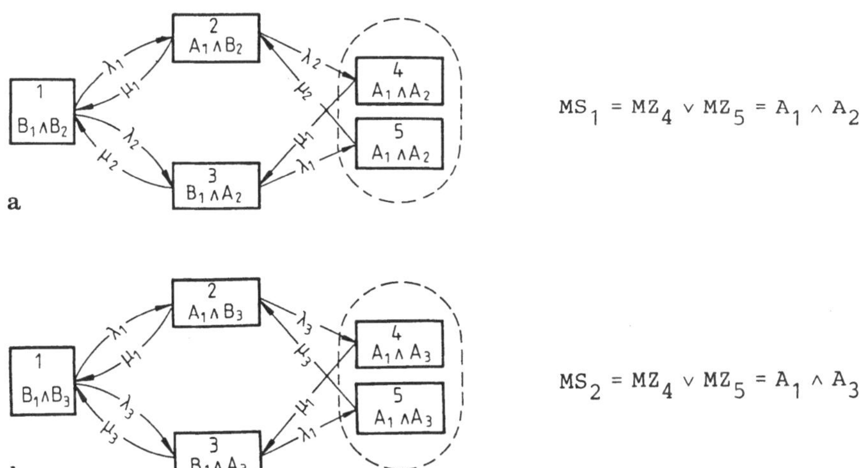

$$MS_1 = MZ_4 \vee MZ_5 = A_1 \wedge A_2;$$

$$MS_2 = MZ_4 \vee MZ_5 = A_1 \wedge A_3.$$

Bild 5-14. Modellierung der Minimalschnitte durch Markoffsche Prozesse. a) Markoffscher Prozeß 1; b) Markoffscher Prozeß 2.

Im Anhang 8-12 wurde ein weiteres Beispiel mit Minimalschnitten 1. Ordnung beschrieben.

Die einzelnen Berechnungsschritte sollen jetzt allgemeingültig formuliert werden.

Kenngrößen Markoffscher Minimalschnitte

Im Minimalschnitt MS_k sind die Komponentenausfallzustände logisch UND-verknüpft:

$$MS_k = \bigwedge_{\substack{i \\ i \in k}} A_i .$$

(5-68)

Es wird ein geeignetes Markoffsches Modell gebildet, das den Minimalschnitt MS_k als Markoffschen Zustand (oder als Markoffsche Zustände) MZ_1 mit der gleichen logischen UND-Verknüpfung der Komponentenausfallzustände enthält.

$$MZ_1 = \bigwedge_{\substack{i \\ i \in 1}} A_i .$$

(5-69)

Der Minimalschnitt MS_k umfaßt nun alle gleichen Zustände MZ_1 des Markoffschen Modells:

$$MS_k = \bigvee_{\substack{1 \\ 1 \in k}} MZ_1 .$$

(5-70)

Die Kenngrößen

$$P(MS_k) = P\left(\bigvee_{\substack{1 \\ 1 \in k}} MZ_1 \right)$$

(5-71)

$$H(MS_k) = H\left(\bigvee_{\substack{1 \\ 1 \in k}} MZ_1 \right)$$

des Minimalschnittes MS_k werden mit dem Verfahren der Markoffschen Prozesse berechnet. Aus dem Quotient $P(MS_k)$ durch $H(MS_k)$ folgt $T(MS_k)$.

Vergleicht man die Ausführungen der letzten beiden Kapitel, so erkennt man, daß stochastische Abhängigkeiten lediglich durch eine spezielle Berechnung der Minimalschnitte berücksichtigt werden.

Die bisher hergeleiteten Verfahrensschritte lassen sich schematisieren. Bild 5-17 zeigt das Prinzip der Vorgehensweise.

Zusammenfassend läßt sich festhalten, daß die eigentliche Leistungsfähigkeit des Verfahrens der Markoffschen Minimalschnitte in der Berücksichtigung mehrstufiger und stochastisch-abhängiger Komponentenzustände liegt. Mit dem Verfahren läßt sich das Anwendungsspektrum auf große Systeme mit realistischen Komponenten- und Systemeigenschaften erweitern, die bisher nicht oder nur grob vereinfacht berücksichtigt werden konnten. Untersuchungen hierzu sind auch schon in [34,42,46-48,50,54] angestellt worden.

In den Beispielen 4-8 bis 4-11 wurden Zweikomponentensysteme mit wichtigen stochastischen Abhängigkeiten behandelt, deren Ergebnisse als Minimalschnittergebnisse 2. Ordnung interpretierbar sind und direkt für Systemberechnungen übernommen werden können. Dies wird in den Beispielen 6-5 bis 6-7 im einzelnen gezeigt.

5.6 Verfahren der Minimalwege

Das Verfahren der Minimalwege ist das komplementäre Verfahren zum Minimalschnitt-Verfahren. Da für das Minimalweg-Verfahren keine geeigneten Näherungslösungen entwickelt werden können, hat es keine große Bedeutung für die Anwendung erreicht. Wir wollen jedoch zum Erkennen von Zusammenhängen und zum tieferen Verständnis dieses Verfahren ebenfalls beschreiben. Dazu wird das Zustands-Blockschaltbild 5-7 zugrunde gelegt. Zur Erläuterung des Verfahrens stellt man sich das zu untersuchende System als Übertragungssystem vor, dessen Aufgabe (die durch B_S definiert ist) erfüllt werden kann, wenn Wege zwischen dem Eingang und dem Ausgang intakt sind. Beim Verfahren der Minimalwege werden alle Wege vom Eingang zum

Ausgang ermittelt. Wege und Minimalwege sind folgendermaßen definiert:

- **Definition eines Weges (W)**

  Unter einem Weg versteht man eine Kombination von Komponentenbetriebszuständen, die zum Betrieb des Systems führen.

- **Definition eines Minimalweges (MW)**

  Unter einem Minimalweg versteht man eine Kombination von Komponentenbetriebszuständen (Weg), die für den Systembetrieb über diesen Weg hinreichend und notwendig sind. In einem Minimalweg führt der Ausfall jeder in ihm enthaltenen Komponente zur Aufhebung dieses Weges.

Für Zuverlässigkeitsberechnungen interessieren nur die Minimalwege. Die Wege werden durch die Minimalwege indirekt mit berücksichtigt.

5.6.1 Ermittlung der Minimalwege und des Systembetriebes/Systemausfalls

Für das Beispiel im Bild 5-7 erhält man die im Bild 5-15 angegebenen Minimalwege. Sie lauten

$$MW_1 = B_1 \wedge B_3$$

$$MW_2 = B_2 \wedge B_4$$

$$MW_3 = B_1 \wedge B_4 \wedge B_5 \tag{5-72}$$

$$MW_4 = B_2 \wedge B_3 \wedge B_5 .$$

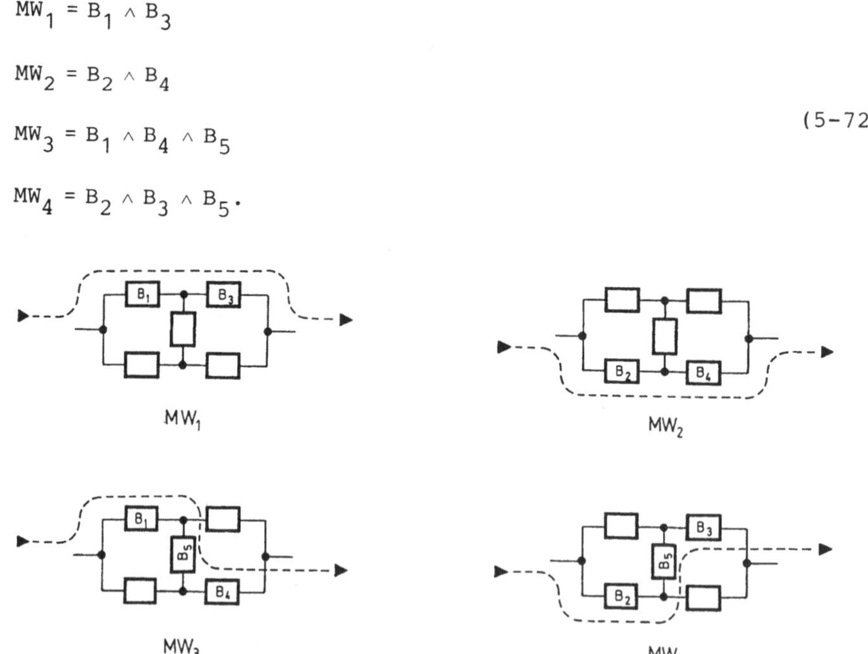

Bild 5-15. Ermittlung der Minimalwege aus Bild 5-7.

In dem Beispiel ist $MW_1 = B_1 \wedge B_3$ ein Minimalweg, weil der Betrieb beider Komponenten für den Systembetrieb über diesen Weg unbedingt notwendig ist. Der Ausfall der Komponente 1 oder 2 führt nämlich zur Aufhebung dieses Weges oder anders ausgedrückt, der Ausfall einer der beiden Komponenten führt zum Ausfall des Systems.

Dagegen ist der Zustand $W = B_1 \wedge B_2 \wedge B_3$ kein Minimalweg, sondern nur ein Weg, weil der Ausfall der Komponente 2 den Weg nicht aufhebt.

Zwei weitere Beispiele seien noch erwähnt. Die logische Serienstruktur im Bild 5-5 enthält einen einzigen Minimalweg und die logische Parallelstruktur im Bild 5-6 enthält n (n = Anzahl der Betriebszustände) Minimalwege.

In Minimalwegen ist die Kenntnis der Zustände der restlichen, nicht enthaltenen Komponenten ohne Bedeutung, weshalb deren Zustände nicht betrachtet werden. Sie werden jedoch indirekt durch die Minimalwege berücksichtigt.

In einem Minimalweg sind die Komponentenbetriebszustände logisch UND-verknüpft. Entsprechend der Anzahl der logisch UND-verknüpften Komponentenbetriebszustände unterscheidet man zwischen Minimalwegen unterschiedlicher Ordnung:

$$
MW = \begin{cases}
B_i & \text{1. Ordnung} \\
B_i \wedge B_j & \text{2. Ordnung} \\
B_i \wedge B_j \wedge B_k & \text{3. Ordnung} \\
\quad\vdots \\
B_i \wedge B_j \wedge B_k \wedge \ldots & \text{n. Ordnung} \\
\multicolumn{1}{c}{\text{(insgesamt n Komponenten)}}.
\end{cases}
\tag{5-73}
$$

Im Bild 5-15 treten nur Minimalwege 2. und 3. Ordnung auf.

Wir wollen jetzt den Systembetrieb B_S berechnen. Er tritt dann auf, wenn mindestens einer der vier Minimalwege existiert. Die Verknüpfung zum Systembetriebszustand lautet

$$
B_S = MW_1 \vee MW_2 \vee MW_3 \vee MW_4 .
\tag{5-74}
$$

Durch die logische ODER-Verknüpfung der Minimalwege ist der Systembetriebszustand exakt beschrieben. Er stellt eine logische Parallel-Serien-Struktur bezüglich des Betriebes dar (Bild 5-16, linke Seite).

Betriebslogik-Darstellung   Ausfallogik – Darstellung

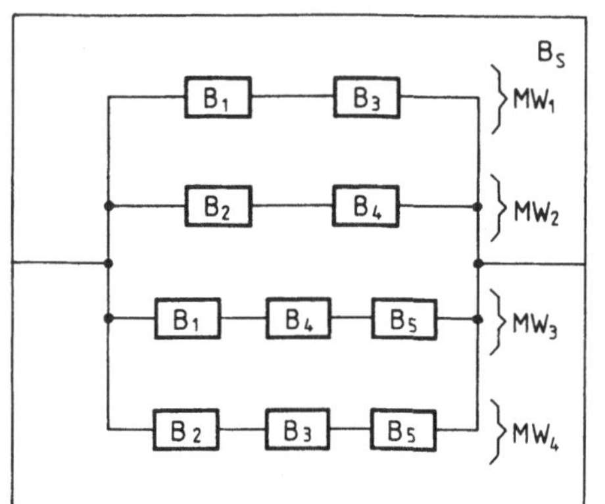

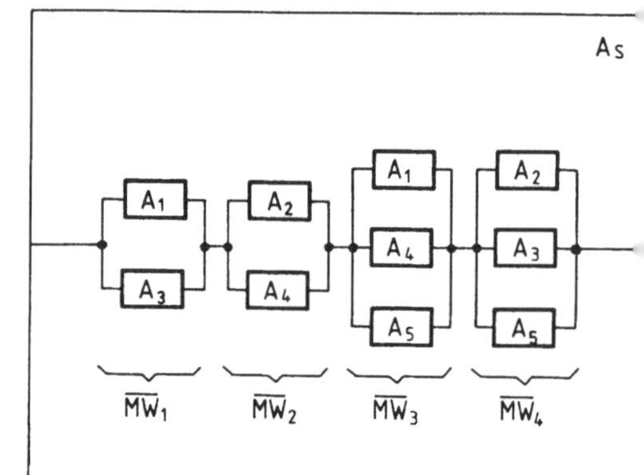

Bild 5-16. Darstellung der Minimalwege aus Bild 5-15 in Zustands-Blockschaltbildern.

Der Systembetrieb B_S wird allgemein als logische ODER-Verknüpfung über alle Minimalwege ausgedrückt. Die Beziehung dazu lautet

$$B_S = \bigvee_k MW_k .$$
(5-75)

Die logische Verknüpfung in (5-75) beinhaltet nicht nur, wie schon erwähnt, alle Minimalwege, sondern auch alle Wege, d.h. alle möglichen Betriebszustände des Systems. Im Anhang 8-10 ist dieser Sachverhalt an einem kleinen Beispiel erläutert.

Der Systemausfall A_S ist das Komplement zum Systembetrieb B_S. Wir erhalten für unser Beispiel die Beziehung

$$A_S = \overline{B}_S = \overline{MW}_1 \wedge \overline{MW}_2 \wedge \overline{MW}_3 \wedge \overline{MW}_4 .$$
(5-76)

Durch Negieren der Minimalwege in (5-72) erhalten wir

$$\overline{MW}_1 = A_1 \vee A_3$$

$$\overline{MW}_2 = A_2 \vee A_4$$

$$\overline{MW}_3 = A_1 \vee A_4 \vee A_5 \qquad\qquad (5\text{-}77)$$

$$\overline{MW}_4 = A_2 \vee A_3 \vee A_5 .$$

Demnach stellt der Systemausfall eine logische Serien-Parallel-Struktur bezüglich des Ausfalls dar (Bild 5-16, rechte Seite). Die fünf logischen Strukturen der Zustands-Blockschaltbilder in den Bildern 5-7, 5-9 und 5-16 sind äquivalent.

Die logischen Gl. (5-72) bis (5-77) gelten ganz allgemein, d.h. auch für stochastisch-abhängige Komponenten.

5.6.2 Berechnung des Systembetriebes/Systemausfalls

Die Systemzustände B_S und A_S werden nun durch die Kenngrößen P, H und T bewertet.

Für die Wahrscheinlichkeit des Systembetriebes gilt für unsere Brückenschaltung (Gl. (5-72)) die Beziehung

$$P(B_S) = P(MW_1 \vee MW_2 \vee MW_3 \vee MW_4) . \qquad (5\text{-}78)$$

Mit (2-116) wird diese logische ODER-Verknüpfung aufgelöst. Man erhält die Gleichung

$$\begin{aligned}
P(B_S) = {}& P(MW_1) + P(MW_2) + P(MW_3) + P(MW_4) - \\[4pt]
& - P(MW_1 \wedge MW_2) - P(MW_1 \wedge MW_3) - P(MW_1 \wedge MW_4) - \\[4pt]
& - P(MW_2 \wedge MW_3) - P(MW_2 \wedge MW_4) - P(MW_3 \wedge MW_4) + \\[4pt]
& + P(MW_1 \wedge MW_2 \wedge MW_3) + P(MW_1 \wedge MW_2 \wedge MW_4) + \\[4pt]
& + P(MW_1 \wedge MW_3 \wedge MW_4) + P(MW_2 \wedge MW_3 \wedge MW_4) - \\[4pt]
& - P(MW_1 \wedge MW_2 \wedge MW_3 \wedge MW_4) . \qquad (5\text{-}79)
\end{aligned}$$

(5-78) lautet allgemeingültig

$$P(B_S) = P\left(\bigvee_k MW_k\right) \tag{5-80}$$

und entsprechend (5-79) aufgelöst

$$P(B_S) = \sum_k P(MW_k) - \sum_{\substack{k,l \\ k<l}} P(MW_k \wedge MW_l) + \sum_{\substack{k,l,m \\ k<l<m}} P(MW_k \wedge MW_l \wedge MW_m) - \cdots .$$

$$\tag{5-81}$$

Die einzelnen Wahrscheinlichkeiten $P(MW_k)$, $P(MW_k \wedge MW_l)$ usw. werden im Kapitel 5.6.3 berechnet.

Für die Wahrscheinlichkeit des Systemausfallzustandes gilt

$$P(A_S) = 1 - P(B_S). \tag{5-82}$$

Nachdem wir die Wahrscheinlichkeiten betrachtet haben, wollen wir jetzt die mittleren Häufigkeiten untersuchen. Für die mittlere Häufigkeit eines Systemausfalls erhalten wir für unser Beispiel die Beziehung

$$H(B_S) = H(MW_1 \vee MW_2 \vee MW_3 \vee MW_4). \tag{5-83}$$

Analog zur Wahrscheinlichkeit läßt sich über (2-118) die mittlere Häufigkeit auflösen. Sie beträgt

$$\begin{aligned}
H(B_S) = {}& H(MW_1) + H(MW_2) + H(MW_3) + H(MW_4) - \\[4pt]
& - H(MW_1 \wedge MW_2) - H(MW_1 \wedge MW_3) - H(MW_1 \wedge MW_4) - \\[4pt]
& - H(MW_2 \wedge MW_3) - H(MW_2 \wedge MW_4) - H(MW_3 \wedge MW_4) + \\[4pt]
& + H(MW_1 \wedge MW_2 \wedge MW_3) + H(MW_1 \wedge MW_2 \wedge MW_4) + \\[4pt]
& + H(MW_1 \wedge MW_3 \wedge MW_4) + H(MW_2 \wedge MW_3 \wedge MW_4) - \\[4pt]
& - H(MW_1 \wedge MW_2 \wedge MW_3 \wedge MW_4). \tag{5-84}
\end{aligned}$$

(5-83) lautet allgemeingültig

$$H(B_S) = H\left(\bigvee_k MW_k\right) \tag{5-85}$$

und entsprechend (5-84) aufgelöst

$$H(B_S) = \sum_k H(MW_k) - \sum_{\substack{k,l \\ k < l}} H(MW_k \wedge MW_l) + \sum_{\substack{k,l,m \\ k < l < m}} H(MW_k \wedge MW_l \wedge MW_m) - \ldots \tag{5-86}$$

Die einzelnen Häufigkeiten $H(MW_k)$, $H(MW_k \wedge MW_l)$ usw. werden im Kapitel 5.6.3 berechnet.

Für die mittlere Häufigkeit des Systemausfalls gilt wegen des zweistufigen Betriebsverhaltens die Beziehung

$$H(A_S) = H(B_S). \tag{5-87}$$

Die mittlere Systembetriebsdauer beträgt

$$T(B_S) = \frac{P(B_S)}{H(B_S)}. \tag{5-88}$$

Die mittlere Systemausfalldauer beträgt

$$T(A_S) = \frac{P(A_S)}{H(A_S)}. \tag{5-89}$$

Mit den Systemkenngrößen

$$\left\{ \begin{array}{l} P(B_S), \ P(A_S) \\ H(B_S), \ H(A_S) \\ T(B_S), \ T(A_S) \end{array} \right\}$$

ist der Systembetrieb und der Systemausfall zuverlässigkeitstechnisch beschrieben. Alle bisher hergeleiteten Beziehungen gelten auch für stochastisch-abhängige Komponenten. Einschränkungen werden erst bei der Berechnung der Minimalwege im folgenden Kapitel gemacht.

5.6.3 Berechnung der Minimalwege

Wir wollen uns bei der Berechnung der Minimalwege auf stochastisch-unabhängige Komponenten beschränken. Die Berechnung erfolgt analog zu den Minimalschnitten im Kapitel 5.5.3. Die in den folgenden Beziehungen angegebenen Berechnungsvorschriften gelten sowohl für einzelne Minimalschnitte als auch für deren Kombinationen (Idempotenzrelation beachten!). Die Einzelterme $P(MW_k)$, $H(MW_k)$ sowie die Kombinationen $P(MW_k \wedge MW_1)$, $H(MW_k \wedge MW_1)$ usw. in (5-81) und (5-86) werden durch Einsetzen der Komponentenbetriebszustände der Minimalwege weiter aufgelöst. Die Beziehungen lauten:

Wahrscheinlichkeit der Minimalwege

$$P(MW_k \wedge MW_1 \wedge \ldots) = P\left(\bigwedge_{\substack{i \\ i \in k,1 \ldots}} B_i\right) = \prod_{\substack{i \\ i \in k,1 \ldots}} P(B_i). \qquad (5\text{-}90)$$

Mittlere Häufigkeit der Minimalwege

$$H(MW_k \wedge MW_1 \wedge \ldots) = H\left(\bigwedge_{\substack{i \\ i \in k,1 \ldots}} B_i\right) = \sum_{\substack{m \\ m \in k,1 \ldots}} H(B_m) \prod_{\substack{i \\ i \in k,1 \ldots \\ i \neq m}} P(B_i).$$

$$(5\text{-}91)$$

Die mittlere Häufigkeit der Minimalwege kann man auch einfacher über die mittleren Dauern der Komponentenbetriebszustände berechnen. Für die mittlere Dauer der Minimalwege erhalten wir die Gleichung

$$T(MW_k \wedge MW_1 \wedge \ldots) = T\left(\bigwedge_{\substack{i \\ i \in k,1 \ldots}} B_i\right) = \frac{1}{\displaystyle\sum_{\substack{i \\ i \in k,1 \ldots}} \frac{1}{T(B_i)}}. \qquad (5\text{-}92)$$

Die mittlere Häufigkeit beträgt damit

$$H(MW_k \wedge MW_1 \wedge \ldots) = \frac{P(MW_k \wedge MW_1 \wedge \ldots)}{T(MW_k \wedge MW_1 \wedge \ldots)}. \qquad (5\text{-}93)$$

Betrachtet man die Formeln für $P(B_S)$ und $H(B_S)$ (Gl. (5-81) und
(5-86)), so kann man an diesem einfachen Beispiel schon erkennen,
daß Zuverlässigkeitsberechnungen über die Minimalwege aufgrund der
schnell anwachsenden Anzahl der Terme sehr aufwendig werden. Da in
technischen Anlagen die Wahrscheinlichkeiten der Betriebszustände
und damit der Minimalwege immer in der Nähe von 1 liegen, kann man
aus den angegebenen Formeln auch keine Näherungslösungen durch Vernachlässigen einzelner Terme entwickeln. Außerdem kann das Rechnen
mit vielen Zahlen, die sich nur auf der 4. oder 5. Stelle hinter
dem Komma von 1 unterscheiden, numerische Probleme hervorrufen. Aus
diesen Gründen läßt sich dieses Verfahren nur in Systemen mit wenigen Wegen sinnvoll einsetzen, weshalb es für die Praxis keine große
Bedeutung besitzt. Da das Minimalschnitt-Verfahren diese Schwierig-
keiten umgeht, wird dieses Verfahren bevorzugt.

5.7 Zusammenstellung wichtiger Formeln

Es gelten die Voraussetzungen im Kapitel 5.1. Für die Verfahren
für logische Serien- und Parallelstrukturen sei auf die Kapitel
5.3 und 5.4 verwiesen. Auf den folgenden Seiten wird nur das Arbeitsschema für das Verfahren der Minimalschnitte, das wir als leistungsfähiges Netzwerk-Verfahren für große und komplexe Systeme
kennengelernt haben, dargestellt. Die wichtigsten Rechenschritte
der vorangegangenen Kapitel sind im Bild 5-17 aufgezeigt und werden hier übersichtlich zusammengestellt. Sie gliedern sich in
folgende Abschnitte auf:

    1. Ermittlung der Minimalschnitte,

    2. Berechnung der Minimalschnitte,

    3. Berechnung der Systemkenngrößen.

Es bedeuten

B_S	Systembetriebszustand,
A_S	Systemausfallzustand,
$A_i, A_j \ldots$	Komponentenausfallzustände,
MZ	Markoffscher Zustand,
MS	Minimalschnitt.

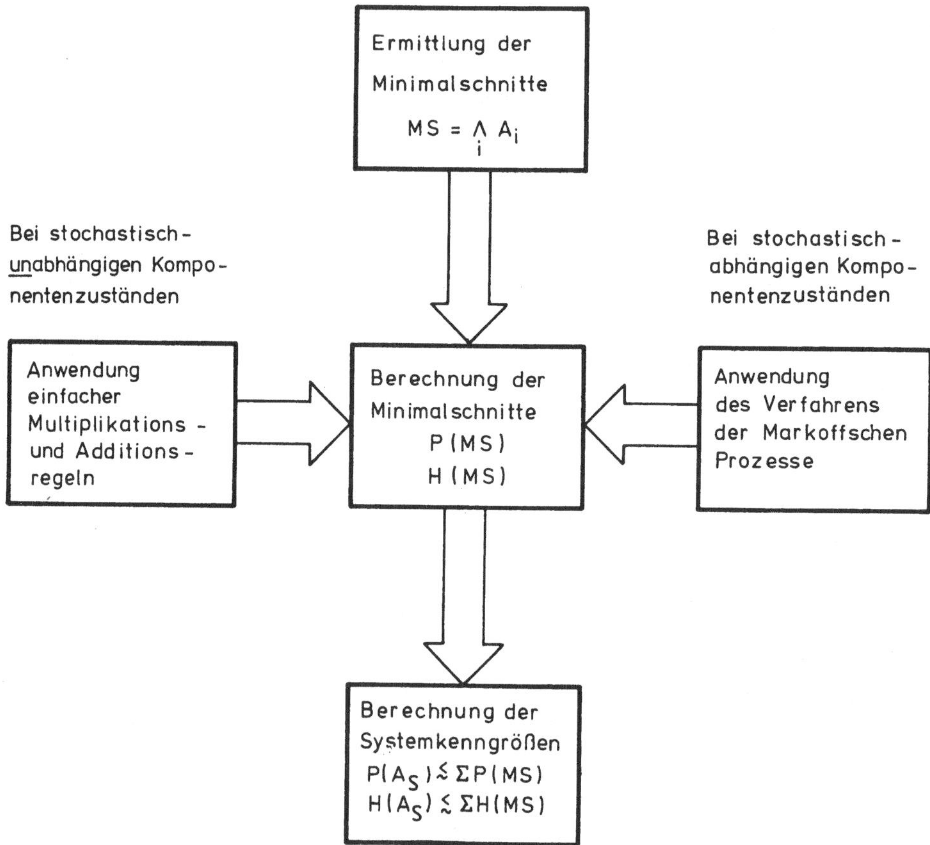

Bild 5-17. Schema der Systemberechnung mit dem Verfahren der (Markoffschen) Minimalschnitte.

Die einzelnen Berechnungsschritte sind:

1 Ermittlung der Minimalschnitte

Die Minimalschnitte werden über ihre Definition aus den Zustands-Blockschaltbildern oder aus den funktionalen Strukturen einer Anlage ermittelt. Die Definition der Minimalschnitte lautet:

- Unter einem Minimalschnitt versteht man eine Kombination von Komponentenausfallzuständen (Schnitt), die für den Systemausfall über diesen Schnitt hinreichend und notwendig sind. In einem Minimalschnitt führt der Betrieb jeder in ihm enthaltenen Komponente zur Aufhebung dieses Schnittes.

Die Minimalschnitte sind nach Definition logische UND-Verknüpfungen von Komponentenzuständen. Die Verknüpfungsvorschrift lautet

$$MS_k = \bigwedge_{\substack{i \\ i \in k}} A_i \, .$$

(5-94)

2 Berechnung der Minimalschnitte

Bei der Berechnung der Minimalschnitte muß man unterscheiden, ob die Komponenten stochastisch-unabhängig sind oder nicht (vergleiche linke und rechte Einspeisung im Bild 5-17).

Stochastisch-unabhängige Komponenten

Für die Kenngrößen P, H und T der einzelnen Minimalschnitte MS_k gelten die Gleichungen

$$P(MS_k) = \prod_{\substack{i \\ i \in k}} P(A_i)$$

$$\frac{1}{T(MS_k)} = \sum_{\substack{i \\ i \in k}} \frac{1}{T(A_i)}$$

(5-95)

$$H(MS_k) = \frac{P(MS_k)}{T(MS_k)} \, .$$

Damit sind die Kenngrößen der einzelnen Minimalschnitte für Systemberechnungen mit den Näherungen 1. und 2. Art beschrieben. Diese Näherungslösungen vernachlässigen Minimalschnittkombinationen des Typs $MS_k \wedge MS_l \wedge \ldots$. Sie liefern für praktische Anwendungen ausreichend genaue Ergebnisse.

Stochastisch-abhängige Komponenten

Jeder Minimalschnitt wird über einen Markoffschen Prozeß berechnet (Verfahren der Markoffschen Minimalschnitte). Wir betrachten alle

238

Markoffschen Teilsystemzustände, die die gleiche logische UND-Verknüpfung wie der Minimalschnitt besitzen:

$$MZ_1 = \bigwedge_{\substack{i \\ i \in 1}} A_i .$$ (5-96)

Ein Minimalschnitt umfaßt alle gleichartigen Zustandsverknüpfungen des Markoffschen Teilsystemmodells:

$$MS_k = \bigvee_{\substack{1 \\ 1 \in k}} MZ_1 .$$ (5-97)

Die Kenngrößen P, H und T der Minimalschnitte werden als Kenngrößen der Markoffschen Prozesse berechnet:

$$P(MS_k) = P\left(\bigvee_{\substack{1 \\ 1 \in k}} MZ_1 \right)$$

$$H(MS_k) = H\left(\underbrace{\bigvee_{\substack{1 \\ 1 \in k}} MZ_1}_{\substack{\text{Kenngrößen} \\ \text{Markoffscher Prozesse}}} \right) .$$ (5-98)

Aus den Kenngrößen $P(MS_k)$ und $H(MS_k)$ folgt

$$T(MS_k) = \frac{P(MS_k)}{H(MS_k)} .$$ (5-99)

Damit sind die Kenngrößen der einzelnen Minimalschnitte für Systemberechnungen mit der Näherung 3. Art berechenbar. Die Näherungslösung vernachlässigt Abhängigkeiten zwischen den Minimalschnitten und auch Minimalschnittkombinationen des Typs $MS_k \wedge MS_1 \wedge \ldots$. Sie liefert für praktische Anwendungen ausreichend genaue Ergebnisse.

3 Berechnung der Systemkenngrößen

Der Systemausfall stellt die logische ODER-Verknüpfung der Minimalschnitte dar. Es gilt

$$A_S = MS_1 \vee MS_2 \vee \ldots . \tag{5-100}$$

Der Systembetrieb lautet

$$B_S = \overline{A}_S . \tag{5-101}$$

Die Wahrscheinlichkeit und mittlere Häufigkeit werden mit folgenden Gleichungen berechnet:

Exakte Gleichungen mit Abschätzungen

$$P(A_S) = \sum_{k} P(MS_k) - \sum_{\substack{k,l \\ k<l}} P(MS_k \wedge MS_l) + \sum_{\substack{k,l,m \\ k<l<m}} P(MS_k \wedge MS_l \wedge MS_m) - \ldots , \tag{5-102}$$

obere Abschätzung:
ergibt "zu große" Ausfallwahrscheinlichkeit

untere Abschätzung:
ergibt "zu kleine" Ausfallwahrscheinlichkeit

$$H(A_S) = \sum_{k} H(MS_k) - \sum_{\substack{k,l \\ k<l}} H(MS_k \wedge MS_l) + \sum_{\substack{k,l,m \\ k<l<m}} H(MS_k \wedge MS_l \wedge MS_m) - \ldots . \tag{5-103}$$

obere Abschätzung:
ergibt "zu große"
Ausfallhäufigkeit

untere Abschätzung:
ergibt "zu kleine"
Ausfallhäufigkeit

<u>Näherung 1. Art (für stochastisch-unabhängige Komponenten)</u>

Vernachlässigung aller Kombinationen von Minimalschnitten in
(5-102) und (5-103):

$$P(A_S) \leq \sum_k P(MS_k) , \qquad (5-104)$$

$$H(A_S) \leq \sum_k H(MS_k) . \qquad (5-105)$$

k umfaßt alle
Minimalschnitte

<u>Näherung 2. Art (für stochastisch-unabhängige Komponenten)</u>

Vernachlässigung aller unwahrscheinlichen Minimalschnitte (das
sind alle Minimalschnitte größer als niedrigster Ordnung) in
(5-104) und (5-105):

$$P(A_S) \approx \sum_i P(MS_i) , \qquad (5-106)$$

$$H(A_S) \approx \sum_i H(MS_i) . \qquad (5-107)$$

i umfaßt nur die
Minimalschnitte
niedrigster Ordnung

Welche der Gleichungspaare (5-104)/(5-105) und (5-106)/(5-107) angewandt wird, muß von Fall zu Fall entschieden werden (Man beachte
auch die Ausnahmen im Kapitel 5.5.4).

<u>Näherung 3. Art (für stochastisch-abhängige Komponenten)</u>

Im Falle stochastisch-abhängiger Komponenten Vernachlässigung stochastischer Abhängigkeiten zwischen den Minimalschnitten in
(5-104)/(5-105) oder (5-106)/(5-107).

$$P(A_S) \approx \sum_1 P(MS_1), \tag{5-108}$$

$$H(A_S) \approx \sum_1 H(MS_1). \tag{5-109}$$

(5-108) und (5-109) gelten sowohl für alle Minimalschnitte als auch nur für die Minimalschnitte niedrigster Ordnung.

Weitere Systemkenngrößen

Für die übrigen Systemkenngrößen folgt aus den Kenngrößen $P(A_S)$ und $H(A_S)$ mit den Gleichungen des zweistufigen Prozesses

$$P(B_S) = 1 - P(A_S), \tag{5-110}$$

$$H(B_S) = H(A_S), \tag{5-111}$$

$$T(B_S) = \frac{P(B_S)}{H(B_S)}, \tag{5-112}$$

$$T(A_S) = \frac{P(A_S)}{H(A_S)}. \tag{5-113}$$

Die letzten vier Gleichungen sind nicht verfahrensspezifisch, sondern gelten ganz allgemein für alle stochastischen Prozesse. Damit ist der Kenngrößensatz

$$\left\{ \begin{matrix} P(B_S), & P(A_S) \\ H(B_S), & H(A_S) \\ T(B_S), & T(A_S) \end{matrix} \right\}$$

für die definierten Systemzustände B_S und A_S im Hinblick auf Anwendungen mit dem Verfahren der (Markoffschen) Minimalschnitte vollständig beschrieben.

Häufig sind auch folgende Begriffe anzutreffen:

$$T(B_S) = MTTSF \,\hat{=}\, \text{mean time to system failure,}$$

$$T(A_S) = MTTSR \,\hat{=}\, \text{mean time to system repair.}$$

Das hier vorgestellte Schema der Kenngrößenermittlung ist für alle Systemberechnungen in gleicher Weise anwendbar. Damit ist ein leistungsfähiges und zugleich einfach handhabbares und überschaubares Werkzeug für Systemzuverlässigkeitsberechnungen entwickelt worden, das bezüglich

- Systemgröße (Anzahl der Komponenten),

- Systemstruktur (vermaschte Strukturen),

- Systemeigenschaften (verschiedene Ausfallarten, stochastische Abhängigkeiten)

kaum Einschränkungen kennt. Mit Hilfe der Näherungsrechnungen kann man selbst große Systeme mit Taschenrechnern schnell und einfach berechnen. Ein weiterer Vorteil dieser Berechnungsweise liegt darin, daß die Minimalschnitte direkt aus der funktionalen Struktur einer Anlage ermittelbar sind. Jeder Rechenschritt ist nachvollziehbar, wodurch die wichtige Forderung nach Transparenz der Zusammenhänge und des Berechnungsweges gewährleistet ist.

5.8 Zusammenfassung

Der Hauptvorteil der Netzwerk-Verfahren liegt in der Berechnung großer Systeme. Für die Anwendung müssen zweistufige Komponenten und die Monotoniebedingungen vorausgesetzt werden. Letztere können in den meisten Anwendungen als erfüllt angenommen werden. Als Berechnungsergebnisse liefern die Netzwerk-Verfahren Kenngrößen für das zweistufige Systembetriebsverhalten mit den beiden Zuständen: Systembetrieb und Systemausfall.

Für große und komplexe Systeme hat sich das Verfahren der Minimalschnitte als sehr leistungsfähig erwiesen. Die Vorteile des Verfahrens liegen darin, daß man die Minimalschnitte direkt aus den funktionalen Strukturen einer Anlage ermitteln kann, was das Aufsuchen der Minimalschnitte sehr praxisnah und übersichtlich gestaltet und daß man durch Ausnutzen technischer Randbedingungen schrittweise Näherungslösungen herleiten kann, indem die Anzahl möglicher Ausfallkombinationen systematisch auf die notwendigsten reduziert wird. Ferner lassen sich große und komplexe Systeme in

Teilsysteme untergliedern, die man einzeln berechnen kann. Teilsysteme mit stochastisch-abhängigen und mehrstufigen Komponenten
lassen sich mit dem Verfahren der Markoffschen Prozesse berechnen
und die Ergebnisse als Berechnungsmodule in die Netzwerk-Verfahren
integrieren, was zum Verfahren der Markoffschen Minimalschnitte
führt. Auf diese Weise ist es möglich, praxisbezogene Zuverlässigkeitsanalysen durchzuführen und selbst große und komplexe Systeme
ohne Rechnerprogramme in einfacher Weise zu berechnen.

Abschließend soll noch einmal auf die prinzipiellen Unterschiede
bzw. auf den Zusammenhang zwischen den Zustandsraum- und den Netzwerk-Verfahren eingegangen werden.

Die Zustandsraum-Verfahren gehen nur von einem _einzigen_ Zustandsraum aus, deren Zustände dem Systembetrieb oder dem Systemausfall
zugeordnet werden. Dieser kann schon bei kleinen Systemen sehr
groß werden. Im Gegensatz dazu werden bei den Netzwerk-Verfahren
die Minimalwege oder die Minimalschnitte, von denen jeder als Zustandsmenge eines charakteristischen Zustandsraumes interpretiert
werden kann, zum Systembetrieb bzw. zum Systemausfall miteinander
verknüpft. Mit den Netzwerk-Verfahren werden also unterschiedliche
kleinere Zustandsräume logisch verknüpft, die relativ einfach berechnet werden können. Damit ist die Berechnung großer und komplexer Systeme möglich.

6 Anwendungen II

An sieben praxisnahen Beispielen werden die in den vorangegangenen
Kapiteln erarbeiteten Verfahren angewandt. Dabei soll das Zuver-
lässigkeits-know-how vertieft und der praktische Umgang mit den
Verfahren geübt werden, wobei der Schwierigkeitsgrad von Beispiel
6-1 bis 6-7 steigt. Es werden sowohl große Systeme berechnet als
auch wichtige, systemspezifische Eigenschaften, die zu stochastischen Abhängigkeiten zwischen den Komponentenzuständen führen, berücksichtigt. Dabei wird besonders der Zusammenhang zwischen den
Zustandsraum- und den Netzwerk-Verfahren herausgestellt. Bild 6-1
zeigt eine Übersicht über die Beispiele. Die Modelle in den Beispielen 4-8 bis 4-11 (siehe auch Übersicht im Bild 4-1) werden als
Minimalschnittmodelle in die Systemmodelle der Beispiele 6-5 bis
6-7 eingebaut.

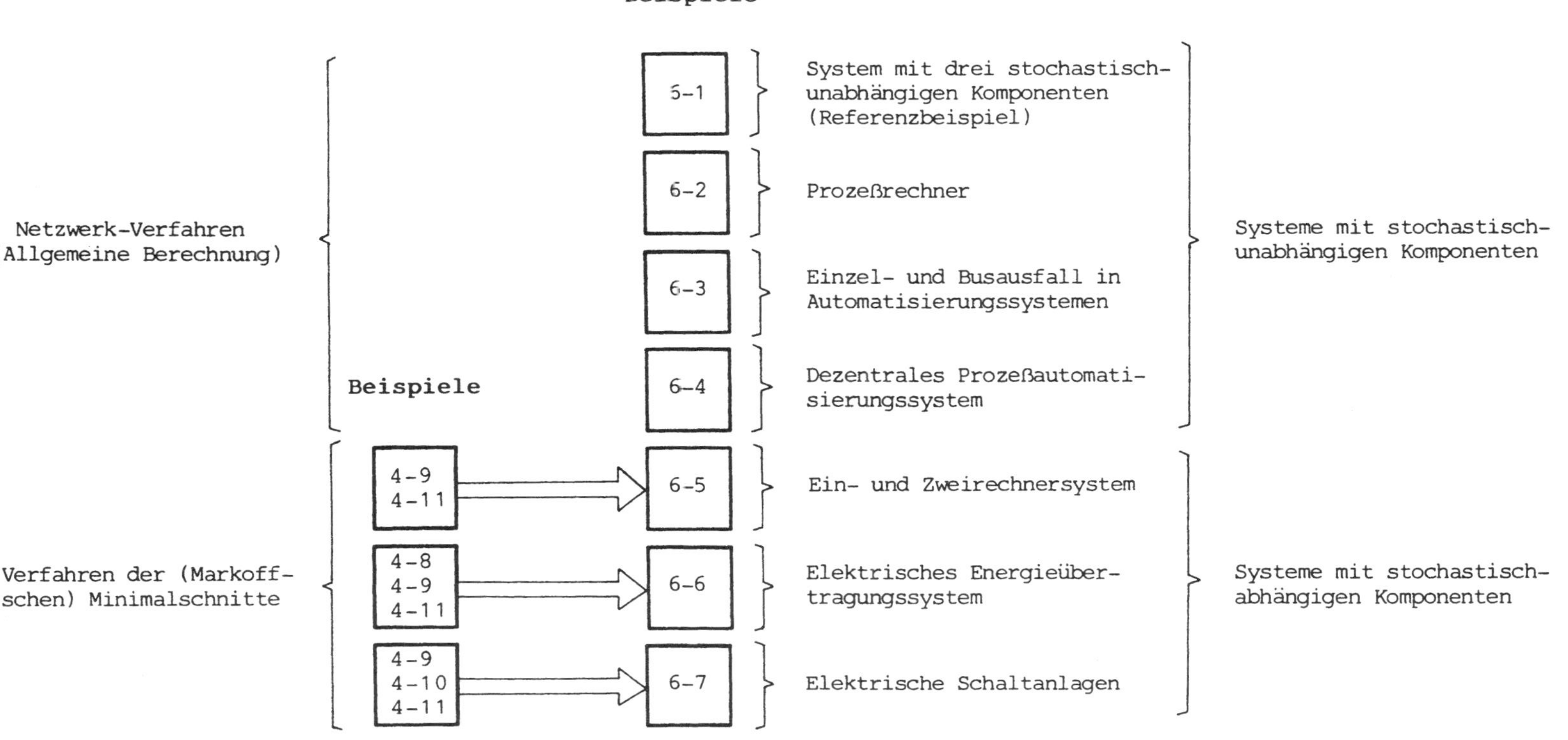

Bild 6-1. Überblick über die Beispiele zur Systemberechnung mit den Netzwerk-Verfahren.

Beispiel 6-1 System mit drei stochastisch-unabhängigen Komponenten

A Aufgabe

Die Aufgabenstellung ist im Kapitel 3.1 beschrieben. Das Beispiel wurde dort mit dem Kombinations-Verfahren und im Beispiel 4-6 mit dem Verfahren der Markoffschen Prozesse berechnet. Es soll in diesem Beispiel mit den verschiedenen Netzwerk-Verfahren berechnet werden.

B Lösung

Zuerst werden die logischen Ausdrücke und die Zustands-Blockschaltbilder entworfen. Dazu dienen folgende Überlegungen. Das Versorgungsgebiet (siehe Bild 3-1) wird dann mit elektrischer Energie versorgt, wenn entweder Kraftwerk 1 in Betrieb ist ODER Kraftwerk 2 UND Leitung 3 in Betrieb sind. Die logische Gleichung lautet

$$B_S = B_1 \vee (B_2 \wedge B_3). \tag{6-1}$$

Das entsprechende Zustands-Blockschaltbild zeigt Bild 6-2a.

Den Ausfallzustand erhält man zu

$$A_S = \overline{B_1 \vee (B_2 \wedge B_3)} = A_1 \wedge (A_2 \vee A_3). \tag{6-2}$$

Das dazugehörige Zustands-Blockschaltbild zeigt Bild 6-2b.

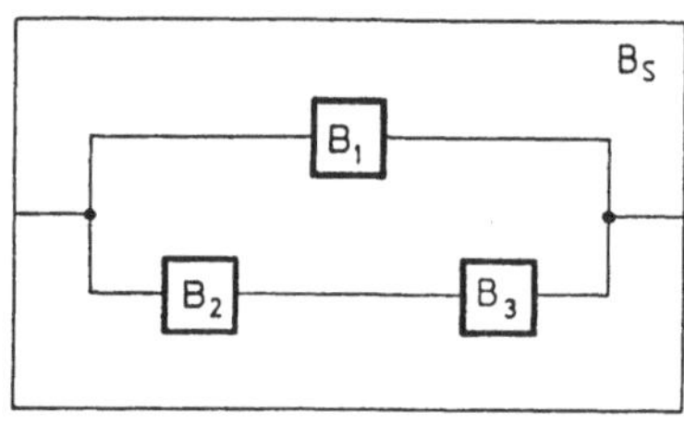

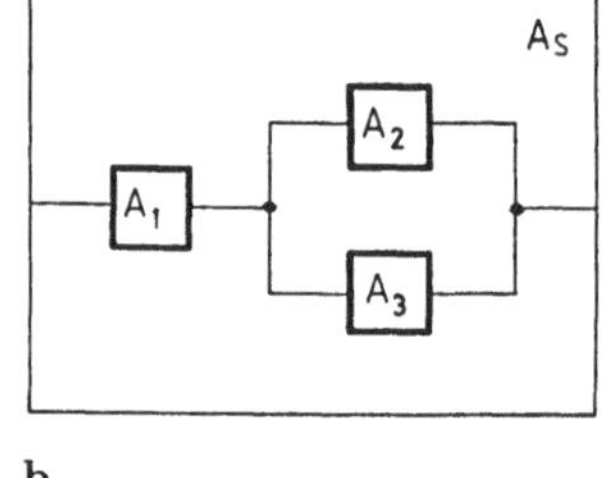

Bild 6-2. Zustands-Blockschaltbilder des Energieversorgungssystems im Bild 3-1. a) Zustands-Blockschaltbild in Betriebslogik-Darstellung; b) Zustands-Blockschaltbild in Ausfalllogik-Darstellung.

Für die Zuverlässigkeitsberechnung legen wir das Zustands-Block-schaltbild in Betriebslogik-Darstellung (Bild 6-2a) zugrunde, das wir nun mit den verschiedenen Netzwerk-Verfahren berechnen.

1 Verfahren für logische Serien- und Parallelstrukturen

Zur Berechnung werden die in Serie geschalteten Zustände B_2 und B_3 als Teilsystem mit dem Zustand B_T betrachtet (Bild 6-3). Man spricht deshalb auch von Substitution der Zustände B_2 und B_3 durch B_T und nennt die Methode Substitutionsmethode. Für die einzelnen Zustände erhält man

<u>Zustände des Teilsystems:</u> Serienschaltung von B_2 und B_3

$$B_T = B_2 \wedge B_3$$

$$A_T = \overline{B_2 \wedge B_3} = A_2 \vee A_3 .$$

$$(6-3)$$

<u>Zustände des Systems:</u> Parallelschaltung von B_1 und B_T

$$B_S = B_1 \vee B_T$$

$$A_S = \overline{B_1 \vee B_T} = A_1 \wedge A_T .$$

$$(6-4)$$

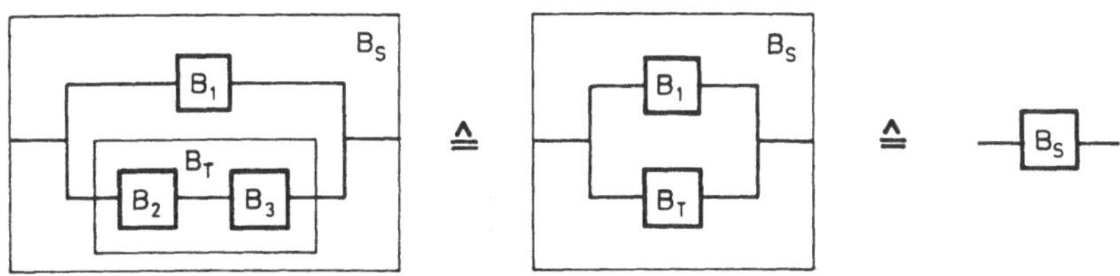

Bild 6-3. Zusammenfassung von Zuständen (Substitutionsmethode).

Diese logischen Ausdrücke gelten auch für stochastisch-abhängige Komponenten. Die anschließende Berechnung erfolgt unter der Annah-me stochastisch-unabhängiger Komponenten.

<u>Kenngrößen des Teilsystems:</u> Serienschaltung von B_2 und B_3

Wahrscheinlichkeiten

$$P(B_T) = P(B_2 \wedge B_3) = P(B_2)P(B_3)$$

$$P(A_T) = 1 - P(B_T).$$

(6-5)

Mittlere Dauern

$$T(B_T) = T(B_2 \wedge B_3) = \frac{1}{\dfrac{1}{T(B_2)} + \dfrac{1}{T(B_3)}}.$$

Aus $H(B_T) = H(A_T)$ folgt

$$T(A_T) = \frac{P(A_T)}{P(B_T)} \, T(B_T).$$

(6-6)

Mittlere Häufigkeiten

Es gibt verschiedene Berechnungsmöglichkeiten, entweder

$$H(B_T) = \frac{1}{T(B_T) + T(A_T)},$$

oder

$$H(B_T) = \frac{P(B_T)}{T(B_T)},$$

oder

$$H(B_T) = H(B_2 \wedge B_3) = H(B_2)P(B_3) + P(B_2)H(B_3).$$

Es gilt ferner

$$H(A_T) = H(B_T).$$

(6-7)

<u>Kenngrößen des Systems:</u> Parallelschaltung von B_1 und B_T

Wahrscheinlichkeiten

$$P(A_S) = P(A_1 \wedge A_T) = P(A_1)P(A_T)$$

$$P(B_S) = 1 - P(A_S).$$

(6-8)

Mittlere Dauern

$$T(A_S) = T(A_1 \wedge A_T) = \frac{1}{\dfrac{1}{T(A_1)} + \dfrac{1}{T(A_T)}}.$$

Aus $H(B_S) = H(A_S)$ folgt

$$T(B_S) = \frac{P(B_S)}{P(A_S)}\, T(A_S).$$

(6-9)

Mittlere Häufigkeiten

Es gibt verschiedene Berechnungsmöglichkeiten, entweder

$$H(B_S) = \frac{1}{T(B_S) + T(A_S)},$$

oder

$$H(B_S) = \frac{P(B_S)}{T(B_S)},$$

oder

$$H(B_S) = H(B_1 \vee B_T) = H(B_1) + H(B_T) - H(B_1 \wedge B_T),$$

mit

$$H(B_1 \wedge B_T) = H(B_1)P(B_T) + P(B_1)H(B_T).$$

Es gilt ferner

$$H(A_S) = H(B_S).$$

(6-10)

Wie dieses Beispiel zeigt, lassen sich einfach strukturierte Systeme in Teilsysteme, die aus Serien- und Parallelstrukturen bestehen, zerlegen und stufenweise berechnen.

2 Verfahren der Minimalschnitte

Die Minimalschnitte lassen sich aus den Zustands-Blockschaltbildern im Bild 6-2 herleiten.

Minimalschnitte

$$MS_1 = A_1 \wedge A_2$$
$$MS_2 = A_1 \wedge A_3 . \tag{6-11}$$

Systemzustände

$$A_S = MS_1 \vee MS_2$$
$$B_S = \overline{A}_S . \tag{6-12}$$

Wahrscheinlichkeiten der Systemzustände

$$P(A_S) = P(MS_1 \vee MS_2) = P(MS_1) + P(MS_2) - P(MS_1 \wedge MS_2)$$
$$P(B_S) = 1 - P(A_S) . \tag{6-13}$$

Wahrscheinlichkeiten der Minimalschnitte

$$P(MS_1) = P(A_1)P(A_2)$$
$$P(MS_2) = P(A_1)P(A_3) \tag{6-14}$$
$$P(MS_1 \wedge MS_2) = P(A_1 \wedge A_2 \wedge A_1 \wedge A_3) = P(A_1)P(A_2)P(A_3) .$$

fällt wegen der Idem-
potenzrelation weg

Mittlere Häufigkeiten der Systemzustände

$$H(A_S) = H(MS_1 \vee MS_2) = H(MS_1) + H(MS_2) - H(MS_1 \wedge MS_2)$$
$$H(B_S) = H(A_S) . \tag{6-15}$$

Mittlere Dauern der Minimalschnitte

$$\frac{1}{T(MS_1)} = \frac{1}{T(A_1)} + \frac{1}{T(A_2)}$$

$$\frac{1}{T(MS_2)} = \frac{1}{T(A_1)} + \frac{1}{T(A_3)} \tag{6-16}$$

$$\frac{1}{T(MS_1 \wedge MS_2)} = \frac{1}{T(A_1)} + \frac{1}{T(A_2)} + \frac{1}{T(A_3)} \ .$$

Mittlere Häufigkeiten der Minimalschnitte

$$H(MS_1) = \frac{P(MS_1)}{T(MS_1)}$$

$$H(MS_2) = \frac{P(MS_2)}{T(MS_2)} \tag{6-17}$$

$$H(MS_1 \wedge MS_2) = \frac{P(MS_1 \wedge MS_2)}{T(MS_1 \wedge MS_2)} \ .$$

Mittlere Dauern der Systemzustände

$$T(A_S) = \frac{P(A_S)}{H(A_S)}$$

$$T(B_S) = \frac{P(B_S)}{H(B_S)} \ . \tag{6-18}$$

3 Verfahren der Minimalwege

Die Minimalwege lassen sich aus den Zustands-Blockschaltbildern im Bild 6-2 herleiten.

Minimalwege

$$MW_1 = B_1$$

$$MW_2 = B_2 \wedge B_3 \ . \tag{6-19}$$

Systemzustände

$$B_S = MW_1 \vee MW_2$$

$$A_S = \overline{B}_S \ . \tag{6-20}$$

Wahrscheinlichkeiten der Systemzustände

$$P(B_S) = P(MW_1 \vee MW_2) = P(MW_1) + P(MW_2) - P(MW_1 \wedge MW_2)$$

$$P(A_S) = 1 - P(B_S) .$$

(6-21)

Wahrscheinlichkeiten der Minimalwege

$$P(MW_1) = P(B_1)$$

$$P(MW_2) = P(B_2)P(B_3)$$

$$P(MW_1 \wedge MW_2) = P(B_1)P(B_2)P(B_3) .$$

(6-22)

Mittlere Häufigkeiten der Systemzustände

$$H(B_S) = H(MW_1 \vee MW_2) = H(MW_1) + H(MW_2) - H(MW_1 \wedge MW_2)$$

$$H(A_S) = H(B_S) .$$

(6-23)

Mittlere Dauern der Minimalwege

$$T(MW_1) = T(B_1)$$

$$\frac{1}{T(MW_2)} = \frac{1}{T(B_2)} + \frac{1}{T(B_3)}$$

$$\frac{1}{T(MW_1 \wedge MW_2)} = \frac{1}{T(B_1)} + \frac{1}{T(B_2)} + \frac{1}{T(B_3)} .$$

(6-24)

Mittlere Häufigkeiten der Minimalwege

$$H(MW_1) = \frac{P(MW_1)}{T(MW_1)}$$

$$H(MW_2) = \frac{P(MW_2)}{T(MW_2)}$$

$$H(MW_1 \wedge MW_2) = \frac{P(MW_1 \wedge MW_2)}{T(MW_1 \wedge MW_2)} .$$

(6-25)

Mittlere Dauern der Systemzustände

$$T(B_S) = \frac{P(B_S)}{H(B_S)}$$

$$T(A_S) = \frac{P(A_S)}{H(A_S)} \cdot$$

(6-26)

Beispiel 6-2 Prozeßrechner

A Aufgabe

Bild 6-4 zeigt die funktionale Struktur des zu untersuchenden Prozeßrechners, mit dem ein Prozeß überwacht und gesteuert werden
soll. Der Prozeßrechner besteht aus dem Rechner, dem Externspeicher und dem Bediensystem. Das Bediensystem besitzt ein Sichtgerät
und eine Funktionstastatur. Über das Sichtgerät wird der Prozeß
überwacht und über die Funktionstastatur gesteuert. In Tabelle 6-1
sind die Bezeichnungen und die Kenngrößen der verwendeten Baugruppen, die die Komponenten des Systems darstellen, aufgeführt.

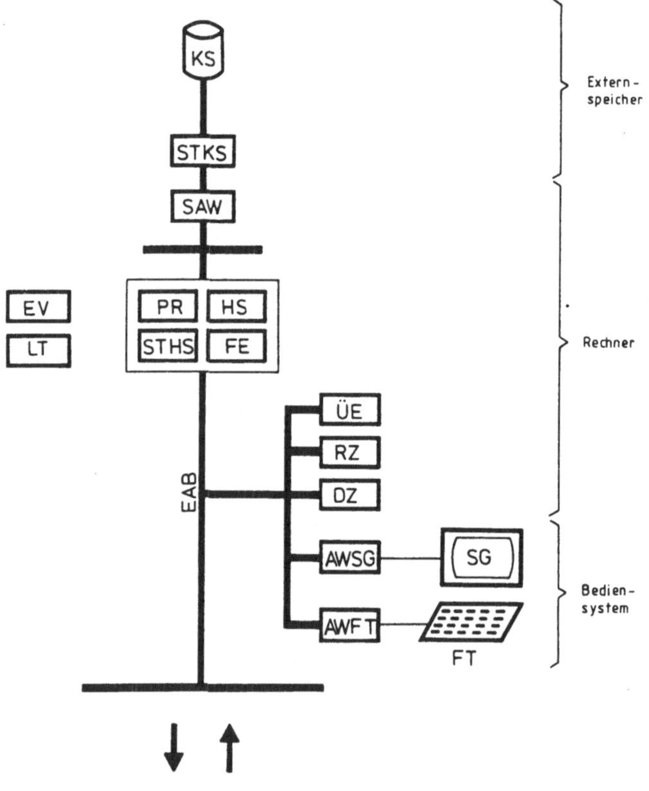

Bild 6-4. Funktionale Struktur des zu untersuchenden Prozeßrechners.

Tabelle 6-1. Ausfallkenngrößen des Rechnersystems im Bild 6-4

Komponente		T(B)	T(A)
		h	h
AWFT	Anpaßwerk der Funktionstastatur	$5,2 \cdot 10^4$	
AWSG	Anpaßwerk des Sichtgerätes	$5,0 \cdot 10^4$	
DZ	Differenzzeituhr	$5,0 \cdot 10^4$	
EAB	Ein-/Ausgabe-Bus	$1,0 \cdot 10^7$	
EV	Energieversorgung	$1,0 \cdot 10^5$	
FE	Fehlererkennung für Hauptspeicher	$3,3 \cdot 10^4$	
FT	Funktionstastatur	$1,0 \cdot 10^5$	
HS	Hauptspeicher 256 kByte	$4,0 \cdot 10^4$	
KS	Kassettenplattenspeicher	$1,0 \cdot 10^4$	10
LT	Lüfter (wird vorbeugend ersetzt)	--------	
PR	Prozessor	$1,7 \cdot 10^4$	
RZ	Realzeituhr	$2,1 \cdot 10^5$	
SAW	Schnelles Anpaßwerk	$3,7 \cdot 10^4$	
SG	Sichtgerät	$1,5 \cdot 10^4$	
STHS	Steuerwerk des Hauptspeichers	$5,0 \cdot 10^4$	
STKS	Steuerwerk des Kassettenplattenspeichers	$3,4 \cdot 10^5$	
ÜE	Überwachungseinheit des Rechners	$1,5 \cdot 10^5$	

$T(B) \stackrel{\wedge}{=} MTTF$; $T(A) \stackrel{\wedge}{=} MTTR$

Die Leser ohne tiefergehende Kenntnisse auf dem Gebiet der Automatisierungstechnik brauchen sich durch die für sie ungewohnten Begriffe nicht abschrecken zu lassen. Gerade dieses Beispiel soll ihnen die Angst vor kompliziert aussehenden Systemen nehmen, da oft einfache Lösungen und Zusammenhänge bestehen.

Für die Zuverlässigkeitsuntersuchung werden folgende Systemzustände definiert:

Definition des Systemzustandspaares

      Systembetrieb (B_S): Überwachung UND Steuerung
                            des Prozesses

      Systemausfall (A_S): Ausfall der Überwachung ODER
                            Steuerung des Prozesses.

Diese Definitionen sind einleuchtend und klingen selbstverständlich. Wir werden jedoch in den folgenden Beispielen noch sehen, daß es bei Systemen mit mehreren unterschiedlichen Funktionen (z.B. bei Systemen mit dezentraler Aufgabenbearbeitung) wichtig ist, geeignete Definitionen zu treffen.

In der folgenden Zuverlässigkeitsanalyse sollen die Systemzustände B_S und A_S durch ihre Kenngrößen P, H und T bewertet werden. Dafür werden folgende Voraussetzungen getroffen:

Voraussetzungen zur Zuverlässigkeitsanalyse

1. Der Entwurf des untersuchten Hardware-Systems wird als fehlerfrei angesehen. Ebenso wird angenommen, daß nach Herstellung und Inbetriebnahme das System die gestellten Anforderungen erfüllen kann, wenn kein Ausfall auftritt.

2. Die Software wird als fehlerfrei angesehen.

3. Im Bediensystem wird der Mensch zuverlässigkeitstechnisch nicht berücksichtigt. Fehlbedienung wird ausgeschlossen.

4. Es wird angenommen, daß die Komponenten bzw. das System vorschriftsmäßig betrieben, instandgesetzt und planmäßig gewartet werden.

5. Es wird vorausgesetzt, daß genügend viele Ersatzteile auf Lager vorgehalten werden oder schnell beschafft werden können.

6. Es wird angenommen, daß die Umgebungsbedingungen (z.B. Klimaanlage, elektrische Energieversorgung) den Anforderungen entsprechen.

7. Unter dem hier untersuchten System versteht man das reine Automatisierungssystem.

8. Die Prozeßanlage wird nicht berücksichtigt. Die Meßwertaufnehmer werden als Teil des Prozesses angesehen und ebenfalls nicht betrachtet.

9. Alle Komponentenausfälle werden sofort erkannt.

10. Jede ausgefallene Komponente wird sofort instandgesetzt (repariert oder ausgetauscht), d.h. für jeden Ausfall steht eine Instandsetzungsmannschaft zur Verfügung. Nach der Instandsetzung sollen die Komponenten den gleichen Zustand wie vor dem Ausfall besitzen.

11. Es sei angenommen, daß alle planmäßigen Wartungsarbeiten (z.B.
    für Kassettenplattenspeicher) in prozeßbedingte Stillstands-
    zeiten der Anlage gelegt werden können, weshalb Wartungsab-
    schaltungen in dieser Zuverlässigkeitsuntersuchung nicht be-
    rücksichtigt werden.

Die Voraussetzungen 1 bis 11 legen die Systemabgrenzung und die
Annahmen zur Systemberechnung fest. Durch die Annahmen (insbesondere durch 10 und 11) können die Komponenten als stochastisch-unabhängig angesehen werden.

B Lösung

Die Zuverlässigkeitsberechnung gliedert sich in eine Komponenten-
und eine Systemberechnung.

1 Komponenten

Die zur Zuverlässigkeitsberechnung notwendigen mittleren Dauern,
die die Eingangskenngrößen darstellen, sind in Tabelle 6-1 angegeben. Mit diesen Werten werden folgende Komponentenkenngrößen berechnet:

$$P(A) = \frac{T(A)}{T(B) + T(A)}$$

$$P(B) = 1 - P(A)$$

$$H(A) = \frac{1}{T(B) + T(A)}$$

$$H(B) = H(A).$$

(6-27)

Diese Kenngrößen werden der Systemberechnung zugrunde gelegt.

2 System

Bild 6-5 zeigt das Zustands-Blockschaltbild des Prozeßrechners. Es
stellt eine logische Serienstruktur dar. Wir wollen sie auf zwei
Arten, einmal mit dem Verfahren für logische Serienstrukturen exakt
und zum Vergleich dazu mit dem Verfahren der Minimalschnitte angenähert berechnen.

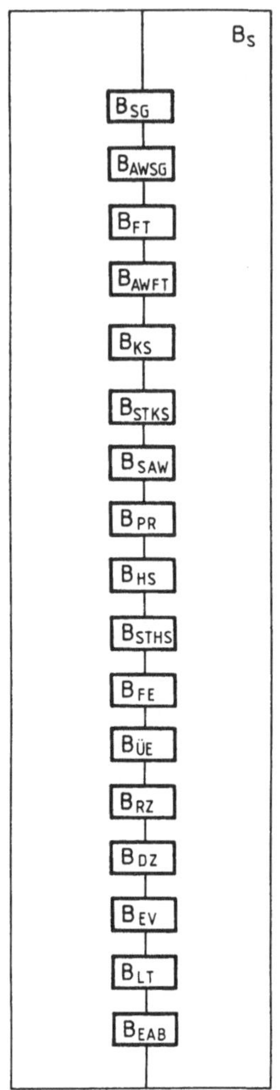

Bild 6-5. Zustands-Blockschaltbild des Prozeßrechners im Bild 6-4.

2.1 Verfahren für logische Serienstrukturen

Die einzelnen Berechnungsschritte lauten:

Systembetrieb

$$B_S = B_{SG} \wedge B_{AWSG} \wedge \cdots \wedge B_{EAB}. \tag{6-28}$$

Wahrscheinlichkeit des Systembetriebes

$$P(B_S) = P(B_{SG})P(B_{AWSG})\ldots P(B_{EAB}) = 0{,}9955312. \tag{6-29}$$

Wahrscheinlichkeit des Systemausfalls

$$P(A_S) = 1 - P(B_S) = 4,4688 \cdot 10^{-3}. \tag{6-30}$$

Mittlere ausfallfreie Systembetriebsdauer

$$T(B_S) = \frac{1}{\dfrac{1}{T(B_{SG})} + \dfrac{1}{T(B_{AWSG})} + \cdots + \dfrac{1}{T(B_{EAB})}} = 2232 \text{ h.} \tag{6-31}$$

Mittlere Häufigkeit eines Systemausfalls

$$H(A_S) = H(B_S) = \frac{P(B_S)}{T(B_S)} = 4,4599 \cdot 10^{-4} \text{ h}^{-1}. \tag{6-32}$$

Mittlere Systemausfalldauer

$$T(A_S) = \frac{P(A_S)}{H(A_S)} = 10,02 \text{ h.} \tag{6-33}$$

Das die Systemausfalldauer etwas größer als die Komponentenausfall-
dauer von 10 h ist, liegt daran, daß in der logischen Serienstruktur im Bild 6-5 auch mehrere Komponenten kurz hintereinander ausfallen können, so daß ihre Ausfalldauern sich überlappen. Da das
System erst dann wieder in Betrieb geht, wenn alle Komponenten instandgesetzt sind, ist die Systemausfalldauer länger als die Kom-
pontentenausfalldauer. Mehrfachausfälle treten jedoch sehr selten
auf, so daß ihr Einfluß gering ist, wie auch der Zahlenwert in
(6-33) zeigt.

2.2 Verfahren der Minimalschnitte

Die Minimalschnitte lassen sich direkt aus Bild 6-5 ablesen. Sie
betragen

$$MS_1 = A_{SG} \qquad\qquad MS_{10} = A_{STHS}$$

$$MS_2 = A_{AWSG} \qquad\qquad MS_{11} = A_{FE}$$

$$MS_3 = A_{FT} \qquad\qquad MS_{12} = A_{\ddot{U}E}$$

$$MS_4 = A_{AWFT} \qquad\qquad MS_{13} = A_{RZ}$$

$$MS_5 = A_{KS} \qquad\qquad MS_{14} = A_{DZ} \tag{6-34}$$

$$MS_6 = A_{STKS} \qquad\qquad MS_{15} = A_{EV}$$

$$MS_7 = A_{SAW} \qquad\qquad MS_{16} = A_{LT}$$

$$MS_8 = A_{PR} \qquad\qquad MS_{17} = A_{EAB}.$$

$$MS_9 = A_{HS}$$

In dem System treten 17 Minimalschnitte 1. Ordnung auf. Der Systemausfall beträgt

$$A_S = MS_1 \vee MS_2 \vee \ldots \vee MS_{17}. \tag{6-35}$$

Die Wahrscheinlichkeit und die mittlere Häufigkeit des Systemausfalls betragen mit der Näherung 1. Art (Gl. (5-104) und (5-105))

$$P(A_S) \leq \sum_{k=1}^{17} P(MS_k) = 4{,}4776 \cdot 10^{-3}$$

$$\tag{6-36}$$

$$H(A_S) \leq \sum_{k=1}^{17} H(MS_k) = 4{,}4776 \cdot 10^{-4} \; h^{-1}.$$

Mit diesem Ergebnis lassen sich die übrigen Systemkenngrößen leicht
berechnen.

Die Ergebnisse der genauen Systemberechnung in (6-30) und (6-32)
und der angenäherten Systemberechnung in (6-36) sind in Tabelle
6-2 gegenübergestellt. Die Abweichungen ergeben sich durch Vernachlässigung der Minimalschnittkombinationen in (5-102) und
(5-103). Sie sind jedoch vernachlässigbar gering.

Tabelle 6-2. Vergleich zwischen genauer und angenäherter Rechnung

Prozeßrechner	$P(A_S)$	$H(A_S)$ h^{-1}
Genaue Rechnung	$4,4688 \cdot 10^{-3}$	$4,4599 \cdot 10^{-4}$
Angenäherte Rechnung	$4,4776 \cdot 10^{-3}$	$4,4776 \cdot 10^{-4}$
Abweichung	0,2 %	0,4 %

Die Zahlenwerte sind immer unter dem Gesichtspunkt der prinzipiell ungenauen Eingangsdaten in Tabelle 6-1 und den festgelegten Annahmen zu betrachten. Sie sind in erster Linie als Rechengrößen (Planungsgrößen) zu interpretieren, da sie aussagen, daß der Systembetrieb im Sinne der Definition zwar gestört wird, aber nicht aussagen, daß damit zwangsläufig auch der reale Betrieb unterbrochen wird, da hier durch menschliches Eingreifen oft ein Ausfall verhindert werden kann.

Beispiel 6-3 Berücksichtigung von Einzel- und Busausfall in Automatisierungssystemen

A Aufgabe

Bei Komponenten eines Automatisierungssystems, die an einem Bus an-
geschlossen sind (z.B. die Baugruppen KP im Bild 6-6) kann es erforderlich sein, zwischen Einzel- und Busausfall zu differenzieren.
Dies ist immer dann nötig, wenn die beiden Ausfalltypen einen unterschiedlichen Einfluß auf den Systemausfall haben. Unter einem
Einzelausfall (Bild 6-7) versteht man einen Ausfall, der nur auf
die fehlerhafte Komponente beschränkt ist. Er wird durch den Komponentenzustand AE gekennzeichnet. Unter einem Busausfall versteht
man einen Ausfall einer Komponente, der den Busabschnitt zum Ausfall bringt. Er wird mit dem Komponentenzustand AB bezeichnet. Der
Ausfall eines Busabschnittes bedeutet, daß die anderen an dem Bus
angeschlossenen intakten Teilnehmer nicht mehr über den Bus miteinander verkehren können.

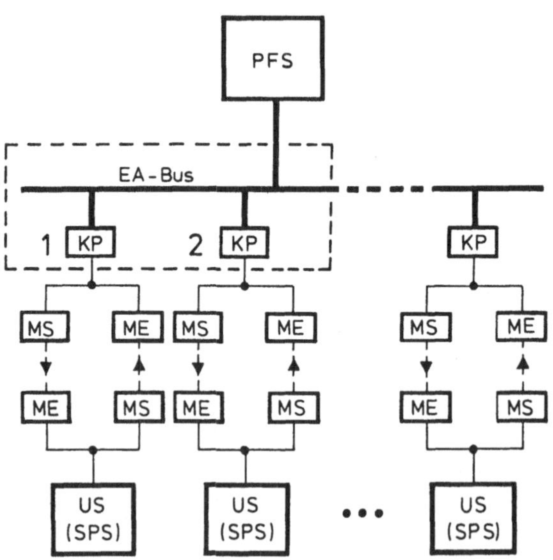

Bild 6-6. Zu untersuchendes System (gestrichelt eingerahmt).

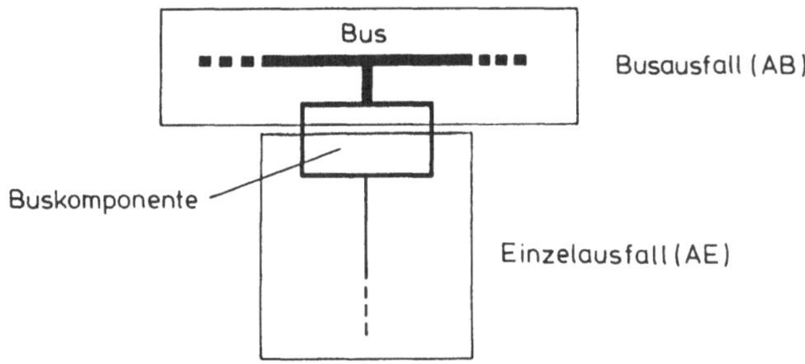

Bild 6-7. Einzel- und Busausfall eines Busteilnehmers (Buskomponente).

An dem im Bild 6-6 gestrichelt gezeichneten Systemausschnitt des
im folgenden Beispiel 6-4 untersuchten Automatisierungssystems soll
die Methode zur Berücksichtigung von Einzel- und Busausfall erklärt
werden.

B Lösung

1 Komponente

Bild 6-8 zeigt das hier zugrunde gelegte Zustandsmodell einer Buskomponente.

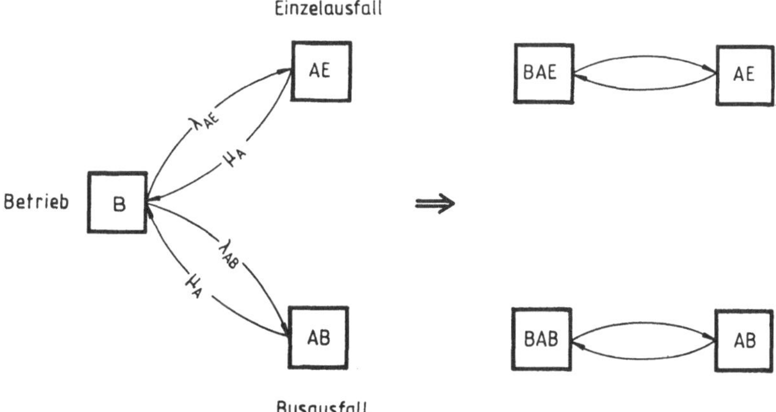

Bild 6-8. Dreistufiges Komponentenmodell einer Buskomponente und
ihre Zerlegung in zwei Zweistufenmodelle.

Die Zustände des dreistufigen Komponentenmodells sind

    B Betrieb,

    AE Einzelausfall der Komponente,

    AB Busausfall, der durch die Komponente
       verursacht wird.

Die Übergangsraten werden mit folgenden mittleren Dauern bestimmt:

    T(BA) mittlere Betriebsdauer zwischen zwei Aus-
          fällen (Einzel- oder Busausfälle).

    T(BAE) mittlere Betriebsdauer zwischen zwei Einzel-
          ausfällen ohne Berücksichtigung von dazwi-
          schenliegenden Busausfällen.

    T(BAB) mittlere Betriebsdauer zwischen zwei Busaus-
          fällen ohne Berücksichtigung von dazwischen-
          liegenden Einzelausfällen.

Die mittleren Dauern werden entsprechend Kapitel 2.3 ermittelt. Im
Bild 2-16 sind dann lediglich folgende Größen zu ersetzen:

    BAE anstelle von BA,
    BAB anstelle von BW,
    AE anstelle von A,
    AB anstelle von W.

Die Übergangsraten betragen

$$\lambda_{AE} = \frac{1}{T(BAE)} \qquad \text{Einzelausfallrate}$$

$$\lambda_{AB} = \frac{1}{T(BAB)} \qquad \text{Busausfallrate} \qquad\qquad (6\text{-}37)$$

$$\lambda_{A} = \frac{1}{T(BA)} = \lambda_{AE} + \lambda_{AB} \qquad \text{Gesamtausfallrate.}$$

Mit den Übergangsraten lassen sich folgende Fehleranteile definieren:

$$x = \frac{\lambda_{AB}}{\lambda_{A}} \qquad \text{Busfehleranteil } (0 \leq x \leq 1)$$

$$(6\text{-}38)$$

$$1 - x = \frac{\lambda_{AE}}{\lambda_{A}} \qquad \text{Einzelfehleranteil.}$$

Für die Ausfalldauern werden für jede Ausfallart gleiche Werte vorausgesetzt, so daß

$$T(AE) = T(AB) = T(A)$$

ist. Damit beträgt die Instandsetzungsrate

$$\mu_A = \frac{1}{T(AE)} = \frac{1}{T(AB)} = \frac{1}{T(A)} \ . \tag{6-39}$$

Die Berechnung des dreistufigen Markoffschen Komponentemodells führt zu folgenden Lösungen (der Modelltyp wurde auch im Beispiel 4-7, Abschnitt 2.2 berechnet):

$$P(B) = \frac{\mu_A}{\mu_A + \lambda_A}$$

$$P(AE) = \frac{\lambda_{AE}}{\mu_A + \lambda_A} \tag{6-40}$$

$$P(AB) = \frac{\lambda_{AB}}{\mu_A + \lambda_A} \ .$$

$$H(B) = \lambda_A \ P(B) = \frac{\mu_A \lambda_A}{\mu_A + \lambda_A}$$

$$H(AE) = \mu_A \ P(AE) = \frac{\mu_A \lambda_{AE}}{\mu_A + \lambda_A} \tag{6-41}$$

$$H(AB) = \mu_A \ P(AB) = \frac{\mu_A \lambda_{AB}}{\mu_A + \lambda_A} \ .$$

Faßt man die beiden Ausfallzustände zu

$$A = AE \lor AB \tag{6-42}$$

zusammen, so erhält man

$$P(A) = \frac{\lambda_A}{\mu_A + \lambda_A}$$

$$\tag{6-43}$$

$$H(A) = \frac{\mu_A \lambda_A}{\mu_A + \lambda_A} \ .$$

266

(6-40) und (6-41) lassen sich jetzt mit (6-43) und den Fehlerdefi-
nitionen in (6-38) in einer anderen Form schreiben, die für unsere
weitere Vorgehensweise zweckmäßiger ist, da sie keine Übergangsraten enthält. Die Gleichungen lauten dann

$$P(B) = 1 - P(A)$$

$$P(AE) = (1 - x)\,P(A) \tag{6-44}$$

$$P(AB) = xP(A),$$

$$H(B) = H(A)$$

$$H(AE) = (1 - x)\,H(A) \tag{6-45}$$

$$H(AB) = xH(A).$$

Mit diesen Gleichungen sind die Zustände des dreistufigen Modells
im Bild 6-8 exakt beschrieben. Die Gleichungen gelten jedoch nur
unter der Voraussetzung in (6-39).

Das dreistufige Modell im Bild 6-8 (linke Bildhälfte) eignet sich
nicht für Systemberechnungen mit den Netzwerk-Verfahren, da dafür
zweistufige Komponenten vorausgesetzt werden (siehe Kapitel 5.1).
Um auch bei der Berechnung größerer Systeme mit den Netzwerk-Verfahren Einzel- und Busausfall berücksichtigen zu können, wird das
dreistufige Modell in zwei zweistufige Modelle entsprechend Bild
6-8 (rechte Bildhälfte) aufgetrennt. Für die Ausfallzustände AE
und AB gelten die Beziehungen in (6-44) und (6-45). Die zum Ein-
zel- und Busausfall komplementären Zustände der zweistufigen Modelle sind die Betriebszustände BAE und BAB. BAE bedeutet der Betriebszustand zwischen zwei aufeinanderfolgenden Einzelausfällen
und BAB der Betriebszustand zwischen zwei aufeinanderfolgenden
Busausfällen. Deren Kenngrößen lauten

$$P(BAE) = 1 - P(AE)$$

$$\tag{6-46}$$

$$H(BAE) = H(AE),$$

$$P(BAB) = 1 - P(AB)$$

$$\tag{6-47}$$

$$H(BAB) = H(AB).$$

Wir erinnern uns, daß Markoffsche Modelle dann vollständig beschrieben sind, wenn entweder ihre Zustandskenngrößen (P, H, T) oder ihre Übergangsraten (λ, μ) bekannt sind. Für die beiden zweistufigen Modelle liegen die Zustandskenngrößen in (6-44) bis (6-47) vollständig vor, weshalb wir die Übergangsraten nicht betrachten. Die zweistufigen Modelle im Bild 6-8 lassen sich jetzt in die Netzwerk-Verfahren integrieren. Bild 6-9 zeigt die Bausteine dafür, die den Markoffschen Zuständen entsprechen.

2 System

Am gestrichelt eingerahmten Zweikomponentensystem im Bild 6-6 soll nun gezeigt werden, wie man Einzel- und Busausfälle in Systemberechnungen berücksichtigt. Dazu wird das Verfahren der Minimalschnitte angewandt.

Das Zweikomponentensystem im Bild 6-6 besitzt mit den Zustandsblöcken im Bild 6-9 das Zustands-Blockschaltbild im Bild 6-10, wobei zwischen den Zuständen innerhalb _einer_ Komponente stochastische Abhängigkeiten bestehen, die durch gestrichelte Linien angedeutet sind. Abhängigkeiten zwischen Zuständen _verschiedener_ Komponenten bestehen nicht. Die Komponenten sind mit 1 und 2 indiziert:

Minimalschnitte

$$MS_1 = AB_1$$

Der Minimalschnitt MS_1 ist gleich dem Busausfall der Komponente 1.

$$MS_2 = AB_2$$

Der Minimalschnitt MS_2 ist gleich dem Busausfall der Komponente 2. $\qquad$ (6-48)

$$MS_3 = AE_1 \wedge AE_2$$

Der Minimalschnitt MS_3 tritt auf, wenn beide Komponenten einen Einzelausfall haben.

Systemausfall

$$A_S = MS_1 \vee MS_2 \vee MS_3. \qquad (6-49)$$

Wahrscheinlichkeit eines Systemausfalls

$$P(A_S) = P(MS_1 \vee MS_2 \vee MS_3). \qquad (6-50)$$

Bild 6-9. Berücksichtigung von Einzel- und Busausfall einer Komponente in Zustands-Blockschaltbildern.

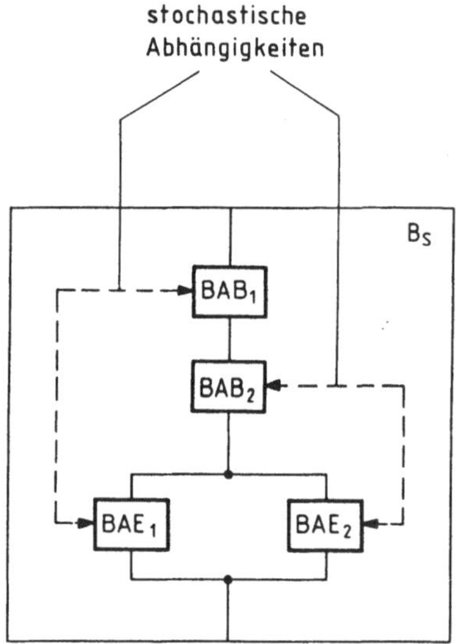

Bild 6-10. Zustands-Blockschaltbild für das gestrichelt eingerahmte Zweikomponentensystem im Bild 6-6.

Setzt man in diese Gleichung die Minimalschnitte MS_1 bis MS_3 aus (6-48) ein, so läßt sich diese entsprechend (5-102) weiter auflösen. Dabei treten auch Kombinationen des Typs $AB_i \wedge AE_i$ auf, die verschwinden, da beide Zustände _einer_ Komponente angehören und sich deshalb ausschließen. Es gilt also dafür die Beziehung $AB_i \wedge AE_i = \Phi$. Lösen wir (6-50) auf und setzen die eben hergeleitete Beziehung ein, so erhalten wir die Gleichung

$$P(A_S) = P(AB_1) + P(AB_2) + P(AE_1)P(AE_2) - P(AB_1)P(AB_2). \qquad (6-51)$$

Die angenäherte Lösung erhält man durch Vernachlässigung des negativen Terms zu

$$P(A_S) \leq P(AB_1) + P(AB_2) + P(AE_1)P(AE_2). \qquad (6\text{-}52)$$

Diese Beziehung würden wir auch ohne Berücksichtigung der gestrichelt gezeichneten stochastischen Abhängigkeiten mit dem Verfahren der Minimalschnitte (Näherung 1. Art) erhalten. Wir können also die stochastischen Abhängigkeiten vernachlässigen und erhalten so eine einfache Berechnungsmöglichkeit von Netzwerken unter Berücksichtigung von Einzel- und Busausfällen.

Die hier beschriebene Trennung zwischen Einzel- und Busausfall und deren Integration in die Netzwerk-Verfahren läßt sich in allen Automatisierungssystemen anwenden. Sie gelang deshalb so einfach, weil nur stochastische Abhängigkeiten zwischen Zuständen innerhalb einer Komponente und nicht zwischen verschiedenen Komponenten auftraten.

Die gleichen Überlegungen gelten auch für Zuverlässigkeitsberechnungen von parallelgeschalteten Dioden. Bei ihnen muß man zwischen den beiden Fehlerarten Leerlaufausfall und Kurzschluß unterscheiden [20], da sie unterschiedlichen Einfluß auf das Systemausfallverhalten besitzen. Bei einem Leerlaufausfall bleibt der Ausfall nur auf die fehlerhafte Diode beschränkt. Dieser Ausfall entspricht dem Einzelausfall bei einer Buskomponente. Bei einem Kurzschluß fällt die gesamte Parallelschaltung aus. Er entspricht dem Busausfall bei einer Buskomponente.

Beispiel 6-4 Dezentrales Prozeßautomatisierungssystem

A Aufgabe

Bild 6-11 zeigt die funktionale Struktur des zu untersuchenden dezentralen Automatisierungssystems mit 10 Unterstationen. Jede Unterstation besteht aus einer speicherprogrammierbaren Steuerung
(SPS). Das Gesamtsystem läßt sich aufteilen in ein dezentrales Pro-
zeßüberwachungs- und -steuerungssystem sowie ein zentrales Prozeßführungssystem. Mit dem Prozeßüberwachungs- und -steuerungssystem
werden Prozeßzustände durch speicherprogrammierbare Steuerungen
autark (dezentral) überwacht und gesteuert. Die speicherprogrammierbaren Steuerungen sollen unabhängig vom Prozeßführungssystem
(d.h. auch bei Ausfall des Prozeßführungssystems) arbeiten können.
Mit dem Prozeßführungssystem werden zentral Daten aus den Unterstationen erfaßt, verarbeitet und archiviert sowie der Prozeßablauf abgebildet.

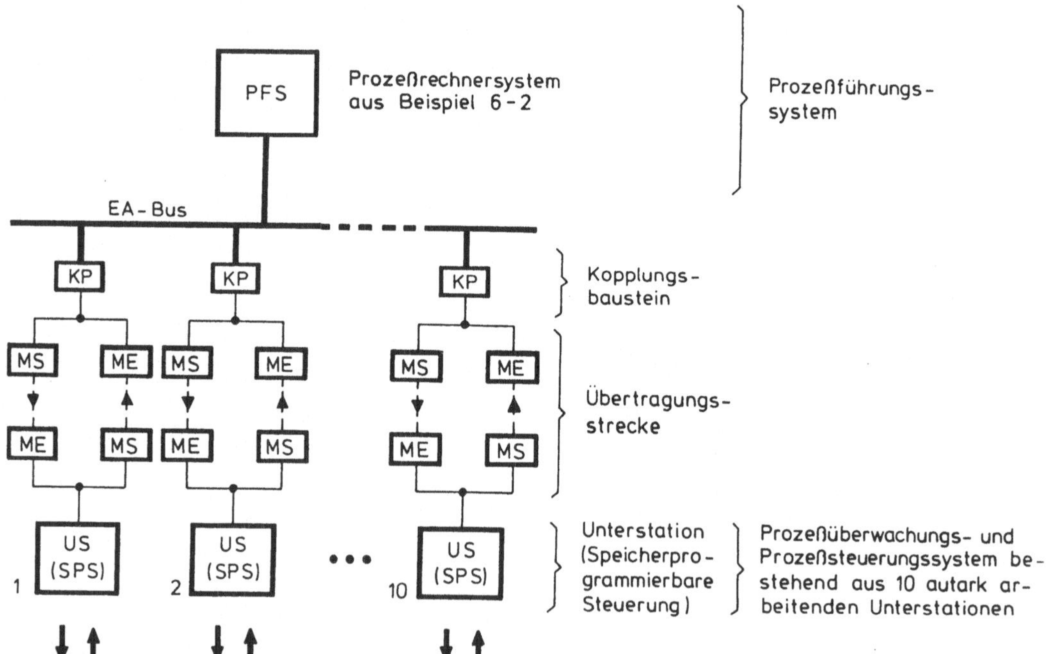

Bild 6-11. Funktionale Struktur eines dezentralen Prozeßautomati-
         sierungssystems.

In der ersten Teiluntersuchung soll nur eine Aussage über das dezentrale Prozeßüberwachungs- und Prozeßsteuerungssystem gemacht werden. In diesem System arbeitet jede Unterstation autark. Zur Untersuchung werden folgende Systemzustandspaare definiert.

<u>Systemzustandspaar 1</u>

Systembetrieb 1 (B_{S1}): Alle 10 Unterstationen sollen in Betrieb sein (oder anders ausgedrückt, kein Ausfall sei zugelassen).

Systemausfall 1 (A_{S1}): Ausfall einer oder mehrerer Unterstationen.

<u>Systemzustandspaar 2</u>

Systembetrieb 2 (B_{S2}): Mindestens 9 von 10 Unterstationen sollen in Betrieb sein (ein Ausfall sei zugelassen).

Systemausfall 2 (A_{S2}): Ausfall von zwei oder mehreren Unterstationen.

<u>Systemzustandspaar 3</u>

Systembetrieb 3 (B_{S3}): Mindestens 8 von 10 Unterstationen sollen in Betrieb sein (zwei Ausfälle seien zugelassen).

Systemausfall 3 (A_{S3}): Ausfall von drei oder mehreren Unterstationen.

In der zweiten Teiluntersuchung wird das zentrale Prozeßführungssystem in Kombination mit dem dezentralen Prozeßüberwachungs- und -steuerungssystem durch die folgenden Systemzustände untersucht. Unter "Führung" wird dabei immer die Verarbeitung und die Darstellung der Prozeßzustandsdaten und - als deren Voraussetzung - die Überwachung und Steuerung der autarken Unterstationen verstanden.

<u>Systemzustandspaar 4</u>

Systembetrieb 4 (B_{S4}): Die Prozeßzustände aller 10 Unterstationen sollen geführt werden (kein Ausfall sei zugelassen).

Systemausfall 4 (A_{S4}): Ausfall der Führung der Prozeßzustände einer oder mehrerer Unterstationen.

Systemzustandspaar 5

Systembetrieb 5 (B_{S5}): Die Prozeßzustände von mindestens 9 der 10 Unterstationen sollen geführt werden (ein Ausfall sei zugelassen).

Systemausfall 5 (A_{S5}): Ausfall der Führung der Prozeßzustände von zwei oder mehreren Unterstationen.

Systemzustandspaar 6

Systembetrieb 6 (B_{S6}): Die Prozeßzustände von mindestens 8 der 10 Unterstationen sollen geführt werden (zwei Ausfälle seien zugelassen).

Systemausfall 6 (A_{S6}): Ausfall der Führung der Prozeßzustände von drei oder mehreren Unterstationen.

Man erkennt an diesem Beispiel, daß zur Zuverlässigkeitsbeurteilung eines dezentralen Prozeßautomatisierungssystems ein Systemzustandspaar allein nicht ausreichen muß. Unterschiedlichen Zuverlässigkeitsanforderungen entsprechen unterschiedliche Systemzustandspaare.

In der Zuverlässigkeitsanalyse sollen die definierten Systemzustände durch ihre Kenngrößen P, H und T bewertet werden. Für die Berechnung gelten die im Beispiel 6-2 getroffenen Voraussetzungen. Zusätzlich soll zwischen Einzel- und Busausfall der Komponenten KP unterschieden und entsprechend Beispiel 6-3 berücksichtigt werden.

B Lösung

1 Komponenten

Die zur Zuverlässigkeitsberechnung notwendigen Kenngrößen der Komponenten sind in Tabelle 6-3 angegeben. Bei den Kenngrößen des Prozeßüberwachungs- und -steuerungssystems kann es je nach Einsatzort notwendig sein, zwischen normalem Einsatz (normale Umgebungsbedingungen, normaler Betrieb) und erschwertem Einsatz (rauhe Umgebungsbedingungen, rauher Betrieb) zu unterscheiden. Dies wird durch unterschiedliche Zuverlässigkeitskenngrößen der Komponenten berücksichtigt. Auf diese Unterschiede wird hier nicht eingegangen.

Tabelle 6-3. Ausfallkenngrößen des dezentralen Prozeßautomatisierungssystems im Bild 6-11

Komponente		T(B) h	T(A) h
ME	Empfangsmodul	$2,2 \cdot 10^5$	
MS	Sendemodul	$3,1 \cdot 10^5$	
KP	Kopplungsbaustein für die Übertragungsstrecke	$5,2 \cdot 10^4$	10
PFS	Prozeßführungssystem (entspricht Prozeßrechner aus Beispiel 6-2, (6-31))	$2,2 \cdot 10^3$	
US	Unterstation (Speicherprogrammierbare Steuerung)	$1,2 \cdot 10^4$	

Der Busfehleranteil x der Komponente KP beträgt 0,1.

2 Systeme

Die zur Systemberechnung zugrunde gelegten Zustands-Blockschaltbilder sind für die beiden Systemzustandspaargruppen in den Bildern
6-12 und 6-13 dargestellt.

Die logischen Netzwerke in den Bildern 6-12 und 6-13 besitzen
r-aus-n-Strukturen. r-aus-n bedeutet, daß von n parallel geschalteten Komponenten mindestens r in Betrieb sein müssen, damit das
System in Betrieb ist. Bild 6-14 zeigt die allgemeine Darstellungs-
weise eines r-aus-n-Netzwerkes, das wir jetzt betrachten wollen.

Die Zuverlässigkeit von r-aus-n-Strukturen läßt sich mit Hilfe der
Minimalschnittmethode einfach berechnen. Entsprechend der Definition fällt das System dann aus, wenn n + 1 - r Komponenten oder mehr
ausfallen. Insgesamt gibt es für jede Systemausfalldefinition

$$\binom{n}{n + 1 - r} = \frac{n(n - 1)\ldots r}{1 \cdot 2 \ldots (n + 1 - r)} .$$ (6-53)

Minimalschnitte (n + 1 - r)ter Ordnung. Diese lauten

$$MS = A_1 \wedge A_2 \wedge \ldots \wedge A_{n + 1 - r}.$$ (6-54)

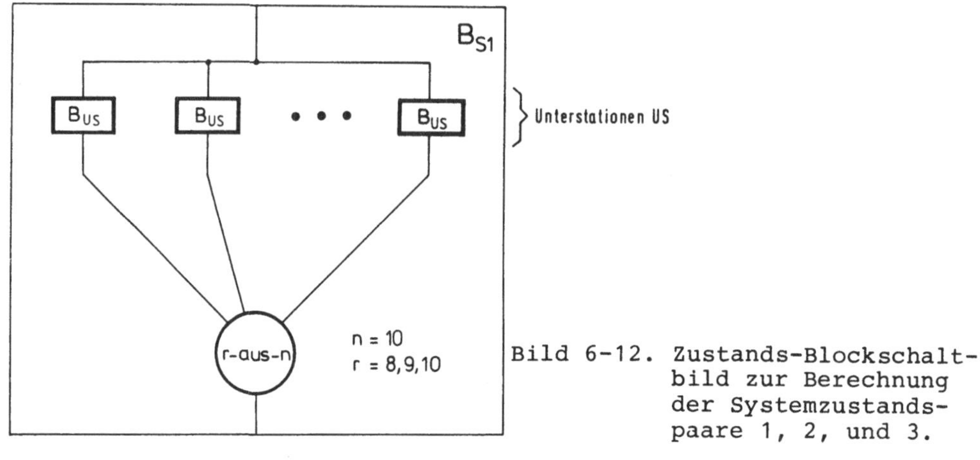

Bild 6-12. Zustands-Blockschaltbild zur Berechnung
der Systemzustands-
paare 1, 2, und 3.

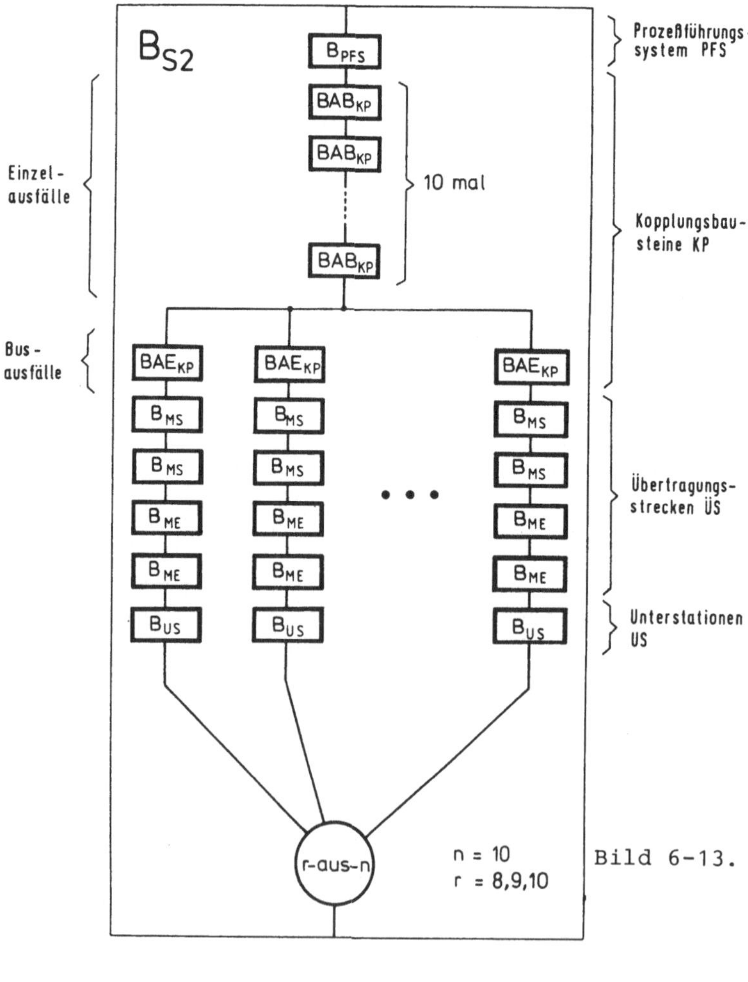

Bild 6-13. Zustands-Blockschaltbild zur Berechnung
der Systemzustands-
paare 4, 5 und 6.

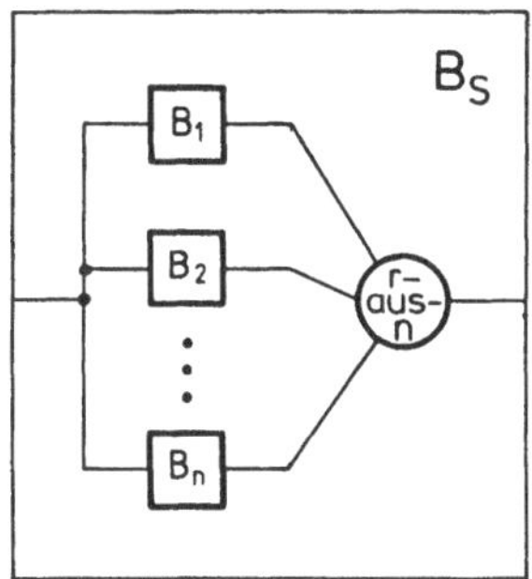

Bild 6-14. Allgemeine Darstellung einer logischen r-aus-n-Struktur.

Für die Minimalschnittkenngrößen erhält man für Komponenten mit gleicher Ausfallwahrscheinlichkeit P(A) nach (5-95) die Beziehungen

$$P(MS) = P(A)^{n + 1 - r}$$

$$T(MS) = \frac{T(A)}{n + 1 - r}$$

$$H(MS) = \frac{P(MS)}{T(MS)} = (n + 1 - r)\, \frac{P(A)^{n + 1 - r}}{T(A)}\,.$$

(6-55)

Für die Systemkenngrößen einer r-aus-n-Struktur erhält man für stochastisch-unabhängige Komponenten unter der Annahme

$$P(A) \ll P(B)$$

entsprechend (5-104) und (5-105) die Ausdrücke

$$P(A_S) \leq \sum_k P(MS_k) = \binom{n}{n + 1 - r}\, P(A)^{n + 1 - r}$$

$$H(A_S) \leq \sum_k H(MS_k) = \binom{n}{n + 1 - r}\, (n + 1 - r)\, \frac{P(A)^{n + 1 - r}}{T(A)}\,.$$

(6-56)

Aus diesen Gleichungen folgen $T(B_S)$ und $T(A_S)$ der r-aus-n-Struktur unmittelbar.

In den Bildern 6-12 und 6-13 bedeuten die Systemzustandspaare 1 und 4 eine 10-aus-10-Struktur (logische Serienschaltung der Betriebszustände), die Systemzustandspaare 2 und 5 eine 9-aus-10-Struktur und die Systemzustandspaare 3 und 6 eine 8-aus-10-Struktur der Unterstationen bzw. der Unterstationslinien.

Die einzelnen Zweige im Bild 6-13 kann man mit dem Verfahren für
logische Serienstrukturen oder einfacher mit dem Minimalschnittverfahren (hier angewandt) berechnen. Die r-aus-n-Strukturen werden
mit den Beziehungen in (6-56) berechnet. Die Ergebnisse sind in
Tabelle 6-4 für die Systemzustandspaare 1 bis 6 angegeben.

- <u>Systemzustandspaar 1</u>

  Der Systemausfall 1 tritt mit einer Wahrscheinlichkeit von 0,0083 auf (Nichtverfügbarkeit). Die Wahrscheinlichkeit des
  Systembetriebes 1 ist somit 0,9917 (Verfügbarkeit). Der Systemausfall 1 tritt
  7 mal pro Jahr auf. Das bedeutet, daß
  7 mal pro Jahr <u>eine oder mehrere</u> Unterstationen ausfallen. Die mittlere Systembetriebsdauer ist 1200 h, die mittlere Systemausfalldauer 10 h.

Tabelle 6-4. Errechnete Systemkenngrößen des dezentralen Automatisierungssystems

Systemzustands-paar (B_S und A_S)	$P(A_S)$	$H(A_S)$ a^{-1}	$T(B_S)$ h	$T(A_S)$ h
1	$8,3 \cdot 10^{-3}$	$7,3$	$1,2 \cdot 10^{3}$	$10,0$
2	$3,1 \cdot 10^{-5}$	$5,5 \cdot 10^{-2}$	$1,6 \cdot 10^{5}$	$5,0$
3	$6,9 \cdot 10^{-8}$	$1,8 \cdot 10^{-4}$	$4,8 \cdot 10^{7}$	$3,3$
4	$1,6 \cdot 10^{-2}$	$14,3$	$6,1 \cdot 10^{2}$	$10,0$
5	$4,8 \cdot 10^{-3}$	$4,2$	$2,1 \cdot 10^{3}$	$9,9$ [a]
6	$4,7 \cdot 10^{-3}$	$4,1$	$2,1 \cdot 10^{3}$	$10,0$

[a] Die Systemausfalldauer von 9,9 h kommt dadurch zustande, daß zu
den <u>Einfachausfällen</u> der Komponenten des Prozeßführungssystems
und <u>der Busausfälle</u> der Baugruppen KP mit einer Ausfalldauer von
10 h die <u>Zweifachausfälle</u> der Komponenten des Prozeßüberwachungs-
und -steuerungssystems (einschließlich Übertragungsstrecke) mit einer Ausfalldauer von 5 h einen zwar geringen, aber doch feststellba-
ren Einfluß haben. Im Gegensatz dazu treten beim Systemausfall 4 nur
Einfachausfälle auf. Beim Systemausfall 6 bestimmen nur die Einfachausfälle des Prozeßführungssystems und die Busausfälle der Baugruppen KP die Systemzuverlässigkeit, da die Dreifachausfälle der Komponenten des Prozeßüberwachungs- und -steuerungssystems sich nicht bemerkbar machen. Somit ist sowohl beim Systemausfall 4 als auch beim
Systemausfall 6 die Systemausfalldauer 10 h.

- **Systemzustandspaar 2**

  Die Wahrscheinlichkeit des Systemausfalls
  sinkt auf $3{,}1 \cdot 10^{-5}$, die Wahrscheinlichkeit des Systembetriebes steigt auf
  0,999969. Der Systemausfall 2 tritt im Mittel alle 18 Jahre auf, was bedeutet, daß
  alle 18 Jahre zwei oder mehrere Unterstationen ausfallen. Die mittlere Systembetriebsdauer ist 160.000 h, die mittlere
  Systemausfalldauer 5 h.

- **Systemzustandspaar 3**

  Nach Systemzustandspaar 3 treten Dreifach-
  und darüber hinausgehende Mehrfachausfälle
  in der Praxis so gut wie nicht auf.

  Vergleicht man die Zahlenwerte der Systemzustandspaare 1, 2 und 3, so kann man folgern, daß im Normalbetrieb unabhängig voneinander auftretende Zweifach- und darüber
  hinausgehende Mehrfachausfälle vernachlässigt werden können.

  Die Systemzustände 4 bis 6 beziehen sich
  auf das Gesamtsystem. Ihre Kenngrößen sind
  in der gleichen Weise wie die der Systemzustände 1 bis 3 zu interpretieren.

- **Systemzustand 4**

  Es können 14 mal pro Jahr eine oder mehrere
  Unterstationen nicht mehr geführt werden.

- **Systemzustand 5**

  Es können 4,2 mal pro Jahr zwei oder mehrere
  Unterstationen nicht mehr geführt werden.

- **Systemzustand 6**

  Es können 4,1 mal pro Jahr drei oder mehrere
  Unterstationen nicht mehr geführt werden.

  Man erkennt, daß das zentrale Prozeßführungssystem PFS maßgebend die Systemzustände 4 bis
  6 bestimmt. Das wird besonders deutlich, wenn
  man die Systemzustände 5 und 6 mit den entsprechenden Systemzuständen 2 und 3 vergleicht.

Dieses Beispiel zeigt deutlich, welche Systemzustände und welche

Kenngrößen zur Beurteilung dezentraler Systeme sinnvoll sind und wie

diese interpretiert werden. Die Zuverlässigkeitsangaben zeigen fer-

ner, daß die Zuverlässigkeit eines dezentralen Systems mit einem ein-

zigen Systemzustand und mit einer einzigen Kenngröße (z.B. der Ver-

fügbarkeit oder der Nichtverfügbarkeit) nicht immer ausreichend genau

beschrieben werden kann. Eine globale Zuverlässigkeitsbetrachtung

führt deshalb bei dezentralen Systemen zu keiner befriedigenden Aussage.

Beispiel 6-5 Ein- und Zweirechnersystem

<u>A Aufgabe</u>

Es soll die Zuverlässigkeit der beiden Rechnersysteme im Bild 6-15 berechnet werden. Mit jedem System sollen insgesamt N Prozeßzustände überwacht und gesteuert werden. Die Rechnersysteme sind so ausgelegt, daß im System 1 der Rechner alle N Prozeßzustände und im System 2 jeder Rechner nur N/2 Prozeßzustände überwachen und steuern soll. Die Überwachung geschieht über die Sichtgeräte (SG) und die Steuerung über die Funktionstastaturen (FT). Die Überwachung und Steuerung wird vom Menschen vorgenommen.

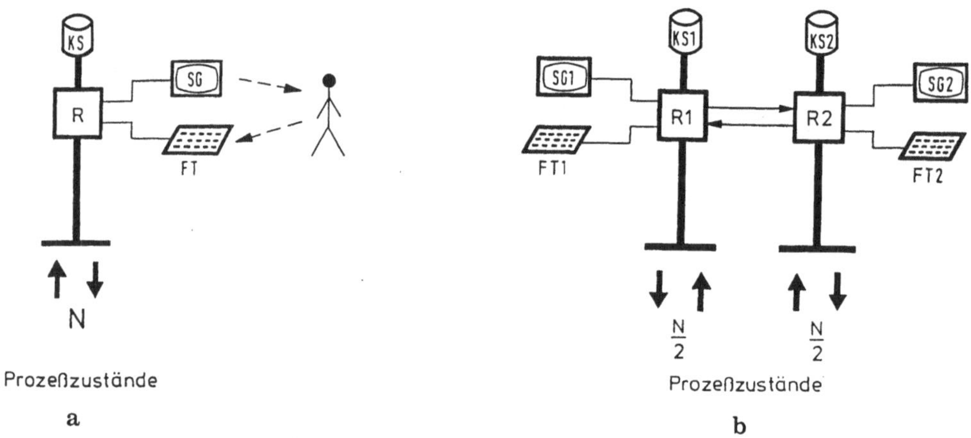

Bild 6-15. Funktionale Struktur der Rechnersysteme. a) System 1; b) System 2.

Das hier vorgesehene Zweirechnersystem ist ein System zu dezentralen Verarbeitung von Funktionen und nicht zur parallel redundanten Absicherung von Funktionen, d.h. bei Ausfall eines Rechners kann der andere intakte Rechner nicht die Funktionen des ausgefallenen Rechners übernehmen, sondern nur seine eigenen weiterverarbeiten. Jedoch werden durch die Zuverlässigkeitsuntersuchung hinsichtlich des Totalausfalls beide Fälle (dezentrale und parallel redundante Funktionsverarbeitung) abgedeckt.

Zur Zuverlässigkeitsbeurteilung werden folgende Systemzustände definiert.

Systemzustandspaar 1

Systembetrieb 1 (B_{S1}): Alle N Prozeßzustände sollen überwacht UND gesteuert werden (Vollbetrieb).

Systemausfall 1 (A_{S1}): Ausfall der Überwachung ODER Steuerung von mindestens N/2 Prozeßzuständen (mindestens Teilausfall).

Systemzustandspaar 2

Systembetrieb 2 (B_{S2}): Mindestens N/2 Prozeßzustände sollen überwacht UND gesteuert werden (mindestens Teilbetrieb).

Systemausfall 2 (A_{S2}): Ausfall der Überwachung ODER Steuerung der N Prozeßzustände (Totalausfall).

Die beiden Systemzustandspaare dienen zur unterschiedlichen Zuverlässigkeitsbeurteilung der Anlagen. Die Systemzustandspaare 1 und 2 geben zusammen betrachtet Auskunft über den vollen Betrieb und den Teilbetrieb und damit über die Verfügbarkeit der Systeme. Sie dienen daher zur Beurteilung von Anlagen, bei denen der wirtschaftliche Nutzen untersucht werden soll. Das Systemzustandspaar 2 allein betrachtet gibt Auskunft über den Totalausfall, der zur Beurteilung sicherheitstechnischer Aufgaben wichtig ist. Das Systemzustandspaar 1 ist dann uninteressant, da bei Sicherheitsanlagen im allgemeinen vorausgesetzt wird, daß der Teilbetrieb die volle Sicherheit garantieren soll, d.h. kein sicherheitsrelevanter Ausfallzustand darstellt.

Im folgenden werden diese Systemzustände durch ihre Kenngrößen P, H und T bewertet.

Voraussetzungen zur Zuverlässigkeitsanalyse

Zur Zuverlässigkeitsberechnung werden folgende Annahmen getroffen.

Die Voraussetzungen 1 bis 9 entsprechen den ersten neun Voraussetzungen des Beispiels 6-2. Zusätzlich dazu sollen noch folgende Voraussetzungen gelten:

10. Die beiden Rechner im System 2 bilden jeweils autonome Anlagen, d.h. sie werden unabhängig voneinander betrieben.

Die Kassettenplattenspeicher sind dem jeweiligen Rechner fest zugeordnet, d.h. beim Ausfall eines Kassettenplattenspeichers kann der daran angeschlossene Rechner nicht die Platte seines Nachbarrechners benutzen, um die N/2 Prozeßzustände weiter zu führen, weil dann die zusätzliche Rechnerbelasung zu groß würde.

Die Sichtgeräte und die Tastaturen sind ebenfalls den jeweiligen Rechnern fest zugeordnet.

11. Ausgefallene Komponenten werden instandgesetzt (repariert oder ausgetauscht). Es soll nur eine Instandsetzungsmannschaft zur Verfügung stehen, die auch die Wartungsarbeiten übernehmen soll, d.h. die Komponente, die zuerst ausfällt (gewartet wird), wird auch bei Ausfall der zweiten Komponente zuerst instandgesetzt (gewartet).

12. Die Kassettenplattenspeicher werden in regelmäßigen Abständen gewartet, wobei vorausgesetzt wird, daß Wartungsabschaltungen nicht in prozeßbedingte Stillstandszeiten der Anlage gelegt werden können.

13. Mehrfachwartungen zur gleichen Zeit werden ausgeschlossen.

14. Wartungsabschaltungen einer Komponente können aufgeschoben werden, wenn andere Komponenten ausgefallen sind. Die Wartungen sollen nicht unterbrechbar sein.

Die Voraussetzung 10 ist zur Ermittlung der Minimalschnitte wichtig. Die Voraussetzungen 11 bis 14 führen im System zu stochastischen Abhängigkeiten zwischen den Komponenten, die durch geeignete Modelle bei der Modellierung und Berechnung der Minimalschnitte im Abschnitt 2.2 berücksichtigt werden.

B Lösung

Es wird auf die Beispiele 4-9 (nur eine Instandsetzungsmannschaft), 4-11 (Instandsetzung und Wartung) und 6-2 (Prozeßrechner) Bezug genommen.

1 Komponenten

Die Komponenten R (Rechner), KS (Kassettenplattenspeicher), SG (Sichtgerät) und FT (Funktionstastatur) werden durch das MODELL A und die Komponente KS zusätzlich durch das MODELL W im Bild 4-40 beschrieben. Ihre Kenngrößen sind im Beispiel 4-11 berechnet.

Die Zahlenwerte der Ausfallkenngrößen der Komponenten für MODELL A
sind in Tabelle 6-5 angegeben. Für die Komponente R (Rechner) wurde
die funktionale Struktur des Prozeßrechners im Bild 6-4 zugrunde gelegt, jedoch ohne Kassettenplattenspeicher KS, ohne Sichtgerät SG
und ohne Funktionstastatur FT, da diese Komponenten getrennt berücksichtigt werden. Bild 6-16 zeigt die berücksichtigten Komponenten
der Makrokomponente R. Ihre Zusammenfassung zu einer Makrokomponente ist deshalb möglich, da jeder Ausfall einer Komponente zum Ausfall von R führt. Das logische Netzwerk von R entspricht Bild 6-5
mit Ausnahme der genannten Komponenten. Die Zahlenwerte der Komponentenkenngrößen in R sind in Tabelle 6-1 enthalten. Wir haben hier
den Fall vorliegen, daß wir zur Kenngrößenermittlung der Komponente R diese als System betrachten, jedoch für die weitere Zuverlässigkeitsuntersuchung als Komponente auffassen (siehe auch die Bilder 1-6 und 1-7).

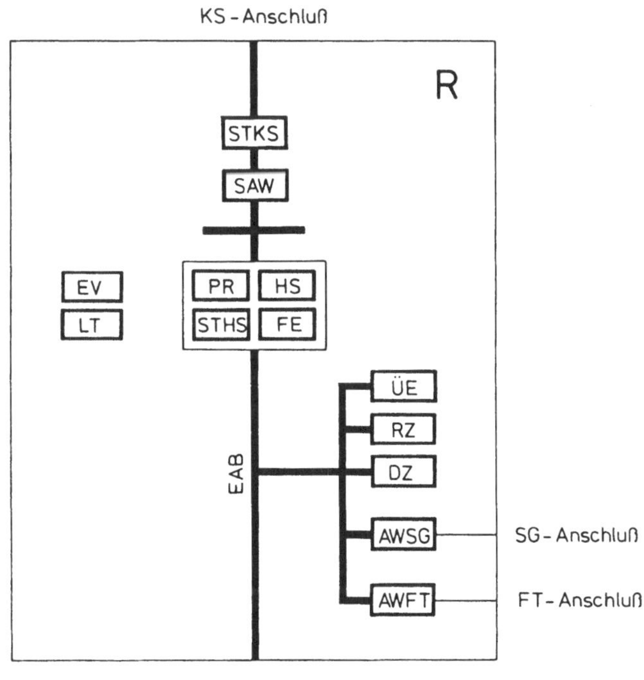

Bild 6-16. Aufbau der Komponente: Rechner R (entspricht Bild 6-4,
jedoch ohne KS, SG und FT).

Tabelle 6-5. Kenngrößen der Komponenten

Ausfallkenngrößen

Komponente	T(BA)	T(A)
	h	h
FT Funktionstastatur	$1,0 \cdot 10^5$	10
KS Kassettenplatten- speicher	$1,0 \cdot 10^4$	10
R Rechner [a]	$3,7 \cdot 10^3$	10
SG Sichtgerät	$1,5 \cdot 10^4$	10

[a] Entspricht Prozeßrechner im Bild 6-16 mit den Kenngrößen in Tabelle 6-1

T(BA) Mittlere Betriebsdauer von Inbe- triebnahme bis zum Ausfall (MTTF)

T(A) Mittlere Instandsetzungsdauer (MTTR)

Wartungskenngrößen

Komponente	T(BW)	T(W)
	h	h
KS Kassettenplatten- speicher	2190 (1/4 Jahr)	4

T(BW) Mittleres Wartungsintervall

T(W) Mittlere Wartungsdauer

Tabelle 6-6. Errechnete Übergangsraten aus Tabelle 6-5.

Ausfallkenngrößen

Komponente	λ_A	μ_A
	h^{-1}	h^{-1}
FT Funktionstastatur	$1,0 \cdot 10^{-5}$	0,1
KS Kassettenplatten- speicher	$1,0 \cdot 10^{-4}$	0,1
R Rechner	$2,7 \cdot 10^{-4}$	0,1
SG Sichtgerät	$6,67 \cdot 10^{-5}$	0,1

Wartungskenngrößen

Komponente	λ_W	μ_W
	h^{-1}	h^{-1}
KS Kassettenplatten- speicher	$4,57 \cdot 10^{-4}$	0,25

Von allen Komponenten wird angenommen, daß nur die Kassettenplattenspeicher regelmäßig gewartet werden müssen. Zur Wartung zählen
wir die vierteljährlich durchzuführenden Arbeiten wie Reinigung
des Gerätes, Überprüfen des Positioniersystems, der Schreib-/Lese-
Köpfe, Schmieren der Gelenkteile, Ersetzen des Filters und einen
Rechnertest. In Tabelle 6-5 sind die Wartungskenngrößen aufgetragen. Sie sind als Beispielwerte zu betrachten, da die Wartungsmaß-
nahmen und die Zahlenwerte sehr unterschiedlich sein können.

In Tabelle 6-6 sind die aus Tabelle 6-5 errechneten Übergangsraten
aufgetragen. Sie betragen

$$\lambda_A = \frac{1}{T(BA)}$$

$$\mu_A = \frac{1}{T(A)}$$

$$\lambda_W = \frac{1}{T(BW)} \tag{6-57}$$

$$\mu_W = \frac{1}{T(W)} \, .$$

Mit diesen Übergangsraten sind die Komponentenmodelle vollständig
beschrieben.

2 Systeme

Die Systemberechnung wird mit dem Verfahren der Markoffschen Minimalschnitte durchgeführt. Sie gliedert sich in die im Bild 5-17
dargestellten Schritte, die jetzt im einzelnen ausgeführt werden.

2.1 Ermittlung der Minimalschnitte

Für jedes System und jede Systemausfalldefinition gibt es einen
Satz Minimalschnitte. In den Bildern 6-17 bis 6-19 sind alle Minimalschnitte aus den funktionalen Strukturen ermittelt. Die schwarz
ausgezeichneten Komponenten stellen die Ausfall- und Wartungszustände der Minimalschnitte dar.

Die in den Bildern dargestellten Minimalschnitte sind in (6-59)
und (6-60) angegeben. Bei der Aufstellung der Minimalschnitte muß
man darauf achten, daß wegen der Voraussetzung 13 Minimalschnitte
des Typs

$$W_i \wedge W_k = \phi_{i,k} \tag{6-58}$$

nicht auftreten können. Im System 1 sind die Minimalschnitte für die Systemausfalldefinitionen 1 und 2 identisch, für das System 2 jedoch unterschiedlich.

Minimalschnitte für die Systemausfälle 1 und 2 des Systems 1 (Bild 6-17)

$$MS_1 = A_R$$

$$MS_2 = A_{KS}$$

$$MS_3 = A_{SG} \tag{6-59}$$

$$MS_4 = A_{FT}$$

$$MS_5 = W_{KS}.$$

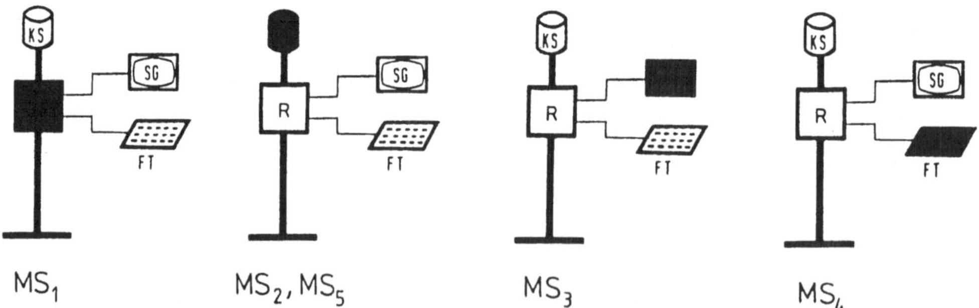

Bild 6-17. Minimalschnitte für die Systemausfälle 1 und 2 des Systems 1 (siehe Gl. (6-59)).

<u>Minimalschnitte für Systemausfall 1 des Systems 2 (Bild 6-18)</u>
Die Minimalschnitte entsprechen der doppelten Anzahl in (6-59).

<u>Minimalschnitte für Systemausfall 2 des Systems 2 (Bild 6-19)</u>

$$
\begin{array}{ll}
MS_1 = A_{R1} \wedge A_{R2} & MS_5 = A_{KS1} \wedge A_{R2} \\[2mm]
MS_2 = A_{R1} \wedge A_{KS2} & MS_6 = A_{KS1} \wedge A_{KS2} \\[2mm]
MS_3 = A_{R1} \wedge A_{SG2} & MS_7 = A_{KS1} \wedge A_{SG2} \\[2mm]
MS_4 = A_{R1} \wedge A_{FT2} & MS_8 = A_{KS1} \wedge A_{FT2} \\[4mm]
MS_9 = A_{SG1} \wedge A_{R2} & MS_{13} = A_{FT1} \wedge A_{R2} \\[2mm]
MS_{10} = A_{SG1} \wedge A_{KS2} & MS_{14} = A_{FT1} \wedge A_{KS2} \\[2mm]
MS_{11} = A_{SG1} \wedge A_{SG2} & MS_{15} = A_{FT1} \wedge A_{SG2} \\[2mm]
MS_{12} = A_{SG1} \wedge A_{FT2} & MS_{16} = A_{FT1} \wedge A_{FT2} \\[4mm]
MS_{17} = W_{KS1} \wedge A_{R2} & MS_{21} = A_{R1} \wedge W_{KS2} \\[2mm]
MS_{18} = W_{KS1} \wedge A_{KS2} & MS_{22} = A_{KS1} \wedge W_{KS2} \\[2mm]
MS_{19} = W_{KS1} \wedge A_{SG2} & MS_{23} = A_{SG1} \wedge W_{KS2} \\[2mm]
MS_{20} = W_{KS1} \wedge A_{FT2} & MS_{24} = A_{FT1} \wedge W_{KS2}.
\end{array}
\tag{6-60}
$$

Welchen Einfluß diese Minimalschnitte auf die Systemzuverlässigkeit haben, wird im nächsten Abschnitt durch die Berechnung der Minimalschnitte ermittelt.

2.2 Modellierung und Berechnung der Minimalschnitte

In diesem Abschnitt werden die Wahrscheinlichkeiten und die mittleren Häufigkeiten aller Minimalschnitte berechnet. Dazu werden geeignete Minimalschnittmodelle (Markoffsche Modelle) gebildet, in denen die Voraussetzungen 11 bis 14 berücksichtigt werden.

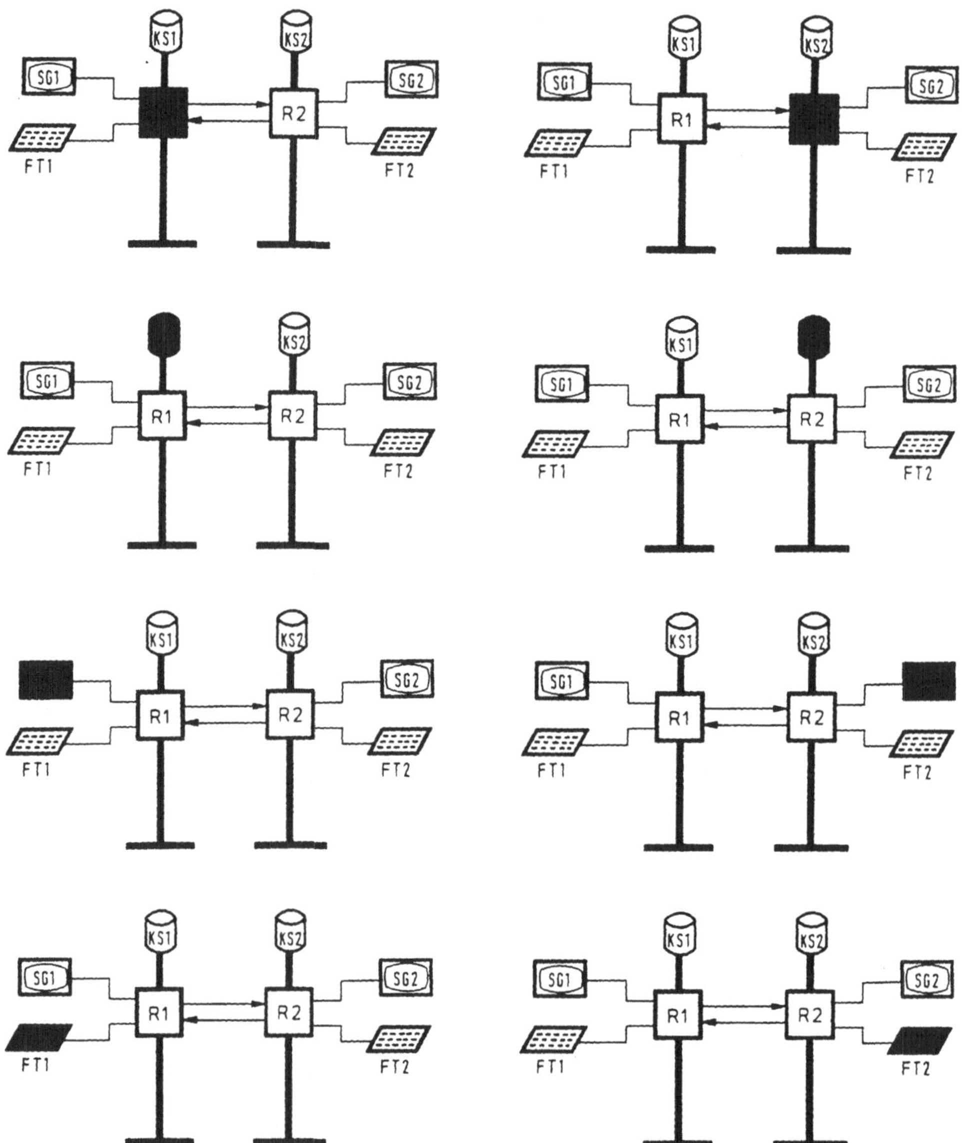

Bild 6-18. Minimalschnitte für Systemausfall 1 des Systems 2 (entsprechen der doppelten Anzahl im Bild 6-17).

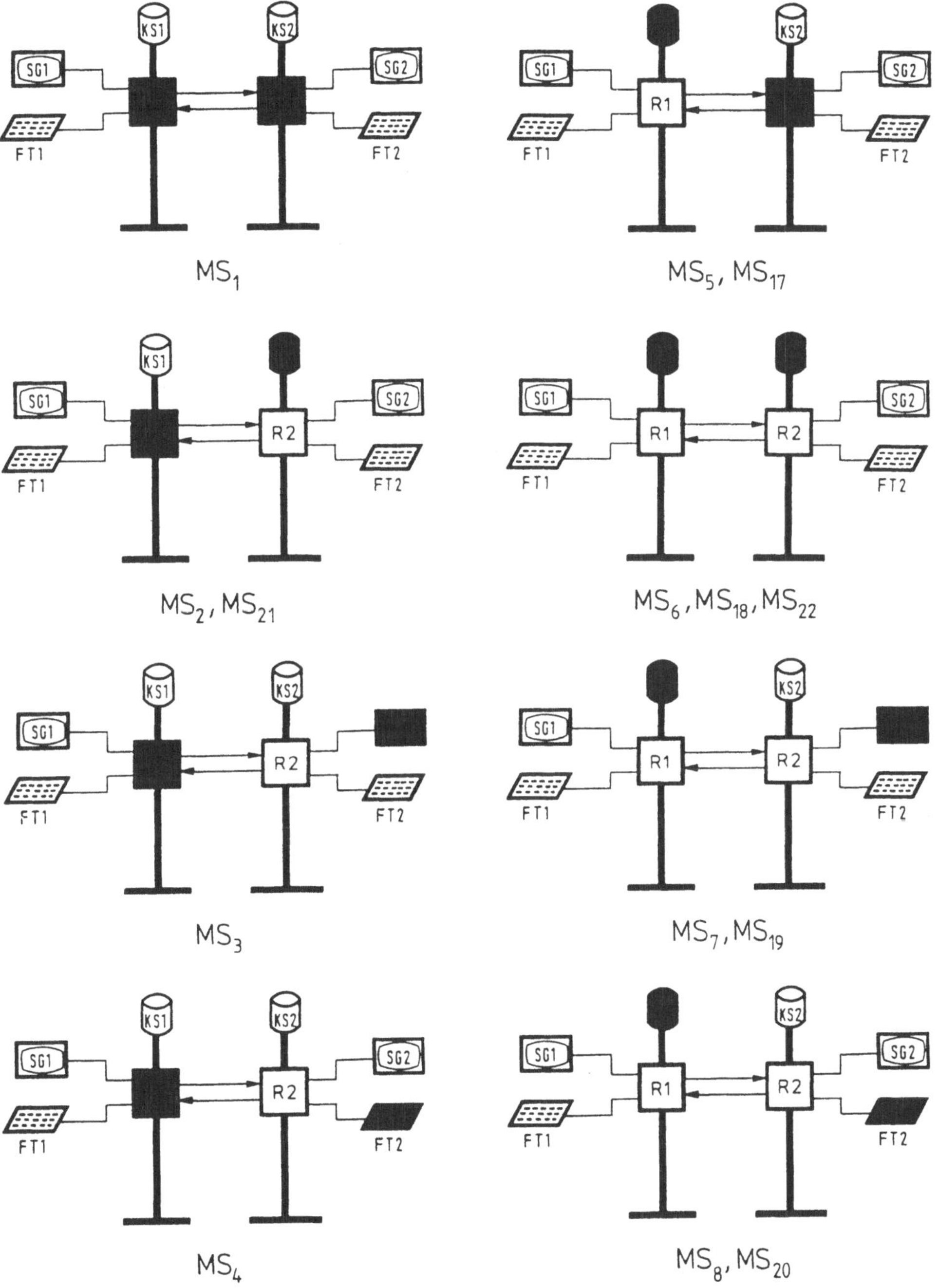

KS1
KS2
SG1
SG2
FT1
FT2
MS_1

SG1
R1
KS2
SG2
FT1
FT2
MS_5, MS_17

KS1
R2
SG1
SG2
FT1
FT2
MS_2, MS_21

R1
R2
SG1
SG2
FT1
FT2
MS_6, MS_18, MS_22

KS1
KS2
R2
SG1
FT1
FT2
MS_3

R1
KS2
R2
SG1
FT1
FT2
MS_7, MS_19

KS1
KS2
R2
SG1
SG2
FT1
FT2
MS_4

R1
KS2
R2
SG1
SG2
FT1
FT2
MS_8, MS_20

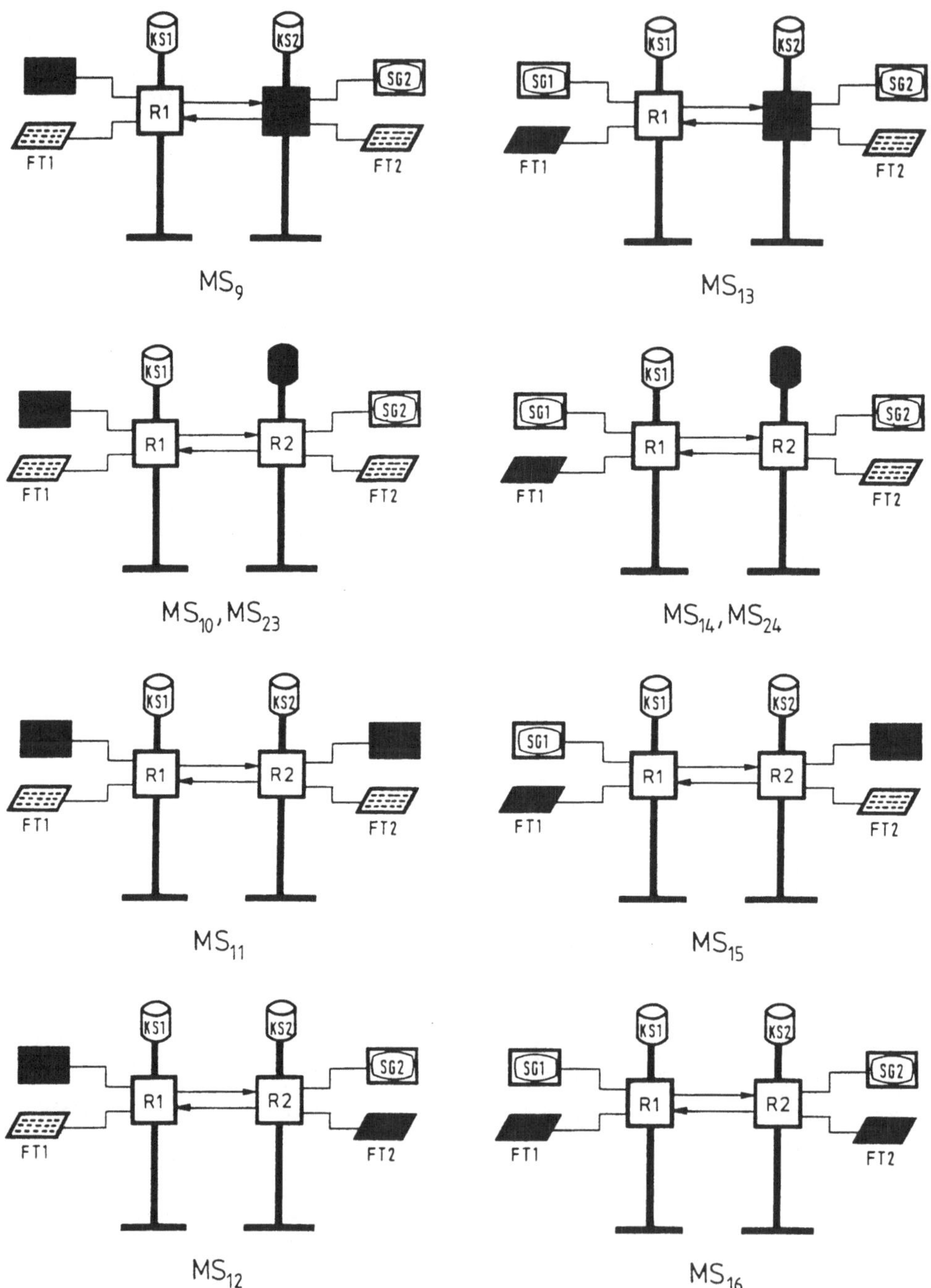

Bild 6-19. Minimalschnitte für Systemausfall 2 des Systems 2 (siehe Gl. (6-60)).

2.2.1 Markoffsche Minimalschnitte 1. Ordnung

In (6-59) treten folgende Minimalschnitt-Typen 1. Ordnung auf:

$$MS = \begin{cases} A \\ W \ . \end{cases} \qquad (6-61)$$

Die Minimalschnitte 1. Ordnung entsprechen den Komponentenzuständen der Modelle im Bild 4-40. Der Zustand A wird mit MODELL A (Bild
4-40a) und der Zustand W mit MODELL W (Bild 4-40b) berechnet. Die
Berechnung der Komponentenmodelle ist einfach. Sie liefert folgende Näherungslösungen für die Minimalschnitte:

Markoffscher Minimalschnitt vom Typ A nach Bild 4-40a (MODELL A)

$$P(A) \approx \frac{\lambda_A}{\mu_A}$$
$$\qquad (6-62)$$
$$H(A) \approx \lambda_A \ '$$

Markoffscher Minimalschnitt vom Typ W nach Bild 4-40b (MODELL W)

$$P(W) \approx \frac{\lambda_W}{\mu_W}$$
$$\qquad (6-63)$$
$$H(W) \approx \lambda_W .$$

Zwischen den Minimalschnitten 1. Ordnung werden keine stochastischen Abhängigkeiten berücksichtigt.

2.2.2 Markoffsche Minimalschnitte 2. Ordnung

In (6-60) treten folgende Minimalschnitt-Typen 2. Ordnung auf:

$$MS = \begin{cases} A_i \wedge A_k \\ W_i \wedge A_k \ . \end{cases} \qquad (6-64)$$

Zur Berechnung der Markoffschen Minimalschnitte 2. Ordnung werden
für jeden Minimalschnitt unter Berücksichtigung der Voraussetzun-

gen zwei Komponentenmodelle aus Bild 4-40 zu einem Minimalschnittmodell kombiniert. Es gilt folgende Bildungsregel:

$A_i \wedge A_k$ wird durch Zweifachkombination von
MODELL A gebildet,

$W_i \wedge A_k$ wird durch Kombination von MODELL W
mit MODELL A gebildet.

Es lassen sich für dieses Beispiel auch die fertigen Systemmodelle
aus Bild 4-41 als Minimalschnittmodelle verwenden. Die Bilder 6-20
und 6-21 zeigen die Modelle zur Berechnung der Minimalschnitte 2.
Ordnung. Im Bild 6-21 wurde der Übergang von $MZ_1 \rightarrow MZ_3$ vernachlässigt, da von MZ_3 kein direkter Übergang nach MZ_4 erfolgt. Dies kann
man auch aus dem unteren Teilsystemmodell im Bild 4-41 ablesen, da
der entsprechende Übergang kein wahrscheinlicher Übergang in den
Ausfallzustand MZ_9 darstellt.

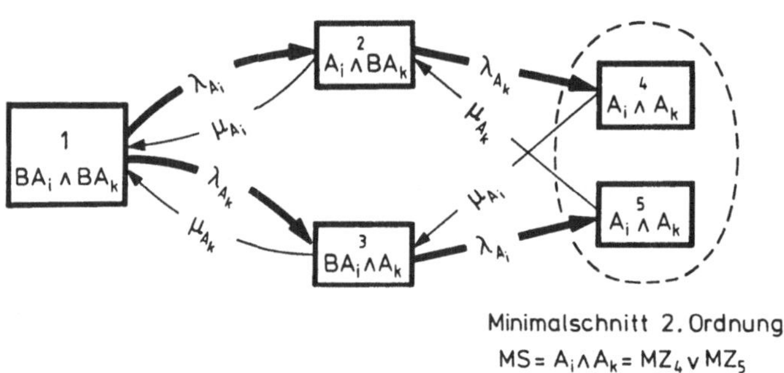

Bild 6-20. Markoffsches Minimalschnittmodell 2. Ordnung (entspricht
Teilsystemmodell im Bild 4-41).

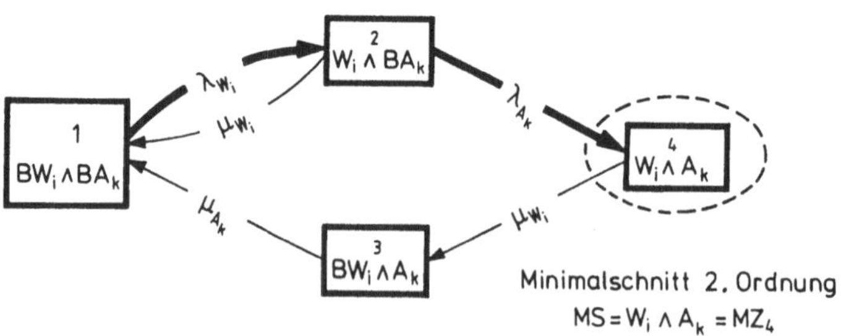

Bild 6-21. Markoffsches Minimalschnittmodell 2. Ordnung (entspricht
Teilsystemmodell im Bild 4-41).

Die Berechnung der Markoffschen Minimalschnitt-Typen mit dem Näherungsverfahren der wahrscheinlichen Übergänge liefert folgende Ergebnisse:

Markoffscher Minimalschnitt vom Typ $A_i \wedge A_k$ nach Bild 6-20

$$P(A_i \wedge A_k) = P(MZ_4) + P(MZ_5) \approx \lambda_{A_i} \lambda_{A_k} \left(\frac{1}{\mu_{A_i}^2} + \frac{1}{\mu_{A_k}^2} \right)$$

$$H(A_i \wedge A_k) = H(MZ_4) + H(MZ_5) \approx \lambda_{A_i} \lambda_{A_k} \left(\frac{1}{\mu_{A_i}} + \frac{1}{\mu_{A_k}} \right) .$$

$$(6\text{-}65)$$

Markoffscher Minimalschnitt vom Typ $W_i \wedge A_k$ nach Bild 6-21

$$P(W_i \wedge A_k) = P(MZ_4) \approx \frac{\lambda_{W_i} \lambda_{A_k}}{\mu_{W_i}^2}$$

$$(6\text{-}66)$$

$$H(W_i \wedge A_k) = H(MZ_4) \approx \frac{\lambda_{W_i} \lambda_{A_k}}{\mu_{W_i}} .$$

Die Zustände im logischen Ausdruck $A_i \wedge A_k$ sind wegen der Voraussetzung 11 und die Zustände in $W_i \wedge A_k$ wegen der Voraussetzungen 12 bis 14 stochastisch-abhängig, was sich auch in den Ergebnissen der Gl. (6-65) und (6-66) niederschlägt. Diese weichen von den Ergebnissen bei stochastisch-unabhängigen Komponentenzuständen ab. Die Auswirkungen stochastischer Abhängigkeiten lassen sich am leichtesten verstehen, wenn man den Unterschied zur stochastischen Unabhängigkeit untersucht. Stochastische Unabhängigkeit der Zustände in $A_i \wedge A_k$ könnte man nur dann erreichen, wenn man zwei Instandsetzungsmannschaften anstatt einer (nach Voraussetzung 11) einsetzen würde. Im Vergleich dazu lassen sich jedoch für $W_i \wedge A_k$ keine sinnvollen technischen Annahmen zur Erreichung der stochastischen Unabhängigkeit angeben. Stochastische Unabhängigkeit würde nämlich hier bedeuten, daß der Betreiber einer Anlage auch dann Komponenten planmäßig zu Wartungen abschalten würde, wenn andere bereits ausgefallen sind oder gewartet werden, auch wenn dadurch ein Systemausfall hervorgerufen würde. Da dies aber unsinnig ist, bleibt im Prinzip bei Berücksichtigung von Wartungen immer eine Abhängigkeit bestehen, die entsprechend modelliert werden muß.

2.2.3 Minimalschnittkenngrößen

In den Tabelle 6-7 und 6-8 sind die Zahlenwerte der Minimalschnitte eingetragen. Die Minimalschnitte 2. Ordnung sind um Größenordnungen kleiner als die Minimalschnitte 1. Ordnung. Ferner sieht man, daß der Einfluß von Wartungsabschaltungen bei Minimalschnitten 1. Ordnung größer ist als bei Minimalschnitten 2. Ordnung.

Der Vorteil der Auflistung der Minimalschnittkenngrößen entsprechend den Tabellen 6-7 und 6-8 liegt darin, daß man den quantitativen Einfluß der Minimalschnitte und damit der Komponenten auf die Systemzuverlässigkeit direkt ablesen kann und somit die Schwachstellen sofort erkennt (Sensitivitätsanalyse).

2.3 Systemkenngrößen

Mit den Minimalschnittkenngrößen der Tabellen 6-7 und 6-8 lassen sich mit (5-108) und (5-109) die Systemkenngrößen berechnen. Die Ergebnisse sind in Tabelle 6-9 aufgetragen. Sie lassen sich wie folgt interpretieren.

Tabelle 6-7. Berechnungsschema für die Minimalschnitte der Systemausfälle 1 und 2 des Systems 1. (Die Ergebnisse mit 2 multipliziert ergeben die Zahlenwerte der Minimalschnittkenngrößen für Systemausfall 1 des Systems 2

MS	Zustände	P(MS)	H(MS) h^{-1}
MS_1	A_R	$2,70 \cdot 10^{-3}$	$2,70 \cdot 10^{-4}$
MS_2	A_{KS}	$1,00 \cdot 10^{-3}$	$1,00 \cdot 10^{-4}$
MS_3	A_{SG}	$6,67 \cdot 10^{-4}$	$6,67 \cdot 10^{-5}$
MS_4	A_{FT}	$1,00 \cdot 10^{-4}$	$1,00 \cdot 10^{-5}$
Summe MS_1 bis MS_4		$4,47 \cdot 10^{-3}$	$4,47 \cdot 10^{-4}$
MS_5	W_{KS}	$1,83 \cdot 10^{-3}$	$4,57 \cdot 10^{-4}$

Tabelle 6-8. Berechnungsschema für die Minimalschnitte des Systemausfalls 2 des Systems 2

MS	Zustände	Anzahl	P(MS)	H(MS) h^{-1}
MS_1	$A_R \wedge A_R$	1	$1,46 \cdot 10^{-5}$	$1,46 \cdot 10^{-6}$
MS_2, MS_5	$A_R \wedge A_{KS}$	2	$1,08 \cdot 10^{-5}$	$1,08 \cdot 10^{-6}$
MS_3, MS_9	$A_R \wedge A_{SG}$	2	$7,20 \cdot 10^{-6}$	$7,20 \cdot 10^{-7}$
MS_4, MS_{13}	$A_R \wedge A_{FT}$	2	$1,08 \cdot 10^{-6}$	$1,08 \cdot 10^{-7}$
MS_6	$A_{KS} \wedge A_{KS}$	1	$2,00 \cdot 10^{-6}$	$2,00 \cdot 10^{-7}$
MS_7, MS_{10}	$A_{KS} \wedge A_{SG}$	2	$2,67 \cdot 10^{-6}$	$2,67 \cdot 10^{-7}$
MS_8, MS_{14}	$A_{KS} \wedge A_{FT}$	2	$4,00 \cdot 10^{-7}$	$4,00 \cdot 10^{-8}$
MS_{11}	$A_{SG} \wedge A_{SG}$	1	$8,90 \cdot 10^{-7}$	$8,90 \cdot 10^{-8}$
MS_{12}, MS_{15}	$A_{SG} \wedge A_{FT}$	2	$2,67 \cdot 10^{-7}$	$2,67 \cdot 10^{-8}$
MS_{16}	$A_{FT} \wedge A_{FT}$	1	$2,00 \cdot 10^{-8}$	$2,00 \cdot 10^{-9}$
Summe MS_1 bis MS_{16}			$3,99 \cdot 10^{-5}$	$3,99 \cdot 10^{-6}$
MS_{17}, MS_{21}	$W_{KS} \wedge A_R$	2	$3,95 \cdot 10^{-6}$	$9,87 \cdot 10^{-7}$
MS_{18}, MS_{22}	$W_{KS} \wedge A_{KS}$	2	$1,46 \cdot 10^{-6}$	$3,66 \cdot 10^{-7}$
MS_{19}, MS_{23}	$W_{KS} \wedge A_{SG}$	2	$9,75 \cdot 10^{-7}$	$2,44 \cdot 10^{-7}$
MS_{20}, MS_{24}	$W_{KS} \wedge A_{FT}$	2	$1,46 \cdot 10^{-7}$	$3,66 \cdot 10^{-8}$
Summe MS_{17} bis MS_{24}			$6,53 \cdot 10^{-6}$	$1,63 \cdot 10^{-6}$

- **Systemzustandspaare 1 und 2 des Systems 1**

  Das Einrechnersystem (System 1) kennt nur die beiden Zustände: Vollbetrieb und Totalausfall. Es besitzt keine Teilbetriebszustände. Deshalb gibt es
  keinen Unterschied zwischen den beiden Systemzu-
  standspaaren 1 und 2.

  Die Wahrscheinlichkeit $P(A_S)$ eines Systemausfalls
  (Nichtverfügbarkeit) ist 0,0063. Die Wahrscheinlichkeit $P(B_S)$ des Systembetriebes (Verfügbarkeit)
  ist somit 0,9937.

  Ein Systemausfall tritt im Mittel 8mal pro Jahr
  auf. Die hohe Ausfallhäufigkeit setzt sich aus 4
  stochastischen Ausfällen und 4 planmäßigen Wartungsabschaltungen zusammen (siehe Tabelle 6-7).

Die mittlere Systembetriebsdauer $T(B_S)$ ist 1100 h, die mittlere Systemausfalldauer $T(A_S)$ 6,97 h.

- Systemzustandspaar 1 des Systems 2

Das Systemzustandspaar 1 beschreibt den Teilbetrieb bzw. den Teilausfall des Systems.

Die Wahrscheinlichkeit $P(A_S)$ und die mittlere Häufigkeit $H(A_S)$ des Systemausfalls 1 des Zweirechnersystems (System 2) sind doppelt so groß wie beim Einrechnersystem. Die mittlere Systembetriebsdauer $T(B_S)$ ist halb so groß.

- Systemzustandspaar 2 des Systems 2

Das Systemzustandspaar 2 beschreibt den Totalausfall des Systems.

Die Wahrscheinlichkeit $P(A_S)$ des Systemausfalls 2 ist $4,6 \cdot 10^{-5}$. Die Wahrscheinlichkeit $P(B_S)$ des Systembetriebes 2 ist somit 0,999954.

Der Systemausfall 2 tritt im Mittel 1mal in 20,4 Jahren auf.

Die mittlere Dauer $T(B_S)$ des Systembetriebes 2 ist 180000 h. Die mittlere Dauer $T(A_S)$ des Systemausfalls 2 ist 8,26 h.

Tabelle 6-9. Errechnete Systemkenngrößen

Systemzustandspaar 1	$P(A_S)$	$H(A_S)$ a^{-1}	$T(B_S)$ h	$T(A_S)$ h
System 1	$6,3 \cdot 10^{-3}$	8	$1,1 \cdot 10^{3}$	6,97
System 2	$1,3 \cdot 10^{-2}$	16	$5,5 \cdot 10^{2}$	6,97

Systemzustandspaar 2	$P(A_S)$	$H(A_S)$ a^{-1}	$T(B_S)$ h	$T(A_S)$ h
System 1	$6,3 \cdot 10^{-3}$	8	$1,1 \cdot 10^{3}$	6,97
System 2	$4,6 \cdot 10^{-5}$	$4,9 \cdot 10^{-2}$	$1,8 \cdot 10^{5}$	8,26

Aus der Gegenüberstellung der beiden Systeme lassen sich folgende
Aussagen treffen.

- Das Einrechnersystem hat eine mittlere ausfallfreie
  Betriebsdauer von 1100 h, das Zweirechnersystem eine solche von 550 h, ehe mindestens ein Teilausfall
  (Systemzustandspaar 1) auftritt. Das Einrechnersystem ist in diesem Punkt doppelt so zuverlässig wie
  das Zweirechnersystem. Man erkennt hier, daß sich
  eine "erhöhte Redundanz" auch zuverlässigkeitsmindernd auswirken kann.

- Das Einrechnersystem hat eine mittlere ausfallfreie
  Betriebsdauer von 1100 h, das Zweirechnersystem eine solche von 180000 h (= 20,4 Jahre), ehe ein Totalausfall (Systemzustandspaar 2) eintritt. Das
  Zweirechnersystem fällt somit 164mal weniger total
  aus als das Einrechnersystem.

Die hohe mittlere Betriebsdauer beim Zweirechnersystem von 180000 h
zwischen zwei Totalausfällen darf nicht so interpretiert werden,
als ob während der Lebensdauer einer solchen Anlage von 15 bis 20
Jahren nicht mit einem Ausfall gerechnet zu werden braucht. Viel-
mehr würde das Ergebnis bei Zugrundelegen einer Exponentialverteilung für die Systembetriebsdauern (siehe Beispiel 4-1) bedeuten,
daß innerhalb der mittleren Betriebsdauer von 20,4 Jahren ein Totalausfall mit einer Wahrscheinlichkeit von 0,632 eintritt.

Zusammenfassend kann man folgende Aussage treffen:

- Für rein wirtschaftlich arbeitende Anlagen ist das
  System 1 dann vorzuziehen, wenn Wartungsabschaltungen keine Rolle spielen.
- Für hoch zuverlässige Anlagen ist das System 2 vorzuziehen.

Es sei noch einmal darauf hingewiesen, daß sich die Ergebnisse immer auf die definierten Systemzustände bzw. auf die darin festgelegten Funktionen beziehen und nur unter den Voraussetzungen 1 bis 14
und den angegebenen Komponentenkenngrößen in Tabelle 6-5 gelten.

Beispiel 6-6 Elektrisches Energieübertragungssystem

A Aufgabe

Zwei Energieversorgungssysteme sind über ein Hochspannungsnetz miteinander verbunden (Bild 6-22). Jede Leitung soll eine Übertragungsfähigkeit von 1000 MW haben. Es soll die Zuverlässigkeit der Energie-
übertragung von einem Energieversorgungssystem zum anderen über das
Hochspannungsnetz ermittelt werden. Dazu werden folgende Systemzustandspaare definiert:

Systemzustandspaar 1

Systembetrieb 1 (B_{S1}): Es können Leistungen bis
2000 MW übertragen werden.

Systemausfall 1 (A_{S1}): Es können Leistungen bis
2000 MW nicht übertragen
werden.

Systemzustandspaar 2

Systembetrieb 2 (B_{S2}): Es können Leistungen bis
1000 MW übertragen werden.

Systemausfall 2 (A_{S2}): Es können Leistungen bis
1000 MW nicht übertragen
werden.

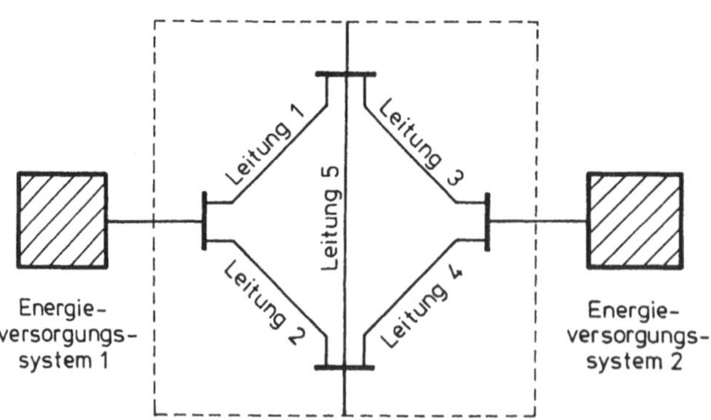

Bild 6-22. Beispiel eines Netzverbundes über ein Hochspannungsnetz.

Man erkennt an diesem Beispiel, daß auch hier _ein_ Systemzustand
zur Zuverlässigkeitsbeurteilung des Übertragungsnetzes nicht ausreicht.

In der folgenden Zuverlässigkeitsanalyse sollen die definierten Systemzustände durch ihre Kenngrößen P, H und T bewertet werden.

Voraussetzungen zur Zuverlässigkeitsanalyse

Für die Zuverlässigkeitsberechnung sollen folgende Voraussetzungen
gelten:

1. Die Energieversorgungssysteme (schraffiert gezeichnet) werden als
   100 % zuverlässig angenommen.

2. Es wird angenommen, daß der Netzschutz 100 % zuverlässig ist und
   jede Leitung bei Fehlern (z.B. bei Kurzschlüssen oder stehenden
   Erdschlüssen in starr geerdeten Netzen) sofort selektiv ab-
   schaltet. Jeder Ausfall wird somit als spontaner Ausfall gewertet. Kurzunterbrechungen (KU) zur automatischen Behebung von Erdschlüssen werden nicht als Ausfall angesehen.

3. Die Leitungen stellen die Komponenten des Systems dar. Jede Leitung soll maximal eine Leistung von 1000 MW übertragen können.

4. Alle Komponentenausfälle werden sofort erkannt.

5. Ausgefallene Komponenten werden sofort instandgesetzt (repariert
   oder ausgetauscht). Es soll nur _eine_ Instandsetzungsmannschaft
   zur Verfügung stehen, die auch die Wartungsarbeiten übernehmen
   soll, d.h. die Komponente, die zuerst ausfällt (gewartet wird),
   wird auch bei Ausfall der zweiten Komponente zuerst instandgesetzt (gewartet).

6. Die Komponenten werden in regelmäßigen Zeitabständen gewartet,
   wobei vorausgesetzt wird, daß Wartungsabschaltungen nicht in
   prozeßbedingte Stillstandszeiten der Anlage gelegt werden können.

7. Mehrfachwartungen zur gleichen Zeit werden ausgeschlossen.

8. Wartungsabschaltungen einer Komponente können aufgeschoben werden, wenn andere Komponenten ausgefallen sind. Die Wartungen
   sollen nicht unterbrechbar sein.

9. Common-mode Ausfälle, die noch näher beschrieben werden, sollen
   berücksichtigt werden.

Die Voraussetzungen 5 bis 9 führen im System zu stochastischen Abhängigkeiten zwischen den Komponenten, die bei der Modellierung und
Berechnung der Minimalschnitte berücksichtigt werden.

<u>B Lösung</u>

Es wird auf die Beispiele 4-8 (common-mode Ausfälle), 4-9 (nur eine Instandsetzungsmannschaft) und 4-11 (Instandsetzung und Wartung)
Bezug genommen.

1 Komponenten

Die Leitungen stellen die Komponenten des Systems dar. In der Rechnung wird angenommen, daß alle Leitungen gleiche Eigenschaften haben. Jede Leitung soll 100 km lang sein. Das Zustandsverhalten jeder Leitung wird durch die beiden zweistufigen Modelle im Bild 4-40
dargestellt.

Alle benötigten Ausfall- und Wartungskenngrößen sind in den Tabel-
len 6-10 und 6-11 angegeben, die als Beispielwerte aufzufassen sind.
Die Eingangsdaten können aus Betriebs- und Störungsstatistiken der
Elektrizitätsversorgungsunternehmen gewonnen werden (z.B. aus [72]).
Die Übergangsraten werden entsprechend (6-57) des vorherigen Bei-
spiels berechnet.

Tabelle 6-10. Kenngrößen der Komponenten
<u>Ausfallkenngrößen</u>

Komponente	T(BA) h	T(A) h
Leitung	8760 (1 Jahr)	5

T(BA) Mittlere Betriebsdauer von Inbe-
      triebnahme bis zum Ausfall (MTTF)
T(A) Mittlere Instandsetzungsdauer (MTTR)

<u>Wartungskenngrößen</u>

Komponente	T(BW) h	T(W) h
Leitung	3285	10.

T(BW) Mittleres Wartungsintervall
T(W) Mittlere Wartungsdauer

Tabelle 6-11. Errechnete Übergangsraten
aus Tabelle 6-10 und com-
mon-mode Kenngrößen

<u>Ausfallkenngrößen</u>

Komponente	λ_A h^{-1}	μ_A h^{-1}
Leitung	$1,14 \cdot 10^{-4}$	$0,2$

<u>Wartungskenngrößen</u>

Komponente	λ_W h^{-1}	μ_W h^{-1}
Leitung	$3,04 \cdot 10^{-4}$	$0,1$

<u>Common-mode Kenngrößen</u>

Komponente	P_{CA}	P_{CW}
Leitung	$0,01$	$0,01$

Auf die Aufbereitung der Wartungskenngrößen wird jetzt eingegangen.
Unter Wartung der Leitungen werden die alle 15 Jahre stattfindenden
Anstricharbeiten der Hochspannungsmaste verstanden. Als Richtwert
wird angenommen, daß in einer Arbeitsschicht von 10 h (= T(W)) eine
Leitungslänge von 2,5 km bearbeitet werden kann [49]. Somit ergeben
sich bei einer Leitungslänge von 100 km

$$\frac{100 \text{ km}}{2,5 \text{ km}} = 40 \qquad \text{Arbeitsschichten pro Leitung.} \qquad (6-67)$$

Damit errechnet man ein Wartungsintervall von

$$T(BW) = \frac{15a}{40} = 3285 \text{ h} \qquad (6-68)$$

für jede Leitung, das gleichmäßig über die 15 Jahre verteilt angenommen wird. Für die Zuverlässigkeitsuntersuchung spielt es keine
Rolle, ob die Arbeitsschichten hintereinander liegen oder zufällig
verteilt sind. Der letzte Fall läßt sich jedoch einfacher berechnen.

Neben der Wartung gibt es in elektrischen Anlagen noch folgende determinierte Abschaltungen:

- Abschaltung infolge Baumaßnahmen
  (Ausbau und Erweiterung).

- Abschaltung infolge Annäherung bei Arbeiten
  an benachbarten Leitungen und Anlagen (Si-
  cherheitsabschaltung nach VDE 0105).

Diese determinierten Abschaltungen können in der gleichen Weise wie
Wartungsabschaltungen in Modellen berücksichtigt werden, weshalb
darauf hier nicht näher eingegangen wird.

In elektrischen Netzen wird ferner zwischen folgenden common-mode
Ausfällen unterschieden:

- Zusätzlicher Ausfall infolge eines Ausfalls, z.B.
  Mehrfacherdschlüsse in Netzen mit Erdschlußkompen-
  sation oder Doppelleitungsausfall durch rückwärtigen Überschlag bei Blitzeinschlag in das Erdseil.
  Der Anteil des gleichzeitigen Ausfalls der Komponente k, wenn die Komponente i ausfällt, bezogen
  auf die Gesamtanzahl der Ausfälle der Komponente
  i, sei mit $p_{CA_{k,i}}$ gekennzeichnet. Die common-mode
  Übergangsrate beträgt damit $p_{CA_{k,i}} \cdot \lambda_{A_i}$.

- Zusätzlicher Ausfall infolge von Wartungen. Bei
  Wartungsabschaltungen können weitere Ausfälle
  (Folgeausfälle) infolge Fehlschaltungen oder
  Überlastung auftreten. Der Anteil des gleichzeitigen Ausfalls der Komponente k, wenn die Komponente i gewartet wird, bezogen auf die Gesamtzahl der Wartungen der Komponente i, sei mit
  $p_{CW_{k,i}}$ gekennzeichnet. Die common-mode Übergangsrate beträgt damit $p_{CW_{k,i}} \cdot \lambda_{W_i}$.

Die Zahlenwerte der in unserem Beispiel angenommenen common-mode
Kenngrößen $p_{CA_{k,i}} = p_{CA_{i,k}} = p_{CA}$ und $p_{CW_{k,i}} = p_{CW_{i,k}} = p_{CW}$ sind in Tabelle 6-11 aufgeführt.

2 System

Die Systemberechnung wird mit dem Verfahren der Markoffschen Minimalschnitte entsprechend Bild 5-17 durchgeführt.

2.1 Ermittlung der Minimalschnitte

Die Minimalschnitte werden unter Beachten der Systemausfalldefinition und der Voraussetzungen direkt aus der funktionalen Struktur im Bild 6-22 ermittelt. Sie sind in den Bildern 6-23 und 6-24 dargestellt. Die schwarz ausgezeichneten Komponenten stellen die Ausfall- und Wartungszustände der Komponenten in den Minimalschnitten dar.

Minimalschnitte für Systemausfall 1 (Bild 6-23)

$$
\begin{aligned}
MS_1 &= A_1 & MS_5 &= W_1 \\
MS_2 &= A_2 & MS_6 &= W_2 \\
MS_3 &= A_3 & MS_7 &= W_3 \\
MS_4 &= A_4 & MS_8 &= W_4 .
\end{aligned}
\tag{6-69}
$$

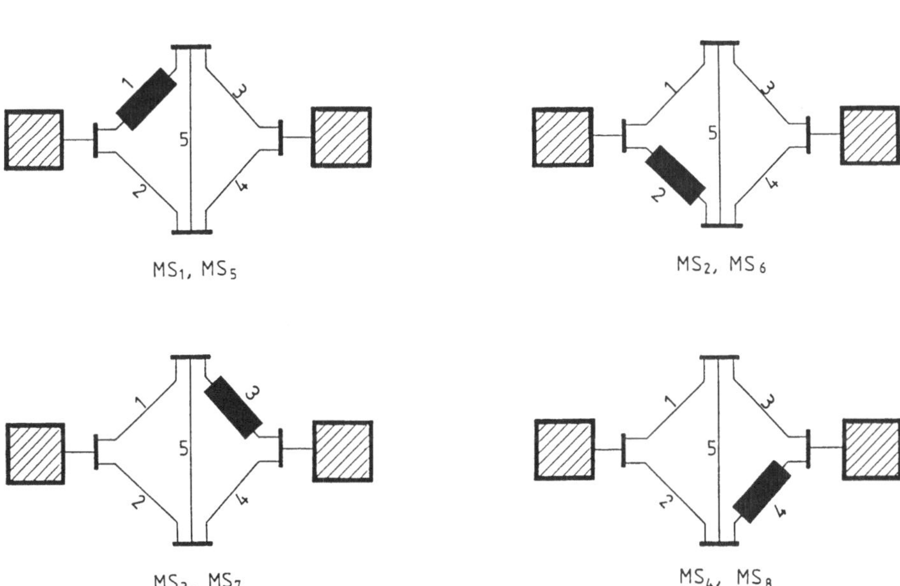

Bild 6-23. Minimalschnitte für Systemausfall 1 (siehe Gl. (6-69)).

Minimalschnitte für Systemausfall 2 (Bild 6-24)

$$MS_1 = A_1 \wedge A_2 \qquad\qquad MS_9 = W_1 \wedge A_4 \wedge A_5$$

$$MS_2 = A_3 \wedge A_4 \qquad\qquad MS_{10} = A_1 \wedge W_4 \wedge A_5$$

$$MS_{11} = A_1 \wedge A_4 \wedge W_5$$

$$MS_3 = W_1 \wedge A_2$$

$$MS_{12} = W_2 \wedge A_3 \wedge A_5$$

$$MS_4 = A_1 \wedge W_2$$

$$MS_{13} = A_2 \wedge W_3 \wedge A_5 \qquad\qquad (6\text{-}70)$$

$$MS_5 = W_3 \wedge A_4$$

$$MS_{14} = A_2 \wedge A_3 \wedge W_5 .$$

$$MS_6 = A_3 \wedge W_4$$

$$MS_7 = A_1 \wedge A_4 \wedge A_5$$

$$MS_8 = A_2 \wedge A_3 \wedge A_5$$

Als nächster Schritt schließt sich die Berechnung der Minimalschnitte an.

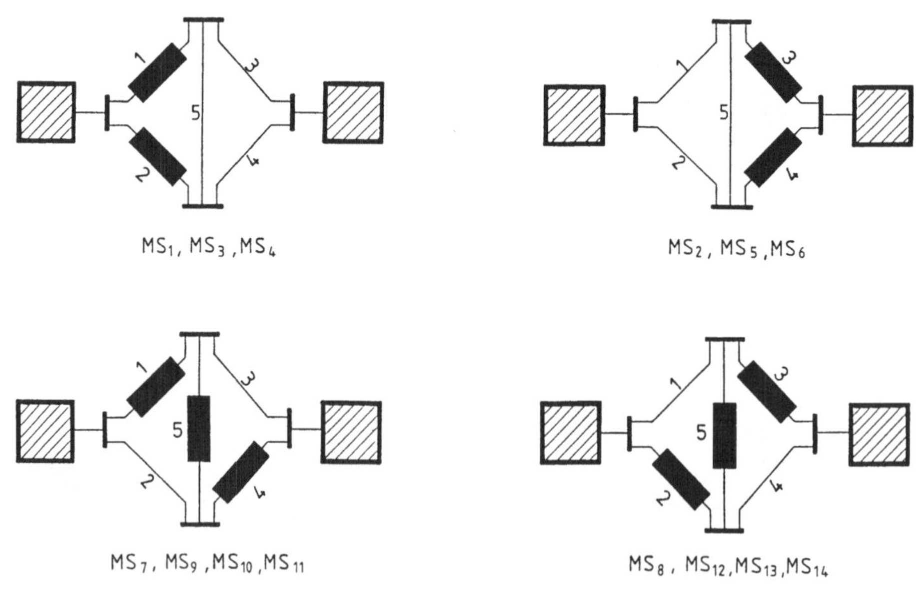

Bild 6-24. Minimalschnitte für Systemausfall 2 (siehe Gl. (6-70)).

2.2 Modellierung und Berechnung der Minimalschnitte

In diesem Abschnitt werden geeignete Minimalschnittmodelle gebildet, in denen die Voraussetzungen 5 bis 9 berücksichtigt werden. Das Vorgehen entspricht dem Beispiel 6-5, so daß wir uns auf die wesentlichen Schritte beschränken.

2.2.1 Markoffsche Minimalschnitte 1. Ordnung

In (6-69) treten folgende Minimalschnitt-Typen 1. Ordnung auf

$$MS = \begin{cases} A \\ W \, . \end{cases} \tag{6-71}$$

Die Minimalschnitte 1. Ordnung entsprechen den Komponentenzuständen der Modelle im Bild 4-40. Die Berechnung liefert folgende Näherungslösungen:

Markoffscher Minimalschnitt vom Typ A nach Bild 4-40a (MODELL A)

$$P(A) \approx \frac{\lambda_A}{\mu_A}$$
$$H(A) \approx \lambda_A \, . \tag{6-72}$$

Markoffscher Minimalschnitt vom Typ W nach Bild 4-40b (MODELL W)

$$P(W) \approx \frac{\lambda_W}{\mu_W}$$
$$H(W) \approx \lambda_W \, . \tag{6-73}$$

Zwischen den Minimalschnitten 1. Ordnung werden keine stochastischen Abhängigkeiten berücksichtigt.

2.2.2 Markoffsche Minimalschnitte 2. Ordnung

In (6-70) treten folgende Minimalschnitt-Typen 2. Ordnung auf:

$$MS = \begin{cases} A_i \wedge A_k \\ W_i \wedge A_k \, . \end{cases} \tag{6-74}$$

Die Modelle zur Berechnung der Minimalschnitte sind in den Bildern
6-25 und 6-26 dargestellt. In ihnen sind die Voraussetzungen 5 bis
9 berücksichtigt. Die Überlegungen zur Bildung der beiden Modelle
sind in den Beispielen 4-8 (common-mode Ausfälle), 4-9 (nur eine
Instandsetzungsmannschaft) und 4-11 (Instandsetzung und Wartung)
beschrieben. Die Modelle können auch aus Beispiel 6-5 hergeleitet
werden. Die Übergänge aufgrund von common-mode Ausfällen sind gestrichelt gezeichnet. Vergleicht man die Übergangsraten mit denen
im Beispiel 4-8, so ist lediglich λ durch λ_A und λ_C durch $p_{CA}\lambda_A$ zu
ersetzen.

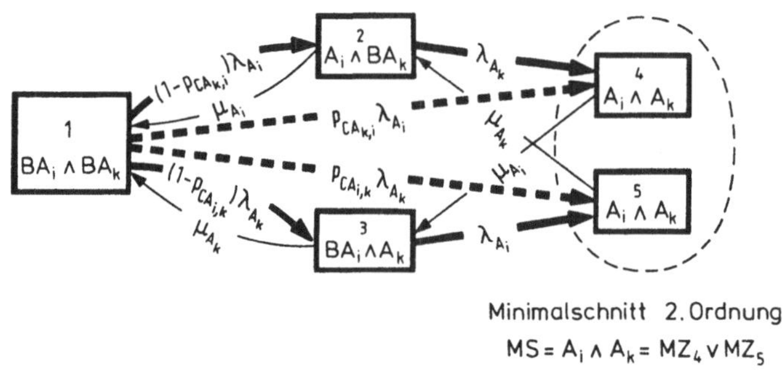

Minimalschnitt 2.Ordnung
$$MS = A_i \wedge A_k = MZ_4 \vee MZ_5$$

Bild 6-25. Markoffsches Minimalschnittmodell 2. Ordnung (Erweiterung des Modells im Bild 6-20 um die common-mode Ausfälle entsprechend Bild 4-30).

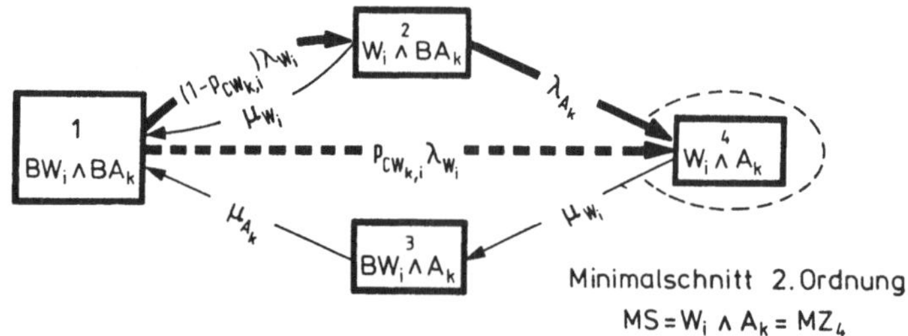

Minimalschnitt 2.Ordnung
$$MS = W_i \wedge A_k = MZ_4$$

Bild 6-26. Markoffsches Minimalschnittmodell 2. Ordnung (Erweiterung
des Modells im Bild 6-21 um die common-mode Ausfälle).

Die Berechnung mit dem Verfahren der wahrscheinlichen Übergänge
liefert für gleiche Komponenten und unter der Annahme

$$p_{CA}, p_{CW} \ll 1 \qquad\qquad (6-75)$$

folgende Ergebnisse:

Markoffscher Minimalschnitt vom Typ $A_i \wedge A_k$ nach Bild 6-25

$$P(A_i \wedge A_k) = P(MZ_4) + P(MZ_5) \approx 2p_{CA} \frac{\lambda_A}{\mu_A} + 2 \frac{\lambda_A^2}{\mu_A^2}$$

$$H(A_i \wedge A_k) = H(MZ_4) + H(MZ_5) \approx 2p_{CA}\lambda_A + 2 \frac{\lambda_A^2}{\mu_A} \; . \tag{6-76}$$

Markoffscher Minimalschnitt vom Typ $W_i \wedge A_k$ nach Bild 6-26

$$P(W_i \wedge A_k) = P(MZ_4) \approx p_{CW} \frac{\lambda_W}{\mu_W} + \frac{\lambda_W \lambda_A}{\mu_W^2}$$

$$H(W_i \wedge A_k) = H(MZ_4) \approx p_{CW}\lambda_W + \frac{\lambda_W \lambda_A}{\mu_W} \; . \tag{6-77}$$

2.2.3 Markoffsche Minimalschnitte 3. Ordnung

In (6-70) treten folgende Minimalschnitt-Typen 3. Ordnung auf:

$$MS = \begin{cases} A_i \wedge A_k \wedge A_m \\ W_i \wedge A_k \wedge A_m \; . \end{cases} \tag{6-78}$$

Zur Berechnung dieser Minimalschnitte werden geeignete Modelle gebildet, die eine Erweiterung der Markoffschen Minimalschnittmodelle 2. Ordnung darstellen. Die Entwicklung der Markoffschen Minimalschnittmodelle 3. Ordnung ist in den Bildern 6-27 bis 6-30 dargestellt.

Das Markoffsche Modell im Bild 6-27 bildet eine Entwicklungsvorstufe für das Markoffsche Minimalschnittmodell im Bild 6-28. Man
erhält es aus Bild 4-24 durch Berücksichtigung von Voraussetzung 5
entsprechend Beispiel 4-9. Nach dieser Voraussetzung wird nur eine
Instandsetzungsmannschaft eingesetzt, wobei angenommen wird, daß
die Komponente, die zuerst ausfällt, auch zuerst instandgesetzt
wird, ehe mit der Instandsetzung der nächsten ausgefallenen Komponente begonnen wird. Bei den Ausfällen muß deshalb die Ausfallreihenfolge beachtet werden, die zu einer Aufspaltung des Markoffschen

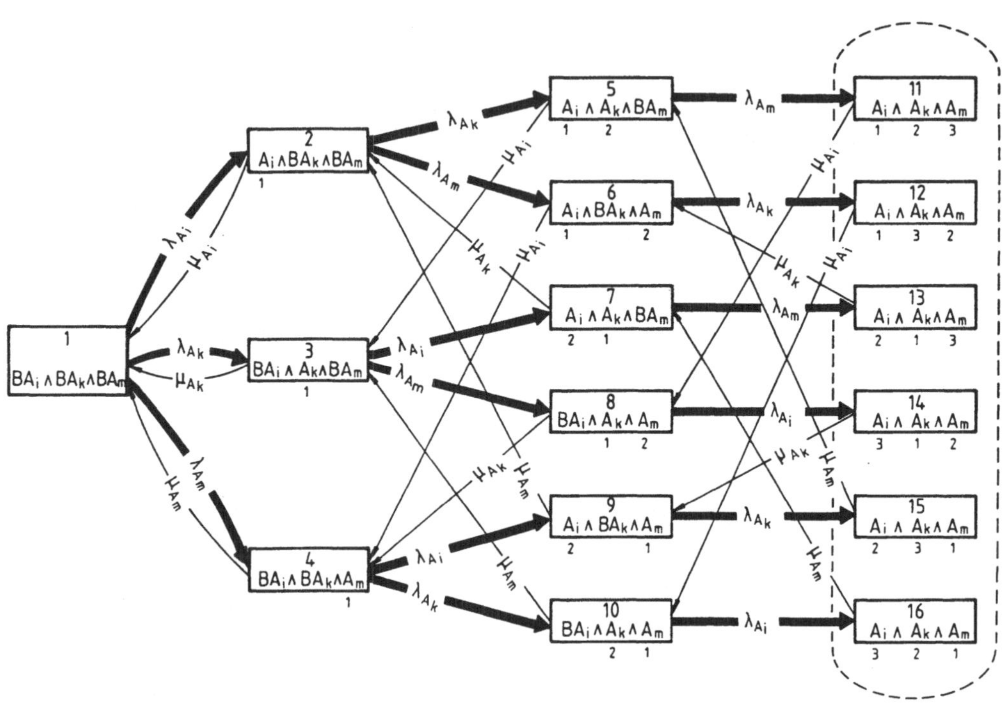

Bild 6-27. Markoffsches Modell durch Dreifachkombination von MO-
DELL A (Bild 4-40a) unter Berücksichtigung von Voraussetzung 5 gebildet (Entwicklungsvorstufe zu Bild 6-28).

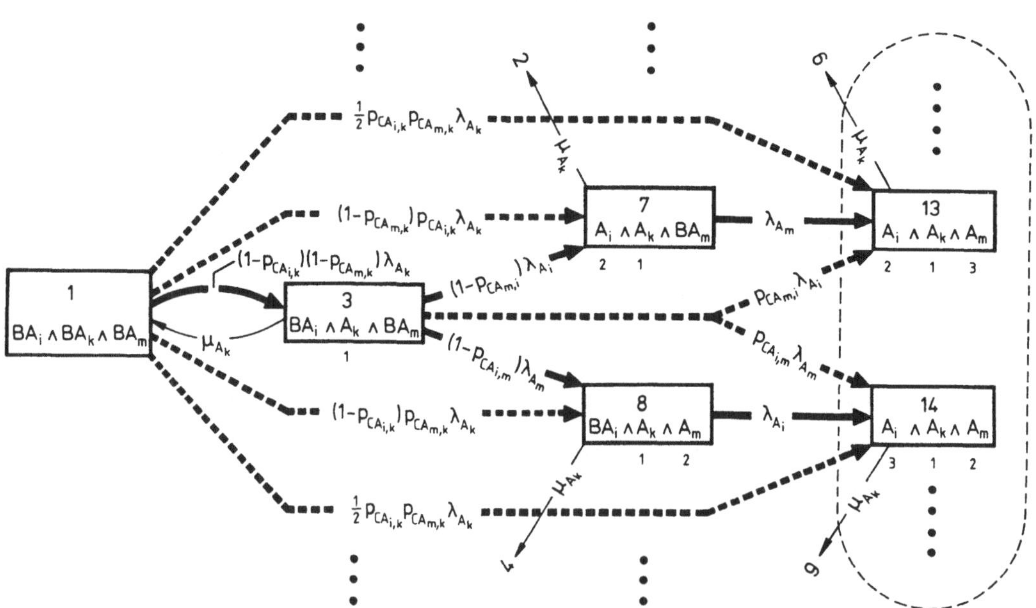

Bild 6-28. Markoffsches Minimalschnittmodell 3. Ordnung (Ausschnitt
des Modells im Bild 6-27, erweitert um die common-mode
Ausfälle).

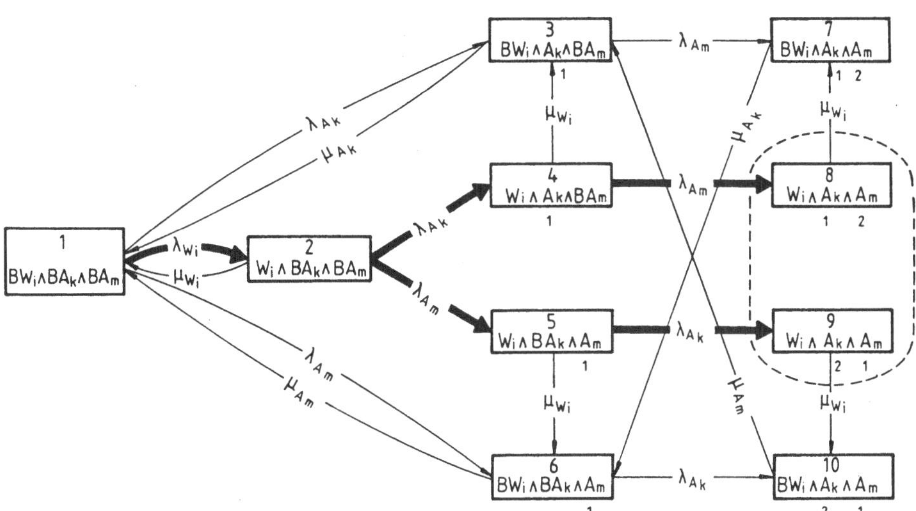

Bild 6-29. Markoffsches Modell durch Zweifachkombination von MO-
DELL A (Bild 4-40a) und zusätzlicher Kombination von
MODELL W (Bild 4-40b) unter Berücksichtigung der Vor-
aussetzungen 5 bis 8 gebildet (Entwicklungsvorstufe zu
Bild 6-30).

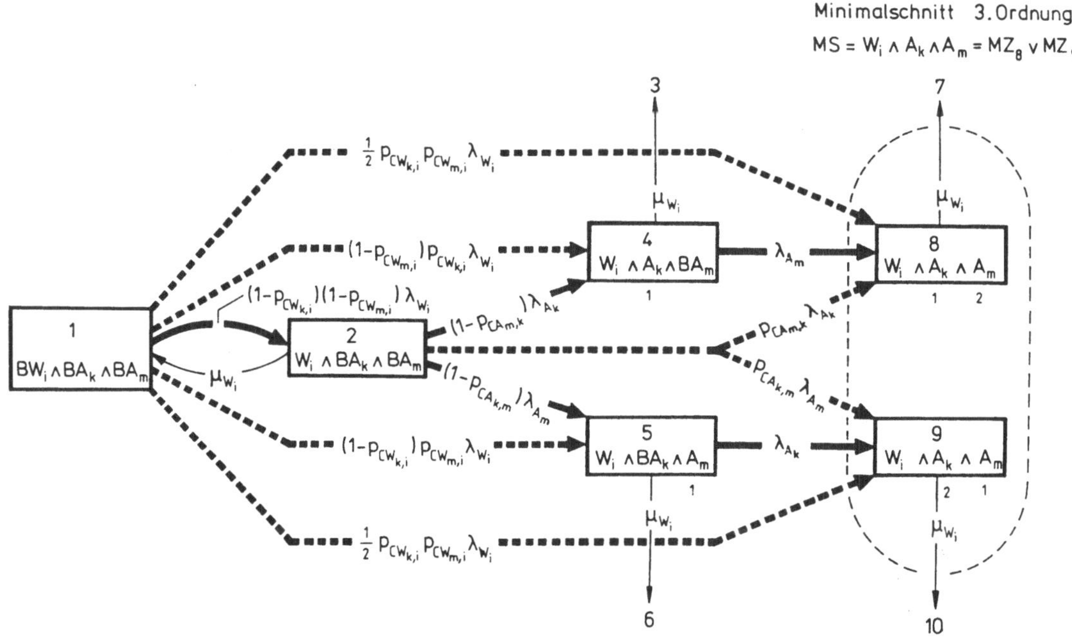

Bild 6-30. Markoffsches Minimalschnittmodell 3. Ordnung (Ausschnitt
des Modells im Bild 6-29, erweitert um die common-mode
Ausfälle.

Zustandes MZ_8 im Bild 4-24 in sechs gleichartige Ausfallzustände führt. Die Ausfallreihenfolge ist im Bild 6-27 unter jedem Markoffschen Zustand angegeben.

Berücksichtigt man zusätzlich im Bild 6-27 nach Voraussetzung 9 die common-mode Ausfälle, so erhält man das Markoffsche Minimalschnittmodell 3. Ordnung im Bild 6-28, das zur besseren Übersicht nur ein Drittel des Gesamtmodells darstellt. Das Gesamtmodell läßt sich leicht aus drei dieser Modellausschnitte zusammensetzen. Die common-mode Ausfälle sind gestrichelt gekennzeichnet. Die einfachen common-mode Ausfälle verursachen die Übergänge von MZ_1 nach MZ_7/MZ_8 und von MZ_3 nach MZ_{13}/MZ_{14}. Die doppelten common-mode Ausfälle verursachen die Übergänge von MZ_1 nach MZ_{13}/MZ_{14}.

Die doppelten common-mode Ausfälle von MZ_1 nach MZ_{13}/MZ_{14} sind gleichmäßig auf die beiden Zustände MZ_{13}/MZ_{14} aufgeteilt (mit dem Faktor 1/2), da dieser Ausfalltyp ($A_i \wedge A_k \wedge A_m$) insgesamt nur einmal auftritt und die Wege von MZ_1 nach MZ_{13}/MZ_{14} gleichwahrscheinlich sind. Die einfachen common-mode Ausfälle von MZ_1 nach MZ_7/MZ_8 und von MZ_3 nach MZ_{13}/MZ_{14} treten im Gegensatz dazu jeweils einmal auf.

Der Übergang von MZ_1 nach MZ_7 wird um die Wahrscheinlichkeit $(1 - p_{CA_{m,k}})$, daß die Komponente m keinen common-mode Ausfall erfährt, gewichtet (siehe Beispiel 4-8). Das gleiche gilt auch für die Übergänge von MZ_1 nach MZ_8 und von MZ_3 nach MZ_7/MZ_8. Ebenso wird der Übergang von MZ_1 nach MZ_3 mit der Wahrscheinlichkeit $(1 - p_{CA_{i,k}})(1 - p_{CA_{m,k}})$ gewichtet, daß die Komponenten i und m keinen common-mode Ausfall erleiden. Unter der Annahme $p_{CA} \ll 1$ sind jedoch die Wichtungsfaktoren $(1 - p_{CA}) \approx 1$, d.h. vernachlässigbar.

Die gleichen Überlegungen führen zur Entwicklung der Wartungsmodelle in den Bildern 6-29 und 6-30. Bild 6-29 erhält man unter Berücksichtigung der Voraussetzungen 5 bis 8. Die zusätzliche Berücksichtigung von common-mode Ausfällen im Bild 6-29 führt zum Markoffschen Minimalschnittmodell 3. Ordnung im Bild 6-30.

In den Bildern 6-27 bis 6-30 sind die wahrscheinlichen Wege durch die schwarz ausgezogenen Pfeile hervorgehoben. Die Berechnung mit dem Verfahren der wahrscheinlichen Übergänge liefert unter Berücksichtigung von (6-75) folgende Ergebnisse:

Markoffscher Minimalschnitt vom Typ $A_i \wedge A_k \wedge A_m$ nach Bild 6-28

$$P(A_i \wedge A_k \wedge A_m) = \sum_{i=11}^{16} P(MZ_i) \approx 3 \left(p_{CA}^2 \frac{\lambda_A}{\mu_A} + 4 p_{CA} \frac{\lambda_A^2}{\mu_A^2} + 2 \frac{\lambda_A^3}{\mu_A^3} \right)$$

$$H(A_i \wedge A_k \wedge A_m) = \sum_{i=11}^{16} H(MZ_i) \approx 3 \left(\underbrace{p_{CA}^2 \lambda_A}_{I} + \underbrace{4 p_{CA} \frac{\lambda_A^2}{\mu_A}}_{II} + \underbrace{2 \frac{\lambda_A^3}{\mu_A^2}}_{III} \right) . \tag{6-79}$$

Der Term I wird durch doppelte common-mode Ausfälle, der Term II durch einfache common-mode Ausfälle und der Term III durch stochastisch-unabhängige Ausfälle hervorgerufen. Unter der Annahme

$$p_{CA} \gg \frac{\lambda_A}{\mu_A} \tag{6-80}$$

bestimmen die common-mode Ausfälle und besonders die doppelten common-mode Ausfälle die Minimalschnitte des Typs $A_i \wedge A_k \wedge A_m$. Die stochastisch-unabhängigen Ausfälle treten dann in den Hintergrund.

Markoffscher Minimalschnitt vom Typ $W_i \wedge A_k \wedge A_m$ nach Bild 6-30

$$P(W_i \wedge A_k \wedge A_m) = P(MZ_8) + P(MZ_9) \approx p_{CW}^2 \frac{\lambda_W}{\mu_W} + 2(p_{CW} + p_{CA}) \frac{\lambda_W \lambda_A}{\mu_W^2} + 2 \frac{\lambda_W \lambda_A^2}{\mu_W^3} ,$$

$$\tag{6-81}$$

$$H(W_i \wedge A_k \wedge A_m) = H(MZ_8) + H(MZ_9) \approx p_{CW}^2 \lambda_W + 2(p_{CW} + p_{CA}) \frac{\lambda_W \lambda_A}{\mu_W} + 2 \frac{\lambda_W \lambda_A^2}{\mu_W^2} .$$

Auch hier gilt, daß für

$$p_{CW}, p_{CA} \gg \frac{\lambda_A}{\mu_W} \qquad (6\text{-}82)$$

die common-mode Ausfälle die Minimalschnitte des Typs $W_i \wedge A_k \wedge A_m$ maßgebend bestimmen.

Wie im vorherigen Beispiel kann man die Zahlenwerte der Minimalschnittkenngrößen tabellarisch darstellen und auswerten. In unserem Beispiel lassen sich jedoch die Systemkenngrößen auch als analytische Ausdrücke ermitteln, wie im folgenden Abschnitt gezeigt wird.

2.3 Systemkenngrößen

Entsprechend den Systemausfalldefinitionen betragen die Systemkenngrößen mit (5-108) und (5-109) für

Systemausfall 1 mit (6-69)

$$P(A_{S1}) \approx \sum_{i=1}^{8} P(MS_i) \approx 4 \left(\frac{\lambda_A}{\mu_A} + \frac{\lambda_W}{\mu_W} \right), \qquad (6\text{-}83)$$

$$H(A_{S1}) \approx \sum_{i=1}^{8} H(MS_i) \approx 4 (\lambda_A + \lambda_W). \qquad (6\text{-}84)$$

Systemausfall 2 mit (6-70)

Beim Systemausfall 2 lassen sich unter den Annahmen

$$p_{CA}, p_{CW} \ll 1 \qquad \text{und} \qquad \lambda_A, \lambda_W \ll \mu_A, \mu_W \qquad (6\text{-}85)$$

die Minimalschnitte 3. Ordnung vernachlässigen. Dies kann man durch Vergleich der Gl. (6-76) mit (6-79) und (6-77) mit (6-81) nachvollziehen. Man erhält so für den Systemausfall 2 mit (5-108) und (5-109) folgende Beziehungen:

$$P(A_{S2}) \approx \sum_{i=1}^{6} P(MS_i) \approx 4 \left(p_{CA} \frac{\lambda_A}{\mu_A} + \frac{\lambda_A^2}{\mu_A^2} + p_{CW} \frac{\lambda_W}{\mu_W} + \frac{\lambda_W \lambda_A}{\mu_W^2} \right), \qquad (6\text{-}86)$$

$$H(A_{S2}) \approx \sum_{i=1}^{6} H(MS_i) \approx 4 \left(p_{CA} \lambda_A + \frac{\lambda_A^2}{\mu_A} + p_{CW} \lambda_W + \frac{\lambda_W \lambda_A}{\mu_W} \right). \qquad (6\text{-}87)$$

Die übrigen Kenngrößen $P(B_S)$, $H(B_S)$, $T(B_S)$ und $T(A_S)$ folgen daraus unmittelbar.

Die Ergebnisse der Systemberechnung mit den Kenngrößen der Tabellen 6-10 und 6-11 sind in Tabelle 6-12 dargestellt. Sie werden im folgenden diskutiert.

Tabelle 6-12a (ohne common-mode-Ausfälle und ohne Wartung)

Systemausfall 1: Es können im Mittel 4mal pro Jahr für jeweils 5 Stunden keine Leistungen von größer als 1000 MW bis 2000 MW übertragen werden. Dieses Ergebnis überrascht nicht, da die Häufigkeit des Systemausfalls 1 durch Einfachausfälle der Leitun-

Tabelle 6-12. Errechnete Systemkenngrößen

a) Ohne common-mode Ausfälle und ohne Wartung

Systemzustandspaar	$P(A_S)$	$H(A_S)$ a^{-1}	$T(B_S)$ h	$T(A_S)$ h
1	$2,3 \cdot 10^{-3}$	$4,0$	$2,2 \cdot 10^3$	5
2	$1,3 \cdot 10^{-6}$	$2,3 \cdot 10^{-3}$	$3,8 \cdot 10^6$	5

b) Ohne common-mode Ausfälle und mit Wartung

Systemzustandspaar	$P(A_S)$	$H(A_S)$ a^{-1}	$T(B_S)$ h	$T(A_S)$ h
1	$1,4 \cdot 10^{-2}$	15	$6,0 \cdot 10^2$	$8,6$
2	$1,5 \cdot 10^{-5}$	$1,4 \cdot 10^{-2}$	$6,1 \cdot 10^5$	$9,2$

c) Mit common-mode Ausfälle und mit Wartung

Systemzustandspaar	$P(A_S)$	$H(A_S)$ a^{-1}	$T(B_S)$ h	$T(A_S)$ h
1	$1,4 \cdot 10^{-2}$	15	$6,0 \cdot 10^2$	$8,6$
2	$1,6 \cdot 10^{-4}$	$0,16$	$5,4 \cdot 10^4$	$8,7$

gen 1, 2, 3 und 4 (siehe (6-69)) verursacht wird
und für jede Leitung ein Ausfall pro Jahr angenommen wurde (siehe Tabelle 6-10). Mit 4 Systemausfäl-
len für 5 Stunden pro Jahr errechnet man für das
Übertragungsnetz die Ausfallwahrscheinlichkeit von
$2,3 \cdot 10^{-3}$ (Nichtverfügbarkeit genannt).

<u>Systemausfall 2</u>: Im Gegensatz zum Systemausfall 1
tritt der Systemausfall 2 (Totalausfall) im Mittel
nur 1mal in 435 Jahren für 5 Stunden auf. Da der
Systemausfall 2 nur Zweifachausfälle enthält (siehe
(6-70)), tritt er äußerst selten auf. Dieser Zahlenwert ist jedoch nur ein theoretischer Wert, da
er wichtige technische Randbedingungen nicht berücksichtigt. Diese werden in den folgenden beiden
Tabellen betrachtet.

<u>Tabelle 6-12b</u> (ohne common-mode-Ausfälle und mit
Wartung)

<u>Systemausfall 1</u>: Die Häufigkeit des Systemausfalls
1 erhöht sich auf 15 Ausfälle pro Jahr für jeweils
8,6 Stunden, wovon 11 Wartungsabschaltungen sind.
Dementsprechend erhöht sich für das Übertragungsnetz die Wahrscheinlichkeit des Systemausfalls 1
auf 0,014.

<u>Systemausfall 2</u>: Der Systemausfall 2 tritt im Mit-
tel 1mal in 71 Jahren für 9,2 Stunden auf und tritt
damit 6mal häufiger auf als der entsprechende Systemausfall in Tabelle 6-12a. Wartungen haben also
nicht nur bei Einfachausfällen, sondern auch bei
Zweifachausfällen Auswirkungen auf die Zuverlässigkeit.

<u>Tabelle 6-12c</u> (mit common-mode Ausfälle und mit
Wartungen)

<u>Systemausfall 1</u>: Er entspricht dem Systemausfall 1
der vorherigen Tabelle 12-b, da sich common-mode
Ausfälle in logisch seriellen Strukturen, wie sie
(6-69) darstellen, kaum auswirken (siehe auch Anhang 8-12).

<u>Systemausfall 2</u>: Er tritt im Mittel 1mal in 6 Jahren
für 8,7 Stunden auf. Die Zahlenwerte sind realistischer als die Werte der Tabellen 6-12a und b, da sie
sowohl common-mode Ausfälle als auch Wartungen berücksichtigen. Common-mode Ausfälle und Wartungen haben
einen empfindlichen Einfluß auf den Systemausfall 2.

Man erkennt bei Betrachtung der drei Tabellen von oben nach unten,
wie sich die Zuverlässigkeit durch stufenweise Berücksichtigung der
Annahmen stark ändert. Die Kenngrößen verschlechtern sich um nahezu
zwei Größenordnungen.

Beispiel 6-7 Elektrische Schaltanlagen

A Aufgabe

In diesem Beispiel sollen verschiedene Schaltanlagen verglichen
werden. Bild 6-31 zeigt die drei zu untersuchenden Systeme mit jeweils zwei Einspeisungen und zwei Abgangsgruppen mit je n Abgangsfeldern. Es sei angenommen, daß die Leistungsschalter in Schaltwa-
genbauweise ausgeführt sind, wie dies z.B. in Mittelspannungsanla-
gen üblich ist. Die Schalter sind in üblicher Darstellung in geöff-
netem Zustand gezeichnet. Im Normalbetrieb werden die beiden Ver-
sorgungswege von den Einspeisungen bis hin zu den Verbrauchergrup-
pen unabhängig voneinander betrieben, d.h. die Kupplungsschalter
LSK sind geöffnet. Bei Ausfall eines Leistungsschalters lösen die
benachbarten Leistungsschalter aus. Bild 6-32 zeigt die Schalterstellungen in zwei verschiedenen Betriebs- und Störungssituationen
am Beispiel des Systems 3.

Für die Zuverlässigkeitsberechnung werden folgende Systemzustände
zugrundegelegt.

Systemzustandspaar 1
Systembetrieb 1 (B_{S1}): Beide Abgangsgruppen sollen
versorgt werden (Vollbetrieb).

Systemausfall 1 (A_{S1}): Ausfall der Versorgung von
mindestens einer Abgangsgrup-
pe (mindestens Teilausfall).

Systemzustandspaar 2
Systembetrieb 2 (B_{S2}): Mindestens eine Abgangsgruppe
soll versorgt werden (minde-
stens Teilbetrieb).

Systemausfall 2 (A_{S2}): Ausfall der Versorgung beider
Abgangsgruppen (Totalausfall).

In der folgenden Zuverlässigkeitsanalyse werden die definierten Systemzustände durch ihre Kenngrößen P, H und T bewertet.

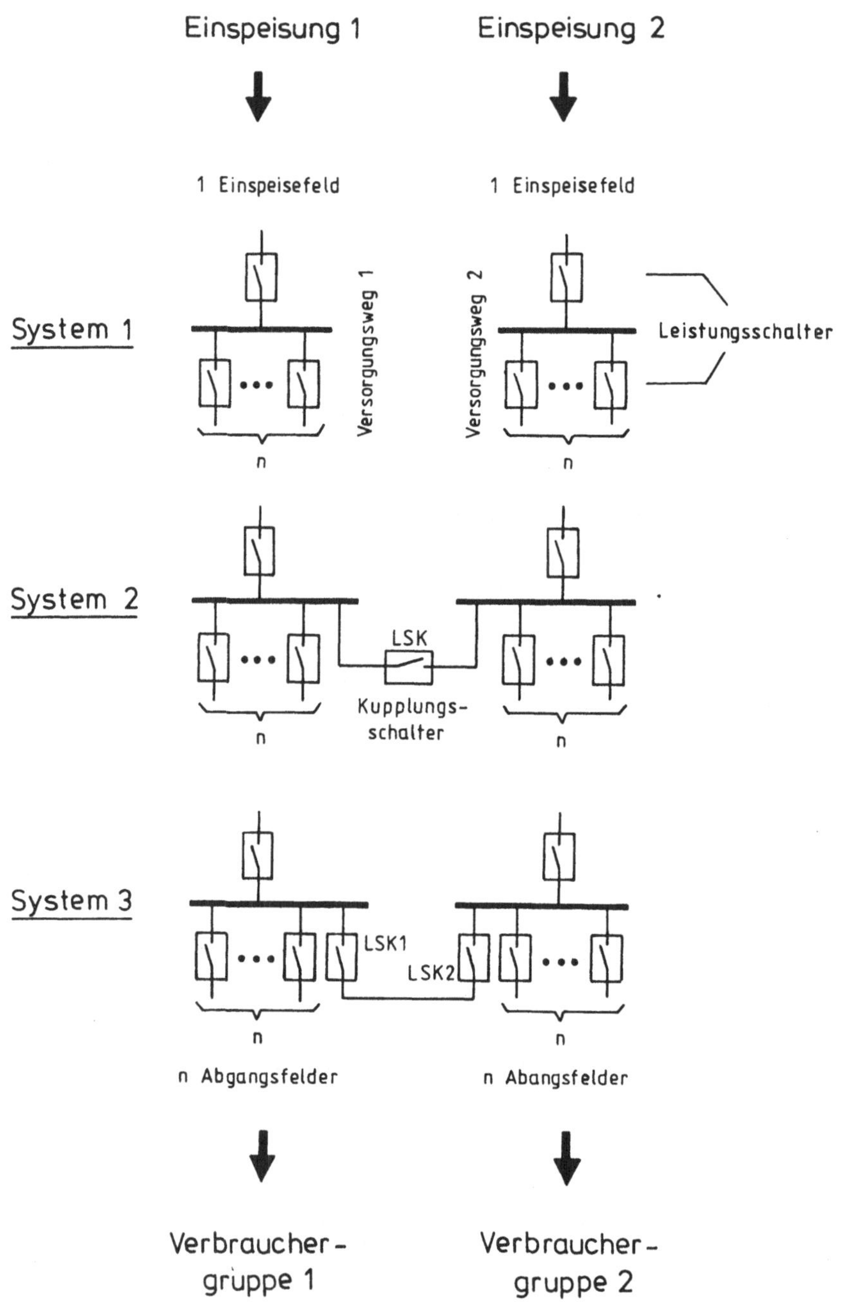

Bild 6-31. Schaltanlagen mit zwei Einspeisungen und zwei Abgangsgruppen mit je n Abgangsfeldern.

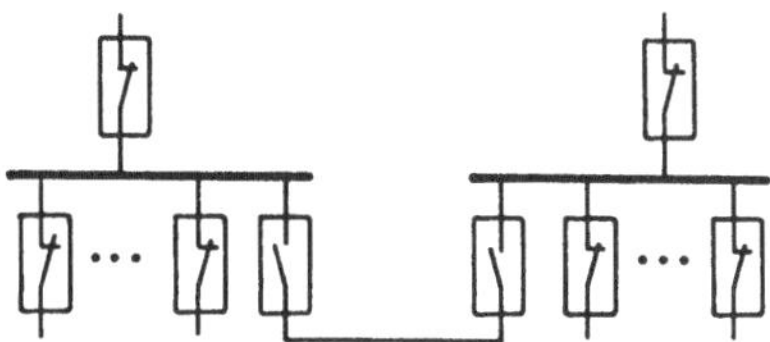

Schalterstellung im Normalbetrieb - Zustände BA und BW je nach
Betrachtung

Abschaltbereiche (Auslösebereiche) des Schutzes bei Fehlern
mit spontaner Auslösung (z.B. Kurzschluß) - Zustand AS

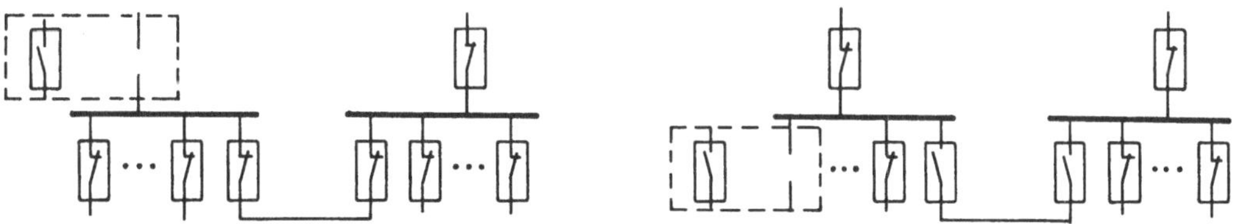

Abschaltbereiche (Freischaltbereiche) für Instandsetzungen
und Wartungen an den freigeschalteten Leistungsschaltern
Zustände AI, AD und W je nach Betrachtung

Bild 6-32. Schalterstellungen und Zustände im Normalbetrieb und
bei verschiedenen Störungsfällen.

Voraussetzungen zur Zuverlässigkeitsanalyse

Für die Zuverlässigkeitsanalyse werden folgende Annahmen getroffen:

1. Die Einspeisungen werden als 100 % zuverlässig angesehen (Ein-
    speiseleitungen werden nicht berücksichtigt).

2. Die Schutzeinrichtungen (z.B. Überstromschutz, Sammelschienen-Dif-
    ferentialschutz) und die Verriegelungseinrichtungen sollen 100 %
    zuverlässig funktionieren.

3. Fehlauslösungen von Leistungsschaltern werden nicht berücksich-
    tigt.

4. Die Umschaltung von Versorgungswegen soll unterbrechungslos und
    100 % zuverlässig erfolgen.

5. Fehlbedienung durch den Menschen wird ausgeschlossen.

6. Alle Komponentenfehler treten stochastisch-unabhängig auf. Sie werden sofort erkannt. Es wird zwischen schwerwiegenden und weniger schwerwiegenden Fehlern unterschieden. Die schwerwiegenden Fehler (z.B. Kurzschlüsse) führen zur spontanen Auslösung der umliegenden Leistungsschalter durch den Schutz. Wir nennen diese Ausfälle spontane Ausfälle. Bei den weniger schwerwiegenden Fehlern löst der Schutz nicht aus. Diese Fehler werden manuell abgeschaltet (zwecks Instandsetzung), wobei die Abschaltung aufgeschoben (disponiert) werden kann. Wir sprechen deshalb von aufschiebbaren Ausfällen. Die Abschaltung wird immer dann aufgeschoben, wenn eine oder mehrere Komponenten im System bereits ausgefallen sind und durch den neuen Ausfall (Abschaltung) ein Systemausfall auftreten würde.

7. Ausgefallene Komponenten werden sofort instandgesetzt (repariert oder ausgetauscht). Es soll nur eine Instandsetzungsmannschaft zur Verfügung stehen, die auch die Wartungsarbeiten übernehmen soll, d.h. die Komponente, die zuerst ausfällt (oder gewartet) wird, wird auch bei Ausfall der zweiten Komponente zuerst instandgesetzt (oder gewartet). Ausnahmen von dieser Regel sind in Voraussetzung 11 beschrieben.

8. Die Komponenten werden in regelmäßigen Zeitabständen gewartet, wobei vorausgesetzt wird, daß Wartungsabschaltungen nicht in prozeßbedingte Stillstandszeiten der Anlage gelegt werden können.

9. Mehrfachwartungen zur gleichen Zeit werden ausgeschlossen.

10. Wartungsabschaltungen einer Komponente können aufgeschoben werden, wenn andere Komponenten ausgefallen sind.

11. Wird eine Komponente instandgesetzt oder gewartet und tritt dazu ein spontaner Ausfall einer anderen Komponente hinzu, der zu einem Systemausfall führt, so werden in diesem Fall die Instandsetzungs- oder Wartungsarbeiten unterbrochen und der defekte Leistungsschalter herausgeschoben bzw. freigeschaltet (da nach Voraussetzung 7 nur eine Instandsetzungsmannschaft verfügbar ist). Diese Maßnahme ist jedoch nur dann sinnvoll, wenn dadurch der Systembetrieb schneller wiederhergestellt wird, als wenn die Instandsetzungs- oder Wartungsarbeiten der zuerst ausgefallenen bzw. abgeschalteten Komponente zu Ende geführt würden. Das ist dann der Fall, wenn die Schutzauslösung schwerwiegende Versorgungsunterbrechungen verursacht und die ausgelösten Bereiche bis auf den Freischaltbereich der defekten Komponente schnell wiederzugeschaltet werden können.

12. Voneinander unabhängige Versorgungsunterbrechungen in einzelnen Abgangsfeldern (z.B. in einem oder zwei Abgangsfeldern) innerhalb einer Abgangsgruppe mit n Abgangsfeldern, die durch Ausfälle oder Wartungen hervorgerufen werden, sollen nicht als Ausfall der gesamten Abgangsgruppe angesehen werden und somit nicht als Systemausfall gewertet werden.

13. Alle Komponenten, d.h. auch die Kupplungsschalter, werden für die Zuverlässigkeitsberechnung als in Betrieb befindlich betrachtet.

Die Voraussetzungen 1 bis 5 legen die Systemabgrenzung fest. Sie umfassen Systemeigenschaften und Vereinfachungen, die die Zuverlässigkeit beeinflussen. Es ist deshalb sehr wichtig, diese Voraussetzungen genau festzulegen. Die Voraussetzungen 6, 8, 9 und 12 sind zur Bestimmung der Minimalschnitte wichtig. Die Annahmen 6 bis 11 führen zu stochastischen Abhängigkeiten, die bei der Modellierung und Berechnung der Minimalschnitte berücksichtigt werden. Die Voraussetzung 13 dient der Berechnungsvereinfachung.

B Lösung

Es wird auf die Beispiele 4-9 (nur eine Instandsetzungsmannschaft), 4-10 (spontane und aufschiebbare Ausfälle) und 4-11 (Instandsetzung und Wartung) Bezug genommen.

1 Komponenten

Zur Entwicklung des Komponentenmodells müssen wir das Ausfallverhalten genau untersuchen. Laut Voraussetzung 6 sollen spontane und aufschiebbare Ausfälle berücksichtigt werden, auf die wir jetzt näher eingehen.

Bei einem **spontanen Ausfall** einer Komponente löst der Schutz die benachbarten Leistungsschalter aus und trennt die ausgefallene Komponente selektiv vom Netz. Der abgeschaltete Bereich wird Abschalt- oder Auslösebereich des Schutzes genannt. Wir bezeichnen nun mit dem **Zustand AS** das Abschalten aller den Abschalt- oder Auslösebereich bestimmenden Leistungsschalter (Bild 6-32, Mitte). Nach dem Auslösen des Schutzes infolge eines spontanen Ausfalls wird die ausgefallene Komponente lokalisiert und der Ausfallort für die Instandsetzung abgegrenzt und abgesichert. Der abgeschaltete Bereich wird Instandsetzungs- oder Freischaltbereich genannt. Die für die Freischaltung nicht notwendigen ausgelösten Leistungsschalter werden wieder zugeschaltet, so daß ein Teil des durch den Schutz ausgelösten Bereichs wieder versorgt werden kann. Der Freischaltbereich ist immer kleiner oder gleich dem Auslösebereich des Schutzes. Wir bezeichnen mit dem **Zustand AI** die Abschaltung der für das Freischalten notwendigen Leistungsschalter nach einem spontanen Ausfall (Bild 6-32, unten). Der Zustand AI folgt zeitlich auf den Zustand AS.

Bei einem aufschiebbaren Ausfall löst der Schutz nicht aus. Die Komponente kann entsprechend den Betriebsbedingungen im System weiter betrieben werden, wenn es der Systembetrieb erfordert. Für die Instandsetzung muß die Komponente wie nach einer Auslösung freigeschaltet werden. Die Abschaltung der den Freischalt- oder Instandsetzungsbereich bestimmenden Leistungsschalter bei einem aufschiebbaren Ausfall bezeichnen wir mit dem Zustand AD (Bild 6-32, unten).

Die Freischaltbereiche nach spontanen und aufschiebbaren Ausfällen sind gleich groß. Die Instandsetzungsdauern T(AI) und T(AD) können aufgrund der unterschiedlichen Ausfallarten unterschiedlich sein.

Die Zustände AS, AI und AD haben unterschiedliche Auswirkungen auf die Zuverlässigkeit des Systems. In Tabelle 6-13 sind u.a. die mittleren Dauern T(AS), T(AI) und T(AD) für die Zuverlässigkeitsberechnung aufgeführt. In unserem Beispiel wird angenommen, daß die Auslösung im Mittel nach 1 h behoben wird und die Instandsetzung im Mittel 10 h benötigt.

Tabelle 6-13. Kenngrößen der Leistungsschalter
(Komponentenkenngrößen)

Mittlere Dauern	Übergangsraten
$T(BAS) = 10^6$ h	$\lambda_{AS} = 10^{-6}$ h^{-1}
$T(BAD) = 10^5$ h	$\lambda_{AD} = 10^{-5}$ h^{-1}
$T(BW) = 2 \cdot 10^4$ h	$\lambda_{W} = 5 \cdot 10^{-5}$ h^{-1}
$T(AS) = 1$ h	$\mu_{AS} = 1$ h^{-1}
$T(AI) = 10$ h	$\mu_{AI} = 10^{-1}$ h^{-1}
$T(AD) = 10$ h	$\mu_{AD} = 10^{-1}$ h^{-1}
$T(W) = 10$ h	$\mu_{W} = 10^{-1}$ h^{-1}

n = 10 Abgangsfelder pro Abgangsgruppe

Der Abschaltbereich für Wartungen soll dem Abschaltbereich für Instandsetzungen entsprechen (Bild 6-32, unten). Mit dem Zustand W wird die Abschaltung aller den Wartungsbereich bestimmenden Leistungsschalter gekennzeichnet.

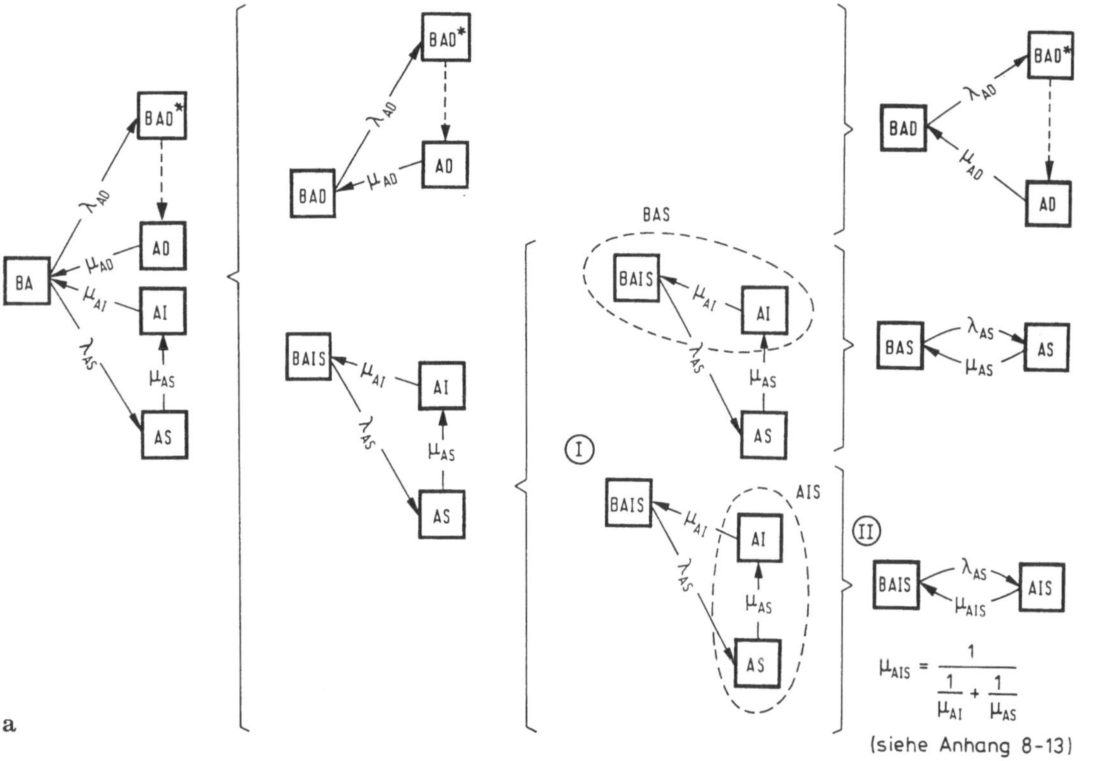

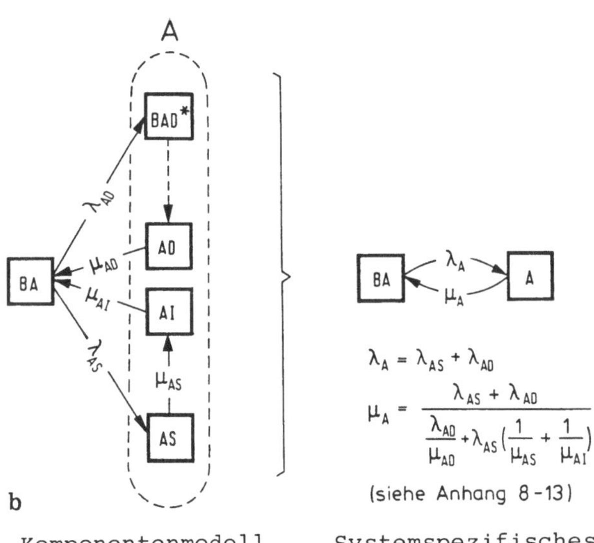

$$\mu_{AIS} = \frac{1}{\dfrac{1}{\mu_{AI}} + \dfrac{1}{\mu_{AS}}}$$

$$\lambda_A = \lambda_{AS} + \lambda_{AD}$$

$$\mu_A = \frac{\lambda_{AS} + \lambda_{AD}}{\dfrac{\lambda_{AD}}{\mu_{AD}} + \lambda_{AS}\left(\dfrac{1}{\mu_{AS}} + \dfrac{1}{\mu_{AI}}\right)}$$

Bild 6-33. Entwicklung systemspezifischer Komponentenmodelle bezüglich des Ausfallverhaltens.

Wir haben hier den Fall vorliegen, daß wir nicht nur die Komponentenausfälle selbst, sondern auch die Auswirkungen (Auslösung, Freischaltung) auf die nähere Systemumgebung in den Zuständen der Komponente und damit im Komponentenmodell betrachten. Ein ähnlicher
Fall ist uns schon bei der Berücksichtigung von Busausfällen in Automatisierungssystemen (Beispiel 6-3) her bekannt.

Das Ausfallverhalten der Komponente Leistungsschalter in Schaltwagenausführung wird durch das im Bild 6-33 dargestellte 5-stufige
Komponentenmodell (Ausgangsmodell auf der linken Seite des Bildes
6-33) nachgebildet.

Im folgenden sind die Zustände des 5-stufigen Modells zusammengestellt.

> BA   Betriebszustand zwischen zwei aufeinander
> folgenden Ausfällen.
>
> BAD* Betriebszustand nach Auftreten eines auf
> schiebbaren Ausfalls.
>
> AS   Zustand, der die Abschaltung aller den Aus
> lösebereich bestimmenden Leistungsschalter
> nach einem spontanen Ausfall einer Komponen
> te kennzeichnet (Ausfallzustand).
>
> AI   Zustand, der die Abschaltung aller den Frei
> schaltbereich bestimmenden Leistungsschalter
> zur Instandsetzung der Komponente nach einem
> spontanen Ausfall kennzeichnet (Instandset
> zungszustand).
>
> AD   Zustand, der die Abschaltung aller den Frei
> schaltbereich bestimmenden Leistungsschalter
> zur Instandsetzung der Komponente nach einem
> aufschiebbaren Ausfall kennzeichnet (Instand
> setzungszustand).

Im folgenden sind die Übergänge des 5-stufigen Modells beschrieben.
Ausgehend vom Betriebszustand BA einer Komponente gibt es zwei mögliche Ausfallfolgen:

> 1. BA → AS → AI
>
>   Bei spontanen Ausfällen des Leistungsschalters
>   findet ein Übergang von BA nach AS statt, d.h.
>   der Schutz löst alle umliegenden Leistungsschal
>   ter aus. Nach Lokalisierung und Abgrenzung der
>   Fehlerstelle wird der ausgefallene Leistungs
>   schalter herausgefahren bzw. freigeschaltet, so
>   daß ein Übergang nach AI erfolgt. In diesem Zu
>   stand wird die Komponente instandgesetzt. An
>   schließend kehrt sie zum Zustand BA zurück.

2. BA → BAD* → AD

   Bei aufschiebbaren Ausfällen geht der normale
   Betriebszustand BA in den fehlerhaften Betriebszustand BAD* über, in dem die Abschaltung entsprechend den Betriebsbedingungen im System aufgeschoben werden kann (entsprechend Beispiel
   4-10). Wird die Komponente abgeschaltet, so geht
   der Zustand BAD* in den Zustand AD über, d.h. der
   Leistungsschalter wird herausgezogen und instandgesetzt.

Mit diesem 5-stufigen Modell ist das Ausfallverhalten des Leistungsschalters in Schaltwagenausführung beschrieben. Zur Ermittlung der
Übergangsraten werden folgende mittleren Dauern zugrunde gelegt:

   T(BAS)   mittlere Betriebsdauer zwischen zwei auf-
            einanderfolgenden spontanen Ausfällen.

   T(BAD)   mittlere Betriebsdauer zwischen zwei auf-
            einanderfolgenden aufschiebbaren Ausfällen.

   T(AS)   mittlere Dauer von der Auslösung der Lei-
            stungsschalter bis zum Freischalten, d.h.
            bis zum Beginn des Zustandes AI.

   T(AI)   mittlere Instandsetzungsdauer nach einer
            spontanen Auslösung der Leistungsschalter.

   T(AD)   mittlere Instandsetzungsdauer nach einem
            aufschiebbaren Ausfall.

Mit diesen mittleren Zustandsdauern werden die Übergangsraten ermittelt. Es gelten folgende Beziehungen:

$$\lambda_{AS} = \frac{1}{T(BAS)}$$

$$\lambda_{AD} = \frac{1}{T(BAD)}$$

$$\mu_{AS} = \frac{1}{T(AS)} \qquad\qquad (6\text{-}88)$$

$$\mu_{AI} = \frac{1}{T(AI)}$$

$$\mu_{AD} = \frac{1}{T(AD)} .$$

Für Minimalschnitte, für die z.B. zwei Komponentenmodelle kombi-
niert werden müssen, ist das 5-stufige Ausfallmodell jedoch zu groß.
Ein Zweikomponentensystem käme damit auf eine Größenordnung von
$5^2 = 25$ Zuständen (die genaue Anzahl kann entsprechend den Vorausset-

zungen größer oder kleiner sein). Es wird deshalb angestrebt, die
Anzahl der Zustände des Komponentenmodells auf die notwendigsten zu
beschränken. Das sind die Zustände, die im Minimalschnitt auftreten
sowie deren Komplementärzustände, die Betriebszustände der Minimalschnitte. In den Minimalschnitten der Gl. (6-89) bis (6-94) treten
z.B. die Ausfallzustände A, AS, AD und AIS auf. Es werden für jeden
dieser Minimalschnittzustände aus dem 5-stufigen Ausgangsmodell im
Bild 6-33 geeignete Markoffsche Modelle so weiterentwickelt, daß
sie jeweils nur den Zustand des Minimalschnittes und den Komplemen-
tärzustand, der zwangsläufig der Betriebszustand des Minimalschnittes ist, enthalten. Das bedeutet, daß dem Betriebszustand alle nicht
zum Minimalschnitt gehörenden Komponentenzustände, das können auch
Ausfallzustände sein, zugeordnet werden. Auf diese Weise erhält man
zwei- oder maximal dreistufige Komponentenmodelle, die sich leicht
zu Minimalschnittmodellen 2. und 3. Ordnung kombinieren lassen. Da
diese Modelle speziell im Hinblick auf Systemberechnungen entwik-
kelt werden, nennen wir sie systemspezifische Komponentenmodelle.
Die einzelnen Entwicklungsschritte sind im Bild 6-33 dargestellt.

Zur Modellierung der Minimalschnitte AD, AS und AIS wird das Ausgangsmodell zuerst in die beiden Teilmodelle aufgespalten. Anschließend werden die Zustände des unteren Teilmodells zu BAS bzw. AIS
zusammengefaßt. Auf diese Art erhält man die im Bild 6-33a (rechte
Seite) gezeichneten systemspezifischen Komponentenmodelle. Im Bild
6-33b sind alle Ausfallzustände zum gemeinsamen Ausfallzustand A
zusammengefaßt. Dieser wird für die Minimalschnitte 1. Ordnung benötigt. Durch die Zusammenfassung von Zuständen können sich auch
die Übergangsraten ändern. Die neuen Übergangsraten μ_{AIS}, λ_A und
μ_A werden im Anhang 8-13 hergeleitet.

Für die Wartung wird das zweistufige Modell (MODELL W) im Bild
4-40b zugrunde gelegt.

Im Bild 6-34 sind alle systemspezifischen Komponentenmodelle übersichtlich zusammengestellt. Mit ihnen wird die weitere Systemberechnung durchgeführt.

2 Systeme

Die Systemberechnung gliedert sich wieder in die im Bild 5-17 auf-
gezeigten Schritte.

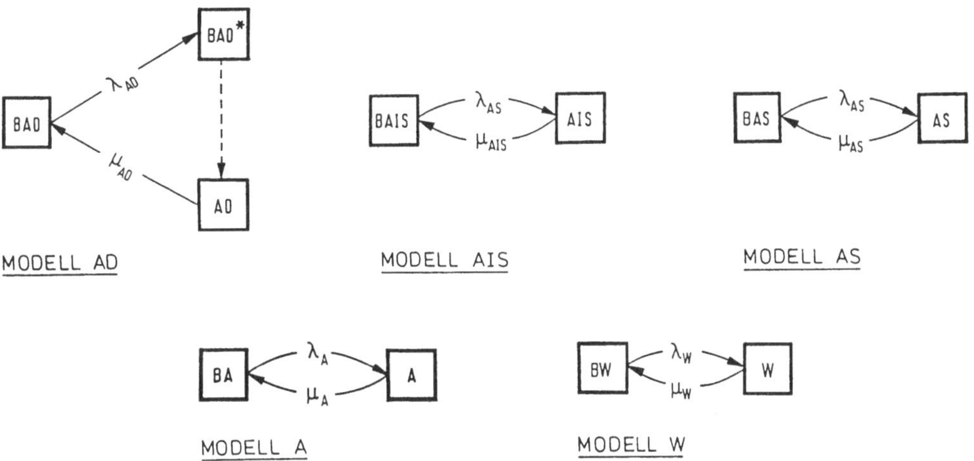

Bild 6-34. Zusammenstellung der systemspezifischen Komponentenmodelle für das Ausfall- und Wartungsverhalten.

2.1 Ermittlung der Minimalschnitte

Die Minimalschnitte werden über die Bilder 6-35 bis 6-40 direkt aus den funktionalen Strukturen ermittelt. Im folgenden sind alle Minimalschnitte angegeben.

Minimalschnitte für Systemausfall 1 des Systems 1 (Bild 6-35)

$$MS_1 = A_{LS}$$

$$MS_2 = A_{LS}$$

$$MS_3 = \bigvee_n AS_{LS}$$

$$MS_4 = \bigvee_n AS_{LS}$$

$$MS_5 = W_{LS}$$

$$MS_6 = W_{LS} .$$

(6-89)

In den Minimalschnitten MS_1 und MS_2 führen alle Ausfallzustände
der Einspeiseschalter, nämlich AS (spontane Auslösung der umliegenden Schalter nach Ausfall des Einspeiseschalters), AI (Instandsetzung des Einspeiseschalters nach einem spontanen Ausfall) und
AD (Instandsetzung des Einspeiseschalters nach einem aufschiebbaren Ausfall) zum Ausfall der angeschlossenen Abgangsgruppe, d.h.
zum Ausfall der n Abgangsfelder. Da die drei Zustände die gleichen
Auswirkungen im System haben, sind sie zum Zustand A (im MODELL A)
zusammengefaßt. Wenn ein Ersatzleistungsschalter vorhanden ist,
gehen die Zustände AI und AD nicht in die Minimalschnitte MS_1 und
MS_2 ein, weil dieser während der Instandsetzung des ausgefallenen
Leistungsschalters eingesetzt, wird.

Die logische ODER-Verknüpfung in den Minimalschnitten MS_3 und MS_4
bedeutet eine logische Summe von jeweils n Minimalschnitten 1. Ordnung, die die Komponentenausfallzustände AS_{LS} darstellen. Der Zustand AS_{LS} bedeutet die Abschaltung aller umliegenden Leistungsschalter durch den Schutz und somit den Ausfall der gesamten Abgangsgruppe. Die Abschaltung kann von jedem Leistungsschalter in
der Abgangsgruppe ausgelöst werden, also insgesamt n mal auftreten.
Die Minimalschnitte MS_3 und MS_4 lassen sich somit als Makro-Mini-
malschnitte auffassen, die sich aus n einzelnen Minimalschnitten
zusammensetzen.

Wir hatten in Voraussetzung 12 festgelegt, daß der unabhängige Ausfall einzelner Abgangsfelder einer Abgangsgruppe nicht als Ausfall
der gesamten Abgangsgruppe anzusehen ist. Darunter fallen die Zustände AI und AD, d.h. die Instandsetzung der Leistungsschalter in
den Abgangsfeldern. Der Zustand AS der Leistungsschalter zählt
nicht dazu, da durch ihn die gesamte Abgangsgruppe abgeschaltet
wird. Die Zustände AI und AD der Abgangsleistungsschalter sind somit nicht in den Minimalschnitten MS_3 und MS_4 enthalten. Auch werden nach Voraussetzung keine Minimalschnitte 2. und höherer Ordnung
mit den Zuständen AI und AD der Abgangsfelder gebildet. Das gleiche
gilt auch für (6-90) bis (6-94).

Ferner führt jede Wartung der Einspeiseschalter zum Abschalten der
Abgangsgruppe und damit zu den Minimalschnitten MS_5 und MS_6. Dies
gilt jedoch nur, wenn die Wartung nicht in prozeßbedingte Stillstandszeiten der Anlage gelegt werden kann und wenn kein Ersatzleistungsschalter verfügbar ist.

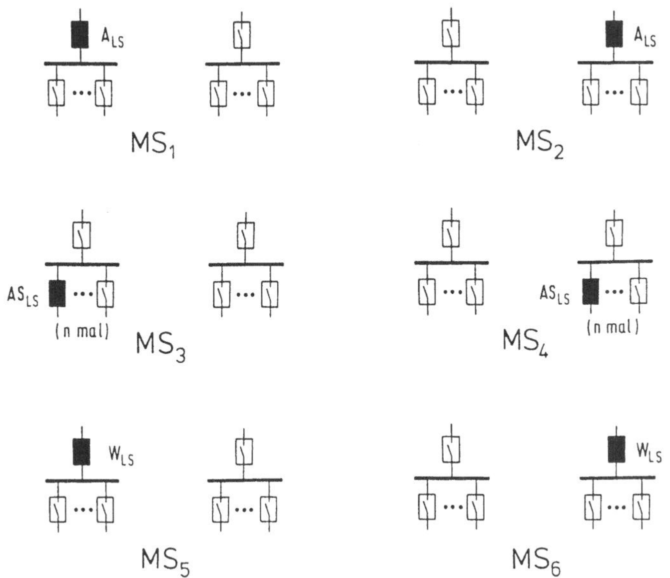

Bild 6-35. Minimalschnitte für Systemausfall 1 des Systems 1 (siehe Gl. (6-89)).

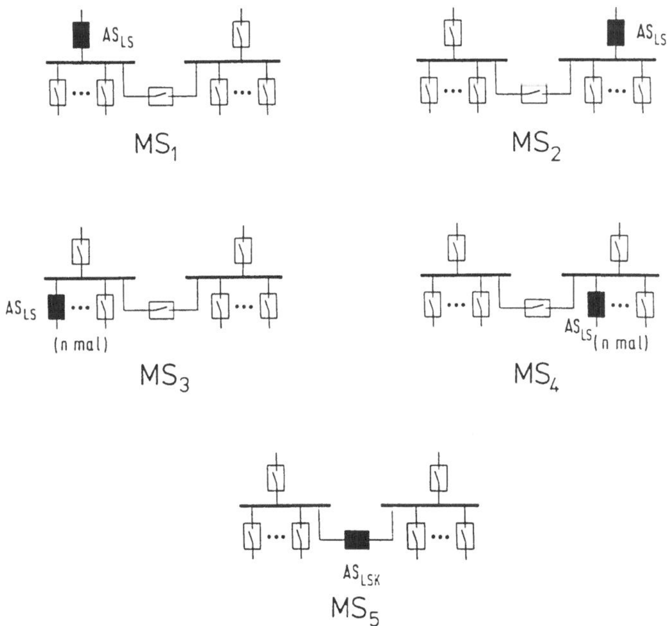

Bild 6-36. Minimalschnitte für Systemausfall 1 des Systems 2 (siehe Gl. (6-90)).

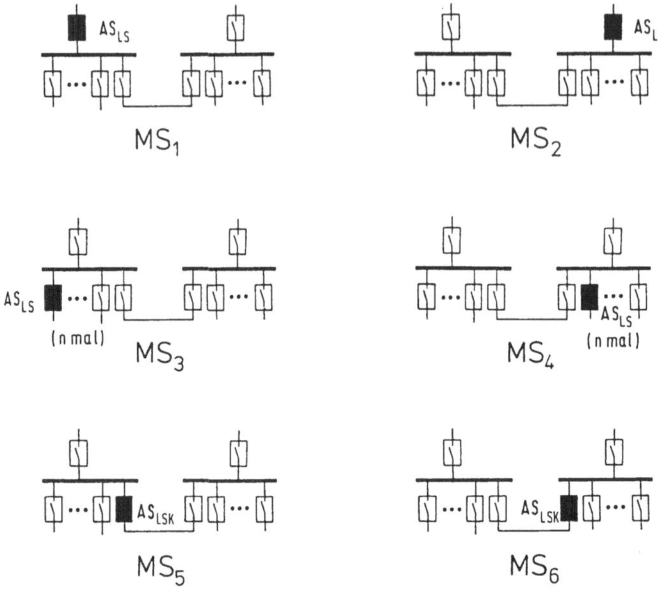

Bild 6-37. Minimalschnitte für Systemausfall 1 des Systems 3 (siehe Gl. (6-91)).

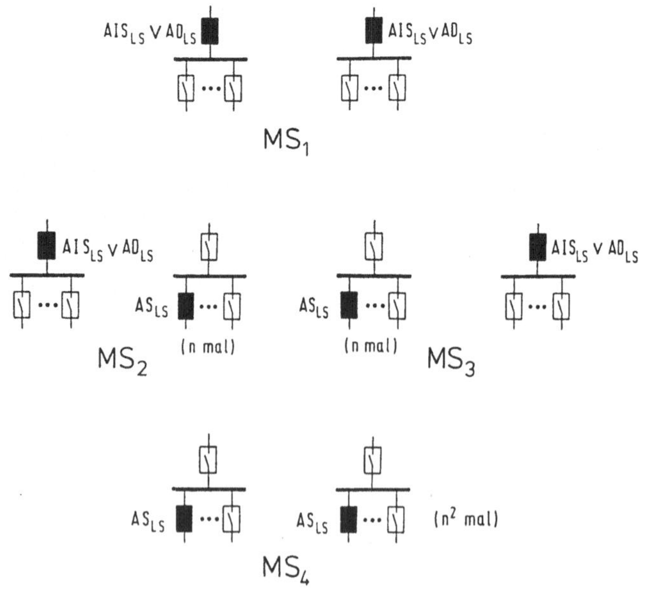

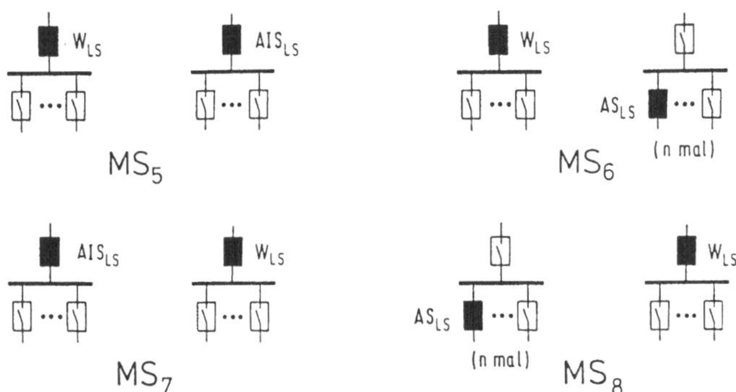

Bild 6-38. Minimalschnitte für Systemausfall 2 des Systems 1 (siehe Gl. (6-92)).

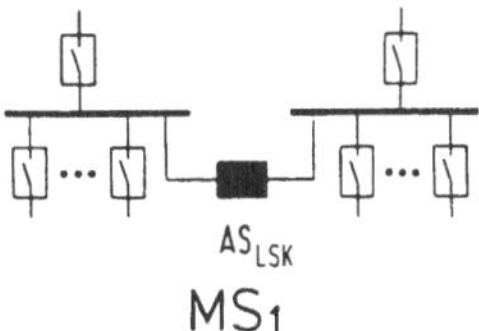

Bild 6-39. Minimalschnitt für Systemausfall 2 des Systems 2 (siehe Gl. (6-93)).

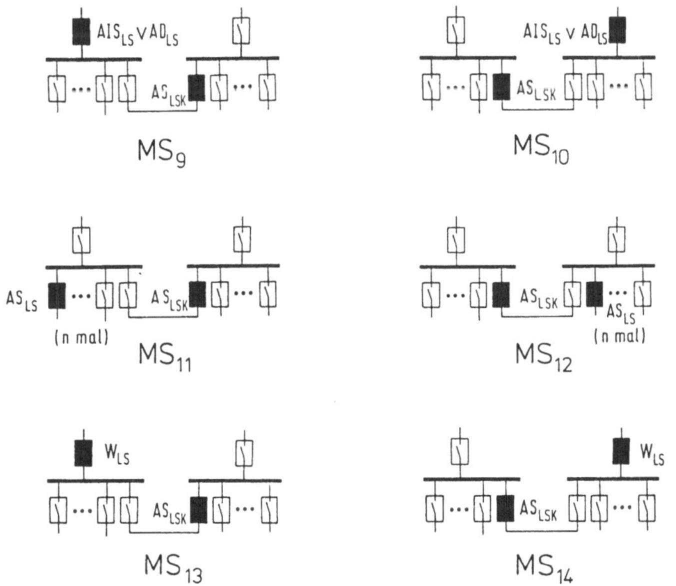

Bild 6-40. Minimalschnitte für Systemausfall 2 des Systems 3 (siehe Gl. (6-94)). Es treten die Minimalschnitte MS_1 bis MS_8 im Bild 6-38 auf. Zusätzlich treten die Minimalschnitte MS_9 bis MS_{14} auf.

Minimalschnitte für Systemausfall 1 des Systems 2 (Bild 6-36)

$$MS_1 = AS_{LS}$$

$$MS_2 = AS_{LS}$$

$$MS_3 = \bigvee_n AS_{LS}$$

$$MS_4 = \bigvee_n AS_{LS}$$

$$MS_5 = AS_{LSK}.$$

$$(6-90)$$

Gegenüber den Minimalschnitten MS_1 und MS_2 der Gl. (6-89) ruft hier nur der Zustand AS (Auslösung des Schutzes) einen Systemausfall hervor. Die Zustände AI und AD für die Instandsetzung (die im Zustand A enthalten sind) fallen weg, da nach dem Herausziehen des fehlerhaften Schalters der Kupplungsschalter LSK eingeschaltet wird. Aus diesem Grunde fallen auch die Wartungszustände weg. Jedoch bildet der Ausfall des Kupplungsschalters LSK einen zusätzlichen Minimalschnitt (MS_5). In den Minimalschnitt geht nur der Zustand AS ein, da nur ein spontaner Fehler zur Auslösung der Einspeiseschalter und damit zum Ausfall der Abgangsgruppe führt. Für die Instandsetzung (AI und AD) wird der Kupplungsschalter herausgefahren. Die Abgangsgruppen werden dann ohne Kupplungsschalter betrieben. Minimalschnitte 2. Ordnung (z.B. $AI_{LS} \wedge AI_{LS}$ und $AI_{LS} \wedge AD_{LS}$ der Einspeiseschalter) werden vernachlässigt.

Minimalschnitte für Systemausfall 1 des Systems 3 (Bild 6-37)

$$MS_1 = AS_{LS} \qquad\qquad MS_4 = \bigvee_n AS_{LS}$$

$$MS_2 = AS_{LS} \qquad\qquad MS_5 = AS_{LSK} \qquad\qquad (6-91)$$

$$MS_3 = \bigvee_n AS_{LS} \qquad\qquad MS_6 = AS_{LSK}.$$

Minimalschnitte 2. Ordnung werden vernachlässigt.

<u>Minimalschnitte für Systemausfall 2 des Systems 1 (Bild 6-38)</u>

Wir betrachten zunächst den Minimalschnitt MS_1. Dieser lautet

$$MS_1 = [AIS_{LS} \vee AD_{LS}] \wedge [AIS_{LS} \vee AD_{LS}].$$

$$\underbrace{\qquad\qquad} \qquad \underbrace{\qquad\qquad}$$

linker Ein-   rechter
speise-   Einspeise-
schalter   schalter

Der Minimalschnitt MS_1 ist ein Minimalschnitt 2. Ordnung und setzt
sich aus den Ausfallzuständen AS (spontane Auslösung der umliegenden Leistungsschalter), AI (Instandsetzung nach einem spontanen
Ausfall) und AD (Instandsetzung nach einem aufschiebbaren Ausfall)
der Einspeiseschalter zusammen. Wir haben die Zustände AS und AI
im Zustand AIS (MODELL AIS) zusammengefaßt, da sie gleiche Auswirkungen im Minimalschnitt haben. Den Zustand AD betrachten wir getrennt, da er durch die Aufschiebbarkeit unterschiedliche Auswirkungen im Minimalschnitt hat, wie wir noch sehen werden. Wir lösen
den Minimalschnitt weiter auf und erhalten:

$$MS_1 = (AIS_{LS} \wedge AIS_{LS}) \vee (AIS_{LS} \wedge AD_{LS}) \vee$$

$$\vee (AD_{LS} \wedge AIS_{LS}) \vee (AD_{LS} \wedge AD_{LS}).$$

Der Term $AIS_{LS} \wedge AIS_{LS}$ führt immer zum Systemausfall. Es ist immer
$AIS_{LS} \wedge AIS_{LS} \neq \phi$.

Die beiden Terme $AIS_{LS} \wedge AD_{LS}$ führen nur dann zum Systemausfall,
wenn der Zustand AD_{LS} zuerst auftritt (der aufschiebbare Ausfall
wird in diesem Fall nicht aufgeschoben, da er allein auftritt und
vom System her keine Notwendigkeit besteht, den Ausfall aufzuschieben) und der Zustand AIS_{LS} (spontane Auslösung durch Ausfall von
LS mit Instandsetzung) zeitlich später hinzukommt. Es ist in diesem
Fall $AIS_{LS} \wedge AD_{LS} \neq \phi$. Bei umgekehrter zeitlicher Reihenfolge, d.h.
wenn AIS_{LS} zuerst auftritt und dann AD_{LS} hinzukommt, tritt kein Systemausfall auf, da AD_{LS} zeitlich hinter AIS_{LS} verschoben wird. Es
ist in diesem Fall $AIS_{LS} \wedge AD_{LS} = \phi$. Der Minimalschnitt tritt dann
nicht auf.

Der Term $AD_{LS} \wedge AD_{LS}$ führt nicht zum Systemausfall, da beide Zustände aufschiebbar sind. Es gilt also immer $AD_{LS} \wedge AD_{LS} = \phi$.

Die beschriebenen Eigenschaften werden bei der Modellierung der Terme $AIS_{LS} \wedge AIS_{LS}$ und $AIS_{LS} \wedge AD_{LS}$ in den Bildern 6-41a und b berücksichtigt.

Wir erkennen jetzt auch, daß wir die Ausfallzustände AS, AI und AD wegen der unterschiedlichen Auswirkungen nicht zum Ausfallzustand A (MODELL A) zusammenfassen konnten und den Minimalschnitt MS_1 nicht als Kombination von $A_1 \wedge A_2$ ansetzen konnten. Darauf kommen wir auch noch zum Schluß dieses Beispiels im Abschnitt "Einfluß von Modellparametern" zurück.

Wir erhalten nach diesem Vorgehen für die Minimalschnitte für den Systemausfall 2 des Systems 1 folgende Beziehungen:

$$MS_1 = (AIS_{LS} \wedge AIS_{LS}) \vee (AIS_{LS} \wedge AD_{LS}) \vee (AD_{LS} \wedge AIS_{LS})$$

$$MS_2 = \bigvee_n \left\{ [AIS_{LS} \vee AD_{LS}] \wedge AS_{LS} \right\} = \bigvee_n \left\{ (AIS_{LS} \wedge AS_{LS}) \vee (AD_{LS} \wedge AS_{LS}) \right\}$$

$$MS_3 = \bigvee_n \left\{ AS_{LS} \wedge [AIS_{LS} \vee AD_{LS}] \right\} = \bigvee_n \left\{ (AS_{LS} \wedge AIS_{LS}) \vee (AS_{LS} \wedge AD_{LS}) \right\}$$

$$MS_4 = \bigvee_{n^2} (AS_{LS} \wedge AS_{LS})$$

$$MS_5 = W_{LS} \wedge AIS_{LS}$$

$$MS_6 = \bigvee_n (W_{LS} \wedge AS_{LS})$$

$$MS_7 = AIS_{LS} \wedge W_{LS}$$

$$MS_8 = \bigvee_n (AS_{LS} \wedge W_{LS}).$$

$$(6-92)$$

Die Minimalschnitte MS_1 bis MS_8 sind Minimalschnitte 2. Ordnung. Minimalschnitte höherer Ordnung treten nicht auf.

Minimalschnitte für Systemausfall 2 des Systems 2 (Bild 6-39)

Es tritt der Minimalschnitt 1. Ordnung auf.

$$MS_1 = AS_{LSK}.$$

$$(6-93)$$

Er bedeutet, daß der Ausfall des Kupplungsschalters LSK schon einen Systemausfall hervorruft. Zusätzlich treten die Minimalschnitte MS_1 bis MS_8 der Gl. (6-92) auf. Diese sind jedoch Minimalschnitte 2. Ordnung und können vernachlässigt werden.

Minimalschnitte für Systemausfall 2 des Systems 3 (Bild 6-40)

Es treten die Minimalschnitte MS_1 bis MS_8 der Gl. (6-92) auf. Zusätzlich treten die Minimalschnitte MS_9 bis MS_{14} auf.

$$MS_9 = (AIS_{LS} \wedge AS_{LSK}) \vee (AD_{LS} \wedge AS_{LSK})$$

$$MS_{10} = (AS_{LSK} \wedge AIS_{LS}) \vee (AS_{LSK} \wedge AD_{LS})$$

$$MS_{11} = \bigvee_n (AS_{LS} \wedge AS_{LSK})$$

$$MS_{12} = \bigvee_n (AS_{LSK} \wedge AS_{LS})$$

$$MS_{13} = W_{LS} \wedge AS_{LSK}$$

$$MS_{14} = AS_{LSK} \wedge W_{LS}.$$

$$(6-94)$$

Die zusätzlichen Minimalschnitte MS_9 bis MS_{14} berücksichtigen den Ausfall der beiden Kupplungsschalter. Es treten nur Minimalschnitte 2. Ordnung auf.

Keine Berücksichtigung von Wartungen

Werden Wartungen in geplante Abschaltzeiten der Anlage gelegt, so werden sie in der Zuverlässigkeitsrechnung nicht berücksichtigt. Es gilt dann

$$W = \phi,$$

$$(6-95)$$

weshalb alle Minimalschnitte mit Wartungen wegfallen.

Berücksichtigung eines Ersatzleistungsschalters

Durch Vorhalten eines Ersatzleistungsschalters läßt sich die Systemzuverlässigkeit erhöhen. Um dies zu untersuchen, treffen wir

folgende Regelung: Der Ersatzleistungsschalter wird bei Wartungen
und bei Instandsetzungen eingesetzt. Dabei soll die Austauschzeit
vernachlässigt werden. Demzufolge fallen die Einflüsse von Wartungen, aufschiebbaren Ausfällen und Instandsetzungen fort, d.h. die
entsprechenden Zustände W, BAD*, AD und AI in den Komponentenmodellen im Bild 6-34 fallen weg. Die Zustände der Minimalschnitte in
(6-89) bis (6-94) werden dann folgendermaßen abgeändert:

$$AD = \phi$$

$$AIS \rightarrow AS$$

$$A \rightarrow AS \tag{6-96}$$

$$W = \phi.$$

Für den Fall eines zusätzlichen Leistungsschalters in Reserve tritt
nur noch das MODELL AS in Erscheinung.

Als nächster Schritt folgt die Modellierung und Berechnung der Minimalschnitte über Markoffsche Modelle.

2.2 Modellierung und Berechnung der Minimalschnitte

In (6-89) bis (6-94) treten Minimalschnitte 1. und 2. Ordnung auf,
die jetzt berechnet werden.

2.2.1 Markoffsche Minimalschnitte 1. Ordnung

Es treten folgende Minimalschnitt-Typen 1. Ordnung auf:

$$MS = \begin{cases} A \\ AS \\ W. \end{cases} \tag{6-97}$$

Die Minimalschnitte 1. Ordnung entsprechen den Komponentenzuständen der systemspezifischen Komponentenmodelle im Bild 6-34. Wir erhalten folgende Kenngrößen:

Markoffscher Minimalschnitt vom Typ A nach Bild 6-34 (MODELL A)

$$P(A) \approx \frac{\lambda_A}{\mu_A}$$

$$H(A) \approx \lambda_A. \tag{6-98}$$

Für λ_A und μ_A gelten die Beziehungen im Bild 6-33b, die im Anhang 8-13 hergeleitet werden.

Markoffscher Minimalschnitt vom Typ AS nach Bild 6-34 (MODELL AS)

$$P(AS) \approx \frac{\lambda_{AS}}{\mu_{AS}}$$

$$H(AS) \approx \lambda_{AS}. \tag{6-99}$$

Markoffscher Minimalschnitt vom Typ W nach Bild 6-34 (MODELL W)

$$P(W) \approx \frac{\lambda_W}{\mu_W}$$

$$H(W) \approx \lambda_W. \tag{6-100}$$

Zwischen den Markoffschen Minimalschnitten 1. Ordnung werden keine stochastischen Abhängigkeiten berücksichtigt.

2.2.2 Markoffsche Minimalschnitte 2. Ordnung

Es treten folgende Minimalschnitt-Typen 2. Ordnung auf:

$$MS = \begin{cases} AIS_i \wedge AD_k & \text{(MODELL AIS + MODELL AD)} \\ AIS_i \wedge AIS_k & \text{(MODELL AIS + MODELL AIS)} \\ AIS_i \wedge AS_k & \text{(MODELL AIS + MODELL AS)} \\ AS_i \wedge AD_k & \text{(MODELL AS + MODELL AD)} \\ AS_i \wedge AS_k & \text{(MODELL AS + MODELL AS)} \\ W_i \wedge AIS_k & \text{(MODELL W + MODELL AIS)} \\ W_i \wedge AS_k & \text{(MODELL W + MODELL AS)}. \end{cases} \tag{6-101}$$

Zur Berechnung der Minimalschnitte werden Minimalschnittmodelle gebildet, die jeweils aus einer Kombination der in den Klammern angegebenen systemspezifischen Komponentenmodelle bestehen. Die Markoffschen Minimalschnittmodelle sind in den Bildern 6-41a bis g aufgeführt.

In den Minimalschnittmodellen der Bilder 6-41a und d wird zwischen
spontanen und aufschiebbaren Ausfällen unterschieden, die entspre-
chend ihren Auswirkungen unterschiedlich berücksichtigt werden. Die
Grundlagen dazu wurden im Beispiel 4-10 gelegt. Da nur in Komponente k nur aufschiebbare Ausfälle berücksichtigt werden, wozu MODELL
AD zugrunde gelegt wird, fallen in den Bildern 6-41a und d gegenüber Bild 4-36 der Zustand MZ_6 und der Übergang von $MZ_2 \rightarrow MZ_5$ weg.
Weil nur eine Instandsetzungsmannschaft eingesetzt wird, fällt im
Bild 6-41a der Übergang von $MZ_5 \rightarrow MZ_3$ weg. Die Instandsetzung der
Komponente k wird also zuerst zu Ende geführt, was einem Übergang
von $MZ_5 \rightarrow MZ_2$ bedeutet, ehe mit der Instandsetzung der Komponente i
in MZ_2 begonnen wird.

Bild 6-41d weist noch eine Besonderheit auf. Dazu betrachten wir
zunächst die angenommenen Zahlenwerte der Kenngrößen in Tabelle
6-13. Die mittlere Dauer T(AS) des Zustandes AS (spontane Auslösung) beträgt 1 h. Die mittleren Instandsetzungsdauern T(AI) und
T(AD) nach spontanen und aufschiebbaren Ausfällen betragen dagegen
10 h. Hinzu kommt, daß die Auswirkungen des Zustandes AS auf die
Zuverlässigkeit schwerwiegender sind als die der Zustände AI und
AD. Aus diesen Gründen ist man bemüht, eine spontane Auslösung so
schnell wie möglich zu beheben, auch wenn dadurch Instandsetzungs-
arbeiten an anderen Komponenten unterbrochen werden müssen. Diese
Voraussetzung wurde auch schon in Voraussetzung 11 formuliert. Sie
soll jetzt im Modell berücksichtigt werden. Wir betrachten dazu das
Modell im Bild 6-41d. Tritt im Zustand MZ_3, in dem die Komponente i
in Betrieb ist und die Komponente k instandgesetzt wird, eine spontane Auslösung durch Ausfall der Komponente i auf, so findet ein
Übergang von MZ_3 nach MZ_5 statt. Um die Auslösung so schnell wie
möglich zu beseitigen, wird die normalerweise im Zustand MZ_5 wei-
tergeführte Instandsetzung der zuerst ausgefallenen Komponente k
unterbrochen und der Auslösezustand AS_i der Komponente i in den In-
standsetzungszustand AI_i übergeführt. Der Zustand AI_i taucht im Modell nicht explizit auf, da er im Betriebszustand BAS_i (entsprechend
Bild 6-33a, dritte Spalte von links) im Zustand MZ_3 enthalten ist.
Diese Umrangierung hat zur Folge, daß kein Übergang von $MZ_5 \rightarrow MZ_2$
stattfindet, sondern statt dessen ein Übergang von $MZ_5 \rightarrow MZ_3$ erzwungen wird, der punktiert eingezeichnet ist. Das gleiche gilt auch
für die Modelle in den Bildern 6-41c und g.

Die Modelle in den Bildern 6-41b, c, e, f und g entsprechen bis auf die oben genannten Änderungen den Bildern 6-20 und 6-21.

Die Berechnung mit dem Verfahren der wahrscheinlichen Übergänge liefert folgende Ergebnisse:

Markoffscher Minimalschnitt vom Typ $AIS_i \wedge AD_k$ nach Bild 6-41a

$$P(AIS_i \wedge AD_k) = P(MZ_5) \approx \frac{\lambda_{AD_k} \lambda_{AS_i}}{\mu_{AD_k}^2}$$

$$H(AIS_i \wedge AD_k) = H(MZ_5) \approx \frac{\lambda_{AD_k} \lambda_{AS_i}}{\mu_{AD_k}} .$$

$$(6-102)$$

Markoffscher Minimalschnitt vom Typ $AIS_i \wedge AIS_k$ nach Bild 6-41b

$$P(AIS_i \wedge AIS_k) = P(MZ_4) + P(MZ_5) \approx \lambda_{AS_i} \lambda_{AS_k} \left(\frac{1}{\mu_{AIS_i}^2} + \frac{1}{\mu_{AIS_k}^2} \right)$$

$$H(AIS_i \wedge AIS_k) = H(MZ_4) + H(MZ_5) \approx \lambda_{AS_i} \lambda_{AS_k} \left(\frac{1}{\mu_{AIS_i}} + \frac{1}{\mu_{AIS_k}} \right) .$$

$$(6-103)$$

Für μ_{AIS} gilt die Beziehung im Bild 6-33a, die im Anhang 8-13 hergeleitet wird.

Markoffscher Minimalschnitt vom Typ $AIS_i \wedge AS_k$ nach Bild 6-41c

$$P(AIS_i \wedge AS_k) = P(MZ_4) + P(MZ_5) \approx \lambda_{AS_i} \lambda_{AS_k} \left(\frac{1}{\mu_{AIS_i} \mu_{AS_k}} + \frac{1}{\mu_{AS_k}^2} \right)$$

$$H(AIS_i \wedge AS_k) = H(MZ_4) + H(MZ_5) \approx \lambda_{AS_i} \lambda_{AS_k} \left(\frac{1}{\mu_{AIS_i}} + \frac{1}{\mu_{AS_k}} \right) .$$

$$(6-104)$$

Für μ_{AIS} gilt die Beziehung im Bild 6-33a, die im Anhang 8-13 hergeleitet wird.

Markoffscher Minimalschnitt vom Typ $AS_i \wedge AD_k$ nach Bild 6-41d

$$P(AS_i \wedge AD_k) = P(MZ_5) \approx \frac{\lambda_{AD_k} \lambda_{AS_i}}{\mu_{AD_k} \mu_{AS_i}}$$

$$H(AS_i \wedge AD_k) = H(MZ_5) \approx \frac{\lambda_{AD_k} \lambda_{AS_i}}{\mu_{AD_k}} \; .$$

$$(6-105)$$

Markoffscher Minimalschnitt vom Typ $AS_i \wedge AS_k$ nach Bild 6-41e

$$P(AS_i \wedge AS_k) = P(MZ_4) + P(MZ_5) \approx \lambda_{AS_i} \lambda_{AS_k} \left(\frac{1}{\mu^2_{AS_i}} + \frac{1}{\mu^2_{AS_k}} \right)$$

$$H(AS_i \wedge AS_k) = H(MZ_4) + H(MZ_5) \approx \lambda_{AS_i} \lambda_{AS_k} \left(\frac{1}{\mu_{AS_i}} + \frac{1}{\mu_{AS_k}} \right) \; .$$

$$(6-106)$$

Markoffscher Minimalschnitt vom Typ $W_i \wedge AIS_k$ nach Bild 6-41f

$$P(W_i \wedge AIS_k) = P(MZ_4) \approx \frac{\lambda_{W_i} \lambda_{AS_k}}{\mu^2_{Wi}}$$

$$H(W_i \wedge AIS_k) = H(MZ_4) \approx \frac{\lambda_{W_i} \lambda_{AS_k}}{\mu_{W_i}} \; .$$

$$(6-107)$$

Markoffscher Minimalschnitt vom Typ $W_i \wedge AS_k$ nach Bild 6-41g

$$P(W_i \wedge AS_k) = P(MZ_4) \approx \frac{\lambda_{W_i} \lambda_{AS_k}}{\mu_{W_i} \mu_{AS_k}}$$

$$H(W_i \wedge AS_k) = H(MZ_4) \approx \frac{\lambda_{W_i} \lambda_{AS_k}}{\mu_{W_i}} \; .$$

$$(6-108)$$

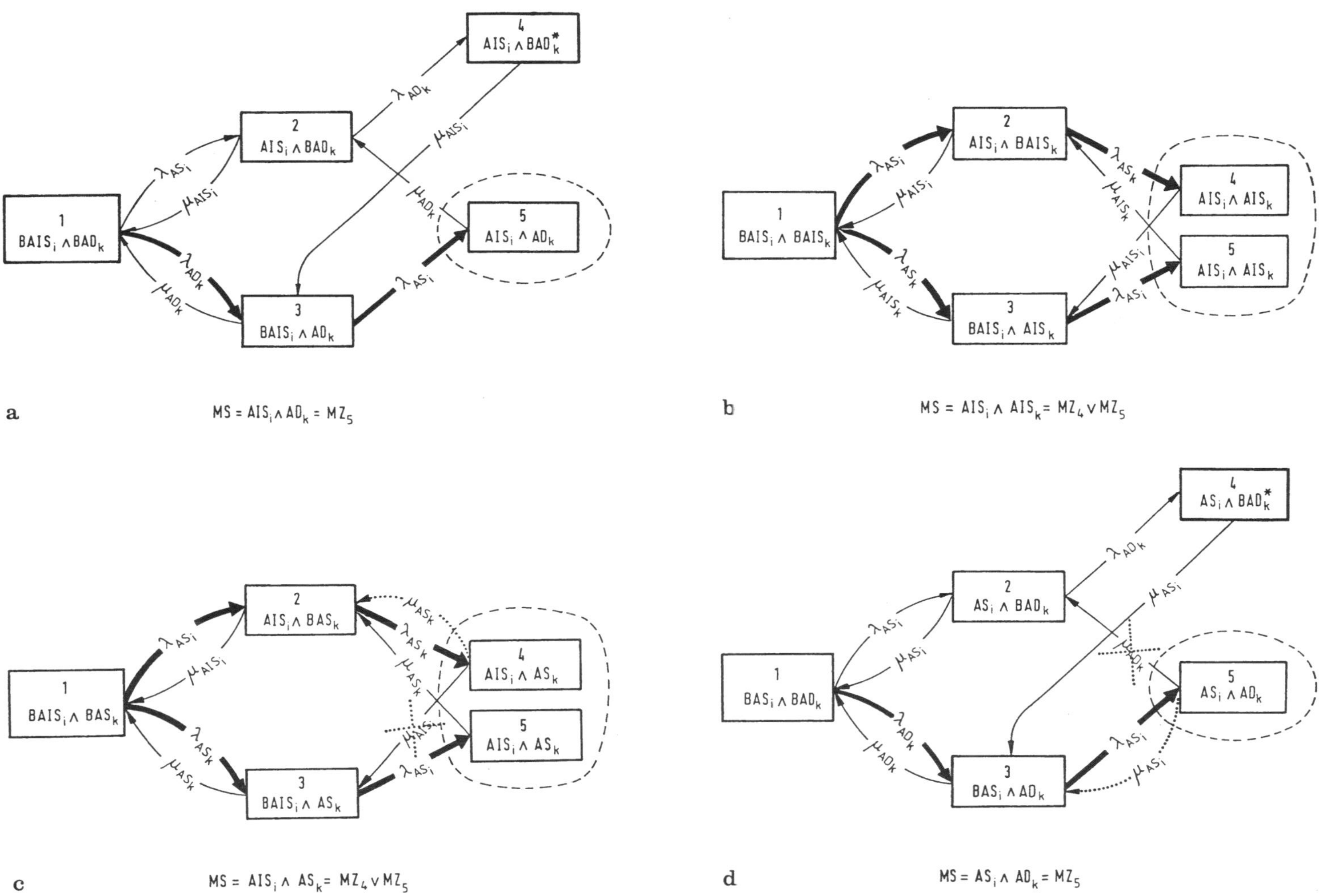

1
BAIS_i ∧ BAO_k
2
AIS_i ∧ BAO_k
3
BAIS_i ∧ AO_k
4
AIS_i ∧ BAO*_k
5
AIS_i ∧ AO_k
λ_ASi
μ_AISi
λ_AOk
μ_AOk
λ_AODk
μ_AISi
μ_AODk
λ_ASi
a
MS = AIS_i ∧ AO_k = MZ_5

1
BAIS_i ∧ BAIS_k
2
AIS_i ∧ BAIS_k
3
BAIS_i ∧ AIS_k
4
AIS_i ∧ AIS_k
5
AIS_i ∧ AIS_k
λ_ASi
μ_AISi
λ_ASk
μ_AISk
λ_ASk
μ_AISk
μ_AISi
λ_ASi
b
MS = AIS_i ∧ AIS_k = MZ_4 ∨ MZ_5

1
BAIS_i ∧ BAS_k
2
AIS_i ∧ BAS_k
3
BAIS_i ∧ AS_k
4
AIS_i ∧ AS_k
5
AIS_i ∧ AS_k
λ_ASi
μ_AISi
λ_ASk
μ_ASk
μ_ASk
λ_ASk
μ_ASk
λ_ASi
μ_AISi
c
MS = AIS_i ∧ AS_k = MZ_4 ∨ MZ_5

1
BAS_i ∧ BAO_k
2
AS_i ∧ BAO_k
3
BAS_i ∧ AO_k
4
AS_i ∧ BAO*_k
5
AS_i ∧ AO_k
λ_ASi
μ_ASi
λ_AOk
μ_AOk
λ_AOk
μ_ASi
μ_AOk
λ_ASi
μ_ASi
d
MS = AS_i ∧ AO_k = MZ_5

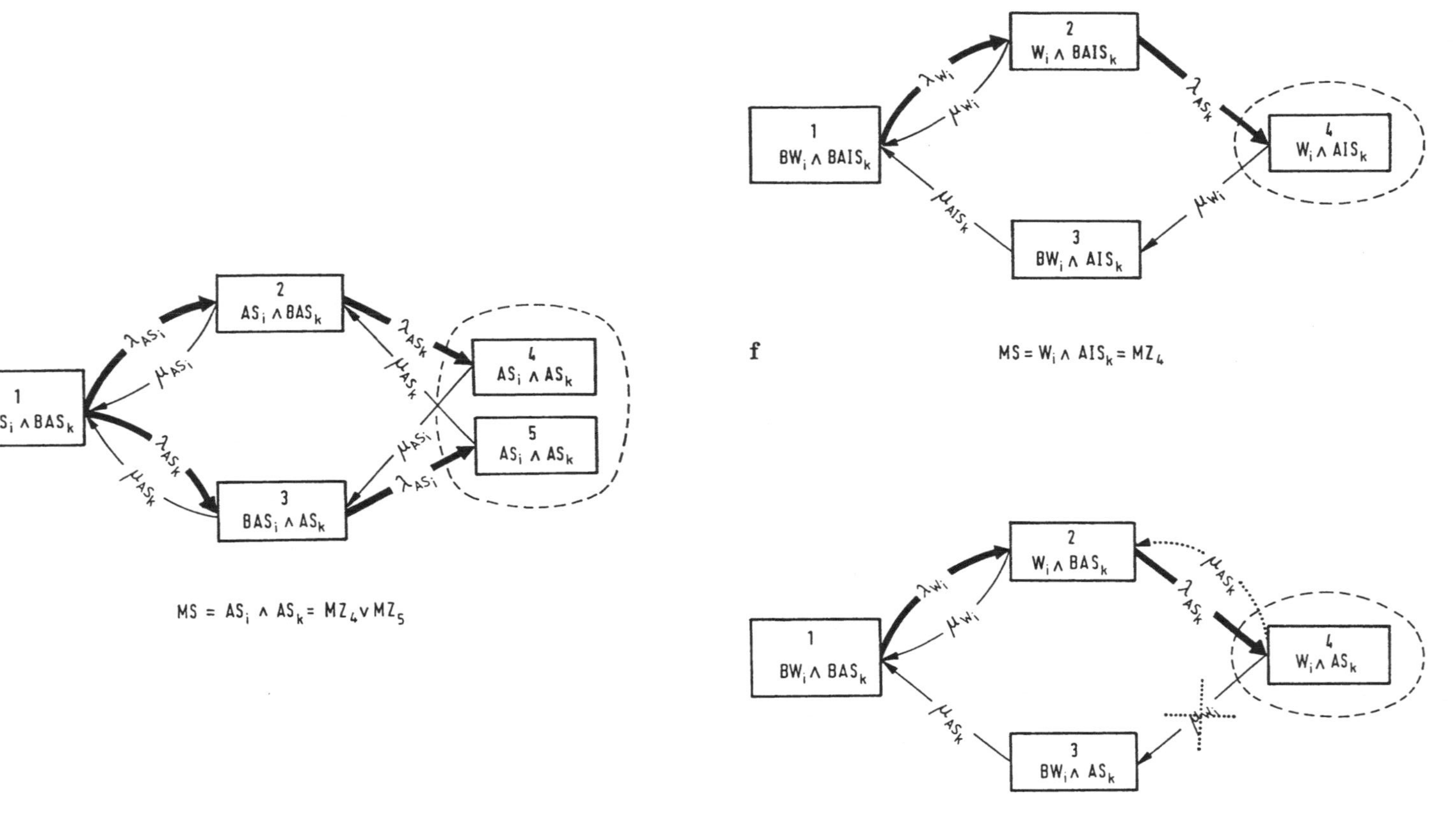

Bild 6-41. Markoffsche Minimalschnittmodelle 2. Ordnung.

2.3 Systemkenngrößen

Die Systemkenngrößen werden mit (5-108), den Minimalschnitten in
(6-89) bis (6-94) sowie deren Berechnungsergebnisse in (6-102) bis
(6-108) ermittelt. Sie sind mit den Zahlenwerten in Tabelle 6-13
berechnet und in den Tabellen 6-14 bis 6-17 dargestellt. Dabei sind
der Übersichtlichkeit wegen nur die Systemausfallwahrscheinlichkei-
ten angegeben. Die mittleren Häufigkeiten eines Systemausfalls werden in der gleichen Weise berechnet. Die Systemausfallwahrschein-
lichkeiten sind für die einzelnen Systeme und die definierten Systemausfälle 1 und 2 jeweils ohne und mit Berücksichtigung eines
Ersatzleistungsschalters berechnet worden. Um den Einfluß des Ersatzleistungsschalters hervorzuheben, sind in den Tabellen 6-15 und
6-17 die Terme durchgestrichen, die gegenüber der jeweils vorherge-
henden Tabelle (ohne Ersatzleistungsschalter) wegfallen. Ausfälle
des Ersatzleistungsschalters brauchen nicht berücksichtigt zu werden, da diese Minimalschnitte hervorrufen, die immer um eine Ordnung höher liegen und somit vernachlässigbar sind.

Aus den Ergebnissen der Tabellen 6-14 bis 6-17 kann man folgende
Schlußfolgerungen ziehen:

- Tabelle 6-14: Bezüglich des Systemausfalls 1
  (mindestens Teilausfall) verschlechtern beim
  System 1 Wartungsabschaltungen der Einspeiseschalter die Zuverlässigkeit, da keine Kupp-
  lung zur anderen Systemhälfte vorgesehen ist
  und jede Wartung der Einspeiseschalter zum
  Ausfall des Systems führt. Die Systeme 2 und
  3 besitzen annähernd die gleiche Zuverlässigkeit.

- Tabelle 6-15: Wegen des Ersatzleistungsschalters treten Wartungen nicht mehr in Erscheinung. Dadurch erreicht das System 1 die gleiche Zuverlässigkeit wie die Systeme 2 und 3.

- Tabelle 6-16: Bezüglich des Systemausfalls 2
  (Totalausfall) ist das System 2 mit großem Ab-
  stand am unzuverlässigsten. Hier wirkt sich der
  technische Mehraufwand gegenüber System 1 zuverlässigkeitsmindernd aus, da der Ausfall des
  Kupplungsschalters schon einen Totalausfall
  hervorruft. Die Ausfallwahrscheinlichkeit der
  Systeme 1 und 3 ist 41mal bzw. 39mal geringer
  als beim System 2.

- Tabelle 6-17: Die Vorhaltung eines Ersatzleistungsschalters bringt bei den Systemen 1 und
  3 eine Verringerung der Systemausfallwahrschein-

lichkeit um den Faktor 102 (System 1) bzw. 91
(System 3) gegenüber den Werten in Tabelle 6-16.
Beim System 2 bringt der Ersatzleistungsschalter
keine Verringerung der Systemausfallwahrscheinlichkeit. Er ist in diesem Fall über-
flüssig.

Tabelle 6-14. Systemkenngrößen für Systemausfall 1
ohne Berücksichtigung eines Ersatzleistungsschalters

Systemausfall 1

System	Minimalschnitte	
1	MS_1 bis MS_6	$2\left[\dfrac{\lambda_A}{\mu_A} + n\,\dfrac{\lambda_{AS}}{\mu_{AS}} + \dfrac{\lambda_W}{\mu_W}\right]$ a
	$P(A_S)$	$1{,}24 \cdot 10^{-3}$
2	MS_1 bis MS_5	$[2n+3]\,\dfrac{\lambda_{AS}}{\mu_{AS}}$
	$P(A_S)$	$2{,}3 \cdot 10^{-5}$
3	MS_1 bis MS_6	$[2n+4]\,\dfrac{\lambda_{AS}}{\mu_{AS}}$
	$P(A_S)$	$2{,}4 \cdot 10^{-5}$

a $\lambda_A = \lambda_{AS} + \lambda_{AD} = 1{,}1 \cdot 10^{-5}\ h^{-1}$

$$\mu_A = \frac{\lambda_{AS} + \lambda_{AD}}{\dfrac{\lambda_{AD}}{\mu_{AD}} + \lambda_{AS}\left[\dfrac{1}{\mu_{AS}} + \dfrac{1}{\mu_{AI}}\right]} = 0{,}099\ h^{-1}$$

(Herleitung von μ_A siehe Anhang 8-13)

Tabelle 6-15. Systemkenngrößen für Systemausfall 1
<u>mit</u> Berücksichtigung eines Ersatzleistungsschalters

Systemausfall 1		
System	Minimalschnitte	
1	MS_1 bis MS_6	$2 \left[\dfrac{\lambda_A}{\mu_A} + n \dfrac{\lambda_{AS}}{\mu_{AS}} + \cancel{\dfrac{\lambda_W}{\mu_W}} \right] a$
	$P(A_S)$	$\cancel{1,24 \cdot 10^{-3}} \; 2,2 \cdot 10^{-5}$
2	MS_1 bis MS_5	$[2n + 3] \dfrac{\lambda_{AS}}{\mu_{AS}}$
	$P(A_S)$	$2,3 \cdot 10^{-5}$
3	MS_1 bis MS_6	$[2n + 4] \dfrac{\lambda_{AS}}{\mu_{AS}}$
	$P(A_S)$	$2,4 \cdot 10^{-5}$

[a] $\lambda_A = \lambda_{AS} = 10^{-6} \ h^{-1}$;

$\mu_A = \mu_{AS} = 1 \ h^{-1}$

Mit diesen Ergebnissen läßt sich für die Systemauswahl folgende Aussage treffen:

- Bei Vorhaltung eines Ersatzleistungsschalters ist unter allen drei Systemen dem völlig entmaschten System 1 der Vorzug zu geben. Das System 3 ist bei etwa gleicher Zuverlässigkeit um die Kosten von zwei Leistungsschaltern teurer. Diese Aussage gilt sowohl für Systeme, die nur unter dem Gesichtspunkt der Wirtschaftlichkeit ausgelegt werden (Beurteilungskriterium ist hauptsächlich das Systemzustandspaar 1) als auch für reine Sicherheitssysteme wie z.B. Notstromsysteme (Beurteilungskriterium ist das Systemzustandspaar 2).

Die Ergebnisse sind immer unter dem Gesichtspunkt der eingangs festgelegten Voraussetzungen und der Komponentenkenngrößen in Tabelle 6-13 zu sehen. Diese beeinflussen die Modellierung wie an folgenden Fällen hervorgehoben werden soll.

Tabelle 6-16. Systemkenngrößen für Systemausfall 2 <u>ohne</u> Berücksichtigung eines Ersatzleistungsschalters

Systemausfall 2

System		Minimalschnitte	
1	$P(MS_1)$	$2\lambda_{AS}^2 \left[\dfrac{1}{\mu_{AS}^2} + \dfrac{1}{\mu_{AI}^2} \right] + 2\, \dfrac{\lambda_{AD}\lambda_{AS}}{\mu_{AD}^2}$	$2{,}2 \cdot 10^{-9}$
	$+ P(MS_2) + P(MS_3)$	$+ 4n\, \dfrac{\lambda_{AS}^2}{\mu_{AS}^2} + 2n\, \dfrac{\lambda_{AD}\lambda_{AS}}{\mu_{AD}\mu_{AS}} + 2n\, \dfrac{\lambda_{AS}^2}{\mu_{AS}\mu_{AI}}$	$2{,}24 \cdot 10^{-9}$
	$+ P(MS_4)$	$+ 2n^2\, \dfrac{\lambda_{AS}^2}{\mu_{AS}^2}$	$2 \cdot 10^{-10}$
	$+ P(MS_5) + P(MS_6)$ $+ P(MS_7) + P(MS_8)$	$\left.\vphantom{\begin{array}{c}a\\b\end{array}}\right\} + 2\, \dfrac{\lambda_W\lambda_{AS}}{\mu_W} \left[\dfrac{1}{\mu_W} + \dfrac{n}{\mu_{AS}} \right]$	$2 \cdot 10^{-8}$
	$P(A_S)$		$2{,}46 \cdot 10^{-8}$
2	$P(MS_1)$	$\dfrac{\lambda_{AS}}{\mu_{AS}}$	$1 \cdot 10^6$
	$P(A_S)$		$1 \cdot 10^{-6}$
3	$P(MS_1)$ bis $P(MS_8)$	$\Big\}$ entspricht System 1	$2{,}46 \cdot 10^{-8}$
	<u>Zusätzliche P(MS)</u>: $+ P(MS_9) + P(MS_{10})$	$+ 4\, \dfrac{\lambda_{AS}^2}{\mu_{AS}^2} + 2\, \dfrac{\lambda_{AD}\lambda_{AS}}{\mu_{AD}\mu_{AS}} + 2\, \dfrac{\lambda_{AS}^2}{\mu_{AS}\mu_{AI}}$	$2{,}24 \cdot 10^{-10}$
	$+ P(MS_{11}) + P(MS_{12})$	$+ 4n\, \dfrac{\lambda_{AS}^2}{\mu_{AS}^2}$	$4 \cdot 10^{-11}$
	$+ P(MS_{13}) + P(MS_{14})$	$+ 2\, \dfrac{\lambda_W\lambda_{AS}}{\mu_W\mu_{AS}}$	$1 \cdot 10^{-9}$
	$P(A_S)$		$2{,}59 \cdot 10^{-8}$

Tabelle 6-17. Systemkenngrößen für Systemausfall 2 __mit__ Berücksichtigung eines Ersatzleistungsschalters

Systemausfall 2

System		Minimalschnitte		
1	$P(MS_1)$	$+\,2\lambda_{AS}^2\left[\dfrac{1}{\mu_{AS}^2}+\dfrac{1}{\mu_{AI}^2}\right]+2\,\dfrac{\lambda_{AD}\lambda_{AS}}{\mu_{AD}^2}$	~~$2,2\cdot 10^{-9}$~~	$2\cdot 10^{-12}$
	$+\,P(MS_2)+P(MS_3)$	$+\,4n\,\dfrac{\lambda_{AS}^2}{\mu_{AS}^2}+2n\,\dfrac{\lambda_{AD}\lambda_{AS}}{\mu_{AD}\mu_{AS}}+2n\,\dfrac{\lambda_{AS}^2}{\mu_{AS}\mu_{AI}}$	~~$2,24\cdot 10^{-9}$~~	$4\cdot 10^{-11}$
	$+\,P(MS_4)$	$+\,2n^2\,\dfrac{\lambda_{AS}^2}{\mu_{AS}^2}$	$2\cdot 10^{10}$	
	$+\,P(MS_5)+P(MS_6)$ $+\,P(MS_7)+P(MS_8)$	$+\,2\,\dfrac{\lambda_W\lambda_{AS}}{\mu_W}\left[\dfrac{1}{\mu_W}+\dfrac{n}{\mu_{AS}}\right]$	~~$2\cdot 10^{-8}$~~	
	$P(A_S)$		~~$2,46\cdot 10^{-8}$~~	$2,42\cdot 10^{-10}$
2	$P(MS_1)$	$\dfrac{\lambda_{AS}}{\mu_{AS}}$	$1\cdot 10^{-6}$	
	$P(A_S)$		$1\cdot 10^{-6}$	
3	$P(MS_1)$ bis $P(MS_8)$	entspricht System 1	~~$2,46\cdot 10^{-8}$~~	$2,42\cdot 10^{-10}$
	Zusätzliche P(MS):			
	$+\,P(MS_9)+P(MS_{10})$	$+\,4\,\dfrac{\lambda_{AS}^2}{\mu_{AS}^2}+2\,\dfrac{\lambda_{AD}\lambda_{AS}}{\mu_{AD}\mu_{AS}}+2\,\dfrac{\lambda_{AS}^2}{\mu_{AS}\mu_{AI}}$	~~$2,24\cdot 10^{-10}$~~	$4\cdot 10^{-12}$
	$+\,P(MS_{11})+P(MS_{12})$	$+\,4n\,\dfrac{\lambda_{AS}^2}{\mu_{AS}^2}$	$4\cdot 10^{-11}$	
	$+\,P(MS_{13})+P(MS_{14})$	$+\,2\,\dfrac{\lambda_W\lambda_{AS}}{\mu_W\mu_{AS}}$	~~$1\cdot 10^{-9}$~~	
	$P(A_S)$		~~$2,59\cdot 10^{-8}$~~	$2,86\cdot 10^{-10}$

Einfluß von Modellparametern

1. Der Einfluß von Wartungsabschaltungen ergibt sich unmittelbar aus den Tabellen 6-14 bis 6-17.

2. Würde man nicht zwischen spontanen und aufschiebbaren Ausfällen unterscheiden und annehmen, daß · alle Ausfälle spontan seien, so würde man anstelle der Beziehungen von MS_1 in (6-92) die Beziehung

$$MS_1 = A_1 \wedge A_2 \qquad (6-109)$$

erhalten. Für die Komponenten würde das MODELL A im Bild 6-34 mit den Kenngrößen λ_A und μ_A entsprechend Bild 6-33b bzw. Tabelle 6-14 zugrunde gelegt. Als Minimalschnittmodell würde das Modell im Bild 6-20 in Frage kommen. Die Wahrscheinlichkeit $P(MS_1)$ erhalten wir in diesem Fall zu

$$P(MS_1) = P(A_1 \wedge A_2) \approx 2 \frac{\lambda_A^2}{\mu_A^2} = 2,47 \cdot 10^{-8}. \qquad (6-110)$$

Das realistischere Ergebnis in Tabelle 6-16 (erste Zeile) beträgt demgegenüber

$$P(MS_1) \approx 2,2 \cdot 10^{-9} \qquad (6-111)$$

und liegt somit 11mal niedriger!

3. Wir hatten im Bild 6-41g die Übergänge anstelle von $MZ_4 \to MZ_3$ nach MZ_2 umrangiert (punktierte Linien), da das Freischalten des defekten Leistungsschalters schneller als das vorschriftsmäßige Zuendeführen der Wartung durchgeführt werden kann. Welche Auswirkungen hat nun diese Maßnahme? Die Wahrscheinlichkeiten der entsprechenden Minimalschnitte MS_6 und MS_8 in (6-92) ergeben den Term (siehe Tabelle 6-16, System 1)

$$P(MS_6) + P(MS_8) \approx 2n \frac{\lambda_W \lambda_{AS}}{\mu_W \mu_{AS}}. \qquad (6-112)$$

Hätten wir die Umrangierung nicht vorgenommen, so erhielten wir

$$P(MS_6) + P(MS_8) \approx 2n \frac{\lambda_W \lambda_{AS}}{\mu_W^2}, \qquad (6-113)$$

was eine Erhöhung der Wahrscheinlichkeit der Minimalschnitte um den Faktor

$$\frac{\mu_{AS}}{\mu_W} \approx 10 \qquad\qquad (6\text{-}114)$$

bedeutet!

Man erkennt hier zum einen den großen Einfluß der Zahlenwerte der Komponentenkenngrößen und somit die Forderung nach einer ausreichenden Datenbasis und zum anderen den großen Einfluß der Modellierung und somit die Forderung nach möglichst praxisbezogenen Modellen.

7 Zusammenfassung

Für die im Kapitel 1 entworfene Methode für Zuverlässigkeitsanalysen wurden in den Kapiteln 2 bis 6 praxisbezogene Verfahren entwik-
kelt und auf Beispiele der Energie- und Automatisierungstechnik angewandt. Die Verfahren werden jetzt zusammengestellt und auf ihre
Anwendbarkeit in der Elektrotechnik beurteilt.

Die Zuverlässigkeitsverfahren sind aus der Wahrscheinlichkeitstheorie und der Theorie der stochastischen Prozesse entwickelt. Sie liefern für die zu untersuchende Funktion Z folgende Aussagen:

- Wahrscheinlichkeit $P(Z)$

- Mittlere Häufigkeit $H(Z)$

- Mittlere Dauer $T(Z)$.

Diese drei Kenngrößen bilden einen notwendigen Kenngrößensatz zur
Beurteilung der Zuverlässigkeit technischer Anlagen. Sind zwei
Kenngrößen bekannt, läßt sich die dritte berechnen. Im Bild 7-1
sind die Zuverlässigkeitsverfahren und die Beurteilungskriterien
(siehe auch Anforderungen an die Verfahren im Kapitel 1.2) zusammengestellt. Beurteilungskriterien sind:

Berechnung großer Systeme

Elektrotechnische Systeme bestehen oft aus mehr als 100 Komponenten, die in einer Systemzuverlässigkeitsberechnung berücksichtigt
werden müssen.

Berücksichtigung vermaschter Systeme

In vermaschten Systemen (z.B. Kreuzkopplungen, Brückenschaltungen,
ringförmige Netzstrukturen), sind Teile redundanter Zweige unter-

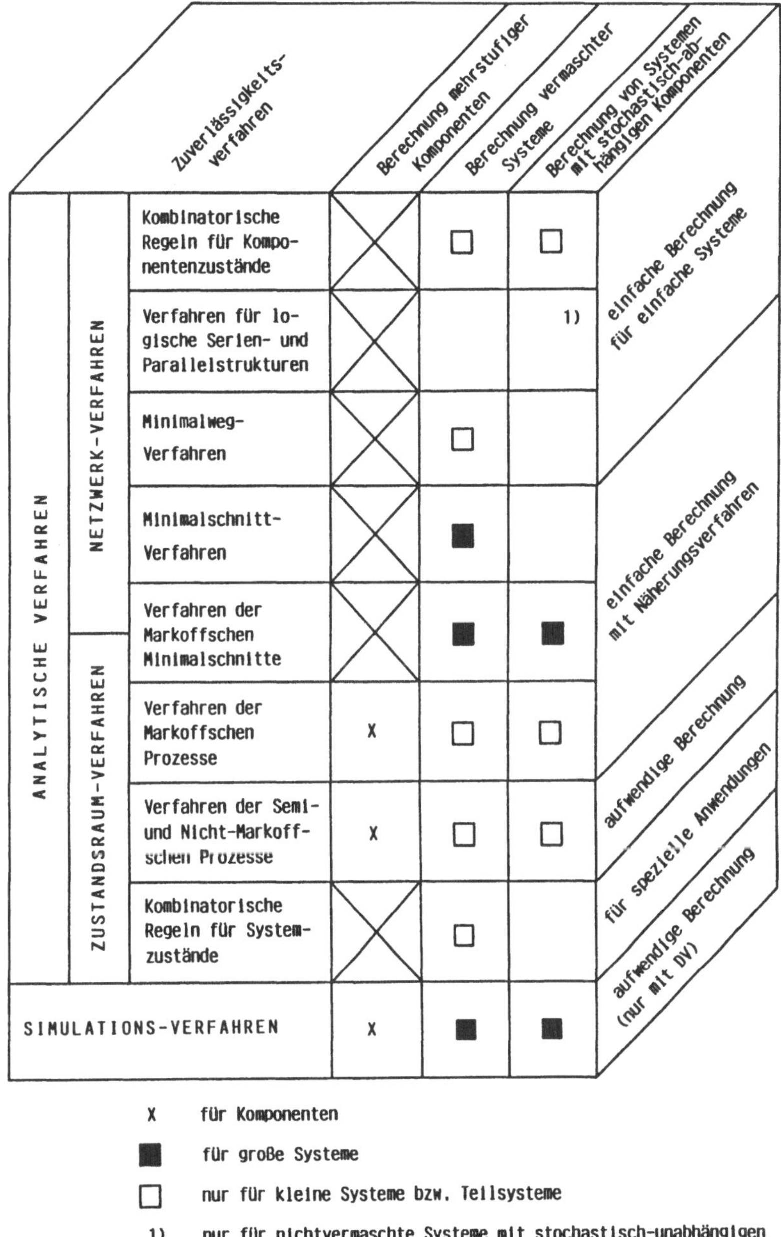

Bild 7-1. Beurteilung der Zuverlässigkeitsverfahren.

einander verbunden. Systemberechnungen können dadurch schwierig werden. Vermaschte Systeme treten in Energieversorgungs- und Automatisierungssystemen häufig auf.

Systeme mit stochastisch-abhängigen Komponenten

Stochastische Abhängigkeit tritt auf bei: common-mode Ausfällen,
Wartungen, aufschiebbaren Ausfällen, begrenzte Instandsetzungskapa-
zität und Zwangsabschaltung von fehlerfreien redundanten Komponenten nach Auftreten eines Komponentenausfalls, z.B. in Starkstroman-
lagen (Auslöse- und Freischaltbereiche) und Automatisierungsanlagen (Busausfälle, Abschalten oder Off-line Schalten des Rechners
für Instandsetzung, Software- und Hardwarewartung und Tests).

Handhabung der Verfahren

Wichtiges - oft viel zu wenig beachtetes - Beurteilungskriterium
ist die Handhabung eines Verfahrens in der Praxis. Ein Verfahren
läßt sich leicht handhaben, wenn es einfach durchschaubar und nachvollziehbar ist sowie geringen Rechenaufwand erfordert. Die meisten
Zuverlässigkeitsverfahren sind komplizierte mathematische Verfahren, die eine genaue Berechnung nur für kleine Systeme mit zwei
oder drei Komponenten gestatten. Es werden deshalb besonders für
große und komplexe Systeme einfache Näherungslösungen gefordert.

Die wichtigsten Merkmale der Verfahren werden nun ergänzend zur
Übersicht im Kapitel 1.5 aufgelistet. Allgemein kann man zwischen
analytischen Verfahren und Simulationsverfahren unterscheiden. Bei
den analytischen Verfahren unterscheiden wir zwischen Zustandsraum-
und Netzwerk-Verfahren.

Netzwerk-Verfahren

Mit Netzwerk-Verfahren kann man Netzwerke mit Zuständen berechnen.
Sie werden für Systemberechnungen eingesetzt.

Kombinatorische Regeln für Komponentenzustände

Es werden die elementaren Verknüpfungsregeln der Wahrscheinlichkeitstheorie auf Komponentenzustände angewandt. Es lassen sich mit
diesen Regeln nur einfache, kleine Systeme berechnen.

Verfahren für logische Serien- und Parallelstrukturen

Es sind leicht anwendbare Zuverlässigkeitsverfahren für serielle
und parallele Systemstrukturen. Die Verfahren sind zwar für große,

unvermaschte Systeme aber nur mit stochastisch-unabhängigen Komponenten geeignet.

Minimalwegverfahren

Es ist ein spezielles Zuverlässigkeitsverfahren, das die Komponentenbetriebszustände betrachtet, die zum Betrieb des Systems führen. Das Minimalwegverfahren ist für kleine, vermaschte Systeme mit stochastisch-unabhängigen Komponenten anwendbar. Es besitzt keine große Bedeutung.

Minimalschnittverfahren

Es ist ein spezielles Zuverlässigkeitsverfahren, das die Komponentenausfallzustände betrachtet, die zum Ausfall des Systems führen (Komplementärverfahren zum Minimalwegverfahren). Unter den Netzwerk-Verfahren hat das Minimalschnittverfahren die größte Bedeutung. Es ist als Näherungslösung (Verfahren der wahrscheinlichen Minimalschnitte) für große und vermaschte Systeme anwendbar. Die für die Berechnung notwendigen Minimalschnitte lassen sich ohne die Kenntnis der Zustands-Blockschaltbilder direkt aus der funktionalen Systemstruktur ermitteln, was die Anwendung anschaulich macht.

Zustandsraum-Verfahren

Mit Zustandsraum-Verfahren lassen sich zeitabhängige Zustände und Zustandsübergänge eines stochastischen Prozesses berechnen. Sie sind für Komponenten- und Systemberechnungen geeignet.

Verfahren der Markoffschen Prozesse

Ein Markoffscher Prozeß besteht aus Markoffschen Zuständen (Komponenten- oder Systemzustände) und zeitabhängigen Zustandsübergängen, die durch konstante Übergangsraten gekennzeichnet sind. Er ist zur Berechnung mehrstufiger Komponenten (z.B. von Komponenten mit Betrieb, Ausfall und Wartung) und für kleine Systeme bzw. Teilsysteme mit stochastisch-abhängigen Komponenten geeignet. Es existieren einfache Näherungslösungen (Verfahren der wahrscheinlichen Übergänge), die die Berechnung ohne Rechnerprogramme gestatten.

Verfahren der Semi-Markoffschen und Nicht-Markoffschen Prozesse

Es sind stochastische Prozesse, bei denen die Übergangsraten nicht
konstant sind. Mit ihnen lassen sich komplizierte Zustandsabläufe
von Komponenten und kleinen Systemen bzw. Teilsystemen mit nicht
exponentialverteilten Zustands-Übergangsverteilungen berechnen. Sie
sind jedoch in der Handhabung äußerst schwierig und daher nur für
spezielle Problemlösungen geeignet.

Kombinatorische Regeln für Systemzustände

Es werden die elementaren Verknüpfungsregeln der Wahrscheinlichkeitstheorie auf Systemzustände angewandt. Ebenso wie bei den kom-
binatorischen Regeln für Komponentenzustände besitzen sie nur für
bestimmte Anwendungen Bedeutung, z.B. für Kraftwerksreserveberech-
nungen.

Kombination von Netzwerk- und Zustandsraum-Verfahren

Verfahren der Markoffschen Minimalschnitte

Unter den Zustandsraum- und Netzwerk-Verfahren haben die Verfahren
der Markoffschen Prozesse und der Minimalschnitte die größte Bedeutung. In der Berücksichtigung realistischer Randbedingungen besitzen diese Verfahren einzeln jedoch große Nachteile, die sie in
ihrer Anwendbarkeit einschränken. Das Verfahren der Markoffschen
Prozesse ist für kleine, komplexe Systeme und das Verfahren der Minimalschnitte für große, einfache Systeme geeignet. Um die Vorteile
beider Verfahren zu nutzen und gleichzeitig deren Nachteile zu ver-
meiden, wird das Verfahren der Markoffschen Prozesse in das Verfahren der Minimalschnitte integriert. Das so entstandene Verfahren
der Markoffschen Minimalschnitte erfüllt die genannten Anforderungen für industrielle Zuverlässigkeitsberechnungen am besten. Es
lassen sich damit solche Anwendungsbereiche erschließen, die bisher
mit den bekannten Verfahren nicht oder nur grob angenähert analysiert werden konnten. Dadurch wird die Genauigkeit erhöht und das
Vertrauen in die Berechnung gestärkt. Es existieren einfache Näherungslösungen, die die Anwendung auch ohne Rechnerprogramme gestatten.

<u>Simulations-Verfahren</u>

Simulations-Verfahren wurden in diesem Buch nicht beschrieben. Sie
werden jedoch der Vollständigkeit wegen mit aufgeführt. Simulations-
Verfahren bieten den Vorteil, komplizierte stochastische Prozesse
mit geringem mathematischen Aufwand zu simulieren, besitzen aber
den Nachteil, daß sie wegen der langsamen stochastischen Konvergenz
sehr viel Rechenzeit benötigen. Je höher die Systemzuverlässigkeit
ist, desto länger wird die benötigte Rechenzeit. Außerdem ist der
Rechenweg aufgrund des statistischen Charakters der Rechnung nicht
überprüfbar. Die Ergebnisse von Simulationsrechnungen sind Schätzwerte, deren Genauigkeit von der Anzahl der Simulationsfälle und damit von der Rechenzeit abhängt. Simulationsrechnungen sind deshalb
sehr rechenzeitaufwendig und vorzugsweise für spezielle Untersuchungen und Studien geeignet.

8 Anhang

Anhang 8-1

Anwendung des Karnaugh-Veitch-Diagramms auf zwei Beispiele.

Beispiel 1

Man beweise die logische Beziehung

$$(C_1 \vee C_2) \wedge (\overline{C}_1 \vee C_3) = (C_1 \wedge C_3) \vee (\overline{C}_1 \wedge C_2). \tag{8-1}$$

Beweis

Die beiden Teilausdrücke auf der linken Seite der Gleichung sind
im Bild 8-1 dargestellt. Durch die logische UND-Verknüpfung der
beiden Teilgebiete wird nur der sich überlappende Bereich betrachtet (Bild 8-2). Dieser ergibt die rechte Seite der Gl. (8-1).

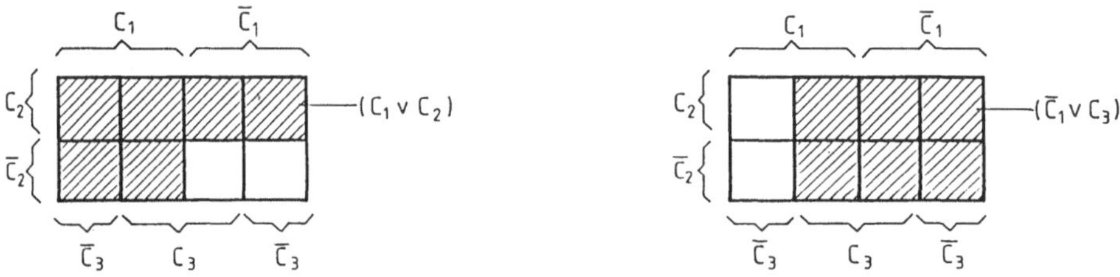

Bild 8-1. Karnaugh-Veitch-Diagramm für die beiden logischen Teilausdrücke auf der linken Seite von Gl. (8-1).

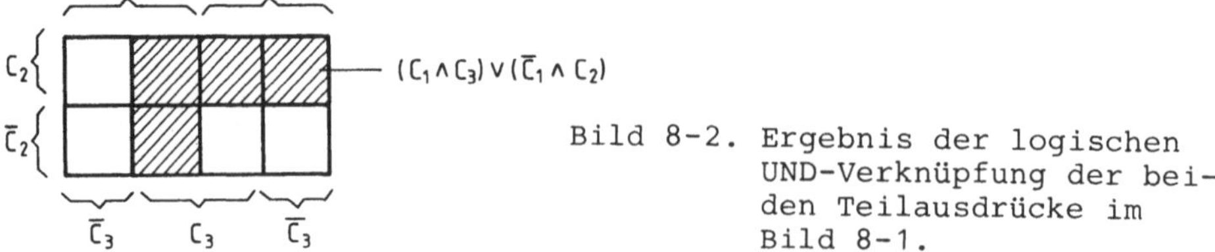

Bild 8-2. Ergebnis der logischen
UND-Verknüpfung der bei-
den Teilausdrücke im
Bild 8-1.

Beispiel 2

Man beweise das De Morgansche Theorem in (2-12)

$$\overline{C_1 \vee C_2 \vee C_3} = \overline{C}_1 \wedge \overline{C}_2 \wedge \overline{C}_3 .$$

Beweis

Aus Bild 8-3 kann man diese Beziehung direkt ablesen. Das Komplementärgebiet zum schraffierten Bereich (entspricht $C_1 \vee C_2 \vee C_3$) ist der nicht schraffierte Zustand (entspricht $\overline{C}_1 \wedge \overline{C}_2 \wedge \overline{C}_3$).

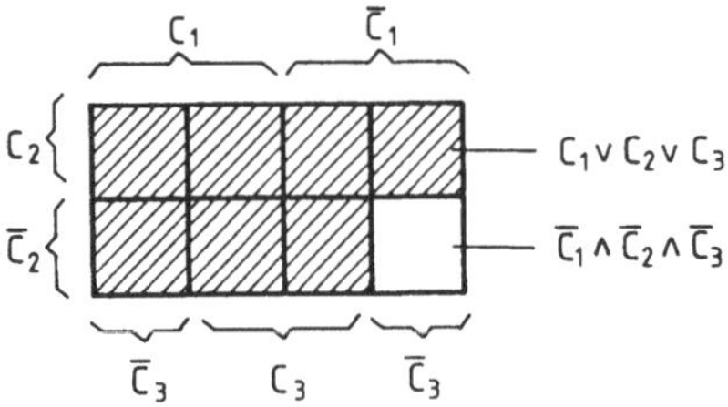

Bild 8-3. Karnaugh-Veitch-Diagramm zum Beweis des De Morganschen Theorems.

Anhang 8-2

Es wird bewiesen, daß Ereignisse, die sich gegenseitig ausschließen, stets voneinander abhängig sind.

<u>Beweis</u>

Wir betrachten zwei sich gegenseitig ausschließende Ereignisse C_1
und C_2 mit $P(C_1) > 0$ und $P(C_2) > 0$. Für die logische UND-Verknüpfung
der beiden Ereignisse gilt

$$P(C_1 \wedge C_2) = 0, \tag{8-2}$$

da sie laut Voraussetzung kein Ereignis gemeinsam haben. Mit (2-44)
erhalten wir

$$P(C_1 | C_2) = \frac{P(C_1 \wedge C_2)}{P(C_2)} = 0$$

$$P(C_2 | C_1) = \frac{P(C_1 \wedge C_2)}{P(C_1)} = 0. \tag{8-3}$$

Nach (2-48) folgt, daß die sich gegenseitig ausschließenden Ereignisse C_1 und C_2 stets voneinander abhängig sind. Die umgekehrte
Schlußfolgerung, daß voneinander abhängige Ereignisse sich stets
gegenseitig ausschließen, gilt jedoch nicht.

Anhang 8-3

Beweis der Gl. (2-50)

$$P(C_1 \vee C_2) = P(C_1) + P(C_2) - P(C_1 \wedge C_2).$$

<u>Beweis</u>

Für den Beweis benutzen wir folgende logischen Beziehungen [8], deren Teilausdrücke im Bild 8-4 anschaulich dargestellt sind.

$$C_1 \vee C_2 = C_1 \vee (C_2 \wedge \overline{C_1 \wedge C_2}) \tag{8-4}$$

und

$$C_2 = (C_1 \wedge C_2) \vee (C_2 \wedge \overline{C_1 \wedge C_2}). \tag{8-5}$$

Da sich C_1 und $(C_2 \wedge \overline{C_1 \wedge C_2})$ (Bild IV) in (8-4) sowie $(C_1 \wedge C_2)$ (Bild II) und $(C_2 \wedge \overline{C_1 \wedge C_2})$ (Bild IV) in (8-5) gegenseitig ausschließen, folgt für die beiden Gleichungen mit Axiom 3 aus (2-42)

$$P(C_1 \vee C_2) = P(C_1) + P(C_2 \wedge \overline{C_1 \wedge C_2}) \tag{8-6}$$

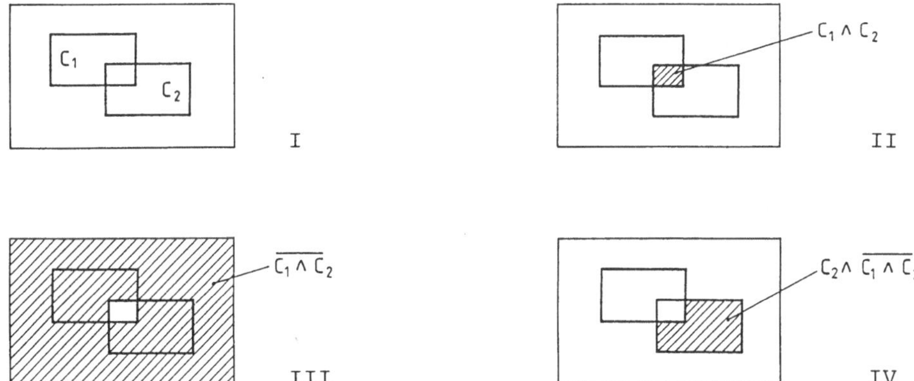

Bild 8-4. Teilausdrücke zur Herleitung der Gl. (2-50).

und

$$P(C_2) = P(C_1 \wedge C_2) + P(C_2 \wedge \overline{C_1 \wedge C_2}) \, . \qquad (8-7)$$

Aus den letzten beiden Gleichungen folgt durch Eliminieren des rechten Terms direkt (2-50). Diese Gleichung gilt allgemein, d.h. auch für stochastisch-abhängige Ereignisse.

Anhang 8-4

Beweis der Gl. (2-105)

$$H(Z_1 \vee Z_2) = H(Z_1) + H(Z_2) - H(Z_1 \wedge Z_2).$$

<u>Beweis</u>

Zur Herleitung werden zwei Zustandsmengen Z_1 und Z_2 (Bild 8-5) betrachtet, die den Zustand X_2 gemeinsam besitzen. Es gilt

$$H(Z_1 \vee Z_2) = H(X_1) - H(X_2 \to X_1) + H(X_2) -$$

$$- H(X_1 \to X_2) - H(X_3 \to X_2) + H(X_3) + H(X_2 \to X_3). \qquad (8-8)$$

Durch Hinzufügen von $\pm H(X_2)$ und Umstellen der Gleichung erhält man

$$H(Z_1 \vee Z_2) = \underbrace{[H(X_1) + H(X_2) - H(X_2 \to X_1) - H(X_1 \to X_2)]}_{H(Z_1)} +$$

$$+ \underbrace{[H(X_2) + H(X_3) - H(X_2 \to X_3) - H(X_3 \to X_2)]}_{H(Z_2)} -$$

$$\underbrace{- H(X_2)}_{H(Z_1 \wedge Z_2)}, \qquad (8-9)$$

womit (2-105) bewiesen wäre. Die Gleichung gilt allgemein, d.h. auch für stochastisch-abhängige Komponenten.

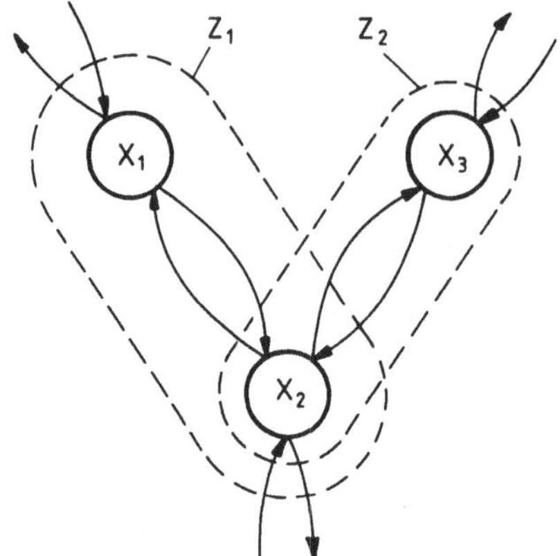

Bild 8-5. Zusammenfassung von Zuständen.

Anhang 8-5

Beweis der Gl. (2-106)

$$H(Z_1 \wedge Z_2) = H(Z_1)P(Z_2) + P(Z_1)H(Z_2) .$$

Beweis

Als Ausgangsgleichung zur Herleitung dient die Beziehung

$$H(Z_1 \wedge Z_2) = \frac{P(Z_1 \wedge Z_2)}{T(Z_1 \wedge Z_2)} . \tag{8-10}$$

Durch Einsetzen der Gl. (2-104) und (2-109) (die letzte Gleichung wird im Anhang 8-6 bewiesen) erhält man für stochastisch-unabhängige Komponenten die Beziehung

$$H(Z_1 \wedge Z_2) = P(Z_1)P(Z_2) \left[\frac{1}{T(Z_1)} + \frac{1}{T(Z_2)} \right] = H(Z_1)P(Z_2) + P(Z_1)H(Z_2) . \tag{8-11}$$

Anhang 8-6

Beweis der Gl. (2-109)

$$T(Z_1 \wedge Z_2) = \frac{1}{\dfrac{1}{T(Z_1)} + \dfrac{1}{T(Z_2)}} \; .$$

Beweis

Zur Herleitung der Gleichung sei die Überlappung ($\hat{=}$ logische UND-Verknüpfung) zweier stochastisch-unabhängiger Ausfallzustände mit den mittleren Dauern $T(Z_1)$ und $T(Z_2)$ betrachtet (Bild 8-6). Als Maß für die überlappende Zeitdauer sei die Funktion $T(x)$ definiert. Sie beträgt

$$T(x) = \begin{cases} x & \text{für} & 0 \le x < T(Z_1) \\ T(Z_1) & \text{für} & T(Z_1) \le x < T(Z_2) \\ T(Z_1) + T(Z_2) - x & \text{für} & T(Z_2) \le x \le T(Z_1) + T(Z_2). \end{cases} \qquad (8\text{-}12)$$

Zum Zeitpunkt x überlappen sich die Zustände um die Zeitdauer x. Zwischen den Zeitpunkten $T(Z_1)$ und $T(Z_2)$ überlappen sich die Zustände um die Zeitdauer $T(Z_1)$ usw..

Der Erwartungswert der überlappenden Zeitdauer lautet

$$T(Z_1 \wedge Z_2) = \frac{1}{T(Z_1) + T(Z_2)} \int\limits_0^{T(Z_1) + T(Z_2)} T(x)\,dx. \qquad (8\text{-}13)$$

Die Integration über die drei Bereiche ergibt

$$T(Z_1 \wedge Z_2) = \frac{T(Z_1)T(Z_2)}{T(Z_1) + T(Z_2)}, \qquad (8\text{-}14)$$

woraus durch Umstellen (2-109) folgt. Aufgrund der Voraussetzung zu (8-12) gilt die Gleichung nur für stochastisch-unabhängige Zustände.

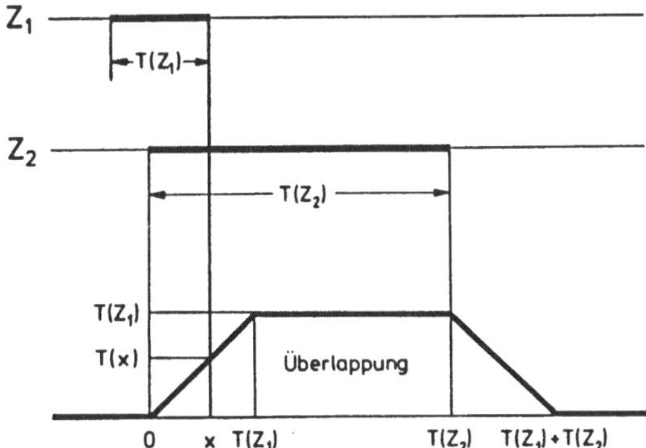

Bild 8-6. Überlappung der mittleren Zustandsdauern zweier stochastisch-unabhängiger Zustände Z_1 und Z_2, die logisch UND-verknüpft sind.

Anhang 8-7

Es wird bewiesen, daß die stationären Zustandswahrscheinlichkeiten
(Gl. (4-16))

$$P(B) = \frac{T(B)}{T(B) + T(A)}$$

$$P(A) = \frac{T(A)}{T(B) + T(A)}$$

eines zweistufigen stochastischen Prozesses für beliebige Übergangsverteilungsfunktionen gelten.

Beweis

Wir legen den zweistufigen stochastischen Prozeß im Bild 8-7a zugrunde, den wir als Zustandsfolge mit unendlich vielen Zuständen B
und A, die abwechselnd durchlaufen werden, entwickeln (Bild 8-7b).
Für die Übergangsverteilungsfunktionen

$$F_{B,A}(t) = P(T_B \leq t), \tag{8-15}$$

$$F_{A,B}(t) = P(T_A \leq t), \tag{8-16}$$

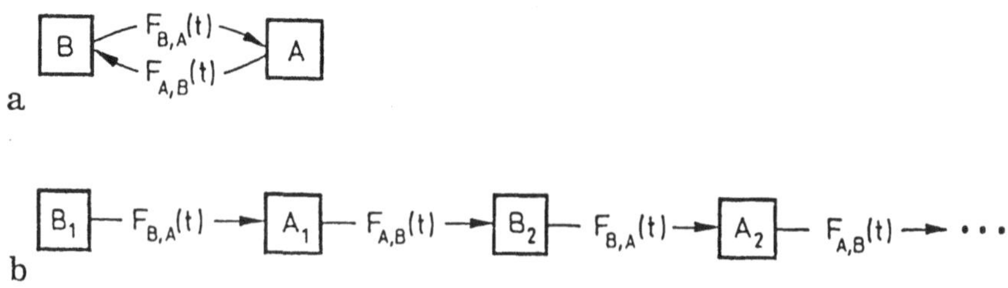

B $F_{B,A}(t)$ A $F_{A,B}(t)$ a

B_1 — $F_{B,A}(t)$ → A_1 — $F_{A,B}(t)$ → B_2 — $F_{B,A}(t)$ → A_2 — $F_{A,B}(t)$ → ...   b

Bild 8-7. Darstellung des zweistufigen stochastischen Prozesses mit
beliebigen Übergangsverteilungsfunktionen als Zweistufenmodell und als Zustandsfolge (Erneuerungsprozeß). a) Zweistufenmodell; b) Zustandsfolge (Erneuerungsprozeß).

bzw. für ihre Komplementärgrößen

$$R_{B,A}(t) = P(T_B > t) = 1 - F_{B,A}(t), \qquad (8-17)$$

$$R_{A,B}(t) = P(T_A > t) = 1 - F_{A,B}(t), \qquad (8-18)$$

sollen beliebige Funktionen zugelassen sein, die die Eingangskenngrößen des Prozesses sind. Mit diesen Kenngrößen stellt der Prozeß
ganz allgemein einen Semi-Markoffschen Prozeß dar (siehe Kapitel
3.2.1). Die mittleren Aufenthaltsdauern in den Zuständen B und A
betragen

$$T(B) = \int_0^\infty R_{B,A}(t)\,dt, \qquad (8-19)$$

$$T(A) = \int_0^\infty R_{A,B}(t)\,dt. \qquad (8-20)$$

Nachdem wir die Eingangsgrößen kennen, wollen wir jetzt die Zustandsfolge im Bild 8-7b berechnen. Dabei müssen wir streng zwischen den Verteilungsfunktionen der Zustände (ausgedrückt durch die
G(t)-Funktionen) und den Wahrscheinlichkeiten der Zustände (ausgedrückt durch die P(B,t)- und P(A,t)-Funktionen) unterscheiden. Die
wahrscheinlichkeitstheoretische Definition der G-Funktionen beträgt

$$G_{B_1}(t) = P(T_{B_1} \leq t)$$

$$G_{A_1}(t) = P(T_{B_1} \vee A_1 \leq t) \qquad (8-21)$$

$$G_{B_2}(t) = P(T_{B_1} \vee A_1 \vee B_2 \leq t).$$

usw.

Die Funktion $G_{B_2}(t)$ beispielsweise bedeutet die Wahrscheinlichkeit,
daß die Aufenthaltsdauern in den Zuständen $B_1 \vee A_1 \vee B_2$ kleiner als
die Zeitdauer (0,t) sind oder anders ausgedrückt, daß bis zum Zeitpunkt t ein Übergang vom Zustand B_2 in den Zustand A_2 stattfindet,

wenn der Prozeß zum Zeitpunkt $t = 0$ in B_1 startet. Die Differenz der G-Funktionen zweier benachbarter Zustände ergibt die Wahrscheinlichkeit des entsprechenden Zustandes. Beispielsweise ergibt die Differenz von $G_{B_1}(t)$ und $G_{A_1}(t)$ die Wahrscheinlichkeit $P(A_1,t)$ (Bild 8-8, schraffierter Bereich). Es gelten die Beziehungen

$$P(B_1,t) = 1 - G_{B_1}(t)$$

$$P(A_1,t) = G_{B_1}(t) - G_{A_1}(t) \tag{8-22}$$

$$P(B_2,t) = G_{A_1}(t) - G_{B_2}(t)$$

usw.

Wir wollen jetzt die G-Funktionen berechnen. Mit den Gesetzmäßigkeiten der Erneuerungstheorie [25] erhalten wir

$$G_{B_1}(t) = F_{B,A}(t)$$

$$G_{A_1}(t) = \int_0^t \frac{dG_{B_1}(x)}{dx} F_{A,B}(t-x)\,dx \tag{8-23}$$

$$G_{B_2}(t) = \int_0^t \frac{dG_{A_1}(x)}{dx} F_{B,A}(t-x)\,dx$$

usw.

wobei alle Funktionen für $t \to \infty$ den Wert 1 anstreben. Es gilt

$$G(\infty) = 1. \tag{8-24}$$

Für die Wahrscheinlichkeiten der Zustände B und A erhält man mit (8-22) folgende Gleichungen:

$$P(B,t) = \sum_{k=1}^{\infty} P(B_k,t) = 1 - \sum_{k=1}^{\infty} [G_{B_k}(t) - G_{A_k}(t)], \tag{8-25}$$

$$P(A,t) = \sum_{k=1}^{\infty} P(A_k,t) = \sum_{k=1}^{\infty} [G_{B_k}(t) - G_{A_k}(t)]. \tag{8-26}$$

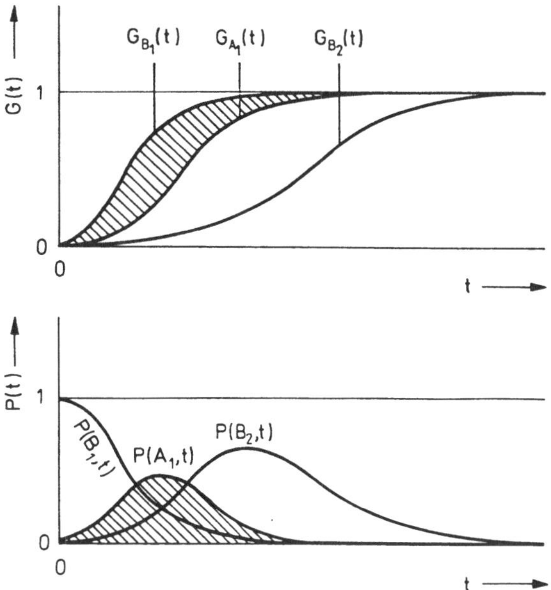

Bild 8-8. Verteilungsfunktionen G(t) und Wahrscheinlichkeiten P(t)
der Zustände der Zustandsfolge im Bild 8-7.

Zur weiteren Berechnung wollen wir die Laplace-Transformation anwenden. Die Bezeichnungsweise und die Regeln sind [4] entnommen.
Die Laplace-Transformierten der G-Funktionen in (8-23) betragen

$$L\{G_{B_1}(t)\} = L\{F_{B,A}(t)\}$$

$$L\{G_{A_1}(t)\} = sL\{G_{B_1}(t)\}\,L\{F_{A,B}(t)\} \qquad (8-27)$$

$$L\{G_{B_2}(t)\} = sL\{G_{A_1}(t)\}L\{F_{B,A}(t)\}$$

usw.

Aus diesen Gleichungen kann man folgenden allgemeinen Zusammenhang
herleiten:

$$L\{G_{B_k}(t)\} = L\{G_{B_1}(t)\}\left[s^2 L\{F_{B,A}(t)\}L\{F_{A,B}(t)\}\right]^{k-1}, \qquad (8-28)$$

$$L\{G_{A_k}(t)\} = sL\{G_{B_k}(t)\}L\{F_{A,B}(t)\}. \qquad (8-29)$$

Die Laplace-Transformierte von $P(A,t)$ in (8-26) beträgt

$$L\{P(A,t)\} = \sum_{k=1}^{\infty} \left[L\{G_{B_k}(t)\} - L\{G_{A_k}(t)\} \right].$$
(8-30)

Setzt man in diese Gleichung (8-28) und (8-29) ein, so erhält man

$$L\{P(A,t)\} = L\{F_{B,A}(t)\} \left[1 - sL\{F_{A,B}(t)\} \right] \cdot$$

$$\cdot \sum_{i=0}^{\infty} \left[s^2 L\{F_{B,A}(t)\} L\{F_{A,B}(t)\} \right]^i.$$
(8-31)

Diesen Ausdruck wollen wir jetzt umformen. Mit der Abschätzung

$$F(t) \leq 1$$
(8-32)

erhalten wir

$$sL\{F(t)\} = s \int_0^{\infty} F(t)e^{-st}dt < s \int_0^{\infty} e^{-st}dt = 1.$$
(8-33)

Da die einzelnen Summanden in (8-31) kleiner als 1 sind, konvergiert die Potenzreihe und es läßt sich für die Summe folgender Wert angeben:

$$\sum_{i=0}^{\infty} \left[s^2 L\{F_{B,A}(t)\} L\{F_{A,B}(t)\} \right]^i = \frac{1}{1 - s^2 L\{F_{B,A}(t)\} L\{F_{A,B}(t)\}} \cdot$$

(8-34)

Wir ersetzen noch folgende Größen entsprechend (8-17) und (8-18)

$$L\{F(t)\} = \frac{1}{s} - L\{R(t)\}.$$
(8-35)

Setzen wir (8-34) und (8-35) in (8-31) ein, so erhalten wir

$$L\{P(A,t)\} = L\{F_{B,A}(t)\} \cdot$$

$$\cdot \frac{sL\{R_{A,B}(t)\}}{sL\{R_{B,A}(t)\} + sL\{R_{A,B}(t)\} - s^2 L\{R_{B,A}(t)\} L\{R_{A,B}(t)\}} \cdot$$

(8-36)

Die gesuchten stationären Werte für $t \to \infty$ erhalten wir, wenn wir den Grenzübergang der Laplace-Transformierten für $s \to 0$ durchführen. Da die stationären Werte von $P(A,t)$ und $F_{B,A}(t)$ existieren, gilt

$$\lim_{s \to 0} sL\{P(A,t)\} = P(A), \qquad (8-37)$$

$$\lim_{s \to 0} sL\{F_{B,A}(t)\} = 1. \qquad (8-38)$$

Führt man nun den Grenzübergang $s \to 0$ in (8-36) durch, so erhält man

$$P(A) = \lim_{s \to 0} sL\{P(A,t)\} = \frac{\lim\limits_{s \to 0} L\{R_{A,B}(t)\}}{\lim\limits_{s \to 0} L\{R_{B,A}(t)\} + \lim\limits_{s \to 0} L\{R_{A,B}(t)\}} \; . \qquad (8-39)$$

Die Laplace-Transformierte der R-Funktionen beträgt

$$L\{R(t)\} = \int_0^\infty R(t) e^{-st} dt. \qquad (8-40)$$

Da $R(t)$ eine Exponentialfunktion des Typs

$$R(t) = e^{-\int a(t) dt} \qquad (8-41)$$

mit

$$a(t) = \text{beliebige Funktion der Übergangsrate}$$

darstellt und somit strenger als jede andere Funktion gegen Null konvergiert, läßt sich die Laplace-Transformierte von $R(t)$ als konvergierende Reihe entwickeln.

$$L\{R(t)\} = \int_0^\infty R(t) \left[1 - st + \frac{(st)^2}{2} - \ldots\right] dt. \qquad (8-42)$$

Der Grenzübergang

$$\lim_{s \to 0} L\{R(t)\} = \int_0^\infty R(t) dt = T, \qquad (8-43)$$

den wir für jede Laplace-Transformierte in (8-39) durchführen müssen, liefert als Ergebnis die mittlere Zustandsdauer T. Wir erhalten also mit (8-19), (8-20) und (8-43) aus (8-39) das zu beweisende Ergebnis

$$P(A) = \frac{T(A)}{T(B) + T(A)} \cdot \qquad (8-44)$$

Daraus folgen die übrigen Kenngrößen

$$P(B) = 1 - P(A), \qquad (8-45)$$

$$H(B) = \frac{P(B)}{T(B)}, \qquad (8-46)$$

$$H(A) = H(B) \qquad (8-47)$$

unmittelbar. Sie sind ebenfalls unabhängig von den Verteilungsfunktionen.

Es sei darauf hingewiesen, daß die zu beweisende Aussage, daß die Zustandskenngrößen unabhängig von den Übergangsverteilungsfunktionen sind, nur für zweistufige Prozesse gilt. In den Beispielen 4-3 und 4-4 haben wir mehrstufige Prozesse kennengelernt, deren Zustandskenngrößen von den Übergangsverteilungsfunktionen abhängen.

Anhang 8-8

Es soll die Aufspaltung des dreistufigen Komponentenmodells im
Bild 4-38 in die beiden zweistufigen Modelle im Bild 4-40 bewiesen
werden.

<u>Beweis</u>

Zuerst wird das dreistufige Modell im Bild 4-38 genau berechnet.
Die Ergebnisse können wir aus Beispiel 4-7 übernehmen, da dieser
Modelltyp dort schon berechnet wurde. Wir erhalten mit der Abkür-
zung

$$p = 1 + \frac{\lambda_A}{\mu_A} + \frac{\lambda_W}{\mu_W} \tag{8-48}$$

folgende Ergebnisse:

$$P(B) = \frac{1}{p}$$

$$P(A) = \frac{1}{p} \frac{\lambda_A}{\mu_A} \tag{8-49}$$

$$P(W) = \frac{1}{p} \frac{\lambda_W}{\mu_W} ,$$

$$H(B) = P(B)(\lambda_A + \lambda_W) = \frac{1}{p}(\lambda_A + \lambda_W)$$

$$H(A) = P(A)\mu_A = \frac{1}{p}\lambda_A \tag{8-50}$$

$$H(W) = P(W)\mu_W = \frac{1}{p}\lambda_W .$$

Bei der Auftrennung des dreistufigen Modells in die beiden zweistufigen Modelle müssen die Kenngrößen für den A- und W-Zustand in
beiden Modellen gleich groß sein. Wir kennzeichnen die Übergänge
in den beiden zweistufigen Modellen mit λ_A', μ_A', λ_W', μ_W' und berechnen diese mit (8-49) und (8-50) zu

$$\mu_A' = \frac{H(A)}{P(A)} = \mu_A , \tag{8-51}$$

$$\lambda_A' = \frac{H(BA)}{P(BA)} = \frac{P(A)\mu_A'}{1 - P(A)} = \frac{\lambda_A}{p - \dfrac{\lambda_A}{\mu_A}} , \tag{8-52}$$

$$\mu_W' = \frac{H(W)}{P(W)} = \mu_W , \tag{8-53}$$

$$\lambda_W' = \frac{H(BW)}{P(BW)} = \frac{P(W)\mu_W'}{1 - P(W)} = \frac{\lambda_W}{p - \dfrac{\lambda_W}{\mu_W}} . \tag{8-54}$$

Wir erkennen, daß sich nur die Übergangsraten λ_A' und λ_W' in den zweistufigen Modellen von den Übergangsraten λ_A und λ_W im dreistufigen Modell unterscheiden. Mit den Annahmen

$$\lambda_A \ll \mu_A$$
$$\lambda_W \ll \mu_W \tag{8-55}$$

erhalten wir folgende Näherungslösungen:

$$p \approx 1 , \tag{8-56}$$

$$\lambda_A' \approx \lambda_A$$
$$\lambda_W' \approx \lambda_W . \tag{8-57}$$

Damit wäre die Aufspaltung des dreistufigen Modells in die beiden zweistufigen als Näherungslösung bewiesen.

Anhang 8-9

In diesem Abschnitt soll bewiesen werden, daß der Systemausfallzustand mit Angabe der Minimalschnitte alle Systemzustände, die zum
Systemausfall gehören, umfaßt.

<u>Beweis</u>

Der Beweis soll am Beispiel im Bild 8-9 durchgeführt werden. Dieses Beispiel entspricht unserem Referenzbeispiel im Kapitel 3.1
bzw. den Beispielen 4-6 und 6-1.

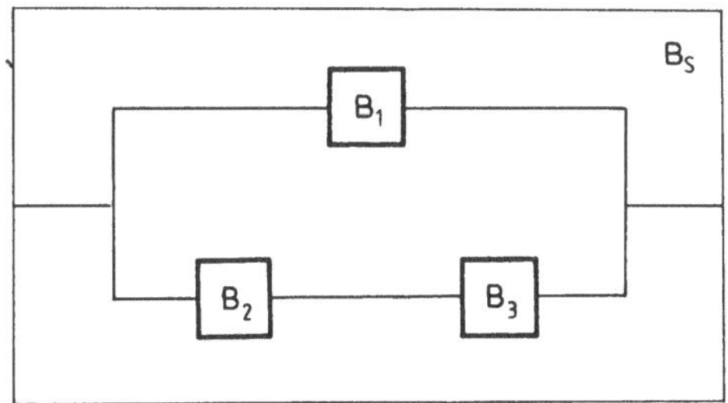

Bild 8-9. Dreikomponentensystem.

Die Minimalschnitte betragen

$$MS_1 = A_1 \wedge A_2$$

$$MS_2 = A_1 \wedge A_3.$$

(8-58)

Der Systemausfall lautet

$$A_S = MS_1 \vee MS_2.$$

(8-59)

Zur Ermittlung aller Systemzustände, die zum Systemausfall gehören,
werden von jeder Komponente die folgenden sicheren Zustände definiert:

372

$$\Omega_1 = B_1 \vee A_1$$

$$\Omega_2 = B_2 \vee A_2 \qquad (8\text{-}60)$$

$$\Omega_3 = B_3 \vee A_3 .$$

Die Minimalschnitte werden mit den sicheren Zuständen der Komponenten erweitert, die nicht im Minimalschnitt enthalten sind. Man erhält somit

$$MS_1 = MS_1 \wedge \Omega_3$$

$$\qquad (8\text{-}61)$$

$$MS_2 = MS_2 \wedge \Omega_2 .$$

Die logische Ausmultiplikation liefert alle Systemzustände, die zum Systemausfall gehören. Sie lauten

$$Z_1 = A_1 \wedge A_2 \wedge B_3$$
$$Z_2 = A_1 \wedge A_2 \wedge A_3 \Big\} \text{ Schnitt} \qquad \Bigg\} \text{ Minimalschnitt } MS_1$$

$$\qquad (8\text{-}62)$$

$$Z_3 = A_1 \wedge B_2 \wedge A_3$$
$$Z_4 = A_1 \wedge A_2 \wedge A_3 \Big\} \text{ Schnitt} \qquad \Bigg\} \text{ Minimalschnitt } MS_2 .$$

Da Z_2 und Z_4 identisch sind, wird dieser Systemzustand nur einmal aufgeschrieben. Man erhält also insgesamt folgende Systemzustände, die entsprechend Tabelle 3-1 geordnet sind.

$$Z_6 = A_1 \wedge B_2 \wedge A_3$$

$$Z_7 = A_1 \wedge A_2 \wedge B_3 \qquad (8\text{-}63)$$

$$Z_8 = A_1 \wedge A_2 \wedge A_3 .$$

Diese drei Zustände stellen alle Systemzustände dar, die zum Ausfall des Systems gehören. Sie enthalten den Schnitt und die Minimalschnitte.

Anhang 8-10

In diesem Abschnitt soll bewiesen werden, daß der Systembetriebszustand mit Angabe der Minimalwege alle Systemzustände, die zum
Systembetrieb gehören, umfaßt.

<u>Beweis</u>

Der Beweis soll am Beispiel im Bild 8-9 durchgeführt werden.

Die Minimalwege betragen

$$MW_1 = B_1$$

$$MW_2 = B_2 \wedge B_3 .$$

$$(8-64)$$

Der Systembetrieb lautet

$$B_S = MW_1 \vee MW_2 .$$

$$(8-65)$$

Zur Ermittlung aller Systemzustände, die zum Betrieb des Systems
gehören, benutzen wir die sicheren Zustände in (8-60). Die Minimalwege werden mit den sicheren Zuständen der Komponenten erweitert,
die nicht im Minimalweg enthalten sind. Man erhält somit als Ansatz
zur Berechnung aller Systemzustände die Beziehungen

$$MW_1 = MW_1 \wedge \Omega_2 \wedge \Omega_3$$

$$MW_2 = MW_2 \wedge \Omega_1 .$$

$$(8-66)$$

Die logische Ausmultiplikation liefert alle Systemzustände, die
zum Systembetrieb gehören. Sie lauten

$$
\text{Weg 1} \left\{
\begin{array}{l}
\leftarrow Z_1 = B_1 \wedge B_2 \wedge B_3 \;\} \; \text{Weg 3} \\[2pt]
 Z_2 = B_1 \wedge B_2 \wedge A_3 \\[2pt]
\leftarrow Z_3 = B_1 \wedge A_2 \wedge B_3 \\[2pt]
 Z_4 = B_1 \wedge A_2 \wedge A_3
\end{array}
\right\} \text{Weg 2}
\left.\begin{array}{l} \\ \\ \\ \\ \end{array}\right\}
\begin{array}{l}\text{Minimal-} \\ \text{weg } MW_1\end{array}
$$

$$
\begin{array}{l}
Z_5 = B_1 \wedge B_2 \wedge B_3 \;\} \; \text{Weg 3} \\[4pt]
Z_6 = A_1 \wedge B_2 \wedge B_3
\end{array}
\left.\begin{array}{l} \\ \\ \end{array}\right\}
\begin{array}{l}\text{Minimal-} \\ \text{weg } MW_2 .\end{array}
\qquad (8\text{-}67)
$$

Der Minimalweg MW_1 enthält 3 Wege. Der Weg 1 lautet: $B_1 \wedge B_3$. Er
wird durch die logische ODER-Verknüpfung der Systemzustände Z_1 und
Z_3 gewonnen. Der Weg 2 lautet: $B_1 \wedge B_2$. Er wird durch die logische
ODER-Verknüpfung der Systemzustände Z_1 und Z_2 gewonnen. Der Weg 3
ist die logische UND-Verknüpfung der drei Betriebszustände. Die Systemzustände Z_1 und Z_5, die jeweils den Weg 3 bilden, sind identisch und werden deshalb nur einmal berücksichtigt. Nach Umsortie-
ren der Gleichungen erhält man folgende fünf sich gegenseitig ausschließende Systemzustände:

$$
\begin{array}{l}
Z_1 = B_1 \wedge B_2 \wedge B_3 \\[4pt]
Z_2 = B_1 \wedge B_2 \wedge A_3 \\[4pt]
Z_3 = B_1 \wedge A_2 \wedge B_3 \\[4pt]
Z_4 = A_1 \wedge B_2 \wedge B_3 \\[4pt]
Z_5 = B_1 \wedge A_2 \wedge A_3 .
\end{array}
\qquad (8\text{-}68)
$$

Diese fünf Zustände stellen alle Systemzustände dar, die zum Systembetrieb gehören. Sie enthalten alle Wege und Minimalwege.

Mit (8-63) und (8-68) ist der Systemzustandsraum (siehe Tabelle
3-1) vollständig beschrieben. Wir haben so im Anhang 8-9 und 8-10
den Zusammenhang zwischen den Minimalschnitten/Minimalwegen und
dem Zustandsraum kennengelernt.

Anhang 8-11

Beweis der Abschätzung (Gl. (5-28) bzw. (5-45))

$$\sum_k P(MS_k) \geq P(A_S) \geq \sum_k P(MS_k) - \sum_{\substack{k,l \\ k < l}} P(MS_k \wedge MS_l).$$

$\underbrace{}$ obere Abschätzung $\qquad \underbrace{}$ untere Abschätzung

Beweis der oberen Abschätzung

$$P(A_S) \leq \sum_k P(MS_k). \qquad (8-69)$$

Wir führen folgende Abkürzung ein:

$$A_n = MS_1 \vee MS_2 \vee \ldots \vee MS_n, \qquad (8-70)$$

und als rekursive Formel geschrieben

$$A_n = A_{n-1} \vee MS_n. \qquad (8-71)$$

Es bedeuten n die Anzahl der Minimalschnitte, wobei $n \geq 1$ und $A_0 = \phi$ (leere Menge) sein soll. A_n soll den Systemausfall A_S kennzeichnen. Es gilt also

$$A_S = A_n. \qquad (8-72)$$

Aus (8-71) folgt für die Wahrscheinlichkeit

$$P(A_n) = P(A_{n-1} \vee MS_n). \qquad (8-73)$$

Die Auflösung dieser Gleichung erfolgt mit (2-116):

$$P(A_S) = P(A_{n-1}) + P(MS_n) - P(A_{n-1} \wedge MS_n). \qquad (8-74)$$

376

$P(A_{n-1})$ wird entsprechend (8-73) entwickelt. Wir erhalten für diesen Ausdruck

$$P(A_{n-1}) = P(A_{n-2} \vee MS_{n-1}). \qquad (8-75)$$

Löst man diese Gleichung auf und setzt sie in (8-74) ein, so erhält man

$$P(A_S) = P(A_{n-2}) + P(MS_{n-1}) + P(MS_n) -$$

$$- P(A_{n-1} \wedge MS_n) - P(A_{n-2} \wedge MS_{n-1}). \qquad (8-76)$$

In der gleichen Weise werden jetzt $P(A_{n-2})$ und in den darauffolgenden Gleichungen $P(A_{n-3})$, $P(A_{n-4})$ usw. ersetzt, so daß man als Endergebnis folgende Gleichung erhält:

$$P(A_S) = \sum_{k=1}^{n} P(MS_k) - \sum_{k=1}^{n-1} P(A_{n-k} \wedge MS_{n-(k-1)}). \qquad (8-77)$$

Der Summand vor dem negativen Vorzeichen ist nach Axiom 1 der Wahrscheinlichkeitstheorie in (2-40) immer größer oder gleich Null, so daß bei Vernachlässigung dieses Terms die obere Abschätzung in (8-69) folgt.

Beweis der unteren Abschätzung

Für den Beweis formen wir die rechte Seite der Abschätzung (Gl. (5-28) bzw. (5-45)) folgendermaßen um:

$$\sum_{k} P(MS_k) - P(A_S) \leq \sum_{\substack{k,l \\ k < l}} P(MS_k \wedge MS_l). \qquad (8-78)$$

Die linke Seite beschreibt die Abweichung $\Delta P(A_S)$ der Systemausfallwahrscheinlichkeit. Es gilt damit

$$\Delta P(A_S) \leq \sum_{\substack{k,l \\ k < l}} P(MS_k \wedge MS_l). \qquad (8-79)$$

Die Summe, die sich über k und l erstreckt, läßt sich in zwei Summen aufspalten. Eine Summe erstreckt sich über k, die andere über l mit der Bedingung, daß l größer als k ist. Wir erhalten somit

$$\Delta P(A_S) \leq \sum_k \sum_{\substack{l \\ l > k}} P(MS_k \wedge MS_l). \qquad (8\text{-}80)$$

Die innere Summe über l ist nur von k abhängig. Wir schreiben für sie

$$P(MS_k') = \sum_{\substack{l \\ l > k}} P(MS_k \wedge MS_l). \qquad (8\text{-}81)$$

Wir erhalten somit für (8-80) und damit für die zu beweisende Ausgangsgleichung (8-78) folgende Beziehung:

$$\Delta P(A_S) \leq \sum_k P(MS_k'). \qquad (8\text{-}82)$$

Diese Gleichung entspricht der oberen Abschätzung in (8-69), die im vorherigen Abschnitt bewiesen wurde. Somit ist die obere und untere Abschätzung in (5-28) bzw. (5-45) bewiesen.

Anhang 8-12

An einem Beispiel sollen die Zusammenhänge zur Berücksichtigung
stochastischer Abhängigkeiten mit dem Verfahren der Minimalschnitte
erläutert werden. Dazu betrachten wir das Zustands-Blockschaltbild
8-10. Als stochastische Abhängigkeit sei angenommen, daß durch common-mode Ausfälle beide Komponenten gleichzeitig ausfallen können.
Wir berechnen das System mit dem Verfahren der Minimalschnitte einmal genau und einmal angenähert und analysieren die Berechnungswege
und die Ergebnisse.

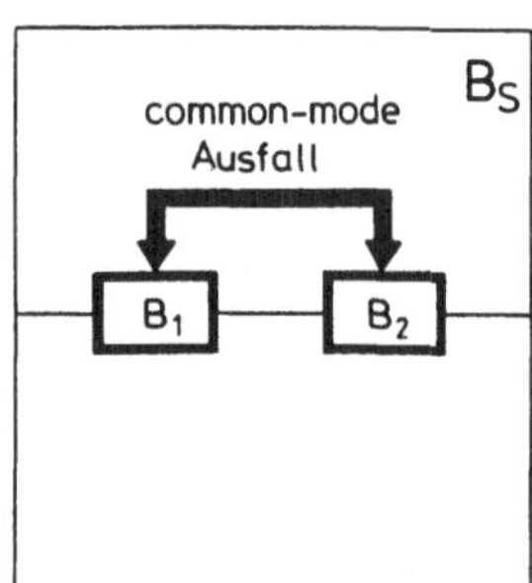

Bild 8-10. Logische Serienstruktur von in
Reihe geschalteten Betriebszuständen eines Zweikomponentensystems mit Berücksichtigung
von common-mode Ausfällen.

1 Genaue Berechnung mit dem Verfahren der Minimalschnitte

Die Minimalschnitte des Zweikomponentensystems betragen

$$MS_1 = A_1$$

$$MS_2 = A_2 .$$

$$(8-83)$$

Der Systemausfall lautet

$$A_S = MS_1 \vee MS_2 . \tag{8-84}$$

Die Wahrscheinlichkeit eines Systemausfalls berechnet man zu

$$P(A_S) = P(MS_1) + P(MS_2) - P(MS_1 \wedge MS_2) . \tag{8-85}$$

Wir wollen diese Beziehung jetzt weiter untersuchen. $P(MS_1)$ und $P(MS_2)$ sind die Wahrscheinlichkeiten der im System auftretenden Minimalschnitte $MS_1 = A_1$ und $MS_2 = A_2$. Da im System der Ausfall A_1 durch den common-mode Ausfall von A_2 abhängt (und umgekehrt), sind MS_1 und MS_2 voneinander abhängig. Das hat zur Folge, daß bei einer genauen Betrachtung $P(MS_1)$ und $P(MS_2)$ nicht - wie bei stochastisch-unabhängigen Komponenten - völlig unabhängig voneinander berechnet werden können. Wir müssen deshalb generell bei jedem Minimalschnitt den Einfluß der anderen Minimalschnitte berücksichtigen. Dies führt in der Regel zu sehr aufwendigen Rechnungen.

Wir wollen die einzelnen Schritte zur Berücksichtigung stochastisch-abhängiger Zustände jetzt kennenlernen. Zuerst erweitern wir die Minimalschnitte um die Zustände, die in den Minimalschnitten nicht enthalten sind, von denen sie aber abhängen. Entsprechend der Vorgehensweise im Anhang 8-9 und 8-10 erweitern wir die Minimalschnitte jeweils um die sicheren Zustände Ω_1 und Ω_2, mit denen der Inhalt der Minimalschnitte auch bei abhängigen Ereignissen nicht geändert wird. Die beiden sicheren Zustände lauten

$$\Omega_1 = B_1 \vee A_1$$

$$\Omega_2 = B_2 \vee A_2 . \tag{8-86}$$

Die damit erweiterten Minimalschnitte lauten

$$MS_1 = A_1 \wedge \Omega_2$$

$$MS_2 = \Omega_1 \wedge A_2 . \tag{8-87}$$

Die Auflösung ergibt

$$MS_1 = \underbrace{(A_1 \wedge B_2)}_{MZ_2} \vee \underbrace{(A_1 \wedge A_2)}_{MZ_4}$$

$$MS_2 = \underbrace{(B_1 \wedge A_2)}_{MZ_3} \vee \underbrace{(A_1 \wedge A_2)}_{MZ_4} . \tag{8-88}$$

Die Klammerausdrücke stellen die Systemzustände dar, die sich über
den Markoffschen Prozeß im Bild 8-11 modellieren lassen. Dieses
Modell wurde im Beispiel 4-8 entwickelt, so daß wir darauf zurückgreifen. Zur Vereinfachung der Rechnung nehmen wir an, daß die Aus-
fall- und Instandsetzungsraten für beide Komponenten gleich groß
sind. Nach (8-88) gehören zum Minimalschnitt MS_1 die beiden Markoffschen Zustände MZ_2 und MZ_4 und zum Minimalschnitt MS_2 die Markoffschen Zustände MZ_3 und MZ_4. Die Minimalschnittkombination ergibt den Zustand MZ_4. Sie lautet

$$MS_1 \wedge MS_2 = A_1 \wedge A_2 = MZ_4. \tag{8-89}$$

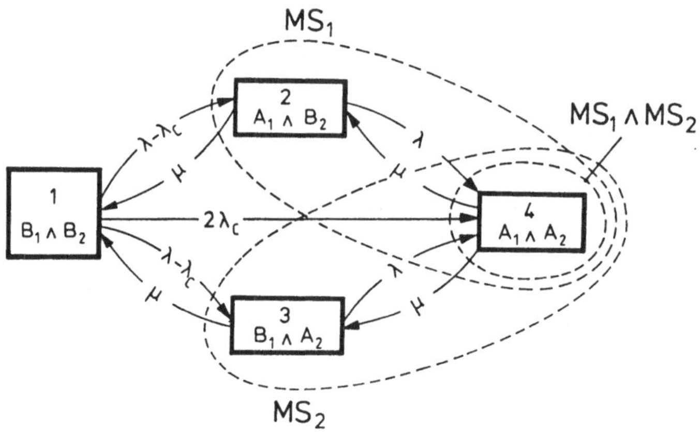

Bild 8-11. Genaue Modellierung der Minimalschnitte über einen Markoffschen Prozeß.

Die beiden Minimalschnitte besitzen den Markoffschen Zustand MZ_4
gemeinsam. Setzen wir die Ergebnisse der Gl. (8-88) und (8-89) in
(8-85) ein, so erhalten wir die Gleichung

$$P(A_S) = P(MZ_2) + P(MZ_3) + P(MZ_4). \tag{8-90}$$

Dieses Ergebnis erhalten wir auch mit dem Verfahren der Markoffschen Prozesse. Das bedeutet, daß die Berücksichtigung stochastischer Abhängigkeiten mit dem Verfahren der Minimalschnitte auf
die Anwendung des Verfahrens der Markoffschen Prozesse hinausläuft.
Das kann je nach Art und Umfang der Abhängigkeit einen Teil des
Systems oder auch das ganze System betreffen. Im letzten Fall bie-

tet dann das Minimalschnitt-Verfahren keinen Vorteil mehr gegenüber der ausschließlichen Anwendung des Verfahrens der Markoffschen Prozesse.

Da wir später einen quantitativen Vergleich zwischen genauer und angenäherter Berechnung durchführen, wollen wir jetzt die genauen Zustandswahrscheinlichkeiten des Markoffschen Prozesses im Bild 8-11 berechnen. Die Matrizengleichung lautet

$$
\begin{bmatrix} 0 \\ 0 \\ 0 \\ 0 \end{bmatrix} = \begin{bmatrix} P(MZ_1) \\ P(MZ_2) \\ P(MZ_3) \\ P(MZ_4) \end{bmatrix}^T \cdot \begin{bmatrix} -2\lambda & \lambda - \lambda_C & \lambda - \lambda_C & 2\lambda_C \\ \mu & -(\mu+\lambda) & 0 & \lambda \\ \mu & 0 & -(\mu+\lambda) & \lambda \\ 0 & \mu & \mu & -2\mu \end{bmatrix} \cdot \tag{8-91}
$$

Mit der Nebenbedingung

$$
\sum_{i=1}^{4} P(MZ_i) = 1 \tag{8-92}
$$

können wir dieses Gleichungssystem lösen. Wir erhalten mit der Abkürzung

$$
p = 1 + \frac{2\lambda}{\mu} + \frac{\lambda_C}{\mu} + \frac{\lambda^2}{\mu^2} \tag{8-93}
$$

folgende Ergebnisse:

$$
P(MZ_1) = \frac{1}{p}
$$

$$
P(MZ_2) = P(MZ_3) = \frac{1}{p}\frac{\lambda}{\mu} \tag{8-94}
$$

$$
P(MZ_4) = \frac{1}{p}\left(\frac{\lambda_C}{\mu} + \frac{\lambda^2}{\mu^2}\right).
$$

Damit lassen sich die Wahrscheinlichkeiten der Minimalschnitte berechnen. Sie lauten

$$
P(MS_1) = P(MZ_2) + P(MZ_4) = \frac{1}{p}\left(\frac{\lambda}{\mu} + \frac{\lambda_C}{\mu} + \frac{\lambda^2}{\mu^2}\right)
$$
$$
\tag{8-95}
$$
$$
P(MS_2) = P(MZ_3) + P(MZ_4) = \frac{1}{p}\left(\frac{\lambda}{\mu} + \frac{\lambda_C}{\mu} + \frac{\lambda^2}{\mu^2}\right).
$$

Für die Kombination der Minimalschnitte erhalten wir die Wahrscheinlichkeit

$$P(MS_1 \wedge MS_2) = P(MZ_4) = \frac{1}{p}\left(\frac{\lambda_C}{\mu} + \frac{\lambda^2}{\mu^2}\right). \qquad (8\text{-}96)$$

Wir wollen jetzt über die bedingten Wahrscheinlichkeiten der Gl. (2-44) beweisen, daß die Minimalschnitte stochastisch-abhängig sind. Die bedingten Wahrscheinlichkeiten lauten

$$P(MS_1 \mid MS_2) = \frac{P(MS_1 \wedge MS_2)}{P(MS_2)} = \frac{\dfrac{\lambda_C}{\mu} + \dfrac{\lambda^2}{\mu^2}}{\dfrac{\lambda}{\mu} + \dfrac{\lambda_C}{\mu} + \dfrac{\lambda^2}{\mu^2}}$$

$$\qquad (8\text{-}97)$$

$$P(MS_2 \mid MS_1) = \frac{P(MS_1 \wedge MS_2)}{P(MS_1)} = \frac{\dfrac{\lambda_C}{\mu} + \dfrac{\lambda^2}{\mu^2}}{\dfrac{\lambda}{\mu} + \dfrac{\lambda_C}{\mu} + \dfrac{\lambda^2}{\mu^2}}.$$

Vergleicht man die beiden letzten Gleichungen mit (8-95), so erhält man folgende Abschätzungen

$$P(MS_1 \mid MS_2) > P(MS_1)$$

$$\qquad (8\text{-}98)$$

$$P(MS_2 \mid MS_1) > P(MS_2).$$

Nach der Ungleichung (2-48) sind die beiden Minimalschnitte für $\lambda_C > 0$ stochastisch-abhängig.

Für $\lambda_C = 0$ werden die Minimalschnitte stochastisch-unabhängig. Wir erhalten dann folgende Beziehungen:

$$P(MS_1 \mid MS_2) = P(MS_1) = \frac{\lambda}{\mu + \lambda}$$

$$\qquad (8\text{-}99)$$

$$P(MS_2 \mid MS_1) = P(MS_2) = \frac{\lambda}{\mu + \lambda}.$$

Setzen wir nun (8-95) und (8-96) in (8-85) ein, so erhalten wir
die genaue Lösung für die Systemausfallwahrscheinlichkeit. Sie lautet

$$P(A_S)_{\text{genaue Berechnung}} = \frac{2\,\dfrac{\lambda}{\mu} + \dfrac{\lambda_C}{\mu} + \dfrac{\lambda^2}{\mu^2}}{1 + \dfrac{2\lambda}{\mu} + \dfrac{\lambda_C}{\mu} + \dfrac{\lambda^2}{\mu^2}} \cdot \qquad (8\text{-}100)$$

Bei <u>genauer</u> Berechnung der Minimalschnitte (d.h. auch mit Berücksichtigung von stochastischen Abhängigkeiten zwischen den Minimalschnitten) gilt auch weiterhin die obere Abschätzung

$$P(A_S) \leq P(MS_1) + P(MS_2). \qquad (8\text{-}101)$$

Durch Einsetzen der Berechnungsergebnisse läßt sich diese Abschätzung für unser Beispiel leicht überprüfen.

2 Angenäherte Berechnung mit dem Verfahren der Minimalschnitte

Bei der angenäherten Berechnung mit der Näherung 3. Art werden
stochastische Abhängigkeiten <u>zwischen</u> den Minimalschnitten vernachlässigt. Jeder Minimalschnitt kann dann unabhängig von den anderen berechnet werden. Wir erhalten damit für die Ausfallwahrscheinlichkeit des Systems die Näherungslösung

$$P(A_S) \approx P(MS_1) + P(MS_2). \qquad (8\text{-}102)$$

Diese Näherungslösung stellt keine obere Abschätzung mehr dar.
Dies wollen wir an unserem Beispiel zeigen. Da jeder Minimalschnitt
ein Minimalschnitt 1. Ordnung ist, werden diese über die einzelnen
Komponentenmodelle im Bild 8-12 ohne Berücksichtigung der common-mode Ausfälle berechnet. Der Minimalschnitt MS_1 besteht also aus
dem Komponentenausfall A_1', der Minimalschnitt MS_2 aus dem Komponentenausfall A_2'. Der Strich an den A-Zuständen soll ausdrücken,
daß die Zustände voneinander unabhängig sind, d.h. keine common-mode Ausfälle berücksichtigt werden. Im Gegensatz dazu enthalten
die A-Zustände der Minimalschnitte in (8-83) auch die stochastische
Abhängigkeit durch die common-mode Ausfälle. Es gilt somit hier

Bild 8-12. Angenäherte Modellierung der Minimalschnitte über getrennte Markoffsche Prozesse.

$$MS_1 = A_1'$$

$$MS_2 = A_2'. \tag{8-103}$$

Für die Wahrscheinlichkeiten dieser Minimalschnitte gelten die Gleichungen

$$P(MS_1) = \frac{\lambda}{\mu + \lambda}$$

$$P(MS_2) = \frac{\lambda}{\mu + \lambda}. \tag{8-104}$$

Mit der Näherungsgleichung (8-102) erhalten wir die Näherungslösung zu

$$P(A_S)_{\text{angenäherte Berechnung}} \approx 2\,\frac{\lambda}{\mu + \lambda}. \tag{8-105}$$

Wir wollen im folgenden Abschnitt die genaue und die angenäherte Lösung gegenüberstellen.

3 Vergleich zwischen genauer und angenäherter Lösung

Die Beurteilung zwischen genauer und angenäherter Lösung führen wir am besten über das Verhältnis der beiden Lösungen durch. Tabelle 8-1 zeigt einige Berechnungsergebnisse. Die Berechnungen ergeben, daß die angenäherte Lösung kleiner, gleich oder größer als das richtige Ergebnis sein kann. Somit liegt die angenäherte Lösung nicht mehr auf der sicheren Seite (= obere Abschätzung). Es gilt deshalb für die Näherung 3. Art die Beziehung

$$P(A_S)_{\text{angenäherte Berechnung}} \gtreqless P(A_S)_{\text{genaue Berechnung}}. \tag{8-106}$$

Tabelle 8-1. Vergleich zwischen genauer
und angenäherter Berechnung

$\lambda_C = 0,01\ \lambda$

$\dfrac{\lambda}{\mu}$	$\dfrac{P(A_S)_{\text{angenäherte Ber.}}}{P(A_S)_{\text{genaue Ber.}}}$	
0	$\dfrac{2}{2,01}$	
.	.	
.	.	
.	.	
10^{-4}	$0,995076$	
$9,8057886 \cdot 10^{-3}$	$1,0$	Realistischer
10^{-2}	$1,000098$	Bereich
.	.	
.	.	
.	.	
∞	2	

Die Abweichungen sind jedoch im allgemeinen vernachlässigbar klein,
so daß die Näherung gilt

$$P(A_S)_{\text{angenäherte Berechnung}} \approx P(A_S)_{\text{genaue Berechnung}}. \qquad (8\text{-}107)$$

Da das angenäherte Ergebnis in diesem Beispiel auch kleiner als
das genaue Ergebnis werden kann (im Gegensatz zur Näherung 1. Art
bei stochastisch-unabhängigen Komponenten), liegt daran, daß mit
abnehmendem λ/μ die stochastisch-unabhängigen Zweifachausfälle der
angenäherten Lösung stärker abnehmen als die durch die common-mode
Ausfälle verursachten Zweifachausfälle der genauen Lösung.

Es sei abschließend noch einmal darauf hingewiesen, daß die Näherung nur für logische Serienstrukturen bezüglich der Betriebszustände gilt. Für logische Parallelstrukturen bezüglich der Betriebszustände gelten die Aussagen nicht. Hier sind stochastische Abhängigkeiten nicht mehr vernachlässigbar. Davon kann man sich auch
leicht am Zustand MZ_4 in (8-94) überzeugen, der allein betrachtet
eine logische Parallelstruktur bezüglich des Betriebes darstellt.

Anhang 8-13

Herleitung der Ersatz-Übergangsraten μ_{AIS}, λ_A und μ_A in den Bildern 6-33a und b.

Herleitung

Zur Berechnung der Ersatz-Übergangsrate μ_{AIS} betrachten wir die beiden Modelle I und II im Bild 6-33a.

Die Zustandskenngrößen des Modells I betragen

$$P(AS) \approx \frac{\lambda_{AS}}{\mu_{AS}}$$

$$P(AI) \approx \frac{\lambda_{AS}}{\mu_{AI}} \qquad (8-108)$$

$$P(AIS) = P(AS) + P(AI) \approx \lambda_{AS} \left(\frac{1}{\mu_{AS}} + \frac{1}{\mu_{AI}} \right) ,$$

$$H(AIS) = P(AI)\mu_{AI} \approx \lambda_{AS} . \qquad (8-109)$$

Mit diesen Kenngrößen läßt sich die Ersatz-Übergangsrate μ_{AIS} des Modells II berechnen. Sie beträgt

$$\mu_{AIS} = \frac{H(AIS)}{P(AIS)} = \frac{1)}{\frac{1}{\mu_{AS}} + \frac{1}{\mu_{AI}}} \cdot {}^{2)} \qquad (8-110)$$

1) Die genaue Berechnung des Markoffschen Modells ergibt in diesem Fall ein Gleichheitszeichen.

2) Eine tiefergehende theoretische Untersuchung würde ergeben, daß die Ersatz-Übergangsrate μ_{AIS} nicht konstant ist, d.h. die Ersatz-Übergangsverteilung ist keine Exponentialverteilung. Die genaue Ersatz-Übergangsverteilung ergibt sich als Faltung der beiden Exponentialverteilungen von AS → AI und AI → BAIS mit den Übergangsraten μ_{AS} und μ_{AI}. Jedoch sind in beiden Fällen, für nicht konstante und konstant angenommene Ersatz-Übergangsraten die Mittelwerte der Verteilungen identisch, nämlich $1/\mu_{AIS}$.

Durch die Annahme einer konstanten Ersatz-Übergangsrate können
sich bei Systemberechnungen Abweichungen in den stationären Sy-
stemzustandsgrößen P, H und T ergeben, die jedoch als gering
angesehen werden. Eine exakte Systemmodellierung würde nicht
mehr zu den einfachen Markoffschen Modellen in den Bildern
6-41a bis g führen, sondern zu Semi-Markoffschen und Nicht-Markoffschen Modellen, die im allgemeinen nur mit hohem numerischen Aufwand berechenbar sind.

Wir wollen jetzt die Kenngrößen λ_A und μ_A im Bild 6-33b berechnen.

Die Zustandskenngrößen des Ausgangsmodells (linke Seite) betragen

$$P(BA) \approx 1$$

$$P(AD) \approx \frac{\lambda_{AD}}{\mu_{AD}}$$

$$P(AS) \approx \frac{\lambda_{AS}}{\mu_{AS}} \tag{8-111}$$

$$P(AI) \approx \frac{\lambda_{AS}}{\mu_{AI}}$$

$$P(A) = P(AD) + P(AS) + P(AI) \approx \frac{\lambda_{AD}}{\mu_{AD}} + \lambda_{AS} \left(\frac{1}{\mu_{AS}} + \frac{1}{\mu_{AI}} \right) ,$$

$$H(BA) = H(A) \approx \lambda_{AD} + \lambda_{AS}. \tag{8-112}$$

Mit diesen Kenngrößen lassen sich die Übergangsraten λ_A und μ_A
des systemspezifischen Komponentenmodells (rechte Seite) berechnen. Sie betragen

$$\lambda_A = \frac{H(BA)}{P(BA)} \overset{1)}{=} \lambda_{AD} + \lambda_{AD'} \tag{8-113}$$

$$\mu_A = \frac{H(A)}{P(A)} = \frac{\overset{1)}{\lambda_{AD} + \lambda_{AS}}{}^{2)}}{\frac{\lambda_{AD}}{\mu_{AD}} + \lambda_{AS} \left(\frac{1}{\mu_{AS}} + \frac{1}{\mu_{AI}} \right)} . \tag{8-114}$$

1) und 2): Auch für λ_A und μ_A gelten die unter den Punkten 1) und
2) zu μ_{AIS} in (8-110) beschriebenen Eigenschaften.

Literaturverzeichnis

Mit den angegebenen Literaturstellen kann der Leser sein Wissen vertiefen und erweitern. Das Schrifttum umfaßt Grundlagen der Zuverlässigkeitstheorie und der Systemzuverlässigkeit sowie spezielle Zuverlässigkeitsuntersuchungen. Die angegebenen Schriften bilden einen kleinen Ausschnitt aus dem breiten Angebot an Zuverlässigkeitsliteratur. Das Verzeichnis erhebt deshalb keinen Anspruch auf Vollständigkeit. Die Leser, die sich eingehend mit diesen Themen beschäftigen, finden in der angegebenen Literatur auch zahlreiche Hinweise auf weitere Schriften.

Bücher

1. Bajenescu, T. I.: Elektronik und Zuverlässigkeit. Blaue TR-Reihe Heft 132. Bern, Stuttgart: Verlag Technische Rundschau im Hallwaag Verlag 1979.

2. Billinton, R.; Allan, R.: Reliability evaluation of engineering sciences. Southport: Pitman 1983.

3. Dhillon, B. S.; Singh, C.: Engineering reliability, new techniques and applications. New York: Wiley & Sons 1981.

4. Doetsch, G.: Anleitung zum praktischen Gebrauch der Laplace-Transformation und der Z-Transformation. München, Wien: Oldenbourg 1967.

5. Dombrowski, E.: Einführung in die Zuverlässigkeit elektronischer Geräte und Systeme. Berlin: AEG-Telefunken 1970.

6. Endrenyi, J.: Reliability modeling in electric power systems. New York: Wiley & Sons 1978.

7. Feller, W.: An introduction to probability theory and its applications. Vol. I (1968), Vol. II (1966). New York: Wiley & Sons.

8. Fisz, M.: Wahrscheinlichkeitsrechnung und mathematische Statistik. Berlin: VEB Deutscher Verlag d. Wissenschaften 1971.

9. Gaede, K.-W.: Zuverlässigkeit, Mathematische Modelle. München, Wien: Hanser 1977.

10. Görke, W.: Zuverlässigkeitsprobleme elektronischer Schaltungen. Mannheim, Wien, Zürich: BI-Hochschulskripten, Hochschultaschenbücherverlag 1969.

11. Gnedenko, B. V.; Belyayev, Yu. K.; Solovyev, A. D.: Mathematical methods of reliability theory. New York, San Francisco, London: Academic Press 1969.

12. Hedtke, R.: Mikroprozessorsysteme - Zuverlässigkeit, Testverfahren, Fehlertoleranz. Berlin, Heidelberg, New York, Tokyo: Springer 1984.

13. Höfle-Isphording, U.: Zuverlässigkeitsrechnung. Berlin, Heidelberg, New York: Springer 1978.

14. Koslow, B. A.; Uschakow, I. A.: Handbuch zur Berechnung der Zuverlässigkeit für Ingenieure. München, Wien: Hanser 1979.

15. Kreyszig, E.: Statistische Methoden und ihre Anwendungen. Göttingen: Vandenhoeck & Ruprecht 1979.

16. Messerschmitt-Bölkow-Blohm (Hrsg.): Technische Zuverlässigkeit. Berlin, Heidelberg, New York: Springer 1971 (2. Aufl.: 1977).

17. Reinschke, K.: Zuverlässigkeit von Systemen, Bd. 1. Berlin: VEB Verlag Technik 1973.

18. Rosemann, H.: Zuverlässigkeit und Verfügbarkeit technischer Anlagen und Geräte. Berlin, Heidelberg, New York: Springer 1981.

19. Schaefer, E.: Zuverlässigkeit, Verfügbarkeit und Sicherheit in der Elektronik. Würzburg: Vogel 1979.

20. Schneeweiss, W.: Zuverlässigkeitstheorie. Berlin, Heidelberg, New York: Springer 1973.

21. Schneeweiss, W.: Zuverlässigkeits-Systemtheorie. Köln: Datakontext 1980.

22. Shooman, M. I.: Probabilistic reliability: An engineering approach. New York: McGraw-Hill 1968.

23. Singh, Ch.; Billinton, R.: System reliability, modelling and evaluation. London: Hutchinson 1977.

24. Störmer, H.: Mathematische Theorie der Zuverlässigkeit. München: Oldenbourg 1970.

25. Störmer, H.: Semi-Markoff-Prozesse mit endlich vielen Zuständen. (Lecture Notes in Operations Research and Mathematical Systems). Berlin, Heidelberg, New York: Springer 1970.

26. IEEE guide for general principles of reliability analysis of nuclear power generating station protection systems. Sponsored by the ANSI of the IEEE Power Engineering Society (ANSI-N41.4-1976, IEEE Std 352-1975).

27. Engineering design handbook, development guide for reliability, Part II: Design for reliability. AMCP 706-196, 1976.

28. Engineering design handbook, development guide for reliability, Part III: Reliability prediction. AMCP 706-197, 1976.

29. Engineering design handbook, development guide for reliability, Part IV: Reliability measurement, AMCP 706-198, 1976.

30. Gesellschaft für Reaktorsicherheit: Deutsche Risikostudie-Kernkraftwerke, Fachband 2: Zuverlässigkeitsanalyse. TÜV Rheinland 1981.

390

Veröffentlichungen, wissenschaftliche Berichte und Manuskripte zu
Tagungen und Seminaren

31. Allan, R. N.; Dialynas, E. N.; Homer, I. R.: Modelling common-
    mode failures in the reliability evaluation of power system
    networks. IEEE Paper A 79 040-7, PES Winter Meeting, New York,
    February 1979.

32. Billinton, F.; Medicherla, T. K. P.; Sachdev, M. S.: "Applica-
    tion of common-cause outage models in composite system reliabi-
    lity evaluation. IEEE Paper A 79 461-5, PES Summer Meeting,
    Vancouver, July 1979.

33. Bitzer, B.: Störungsanalyse und Modellbildung zur Berechnung
    der Versorgungszuverlässigkeit von 110-kV-Netzen. Diss. TH
    Darmstadt 1981.

34. Dib, R.: Kombinierte Anwendung der Minimalschnitt-Methode und
    der Theorie Markoffscher Prozesse zur Zuverlässigkeitsberech-
    nung von Kraftwerks-Eigenbedarfsanlagen und von Hochspannungs-
    netzen. Dipl. Arbeit a. Inst. f. Elektrische Anlagen und Ener-
    giewirtschaft d. RWTH Aachen 1978.

35. Dib, R.: Einfluß der Sternpunktbehandlung und der dreipoligen
    Kurzunterbrechung auf die Übertragungsfähigkeit von 110-kV-Net-
    zen. Diss. RWTH Aachen 1983.

36. Edwin, K. W.: Die Anwendung der Zuverlässigkeitstheorie in der
    elektrischen Energieversorgung. Manuskript zum wissenschaftli-
    chen Fortbildungsseminar (Vorlesung und Übung), Haus der Tech-
    nik, e.V., Essen 1977.

37. Edwin, K. W.; Kochs, H.-D.: Reliability determination of non-
    Markovian power systems, Part I: An analytical procedure. IEEE
    Paper A 79502-6, PES Summer Meeting, Vancouver, July 1979.

38. Edwin, K. W.; Kochs, H.-D.; Danda, R.: Reliability determina-
    tion of non-Markovian power systems, Part II: A basic simula-
    tion technique. IEEE Paper A 79503-4, PES Summer Meeting, Van-
    couver, July 1979.

39. Edwin, K. W.; Kochs, H.-D.; Traeder, G.: Untersuchung der Kraft-
    werksreserve im Verbundsystem. Forschungsber. d. Landes Nord-
    rhein-Westfalen, Nr. 2816, Westdeutscher Verlag 1979.

40. Edwin, K. W.; Handschin, E.; Kaufmann, W.; Nachtkamp, J.;
    Siemes, B.: Statistische Berechnungsgrundlagen für die elektri-
    sche Energieversorgung. Seminar VDEW Fortbildungszentrum Darm-
    stadt, Neu-Kranichstein, 1980.

41. Edwin, K. W.: Zur Frage der vorhandenen Versorgungszuverlässig-
    keit von elektrischen Energieversorgungssystemen unter besonde-
    rer Berücksichtigung des erschwerten Ausbaus von Kraftwerken
    und Leitungen. Studie im Auftrag des Bundesministeriums für For-
    schung und Technologie, RWTH Aachen 1983.

42. Eggers, H.: Entwicklung, Programmierung und Anwendung eines ma-
    thematischen Verfahrens zur Berechnung der Zuverlässigkeit von
    Automatisierungssystemen. Dipl. Arbeit a. Inst. f. Elektrische
    Anlagen und Energiewirtschaft der RWTH Aachen und AEG-Telefun-
    ken, Systemtechnische Entwicklung, 1980.

43. Gebler, H.: Berechnung von Zuverlässigkeitskenngrößen für elek-
    trische Energieversorgungsnetze. Diss. TH Darmstadt 1981.

44. Görke, W.: Zuverlässigkeit von Rechensystemen. Vorträge einer
    NTG/GI-Diskussionssitzung am 28./29. Sept. 1978 in Karlsruhe.
    München, Wien: Oldenbourg 1979.

45. Heiner, G.; Kochs, H.-D.; Schmidt, S.; Brauner, G.: Zuverläs-
    sigkeit und Sicherheit in der Energietechnik. AEG-Telefunken
    Forschungsber. ET 4398 A für das BMFT, August 1981.

46. Kochs, H.-D.: Application of the Markov cut-set approach to
    industrial systems. EUROCON '82 Konf. Kopenhagen, Tagungsband
    I. Amsterdam, New York, Oxford: North-Holland 1982.

47. Kochs, H.-D.: Grundlagen der industriellen Zuverlässigkeits-
    technik. AEG-Telefunken-Studie, Technischer Bericht A4L221/04/
    81.

48. Kochs, H.-D.; Schmidt, S.: Zuverlässigkeitsberechnung von Au-
    tomatisierungssystemen. AEG-Telefunken-Studie, Technischer Be-
    richt A4L221/05/81.

49. Kulik, P.: Einfluß der Netzeinbindung und des konstruktiven
    Aufbaues von Schaltanlagen auf die Zuverlässigkeit der Versor-
    gung von Netzgruppen. Diss. TU Stuttgart 1978.

50. Nachtkamp, J.: Verfügbarkeitsorientierte Zuverlässigkeitsun-
    tersuchung der Netzeinbindung und der Eigenbedarfsversorgung
    großer Wärmekraftwerksblöcke. Diss. RWTH Aachen 1979.

51. Siemes, B.: Zur Berücksichtigung ungenauer Eingangsdaten bei
    der Zuverlässigkeitsberechnung von Systemen der elektrischen
    Energieversorgung. Diss. RWTH Aachen 1980.

52. Schneeweiss, W.: Mittelwerte von fehlerfreier Betriebsdauer
    und von Ausfalldauer periodisch geprüfter redundanter Systeme
    mit exponentialverteilter Lebensdauer der Teilsysteme. Rege-
    lungstechnik 25 (1977).

53. Singh, C.: On s-independence in a new method to determine the
    failure frequency of a complex system. IEEE Trans. on Reliab.
    Vol. R-27, No. 2, June 1978.

54. Singh, C.: Markov cut-set approach for the reliability evalua-
    tion of transmission and distribution systems. IEEE Paper A
    80069-5, PES Winter Meeting, New York, February 1980.

55. Singh, C.: "A cut-set method for reliability evaluation of sy-
    stems having s-dependent components. IEEE Trans. on Reliab. Vol.
    R-29, No. 5, December 1980.

Zeitschriften und periodisch erscheinende Berichte

56. IEEE Trans. on Power Appar. and Syst.

57. IEEE Trans. on Reliab.

58. Microelektron. and Reliab.

59. Proc. - Ann. Reliab. and Maintainab. Symp.

60. Proc. Nat. Symp. on Reliab. and Qual. Control. Sponsored by IEEE,
    ASQC and Institute of Environmental Sciences.

61. Ann. of Reliab. and Maintainab. Conf. Sponsored by AIAA, SAE,
    ASME (original three societies) ASTME, ASTM, EIA, AICHE (new
    four societies).

62. VDI/NTG/DGQ-Tagung: Technische Zuverlässigkeit. (Die Tagung
    findet alle zwei Jahre statt).

Definitionen und Zuverlässigkeitsdaten

63. CNET: Recueil de Données de Fiabilité, Data-Handbook, publ. by
    the Centre National d'Etudes de Télécommunication in France,
    Edition 1980.

64. IEC Publ. 271: List of basic terms, definitions and related
    mathematics for reliability. Genéve: IEC 1974.

65. IEC Publ. 605-1: Equipment reliability testing, Part 1: General
    Requirements. Genéve: IEC 1978.

66. IEC Publ. 605-2: Equipment reliability testing, Part 2: Guidance
    for the design of test cycles. Genéve: IEC 1979.

67. IEEE: Nuclear reliability data manual. IEEE guide to the col-
    lection and presentation of electrical, electronic, and sensing
    component reliability data for nuclear-power generating sta-
    tions, ANSI/IEEE Std. 500-1977.

68. INSPEC: Electronic reliability data. A guide to selected compo-
    nents. London: The Institution of Electrical Engineers 1981.

69. MIL-HDBK-217 D: Reliability prediction of electronic equipment.
    US Dep. of Defence, 1982 January.

70. MIL-HDBK-721: Definitions of effectiveness terms for reliabili-
    ty, maintainability, human factors and safety, issue B, US Dep.
    of Defence.

71. MIL-STD-781 C: Reliability design qualification and production
    acceptance tests: Exponential distribution. US Dep. of Defence,
    1977.

72. VDEW Störungs- und Schadensstatistik, Vereinigung Deutscher
    Elektrizitätswerke, Verlags- und Wirtschaftsgesellschaft der
    Elektrizitätswerke, jährlich veröffentlichte Statistik, Frank-
    furt/M.

Normen und Empfehlungen

73. DIN 40 040: Anwendungsklassen und Zuverlässigkeitsangaben für
    Bauelemente der Nachrichtentechnik und Elektronik. DIN-Norm,
    Februar 1973.

74. DIN 40 041: Zuverlässigkeit elektrischer Bauelemente - Begriffe.
    DIN-Vornorm, Oktober 1967.

75. DIN 40 042: Zuverlässigkeit elektrischer Geräte, Anlagen und
    Systeme - Begriffe. DIN-Vornorm, Juni 1970.

76. DIN 40 043: Zuverlässigkeitsangaben für elektrotechnische Einrichtungen. DIN-Entwurf, Juni 1977.

77. VDI/VDE 2180: Sicherung von Anlagen der Verfahrenstechnik.
Blatt 1: Einleitung, Begriffe, Erklärungen. (in Vorb.)
Blatt 2: Die Auswahl der Struktur von Sicherungssystemen in Abhängigkeit von den Zuverlässigkeitswerten der Komponenten. (in Vorb.)
Blatt 3: Klassifizierung von Sicherungseinrichtungen. Entwurf, Mai 81.

78. VDI/VDE 3691: Erfassung von Zuverlässigkeitswerten bei Prozeßrechnereinsätzen. Entwurf, Juli 1983.

79. VDI/VDE 3541: Steuerungseinrichtungen mit vereinbarter gesicherter Funktion.
Blatt 1: Einführung, Begriffe, Erklärungen. Entwurf, Juli 1983.
Blatt 2: Vereinbarung der gesicherten Funktion. Entwurf Juli 1983.

80. NTG 3004: Zuverlässigkeitsbegriffe im Hinblick auf komplexe Software und Hardware. Entwurf einer NTG-Empfehlung in Nachrichtentech. Z. 35 (1982) Heft 5.

81. DIN 31 051: Instandhaltung - Begriffe. Dezember 1974.

82. VDI-Handbuch Technische Zuverlässigkeit.

83. ISO ANDIP - American national dictionary of information processing, X3/TR, - September 1977.

Sachverzeichnis

Technische Zuverlässigkeit

Problematik, Mathematische Grundlagen, Untersuchungsmethoden, Anwendungen

Herausgeber: Messerschmitt-Bölkow-Blohm GmbH, München

2., neubearbeitete Auflage. 1977. 89 Abbildungen.
X, 308 Seiten.
DM 78,-. ISBN 3-540-08237-9

Inhaltsübersicht: Mathematische Wahrscheinlichkeit und Boolesches Modell. – Die Zuverlässigkeitsfunktion. – Zuverlässigkeit von Systemen. – Statistische Verfahren. – Wartbarkeit und Materialerhaltung. – Datenerfassung. – Die Zuverlässigkeit in Beschaffungsverträgen.

W. Schneeweiss

Zuverlässigkeitstheorie

Eine Einführung über Mittelwerte von binären Zufallsprozessen

1973. 41 Abbildungen. VIII, 144 Seiten.
DM 48,-. ISBN 3-540-06193-2

Inhaltsübersicht: Monoton steigende boolesche Funktionen zur Zustandsbeschreibung von redundanten Systemen. – Bestimmung der Verfügbarkeit redundanter Systeme als Erwartungswert der booleschen Systemfunktion. – Verfügbarkeit von Systemen mit vielen Untersystemen. – Berechnung der Verfügbarkeit ohne Verwendung von Erwartungswerten. – Mittlere ausfallfreie Betriebsdauer (MTBF) redundanter Systeme ohne und mit Reparatur. – Berechnung von Verfügbarkeit und mittlerer Betriebsdauer bei speziellen Reparaturstrategien. – Intermittierende Betriebsanforderungen. – Digitalrechnerprogramme. – Anhang: Einige Grundbegriffe der Laplace-($\mathcal{L}$-)Transformation.

Springer-Verlag
Berlin
Hleidelberg
New York
Tokyo